U0416406

内容简介

本书系统论述概率论和统计学的概念、方法、理论及其应用，是一部为高等院校本科生学习概率论和数理统计而编写的教材或教学参考书. 本书不仅提供了这个学科领域的基本内容，而且叙述了在日常生活、自然科学、技术科学、人文社会科学及经济管理等各方面的应用例子. 全书分为两册：概率论分册和统计学分册. 概率论分册共五章，内容包括：随机事件与概率，随机变量与概率分布，随机向量，概率极限定理，随机过程. 统计学分册共五章，内容包括：统计学中的基本概念，估计，假设检验，回归分析，统计决策和贝叶斯分析简介. 本书恰当处理逻辑严谨性与生动直觉的辩证关系，使学生既有严谨的抽象思维能力，又对随机现象具有直觉想象力；认真贯彻理论联系实际，应用举例贴近时代生活；概率论部分强调了随机现象在社会生活和科学技术中的广泛性及所具有的内在规律，统计学部分则强调了其数据处理的功能，二者都以认识随机性、恰当处理随机性(包括决策和行动)为目标；内容选取上注意对难点进行化解，叙述通俗易懂，结构层次分明，使学生易于理解与掌握.

本书可作为高等学校理工类本科学生的教材或教学参考书，也可供经济管理和财经类等有关专业的研究生和从事统计计算的科技人员阅读.

北京大学数学教学系列丛书

概率与统计

（第二版）

（统计学分册）

郑忠国　陈家鼎　编著

图书在版编目(CIP)数据

概率与统计. 统计学分册/郑忠国，陈家鼎编著. —2 版. —北京：北京大学出版社，2017. 7

(北京大学数学教学系列丛书)

ISBN 978-7-301-28006-5

Ⅰ. ①概… Ⅱ. ①郑… ②陈… Ⅲ. ①概率论 ②数理统计 Ⅳ. ①O21

中国版本图书馆 CIP 数据核字(2017)第 021154 号

书　　名	概率与统计（第二版）（统计学分册） GAILÜ YU TONGJI
著作责任者	郑忠国　陈家鼎　编著
责任编辑	曾琬婷
标准书号	ISBN 978-7-301-28006-5
出版发行	北京大学出版社
地　　址	北京市海淀区成府路 205 号　100871
网　　址	http://www.pup.cn
电子信箱	zpup@pup.cn
新浪微博	@北京大学出版社
电　　话	邮购部 62752015　发行部 62750672　编辑部 62767347
印 刷 者	三河市博文印刷有限公司
经 销 者	新华书店
	890 毫米×1240 毫米　A5　9.625 印张　314 千字
	2007 年 8 月第 1 版
	2017 年 7 月第 2 版　2024 年 1 月第 3 次印刷
定　　价	49.00 元

作者简介

郑忠国　北京大学数学科学学院教授、博士生导师，1962年毕业于北京大学数学力学系，1965年北京大学研究生毕业. 长期从事数理统计的教学和科研工作，研究方向是非参数统计、可靠性统计以及统计计算，发表论文近百篇. 主持完成国家自然科学基金项目“不完全数据统计理论及其应用(1999—2001)”，教育部博士点基金项目“应用统计方法研究”和“工业与医学中的应用统计研究”等. 研究项目“随机加权法”获国家教委科技进步二等奖. 出版的教材有《高等统计学》(北京大学出版社，1995).

陈家鼎　北京大学数学科学学院教授、博士生导师，1959年毕业于北京大学数学力学系. 长期从事数理统计的教学和科研工作，研究方向是不完全数据的统计推断、序贯统计及其在可靠性工程上的应用，发表论文50多篇. 曾任北京大学概率统计系系主任、北京大学数学科学学院副院长、中国概率统计学会理事长、中国统计学会副会长. 主持完成“序贯分析”“生存分析与可靠性的若干前沿问题”等多项国家自然科学基金和教育部博士点基金项目. 主编的教材《数理统计学讲义》获国家教委优秀教材一等奖(高等教育出版社，1995). 与郑忠国等合作的项目“可靠性评定的数学理论与应用”获北京市科技进步二等奖(2002).

序　　言

自 1995 年以来，在姜伯驹院士的主持下，北京大学数学科学学院根据国际数学发展的要求和北京大学数学教育的实际，创造性地贯彻教育部“加强基础，淡化专业，因材施教，分流培养”的办学方针，全面发挥我院学科门类齐全和师资力量雄厚的综合优势，在培养模式的转变、教学计划的修订、教学内容与方法的革新，以及教材建设等方面进行了全方位、大力度的改革，取得了显著的成效. 2001 年，北京大学数学科学学院的这项改革成果荣获全国教学成果特等奖，在国内外产生很大反响.

在本科教育改革方面，我们按照加强基础、淡化专业的要求，对教学各主要环节进行了调整，使数学科学学院的全体学生在数学分析、高等代数、几何学、计算机等主干基础课程上，接受学时充分、强度足够的严格训练；在对学生分流培养阶段，我们在课程内容上坚决贯彻“少而精”的原则，大力压缩后续课程中多年逐步形成的过窄、过深和过繁的教学内容，为新的培养方向、实践性教学环节，以及为培养学生的创新能力所进行的基础科研训练争取到了必要的学时和空间. 这样既使学生打下宽广、坚实的基础，又充分照顾到每个人的不同特长、爱好和发展取向. 与上述改革相适应，积极而慎重地进行教学计划的修订，适当压缩常微、复变、偏微、实变、微分几何、抽象代数、泛函分析等后续课程的周学时. 并增加了数学模型和计算机的相关课程，使学生有更大的选课余地.

在研究生教育中，在注重专题课程的同时，我们制定了 30 多门研究生普选基础课程（其中数学系 18 门），重点拓宽学生的专业基础和加强学生对数学整体发展及最新进展的了解.

教材建设是教学成果的一个重要体现. 与修订的教学计划相配合，我们进行了有组织的教材建设. 计划自 1999 年起用 8 年的时间修订、编写和出版40余种教材.这就是将陆续呈现在大家面前的"北京大学数学教学系列丛书".这套丛书凝聚了我们近十年在人才培养方面的思考,记录了我们教学实践的足迹,体现了我们教学改革的成果,反映了我们对新世纪人才培养的理念,代表了我们新时期的数学教学水平.

经过20世纪的空前发展,数学的基本理论更加深入和完善,而计算机技术的发展使得数学的应用更加直接和广泛,而且活跃于生产第一线,促进着技术和经济的发展,所有这些都正在改变着人们对数学的传统认识.同时也促使数学研究的方式发生巨大变化.作为整个科学技术基础的数学,正突破传统的范围而向人类一切知识领域渗透.作为一种文化,数学科学已成为推动人类文明进化、知识创新的重要因素,将更深刻地改变着客观现实的面貌和人们对世界的认识.数学素质已成为今天培养高层次创新人才的重要基础.数学的理论和应用的巨大发展必然引起数学教育的深刻变革.我们现在的改革还是初步的.教学改革无禁区,但要十分稳重和积极;人才培养无止境,既要遵循基本规律,更要不断创新.我们现在推出这套丛书,目的是向大家学习.让我们大家携起手来,为提高中国数学教育水平和建设世界一流数学强国而共同努力.

张 继 平

2002年5月18日

于北京大学蓝旗营

第二版前言

本书第二版对第一版进行了少量修改和补充，改动不大. 概率论部分主要修订内容是：修改了个别不妥的文字和不正确的数字；举例说明强大数律与大数律的差别；对于初学者来说过于困难的几道习题，有的予以删除，有的予以改换. 统计学部分主要是对原书中的笔误做了改正，对某些地方的表达方式做了一些修正，使得表达更精确和通顺. 另外，由于统计学是面向实际应用的学科，近年来出现许多新方法，十分热门和流行. 在第六章中，我们介绍了“大数据”这一方向，阐明它与统计学的关系，希望引起读者对这一当今热门对象的关注. 在回归分析变量选择部分，我们还介绍了近年出现的 Lasso 方法，希望引起关注.

另外，考虑到现今许多高等院校理工类本科“概率论与数理统计”课程已改为“概率论”和“统计学”两门课程，本次修订我们将全书分为概率论分册和统计学分册，以满足课程改革的需要.

我们要特别强调的是，第二版和第一版一样，是为高等学校各专业本科学生学习“概率论与数理统计”而编写的教材，只要求学生预先学过“微积分”和“线性代数”的基础知识，不要求较深的数学知识（如实变函数、测度论）. 但有一些内容打上 * 号或小字排印，这些内容或者难度较大，或者涉及较深的数学知识，均不属于教学大纲的范围，只供有余力的学生进一步学习时参考.

陈家鼎　郑忠国

2015 年 11 月

第一版前言

概率论是研究自然界、人类社会及技术过程中随机现象的数量规律的一门数学.数理统计学则是以概率论为指导,研究如何有效地收集和分析数据,以对所考查的问题进行推断或预测,直至为采取一定的决策和行动提供依据和建议.随着现代科学技术的迅速发展和人类生活条件的不断改进,概率论和数理统计学得到了蓬勃的发展.二者不仅形成了系统的理论,而且在自然科学、人文社会科学、工程技术及经济管理等方面有越来越广泛的应用.很多院校都开设"概率论"课、"数理统计"课或"概率统计"课.

最近几年我们二人一直担任北京大学数学科学学院为全校本科生开设的基础课程——"概率论"和"数理统计"的教学工作.这两门课各有60学时,学生来自文科、理科和医科的多个不同院系.本书正是在我们讲稿的基础上经过修改、扩充而成的,其中第一章至第五章由陈家鼎编写,第六章至第十章由郑忠国编写.

我们在编写过程中参考了国内外已有的特别是近十年出版的多部优秀教材(见本书的参考文献),注意吸收这些教材中好的讲法和具体例子.我们在编写中注意了下面三点:

(1) 恰当处理逻辑严谨性与生动直觉的关系,使学生既有严谨的抽象思维能力又有概率统计的直觉与对随机性的想象力.通过各方面的例子介绍有关的概念、方法和定理的实际含义,注意引导学生的思维从直觉和想象上升到科学的抽象.例如,既介绍了概率的"频率定义"和"主观定义",又介绍了"公理化定义",说明后者是在前者基础上的科学抽象.先介绍随机变量的直观含义和直观描述,然后介绍随机变量的严格定义.在介绍数学期望时先用加权平均的思想介绍离散型随机变量的期望,然后对一般的随机变量用离散型随机变量逼近的办法定义期望.对每个定理都给出确切的论述,能不用测度论证明的尽量写出证明,但由于教学时数的限制,许多证明打上 * 号或用小字排印,不要求学生掌握. 例如,对“两个随机变量之和的期望等于两个随机变量的期望之和”这一重要定理,我们在正文中只叙述了结论,但其详细证明则放在附录里小字排印. 对“中心极限定理”和有关充分统计量的“因子分解定理”则不叙述证明.

(2) 认真贯彻理论联系实际的原则. 既要使学生掌握概率和统计的基本理论,又要使学生认识这些理论如何灵活运用于实际,从而培养学生解决实际问题的能力. 要做到这一点,必须要用心地列举贴近时代生活的,使学生感兴趣的多方面的应用例子. 本书努力朝这个方向做. 除了叙述日常生活、工业、商业、医学及管理等方面的典型应用例子(包括一些著名例子)外,还介绍一些较复杂的灵活应用例子. 例如,第一章中作为独立试验序列的应用,介绍了乒乓球赛制的概率分析;第二章讲述随机变量取值的分散性时,除了“方差”外还介绍了经济学中常用的“基尼系数”;在讲述正态分布的性质之后,介绍了当今工业质量管理工作中广泛关注的“6σ”;第九章中作为回归分析的应用介绍了高考作文评分的监控方法,等等.

本书特别注重对理论联系实际的难点进行化解. 例如,对“假设检验”,避免单纯从逻辑推理进行论述,着重从多方面的应用实例说明假设检验问题的提法、零假设的设置及两类错误的概率. 把实际中的检验问题分成两大类: 决策性检验问题和显著性检验问题. 有些检验问题强调控制第一类错误的概率(例如第八章例 1.4),有些检验问题则重点在控制第二类错误的概率(例如第八章例 1.5). 本书还用一定篇幅介绍 p 值的概念和用法. 又如,介绍“回归分析”的应用时把自变量分为两类: 可控制的和不可控制的,把自变量和反应变量之间的关系分为两类: 因果关系和非因果性的相关关系. 本书还特别关注数据的来源和变量的性质.

(3) 在叙述方法与内容编排上注意基本内容与进一步内容、重点与非重点的界限,力求做到层次分明,便于教和学. 我们认为,大学教材应比教学大纲规定的多一些,更应比课堂实际讲授的多一些. 这样做有利于教师根据实际情况灵活掌握,有利于学生课外阅读,使有余力的学生可以选学更多的东西. 本书中凡打 * 号和小字排印的部分均不是基本内容,不要求学生掌握. 有些内容虽未标上 * 号也非小字排印,教师也可根据实际情况确定为非基本内容.

本教材虽是按两学期的教学安排("概率论"课一学期,"数理统计"课一学期)编写的,但是也可作为一学期的"概率统计"课的教材. 作为后者使用时,应选定书中最基本的部分. 笔者建议选择下列内容:

第一章(不含§1.7),第二章(不含§2.8),第三章(不含§3.7,§3.8),第四章§4.2和§4.3的部分内容,第五章的§5.1,第六章,第七章的§7.1,§7.5,第八章的§8.1,§8.2,§8.4中关于正态总体参数的检验方法,§8.6中的χ^2检验,第九章的§9.1,§9.2及§9.3至§9.5中方法的应用部分,第十章的§10.1.

北京大学出版社刘勇和曾琬婷同志对本书的出版付出了辛勤的劳动,我们在此向他们表示感谢.

由于我们水平有限,本书一定有不少缺点和谬误,欢迎读者和专家批评指正.

陈家鼎　郑忠国

2007年6月于北京大学数学科学学院

目　　录

第六章　统计学中的基本概念…… 1
§6.1　引言 …… 1
§6.2　若干基本概念 …… 3
§6.3　若干统计问题 …… 9
习题六 …… 17

第七章　估计 …… 19
§7.1　最大似然估计 …… 19
§7.2　矩估计 …… 30
§7.3　估计的无偏性 …… 34
§7.4　无偏估计的优良性 …… 39
§7.5　估计的相合性 …… 52
§7.6　估计的渐近分布 …… 57
§7.7　置信区间和置信限 …… 62
习题七 …… 81

第八章　假设检验 …… 86
§8.1　问题的提法 …… 86
§8.2　N-P引理和似然比检验 …… 95
§8.3　单参数模型中的检验 …… 101
§8.4　广义似然比检验和关于正态总体参数的检验 …… 114
§8.5　关于比率的检验 …… 135
§8.6　拟合优度检验 …… 142
习题八 …… 156

第九章　回归分析 …… 160
§9.1　引言 …… 160

§9.2 一元线性回归 …………………………………… 166
§9.3 多元线性回归 …………………………………… 175
§9.4 多元线性回归中的参数检验 …………………… 185
§9.5 预测和控制 ……………………………………… 197
*§9.6 模型检验 ……………………………………… 206
*§9.7 变量选择 ……………………………………… 214
§9.8 方差分析 ……………………………………… 224
*§9.9 逻辑斯谛回归 …………………………………… 237
习题九 ……………………………………………… 240

第十章 统计决策和贝叶斯分析简介 ………………… 246
§10.1 统计决策问题概述 …………………………… 246
§10.2 贝叶斯统计 …………………………………… 253
§10.3 先验分布的确定 ……………………………… 260
习题十 ……………………………………………… 265

习题答案与提示 ………………………………………… 267
附表 1 标准正态分布数值表 ………………………… 275
附表 2 t 分布临界值表 ……………………………… 276
附表 3 χ^2 分布临界值表 …………………………… 277
附表 4 F 分布临界值表 ……………………………… 278
附表 5 柯氏检验临界值表 …………………………… 284
参考文献 ……………………………………………… 286
名词索引 ……………………………………………… 288

第六章　统计学中的基本概念

§6.1　引　　言

在学习数理统计学之前，我们必须弄明白什么是数理统计学，数理统计学的研究对象是什么. 为回答这些问题，我们要引用《中国大百科全书·数学》(中国大百科全书出版社，1992)中关于数理统计学的定义：数理统计学研究怎样去有效地收集、整理和分析带有随机性的数据，以对所考查的问题做出推断或预测，直至为采取一定的决策和行动提供依据和建议. 这句话规定了数理统计学的研究内容. 这句话或许太抽象，有些学术化，不易吸引初学者的兴趣. 我们再引一段话，它来自 David Freedman 的名著《统计学》(见文献[33])："统计学是什么？统计学是对令人困惑费解的问题做出数学设想的艺术. 应该怎样设计实验来测定新药的疗效？什么东西引起父母与孩子之间的相像，并且那种力量有多强？通货膨胀率如何测定？失业率呢？它们怎样联系起来？赌场为什么在轮盘赌上得益？盖洛普民意测验怎么能够使用仅仅几千人的样本预测美国大选结果？"David Freedman 用生动的事例描述如何应用数理统计这个工具去解决这些人们困惑的问题. 由这些生动的叙述看出，统计学试图解决人们困惑的问题，并且涉及的范围非常广泛，从天文地理、尖端科技、社会经济直至日常生活. 在日常生活中，也有使人感兴趣的问题. 例如，某学校希望从两名考生中录取一名学生，他们的考试成绩如表 6.1.1 所示.

表 6.1.1　学生成绩表　　(单位：分)

学生	语文	数学	英文	物化
甲	80	70	60	85
乙	70	90	65	80

学校希望了解这两名学生在学习能力上有没有差别.单由成绩的高低,并不能说明两者之差异.因为即使是同一个人,在两次水平相同的考试中也可能具有不同的成绩;即使同一份考卷,不同阅卷教师也可能给出不同的分数.要解决这个问题,必须求助于统计学.在上述问题中,学校的目的是希望选择一个学习能力较强的学生继续培养.为了达到这个目的,学校必须对这两位学生进行考查.对此问题,单凭一双慧眼就能成为识别千里马的伯乐是几乎不可能的.有经验的考查者必须收集一些资料,对这些资料进行分析,从中得到所需要的结论.由于学生的能力只能从他吸收知识,对外界信息的反应上表达出来,因此考查者必须设计一些方法来收集这方面的资料.比较传统的方法是上述的考试,看他们之间的差异,从中挑选能力强的学生.上面提到的挑选学生的过程就反映了数理统计学的任务.首先考查者必须收集资料,这些资料就是数理统计学中的数据.为了达到这个目的,考查者必须提出合适的问题,或者出几份合适的考卷.这就是一个如何有效地收集数据的问题.如果在试卷中,出一些要求学生死记硬背的题目,这些题目就不能反映学生的学习能力,这样的方法就不是有效的方法,从死记硬背得到的答案看不出其能力.现在即使考卷都合适,而且两位学生的成绩已经列出,仍然还存在判断两学生能力差异的问题.在对数据进行分析的基础上,还需做出一些判断,比如乙在某些方面的能力比甲的强.这些判断将为录取学生提供根据.

上述考查学生的例子能够完整地说明数理统计学的任务.其中,出题等收集数据问题虽然也涉及其他专业的有关知识,但也是数理统计学的任务.不过在本书中,我们不将收集数据作为重点.本书的重点是介绍分析数据的技术.数据是现实生活中大量存在的.统计工作者将这些数据看成从某个信息源以某种方式释放出来的信号.统计工作的任务是分析数据——将这些信号进行加工处理,提取其中的信息.显然,分析数据是统计工作的核心任务.

附带说明,“统计学”与“数理统计学”实质是同一个学科.通常,在统计研究者强调数学方法时,将“统计学”前面加上一个“数理”的形容词.

§6.2 若干基本概念

统计学的研究对象是数据.什么是数据呢? 广义地讲,数据就是我们在实际工作中的记录.例如,某工厂为了考查某些电子产品的使用寿命,随机地抽取了18台产品做试验,测得寿命数据(单位: h)如下:

$$17,29,50,68,100,130,140,270,280,340,$$
$$410,450,520,620,190,210,800,1100.$$

这18个寿命值就是数据,就是我们的研究对象.又例如,某社会工作者调查某城市中成年吸烟者占成年人口的比例,共调查了339人,其中205人为吸烟者,134人为不吸烟者.同样,数据339,205,134是我们的研究对象.若不对这些数据进行合理的抽象,就不可能对这些数据进行深层次的分析,从中获得更多的信息.在数据处理时,我们通常用 x 表示数据,此处 x 既可以是一个数,也可以是一个向量或其他的量.当明确表示向量或向量与它的分量同时出现时,我们用黑体 $\boldsymbol{x}$ 表示之.这时数据的主要形式是 $\boldsymbol{x}=(x_1,\cdots,x_n)$.在实际问题中,有时候单一个字母是不够用于表达数据的.例如,在连续10天的气象记录中,得到 $m_1,\cdots,m_{10},M_1,\cdots,M_{10}$,其中 m_i $(i=1,\cdots,10)$ 是每天的最低气温,$M_i(i=1,\cdots,10)$ 是每天的最高气温,此时的数据为 $\boldsymbol{x}=\{(m_i,M_i),i=1,\cdots,10\}$.但是,在学习统计学的时候,用 $\boldsymbol{x}=(x_1,\cdots,x_n)$ 表示数据是最方便并且能够抓住数据本质的一种方法.本节开头引入的寿命数据可表达成 $\boldsymbol{x}=(x_1,\cdots,x_{18})$ 或 $\boldsymbol{x}=(x_1,\cdots,x_n),n=18$.

引入数据的概念以后,我们要记住统计工作的核心任务是对数据进行分析,进而对所考查的问题做出推断.在寿命数据的问题中,我们的任务是考查该厂生产的电子产品的使用寿命.我们收集到的18台电子产品的寿命数据是该厂生产的一部分产品的数据.此处特别强调,我们的目的是要了解该厂生产的电子产品的使用寿命,而不是这18台产品的使用寿命.这18台产品的使用寿命是已经明摆着的数据,不必再进行细究.为了研究产品的使用寿命,我们必须弄明白,什么是工厂生产的电子产品的使用寿命,而且还要弄清楚这18台产品的寿命与该厂生产的电子产品的使用寿命之间的联系. 最后我们要以这 18 台产品的使用寿命为依据,对该厂生产的电子产品的使用寿命做某些推断. 由经验知,一个工厂生产的产品的使用寿命是带随机性的. 因此,我们把一个工厂所生产的电子产品的使用寿命 X 看成一个随机变量. 做这样的抽象以后,可以把人们思想中直观的概念精确化成为一个数学概念. 若没有这种抽象,就不可能对工厂生产的电子产品的使用寿命进行精确的研究. 什么是我们所需要的信息? 随机变量的某些特征是我们最关心的. 例如,X 的期望 $\mathrm{E}(X)$,$\mathrm{E}(X)$越大,说明产品的使用寿命越长. $\mathrm{E}(X)$的大小说明该厂生产的产品的质量. 除了$\mathrm{E}(X)$,X 的标准差 $\sigma(X)=\sqrt{\mathrm{var}(X)}$也是一个很重要的指标. 当然 X 的分布体现了工厂所生产产品的使用寿命的全部信息,因此若我们要了解工厂生产的电子产品的使用寿命,只需了解随机变量 X 的分布. 而数据又是什么? 它与随机变量 X 的关系是什么? 从数据形成的过程可知,电子产品的寿命 x_1 是工厂生产的某台产品的寿命,它是 X 的一个观察值,也可以看作与 X 同分布的随机变量 X_1 的观察值. 同样 $x_i(i=2,\cdots,18)$是与 X 同分布的随机变量 $X_i(i=2,\cdots,18)$的观察值. 这样,$\boldsymbol{x}=(x_1,\cdots,x_{18})$ 是 $\boldsymbol{X}=(X_1,\cdots,X_{18})$的观察值. 有经验的实际工作者一定会明白,我们收集 18 台数据的目的是为了了解工厂所生产产品的质量,所以在采样时一定不会为某种利益去故意选择好的产品或坏的产品进行检查. 因此,所选的产品一定是代表工厂产品质量的随机变量 X 的观察值,而且这 18 台产品也是相互独立地采样而得到的. 用数学的语言来描述,$X_1,\cdots,X_{18}$为相互独立且同分布的随机变量,而其共同分布与 X 的分布相同. 由于数据 $\boldsymbol{x}$ 与 X 有这样一层关系,我们就指望从 $\boldsymbol{x}$ 得到 X 的分布信息.

下面以电子产品的使用寿命为例引入统计学的基本概念. 我们将工厂所生产的某种电子产品的总和称为总体,它并不是仅仅表示工厂已经生产的全体产品,而是工厂所能生产的产品的总和,因而也包括还没有生产出来的所有产品. 我们关心的是工厂所生产产品的使用寿命,而用随机变量来表示使用寿命是最恰当不过了,又由于我们的目标是分析产品的寿命,所以我们忽略产品的其他特征,将总体归结为使用寿命这个随机变量. 根据不同的情况,有时候也可把总体归结为随机向量、随机函数等随机量. 不过随机变量是最简便的概念,而且本书中所讨论的总体以随机变量为主.

定义 2.1 所考查的对象的总和称为**总体**. 在统计学中它可以归结为随机变量或其他形式的随机量.

我们还是拿电子产品的使用寿命这个例子来说. 我们的目的是考查电子产品的使用寿命,于是将所有电子产品的使用寿命作为总体. 所谓总体特性,就是使用寿命的特性,或者是刻画使用寿命的随机变量 X 的特性. 该随机变量的分布称为**总体分布**.

由前面的分析已经知道,代表电子产品使用寿命的是随机变量 X,而 X 的分布即总体分布是人们所想了解的对象或想获取的信息. 鉴于人们不知道总体分布,我们不得不将总体分布看成某一个分布类的一个成员. 若没有任何先验的知识,总体分布所属的类是一个很大的类. 而根据经验,电子产品使用寿命的分布只是所有分布组成的大类中的一个子类. 为了获取分布的信息,我们必须把使用寿命分布类刻画清楚. 例如,可以假定使用寿命 X 的分布为指数分布(X 的单位为小时,用记号 h 表示),即其**分布密度**具有下列形式:

$$p(x,\theta)=\frac{1}{\theta}\exp\left\{-\frac{x}{\theta}\right\}\quad(x>0,\ \theta>0),\tag{2.1}$$

式中 θ 是分布的**参数**. 我们作这种假定也不是毫无根据的. 根据前人的经验,或者对以前数据的分析,得到如下的认识:用指数分布去刻画电子产品的使用寿命是足够精确的. 当然,人们也可以不相信这种假定,对数据进行分析以后,可以进一步假定电子产品的使用寿命分布应该属于更大的一个分布类,例如威布尔分布族. 当分布族确定以后,统计问题就变得十分明朗. 我们的研究对象总体分布,它是某个分布族中的一员,只是不能确知罢了. 一旦确定了分布,我们就获得了所需的信息. 例如,在电子产品的使用寿命为指数分布的假定之下,若我们确定电子产品使用寿命的分布参数 $\theta=300$,就可知道电子产品的平均使用寿命为 300 h,使用寿命超过 100 h 的概率为 $P(X\geqslant 100)=\exp\{-1/3\}$,等等.

我们已经假定电子产品使用寿命 X 的分布密度具有(2.1)式的形式. 设用 $F(x,\theta)$ 表示相应的**分布函数**,用 F_θ 表示相应的分布. X 的分

布 F_θ 是未知的(相应的 θ 也是未知的). 为了获取 X 的分布 F_θ 的信息,我们假定 F_θ 属于一个**分布族**,用记号 $\mathscr{F}=\{F_\theta,\theta\in\Theta\}$ 表示这个分布族. 在分布族 $\mathscr{F}$ 的表达式中 θ 称为**参数**,Θ 称为**参数空间**. 在统计学中,随机变量 X 称为**总体**,它的分布 F_θ 就称为**总体分布**. 这样,$X\sim F_\theta\in\mathscr{F}=\{F_\theta,\theta\in\Theta\}$ 形成了这个统计问题的**模型**,称为**总体模型**.

总体模型将实际问题进行抽象化. 电子产品使用寿命 X 的分布 F_θ 的密度由(2.1)式确定,其中参数 θ 的变动范围为 $(0,+\infty)$. 当 θ 的值确定以后,我们就获得电子产品使用寿命的全部信息. 实际上,θ 是未知的,获取 θ 的信息就成为统计学的任务.

总体模型只涉及 X 这个随机变量,还没有涉及数据. 电子产品使用寿命的观察数据为 $\boldsymbol{x}=(x_1,\cdots,x_n)$,$n=18$. 可以将它看成来自总体 $X\sim F_\theta$ 的一组观察值(有时 F_θ 也称为总体). 用更精确的话来说,观察数据 $\boldsymbol{x}=(x_1,\cdots,x_n)$ 是 $\boldsymbol{X}=(X_1,\cdots,X_n)$ 的观察值,其中 $X_1,\cdots,X_n$ 是相互独立同分布的,其共同的分布为 F_θ. $X_1,\cdots,X_n$ 的独立同分布的要求是样本产生时所确定的. 第一个寿命值 x_1 不会影响第二个寿命值的分布,它的分布仍然是 F_θ. 在统计学中,我们称 $\boldsymbol{X}=(X_1,\cdots,X_{18})$ 为**样本**,称 $n=18$ 为**样本量**(也称**样本容量**或**样本大小**),称 $\boldsymbol{X}$ 的取值 $\boldsymbol{x}=(x_1,\cdots,x_{18})$ 为**样本值**(其实样本值就是我们观察到的数据),称 $\boldsymbol{X}$ 的所有可能取值的集合为样本空间. 样本空间用 $\mathscr{X}$ 表示,即所有 $\boldsymbol{x}$ 构成的集合为 $\mathscr{X}$,$\boldsymbol{x}\in\mathscr{X}$. 由于 $X_1,\cdots,X_{18}\sim\text{iid}F_\theta$,可知 $\boldsymbol{X}$ 在 $\mathscr{X}$ 上产生一个分布,记这个分布为 P_θ. 我们称 $\boldsymbol{X}\sim P_\theta(\theta\in\Theta)$ 为**统计模型**. 我们将上述一些基本概念总结成下面的定义.

定义 2.2 当刻画总体的随机变量 X 的分布族 $\{F_\theta,\theta\in\Theta\}$ 确定以后,$X\sim F_\theta(\theta\in\Theta)$ 就形成了**总体模型**. 将数据 $\boldsymbol{x}=(x_1,\cdots,x_n)$ 看成总体随机变量的一组独立观察值,即 $\boldsymbol{x}=(x_1,\cdots,x_n)$ 是随机向量 $\boldsymbol{X}=(X_1,\cdots,X_n)$ 的观察值,其中 $X_1,\cdots,X_n\sim\text{iid}F_\theta$. $(X_1,\cdots,X_n)$ 称为来自总体 X 的一个**简单随机样本**(简称**样本**). 样本 $\boldsymbol{X}=(X_1,\cdots,X_n)$ 是一个随机向量. $\boldsymbol{x}$ 称为**样本值**,即我们得到的数据. $\boldsymbol{X}$ 的取值空间 $\mathscr{X}$ 称为**样本空间**. $\boldsymbol{X}$ 和它相应的分布族 $\{P_\theta,\theta\in\Theta\}$ 一起称为**统计模型**.

对统计模型进行定义的时候,模型中的参数 θ 是一个抽象的量,它不一定是数值,可以是常数向量或是其他的量. 其主要特征是:一旦参数的值确定以后，统计模型中的分布就完全确定了. 不过常见的模型中，参数 θ 是以数值或向量的形式出现的. 在某些统计问题中，我们需要了解与参数有关的量，即 θ 的函数 $g(\theta)$，它也是人们需要了解的信息. 为了简便，将 θ 的函数 $g(\theta)$ 也称为参数.

由数据到统计模型是人们认识上的飞跃. 如果仅有数据而没有统计模型，就不可能进行科学的统计推断，也不可能总结前人的经验，只能停留在对数据的模糊认识的阶段. 因此，在数据处理的第一阶段，头一位的任务是为数据建立一个合理的统计模型. 这需要我们对数据的背景有充分的认识，包括代表总体的随机变量的分布类型，代表数据的样本是否是总体随机变量的独立重复观察. 建立了统计模型以后，人们所需的信息也可以在统计模型中得到体现. 在此基础上建立的统计模型为解决问题提供了坚实的理论基础. 下面是举例.

例 2.1(测量问题) 设对某量 a 进行测量，其 n 次重复的测量值形成数据 $\boldsymbol{x}=(x_1,\cdots,x_n)$. 测量带有误差，记 X 为测量值，X 与 a 具有如下的关系：

$$X = a + e,$$

其中 e 为测量误差. X 和 e 具有随机性质，故它们都是随机变量，a 是未知的参数. 通常假定 $e\sim N(0,\sigma^2)$，$\sigma^2>0$. 这样 X 的分布为 $N(a,\sigma^2)$，其相应的参数空间为 $\Theta=\{\theta=(a,\sigma^2):\ a\in\mathbf{R},\sigma^2>0\}$. 当确定参数 a,σ^2 的值以后，我们就知道了待测量 a 的值，从而达到了测量的目的. 这时也同时知道了 σ^2 的值. σ^2 刻画了测量误差. 这个量不是我们关心的量，因此有时称为**讨厌参数**，因为误差造成了估计 a 的难度. 若要得到的是测量仪器的精度，此时 σ^2 成为我们关心的参数，而 a 反而成为"讨厌参数"了. 我们将考查的总体抽象成 $X\sim N(a,\sigma^2)$，其中 $a\in(-\infty,+\infty)$，$\sigma^2>0$. X 和它的分布族形成总体模型. 这个模型既刻画了测量对象的参数 a，也刻画了反映测量误差的参数 σ^2，还说明了测量值 X 与测量对象 a 的关系. 将总体刻画清楚后，记 $\boldsymbol{X}=(X_1,\cdots,X_n)$ 为来自总体 X 的一个样本，则 $\boldsymbol{X}$ 的分布 P_θ 具有概率密度

$$f_\theta(\boldsymbol{x}) = \prod_{i=1}^{n} \frac{1}{\sqrt{2\pi}\sigma}\exp\left\{-\frac{(x_i-a)^2}{2\sigma^2}\right\},$$

其中 $\boldsymbol{x}=(x_1,\cdots,x_n)\in\mathscr{X}$，$\mathscr{X}=\mathbf{R}\times\cdots\times\mathbf{R}=\mathbf{R}^n$ 为 n 维欧氏空间. 这样，

$\boldsymbol{X}\sim P_\theta,\theta=(a,\sigma^2)\in\Theta(\Theta=\mathbf{R}\times\mathbf{R}^+,\mathbf{R}^+=\{\sigma^2:\sigma^2>0\})$形成了统计模型.

定义 2.2 将总体模型与统计模型的关系刻画得很清楚. 但在有些实际问题中,总体模型与统计模型之间的界限是不够清楚的. 例如,观察某种商品销售量随时间变化的规律,就拿计算机软盘的销售量来说吧,它的历史只有 20—30 年,到现在已经是淘汰的产品,其观察数据只有一组,是不可重复的. 若将这一组观察数据抽象成模型,它既可以是总体模型,又可以是统计模型. 另外,在定义 2.2 中,数据的形式比较特殊,它是总体 X 的简单随机样本. 但是,若数据不是来自某总体的简单随机样本,也可建立相应的统计模型.

统计模型用数学的形式将数据与"信息"建立了联系. 在总体模型中,总体 $F_\theta(\theta\in\Theta)$ 建立了参数与分布之间的一一对应关系. 而参数 θ 代表我们希望获取的信息. 若知道了总体的分布 F_θ 就能知道 θ 的值,即获取了信息. 总体与数据之间又有如下的联系: $\boldsymbol{X}=(X_1,\cdots,X_n)$为观察的随机向量,$\boldsymbol{x}=(x_1,\cdots,x_n)$为 $\boldsymbol{X}$ 的观察值,而 $\boldsymbol{X}$ 的分布 P_θ 恰好是由总体的分布导出的. 这样,观察数据与我们关心的信息通过统计模型建立了联系,进而从数据提取有用信息的问题就有了严格的数学基础.

建立统计模型的目的是为了解决实际问题,因此我们必须把实际问题讲清楚,才能将问题在统计模型的架构之下解决. 以例 2.1 中的统计模型来说,我们的问题是想知道待测量 a 的值. 但$(x_1,\cdots,x_n)$是 a 的 n 个测量值,我们需要由$(x_1,\cdots,x_n)$计算得到一个值,将这个值作为 a 的估计值. 因此,测量问题中的第一个问题是估计问题. 在例 2.1 中,作为 a 的估计,可考虑 $\hat{a}=\dfrac{1}{n}(x_1+\cdots+x_n)$,这是常用的估计值. 我们可将$\dfrac{1}{n}(x_1+\cdots+x_n)$抽象成 $T(x_1,\cdots,x_n)$,它是依赖于数据$(x_1,\cdots,x_n)$的函数. 这种依赖于数据的函数称为统计量. 下面我们给出统计量的定义.

定义 2.3 设 $\boldsymbol{X}\sim P_\theta(\theta\in\Theta)$是一个统计模型,则定义在样本空间 $\mathscr{X}$ 上的任何函数 $T(\boldsymbol{x})(\boldsymbol{x}\in\mathscr{X})$都称为**统计量**.

对于统计量的定义,我们还要做一些解释. 函数是大家熟悉的概念,例如 $y=x^3$ 是一个具体的函数.但是,我们通常称 y 是一个连续函数 $y=f(x)$,实际上是泛指所有的连续函数.在统计学中的统计量通常是指具体的函数,不能泛指,尤其是不能含有未知参数.当 $(x_1,\cdots,x_n)$ 的值给定以后,根据函数关系可计算出 $T(\boldsymbol{x})$ 的值.带未知参数的函数 $T(\boldsymbol{x},\theta)$ 就不能称为统计量,原因是 θ 是未知的参数,从 $\boldsymbol{x}$ 的值,不能得到 $T(\boldsymbol{x},\theta)$ 的值.统计量是统计学十分重要的概念.从数学上,统计量是一个只依赖数据的函数.

对于统计量 $T(\boldsymbol{x})$,我们还要提醒读者,对于数据 $\boldsymbol{X}=\boldsymbol{x}$,由 $T(\boldsymbol{x})$ 可以通过计算得到一个数.但是,若将它看成样本 $\boldsymbol{X}$ 的函数,$T(\boldsymbol{X})$ 还是一个随机变量,它具有分布.而且,在不同参数值之下,具有不同的分布.严格意义下,统计量 $T(\boldsymbol{X})$ 具有分布族.

我们用例 2.1 来说明统计量的概念.样本 $\boldsymbol{X}=(X_1,\cdots X_n)$ 的各分量 $X_i\sim\text{iid}N(a,\sigma^2)$,即 $X_i(i=1,\cdots,n)$ 为独立同分布的随机变量,其共同分布为 $N(a,\sigma^2)$.在这个测量问题中,最常见的统计量为样本均值 $T=\frac{1}{n}(X_1,\cdots,X_n)$.当 $\boldsymbol{X}=(X_1,\cdots,X_n)$ 的观察值为 $\boldsymbol{x}=(x_1,\cdots,x_n)$ 时,$T=T(\boldsymbol{x})=\frac{1}{n}(x_1+\cdots+x_n)$ 就是一个数值,$T=T(\boldsymbol{x})$ 也称为统计量的值;当 $\boldsymbol{X}=(X_1,\cdots,X_n)$ 时,统计量是样本的函数,它也是随机变量,我们也可以计算 T 的分布.经计算可知 $T=\frac{1}{n}(X_1+\cdots+X_n)\sim N\left(a,\frac{\sigma^2}{n}\right)$.注意统计量 T 的分布也含有未知参数 (a,σ^2).

§6.3 若干统计问题

本节介绍几个典型的统计问题.这些问题将在本书后面的几章详细讨论,此处只是予先介绍一下.

1. 估计问题

前面已经介绍过,遇到一个实际问题,作为统计工作者总是首先建立一个统计模型.在例 2.1 中,总体模型为 $X\sim N(a,\sigma^2)$,其中 X 代表

对某量 a 的一次测量值;统计模型为 $X_i \sim \mathrm{iid}N(a,\sigma^2), i=1,\cdots,n, a\in(-\infty,+\infty), \sigma^2>0$. 在测量问题中,我们最关心的量是 a. 因为我们不知道 a 是什么,所以我们才会提出用测量的办法去求得 a 的值. 现在,a 取什么值就是典型的估计问题. 回答这个问题必须坚持两点：首先,估计值必须依赖于观察值,即依赖于样本 $(X_1,\cdots,X_n)$；其次,当样本 $(X_1,\cdots,X_n)$ 取定以后,就可以具体地计算得到 a 的估值. 以上两点说明,我们可用统计量 $T(\boldsymbol{X})$ 作为参数 a 的**估计**. 以上讨论只回答了一个问题：什么样的量才有资格作为参数 a 的估计？其答案是：依赖于样本的统计量就可以作为参数 a 的估计. 在估计问题中,估计参数的统计量也称**估计量**.

例 3.1(续例 2.1)　在例 2.1 中,待测量的 a 的一个估计为 $T_1=\frac{1}{n}\sum_{i=1}^{n}x_i$. 为了研究 T_1 的性质,把它看成随机变量 $T_1=\frac{1}{n}\sum_{i=1}^{n}X_i$. 随机变量 T_1 的分布是什么？这是随机变量函数分布的计算问题. 但是,当 $(X_1,\cdots,X_n)$ 服从多元正态分布时,其常系数线性组合的分布也是正态分布(见概率论分册第三章的定理 6.6). T_1 恰好是多元正态分布各分量的线性组合. 利用期望的计算公式,立即可得

$$\mathrm{E}(T_1)=\frac{1}{n}\left[\sum_{i=1}^{n}\mathrm{E}(X_i)\right]=a.$$

而对于 T_1 的方差,利用 $X_i(i=1,\cdots,n)$ 独立同分布之特性,可得

$$\mathrm{var}(T_1)=\frac{1}{n^2}\left[\sum_{i=1}^{n}\mathrm{var}(X_i)\right]=\frac{\sigma^2}{n}.$$

这样我们得到 $T_1\sim N\left(a,\frac{\sigma^2}{n}\right)$. T_1 的期望还是 a,而方差为单个观察值的方差的 $\frac{1}{n}$ 倍.

在第七章中,我们将详细讨论估计问题,包括相应的理论和方法.

2. 假设检验

另一类重要的实际问题是假设检验问题. 设某厂有一批产品,共 200 件,需经检验合格后才能出厂. 按国家规定,不合格品率不得超过 3%. 现从中任意抽取了 10 件进行检验,发现其中有 2 件不合格品. 问：

这 200 件产品能否出厂？

要回答这个问题，首先得知道按国家规定 200 件产品中不合格件数不得超过多少. 题中提及不合格品率不得超过 3%，这说明这批产品中不合格品不得超过 6 件. 记 M 为 200 件产品中不合格品的件数，则当不合格品的件数 $M\leqslant 6$ 时，视该批产品为合格；当不合格品的件数 $M\geqslant 7$ 时，视该批产品为不合格，不能出厂. 但是 M 是未知的，即我们不知道 200 件产品中不合格品的件数，从而不知道 $M\leqslant 6$ 或 $M\geqslant 7$，也就无从确定该批产品能否出厂. 如果没有数据的话，这个问题是无解的. 好在工厂从这 200 件产品中随机地抽取 $n=10$ 件进行检查，得知其中不合格产品件数 $x=2$. 记 X 为随机抽取的 n 件产品中不合格产品的件数($x=2$ 是随机变量 X 的取值). X 的分布为**超几何分布**：

$$P(X=x)=\mathrm{C}_M^x\mathrm{C}_{N-M}^{n-x}/\mathrm{C}_N^n \quad (x=0,1,\cdots,\min\{M,n\}),$$

式中 $N=200$ 为该批产品的总数. 由上式可以看出，X 的分布与 200 件产品中不合格品的件数 M 有关. 这样我们就可以说，随机变量 X 就是我们研究的总体，而 M 是总体的参数. X 和它的分布族形成总体模型. 由于此问题样本容量为 1，这个模型也可称为统计模型. 现在回到最早提出的问题：这批产品能不能出厂？即判断这批产品合格或不合格. 这个问题与前面的估计问题不一样. 估计问题所问的是在统计模型中未知参数 θ 是什么. 在此处讨论的估计问题变成 200 件产品中不合格产品的件数 M 等于什么，而工厂关心的是这批产品合格否，能否出厂. 工厂要求的答案是能或不能. 这就形成了假设检验问题.

统计上，我们将**假设检验问题**写成

$$(M\leqslant 6, M\geqslant 7) \tag{3.1}$$

的形式. 我们将在第八章说明(3.1)式的意义. 现在来回答这样的问题：假设检验问题的解是什么？事实上，我们给出一个 X 的取值集合 $\mathscr{W}$，当 X 的取值 $x\in\mathscr{W}$ 时，就判定这批产品不合格而拒绝出厂；当 $x\overline{\in}\mathscr{W}$ 时，就判定这批产品合格而容许出厂. 但是泛泛地给出一个 $\mathscr{W}$，这个判别准则并没有与这批产品的质量联系起来. 由经验知，若随机抽取的 10 件产品中不合格品的件数 X 大，则应判该批产品为不合格，不能出厂. 用数学的语言来表达，当 X 满足条件

$$X\geqslant c,$$

即当 X 的值大于或等于某个值 c 时，就判定该批产品为不合格. 这样的解比较符合实际. 第九章中我们将讨论各种解的性能比较. 上述这类问题就是统计学中的假设检验问题. 美国统计学家奈曼(Neyman)和英国统计学家皮尔逊(Pearson)将假设检验问题加以系统化，建立在严格的数学理论基础上. 有关假设检验问题的术语和理论将在第八章详细介绍. 在检验问题中也要用到统计量. 刚才讨论的产品检验问题中用到的统计量是 X 本身.

3. 回归分析

回归分析研究两个变量之间的关系. 我们以一元回归为例，说明回归分析中的主要概念. 所谓**一元回归**是指自变量 x 是一个数值变量. 设有两个变量 y 和 x，y 和 x 之间有某种关系. 人们当然希望了解 y 与 x 之间的这种关系，因此需要观察 x 的不同点处的 y 值. 这样回归问题的观察数据应该是 $\boldsymbol{y}=(y_1,\cdots,y_n)$ 和 $\boldsymbol{x}=(x_1,\cdots,x_n)$. 由经验可知，$y$ 与 x 之间并没有严格的函数关系. 从同一个观察点 x 处独立重复地观察两次，可以发现相应的 y 值是不一样的. 因此，我们可以对于这一组观察数据建立下面的模型：

$$\begin{aligned} Y_1 &= f(x_1)+\varepsilon_1, \\ Y_2 &= f(x_2)+\varepsilon_2, \\ &\cdots\cdots \\ Y_n &= f(x_n)+\varepsilon_n, \end{aligned} \tag{3.2}$$

其中 $\varepsilon_1,\cdots,\varepsilon_n$ 为 iid 随机项或误差，$\mathrm{E}(\varepsilon_i)=0$，$i=1,\cdots,n$. 在这个方程组中，$\boldsymbol{Y}=(Y_1,\cdots,Y_n)$ 是随机向量，而前面提到的 $\boldsymbol{y}$ 就是 $\boldsymbol{Y}$ 的观察值. 这个随机向量的分布参数是什么？所谓分布参数就是分布中未知的量，当这些量确定以后随机向量的分布就完全确定了. 在这个模型中，$\boldsymbol{x}=(x_1,\cdots,x_n)$ 是观察到的量，它不是参数. 函数 f 是未知的量，它的变化范围是某个函数空间 $\mathscr{F}$. 另一个未知参数是 ε_i 的分布，设它具有分布密度 $p(x)$(对一切 i 相同)，但是满足 $\mathrm{E}(\varepsilon_i)=0$ 这一约束条件. 用 $\mathscr{P}$ 表示 $p(x)$ 的变化范围. 这样，按统计模型的定义，$\boldsymbol{Y}$ 与它的分布族形成一个统计模型，其分布参数空间为 $\mathscr{F}\times\mathscr{P}$，这是一个相当复杂的参数空间. 当模型中的参数确定以后，作为实际工作者，就把握了变量 y 与 x 之间的关系. 例如,若我们已经知道 $f(x)=x^2$,并且 ε_i 的共同分布为正态分布 $N(0,\sigma^2)$,则知道了 x 的值以后,y 通过 $y=x^2$ 就建立了两者的联系. 不过这种联系还附有一个随机误差. 作为**一元回归**的特例是一元线性回归. 实际上,将一元回归参数空间中的函数空间换成 x 的线性函数空间 $\{f(x):f(x)=b_0+b_1x,b_0\in\mathbf{R},b_1\in\mathbf{R}\}$,就得到**一元线性回归模型**. 若进一步限制误差 $\varepsilon_i(i=1,\cdots,n)$ 的分布为正态分布 $N(0,\sigma^2)$,就得到**一元正态线性回归模型**. 建立模型以后,就可以对模型进行统计推断. 我们以一元正态线性回归模型为例说明之. 设 $Y_1,\cdots,Y_n$ 和 $x_1,\cdots,x_n$ 形成一个一元正态线性回归模型

$$
\begin{aligned}
Y_1 &= b_0 + b_1x_1 + \varepsilon_1,\\
Y_2 &= b_0 + b_1x_2 + \varepsilon_2,\\
&\cdots\cdots\cdots\cdots\\
Y_n &= b_0 + b_1x_n + \varepsilon_n,
\end{aligned}
\tag{3.3}
$$

其中 b_0 称为回归直线的**截距**,b_1 称为**回归系数**,$\varepsilon_1,\cdots,\varepsilon_n\sim\mathrm{iid}N(0,\sigma^2)$ 称为**随机项**或**误差**. 在这个模型中,b_0,b_1 和 σ^2 是参数. 对于这样的模型,我们可以对模型中的参数进行估计,并讨论它们的性质. 对于回归系数 b_1,$b_1=0$ 和 $b_1\neq0$ 的情况具有完全不同的意义. 当 $b_1=0$ 时,说明变量 x 对变量 y 完全没有影响;当 $b_1\neq0$ 时,说明变量 y 依赖于变量 x 变化. 因此,在回归分析中需要考虑关于"$b_1=0$"的假设检验问题.

以上介绍了回归模型中最简单的一种. 由于回归模型花样繁多,因此相应的理论问题内容十分丰富,除了上述介绍的估计和检验问题外,还有关于模型的检验问题,多元回归中自变量的选择问题,等等. 这些内容会在第九章中介绍.

4. 统计决策和贝叶斯统计

所谓统计决策模型,就是将估计和假设检验等统计问题统一成一个模型. 在一个统计模型中,模型的参数 θ 是人们所追求的信息. 但人们观察到的却是数据 $\boldsymbol{X}=\boldsymbol{x}$. 统计学的任务是由观察数据提取 θ 的信息. 估计问题所问的是:θ 是什么? 检验问题是:参数 θ 是否在参数空间的一个子集内? 统计决策问题将问题的解看成一个决策行动. 例如,在估计问题中,用 $\hat\theta=\hat\theta(X)$ 作为 θ 的估计. $\hat\theta$ 就可以看成一个决策行动.

在假设检验中,通常将问题写成(Θ_0,Θ_1)的形式,其中Θ_0和Θ_1是参数空间Θ的两个互补的子集,即$\Theta_0\cap\Theta_1=\varnothing$,并且$\Theta=\Theta_0\cup\Theta_1$. 这里$\Theta_0$称为零假设集(或原假设集). 作为假设检验问题的解,通常用样本空间的子集S来刻画,S称为否定域. 当数据$\boldsymbol{x}$落入S时,就否定原假设Θ_0;当$\boldsymbol{x}\overline{\in}S$时,就接受$\Theta_0$. 若把接受$\Theta_0$和否定$\Theta_0$看成两个不同的决策,假设检验问题的解可以看成依赖于数据的取值于决策空间(由拒绝Θ_0和接受Θ_0组成)的一个决策函数. 因此,假设检验问题的解也是一个决策行动. 统计决策模型把统计模型中的不同的问题化成一个统一的**统计决策问题**. 第十章将对统计决策问题进行简单介绍.

在第十章中,我们还介绍了**贝叶斯统计**. 在统计领域中对分布参数和概率的不同看法,可以分为频率学派和贝叶斯学派两种学术流派. 贝叶斯学派的观点与经典的频率学派有很大的不同. 在频率学派的概念中,随机事件的概率总是与事件在独立重复试验中出现的频率相联系. 而在贝叶斯学派的概念中,随机事件的概率除了频率背景以外,还可以包括没有频率背景的主观概率,因此在统计模型中,也将未知参数θ看成随机变量(不管θ有没有频率背景,都看成随机变量). 在没有得到观察值以前,随机变量$\boldsymbol{\theta}$(此处θ为了与取值区分用黑体表示,下同)的分布称为**先验分布**. 与先验分布相对应的是**先验分布密度**,记作$\pi(\theta)$. 先验分布代表参数θ的先验信息,而原来样本$\boldsymbol{X}$的分布密度$p(\boldsymbol{x},\theta)$则看成$\boldsymbol{X}$在$\boldsymbol{\theta}=\theta$之下的条件分布密度$p(\boldsymbol{x}|\theta)$. 由$\pi(\theta)$和$p(\boldsymbol{x}|\theta)$可得到$(\boldsymbol{X},\boldsymbol{\theta})$的联合分布密度$p(\boldsymbol{x}|\theta)\pi(\theta)$. 利用这个联合分布密度可得到$\boldsymbol{\theta}$在$\boldsymbol{X}=\boldsymbol{x}$之下的条件分布密度

$$\pi(\theta|\boldsymbol{x})=\frac{p(\boldsymbol{x}|\theta)\pi(\theta)}{\int_{\Theta}p(\boldsymbol{x}|\theta)\pi(\theta)\mathrm{d}\theta}.$$

这个密度就称为$\boldsymbol{\theta}$的**后验分布密度**. 后验密度是综合了先验信息和数据信息之后得到的密度,所有关于θ的信息都包含在后验密度中. 在频率学派的眼中,$\boldsymbol{X}$的分布密度$p(\boldsymbol{x},\theta)$中的θ是未知的参数,这符合直观的想法. 但贝叶斯学派不这样认识,他们将θ看成一个随机变量,尽管这个随机变量没有观察值,它是在人们想象中的随机变量. 人们要问:把在头脑中想象的概念说成随机变量是不是有点离谱?其实不是

离谱，而是一种更深入的抽象. 要说频率学派的参数 θ 也是无法观察的量，也是一种抽象，不过这种抽象比较直观，容易被人接受罢了. 频率学派的观点认为 θ 是一个未知的常数，因此没有 θ 的任何先验的信息，一切信息均来自数据. 而贝叶斯学派认为应该有一个先验信息，它是以先验分布的形式出现的，因此在进行贝叶斯统计的时候，必须给出一个先验分布. 这是频率学派与贝叶斯学派的基本不同之处.

5. 关于“大数据”

近来，**大数据**(big data)这个名词在社会上广为流行. 统计学是一门数据处理的学科，大数据与统计学有什么联系呢？我们通过“百度搜索引擎”，查到大数据是指巨量数据之集合. 本质上，大数据就是大量数据之集合，它就是我们统计学研究的对象. 但是，数据前面加上一个“大”字，这又有什么意义呢？大数据是指目前传统的数据管理和数据分析工具很难处理的大型复杂的数据集合，其挑战性包括数据的采集、管理、存储、搜索、共享、分析和可视化等问题. 可以这么说，大数据是在计算机科学、互联网和高新技术快速发展的前提下，数据科学发展的产物. 牛津大学教授维克托·迈尔-舍恩伯格的书《大数据时代》标志着大数据正式进入人们的视线.

大数据的特点有以下诸方面：

(1) 数据量巨大，一般普通软件是对付不了的. 就 2000 年开始的天文学中的斯隆天计划来说，计划开始头一周得到的数据量超过全人类迄今所得到的天文观察数据的总和.

(2) 高速地不断新增数据.

(3) 数据类型的多样性，有数量的，也有定性分类的；有音像的，也有地域的、年代的以及记录事件的.

(4) 数据是现实世界某一侧面的事件的全记录.

统计学面临的任务是如何准确地、高速地处理这个庞大的数据集合，从中找出规律性的东西. 各个领域的科技工作者在处理他们的科研问题时有求于统计学，现在统计学也面临求助于其他学科，其中主要的是计算机科学.

例 3.2(关于基金的数据) 基金是一种金融产品，其相关数据由几个方面组成：第一个方面是基金的属性数据. 构成基金的要素有多种，可以根据不同的标准对基金进行分类. 如果根据投资对象分类，基金可以分为股票基金、债券基金、货币市场基金、混合基金等. 这些数据是属性数据. 第二个方面是基金业绩数据，主要的是基金的单位净值,它是随时间迅速变化的.单位净值增加得快,说明基金的投资回报率高.此处,每只基金有资金规模和它的历史,包括基金公司的资质和管理单位的评价等.第三个方面是基金的投资组合数据.例如,股票型基金是由80%以上的股票以及其他债券类、货币类资产等构成的,其中基金的十大重仓股以及投资比例对于基金的运作产生决定性影响.好的投资组合可以使得基金的回报率更高.第四个方面是基金投资人数据.根据销售适用性原则,要把合适的产品卖给合适的基金投资人.这就需要调查投资人的投资目的、投资期限、投资经验、财务状况、短期风险承受水平、长期风险承受水平等数据.第五个方面是有关国家的宏观经济政策的数据.例如,财政政策、货币政策、经济运行指标以及国际环境等,这些环境因素对于基金行业的整体收益也产生重要影响.这一大堆数据已经够庞大的了.它们是不断变化的,分散于各个部门.它们符合大数据的定义,具有前述大数据的四个特点.这些数据就是我国金融事业中基金的状况.其现实问题是要判定我国基金是否健康,将基金分类,某些基金具有长远发展的前景,某些基金则不看好.在投资的时候,要找到最优的投资组合,以获得利益的最大化.

大数据的出现,是由社会发展推动而产生的.一个生动的例子是,美国大超市沃尔玛的经营者从他们的经营中发现芭比娃娃和棒棒糖之间有紧密相关.怎样利用这个信息提高经营者的利润呢?很多人提出了各种建议,有人提出把两者放在同一个货架上,方便顾客取货;有人提出把两者放远一些,引导顾客走更长的距离,让他们选购更多的商品;还有人提出将其中一个商品打折促销,另一个商品加价,其目的是使得销售量增加,利润也增加.这类例子引起学术界兴趣,由此提出了数据挖掘和大数据的概念.这个例子也启发了统计学界,利用统计学中一个很简单的概念——**相关**,可在实际应用中起很大的作用.当然,这些例子也引起计算机科学界的兴趣,推动了大数据的发展.实际上,统计学中的很多方法,特别是统计学的分支——多元统计分析和时间序列分析中的很多方法(例如回归分析、相关分析、因子分析和聚类分析等等)都适用于大数据中的数据分析.当然,有些数据分析工作者,他们根据数据的直观形象和实际工作经验得到了很多重要的信息.但仔细研究发现,这些直观的结论还是符合数据的统计规律的.

现在有些统计学工作者对统计学的发展提出了改革意见,认为统计学教学应该面向实际,加强与统计软件相结合.我们认为他们看到了统计学的发展前景.统计学本身是数据处理的科学,它与其他理论科学是有区别的.统计学必须与实际科学结合才能发挥它的作用.本书是统计学的入门教材,只介绍统计学的基本知识和数据处理的基本技巧.有些观点认为这些知识都是一些一百多年前的东西.言外之意,这些知识比较陈旧,应多讲现代新出现的知识和技巧.我们认为,这样的看法是不全面的.须知,每门科学都有基本概念和基本方法,这些概念和方法是人类长期积累而成的知识结晶和核心思想,是后人赖以发展新概念和新方法的基础和出发点.正因为这样,培养数学人才,从中学开始,并不因为加减乘除等数学运算和平面几何在几千年前就有而嫌其陈旧.相反地,只有掌握这些最基本的知识,才能学习和掌握复杂的高等数学.统计学也是如此,本书作为入门教材应包括统计学的基础内容和基本思想.而要了解统计学的许多比较复杂的内容,则应进一步阅读"多元统计分析""时间序列分析""抽样调查"等后续课程的专门书籍.

习 题 六

1. 某鸟类学家随机地观察了 n 个鸟窝,发现每个窝内鸟蛋的个数为 $x_1,\cdots,x_n$,调查的目的是了解本季节中鸟窝内鸟蛋的平均个数.假定每一对鸟在每一个生育季节下蛋个数 X 服从泊松分布:

$$P(X=i)=\frac{\lambda^i}{i!}\exp\{-\lambda\}\quad(i=0,1,\cdots;\ \lambda>0).$$

(1) 为此问题建立一个统计模型;

(2) 将本例中的实际问题叙述为统计模型中的数学问题;

(3) 设 $X_1,\cdots,X_{10}$ 是来自 X 的一个样本,并记 $T=\sum\limits_{i=1}^{10}X_i$,试求 T 的分布.

*2. 设有三位实验者对于同一批电子设备进行观察(共 n 台,$n=10$),目的是考查电子设备的使用寿命.假定每台设备的使用寿命 X 服从指数分布,即

$$X\sim\frac{1}{\theta}\exp\left\{-\frac{x}{\theta}\right\}\quad(x>0,\ \theta>0),$$

并且各台设备的使用寿命是独立同分布的.实验者甲得到 n 台设备的寿命(单位:h);实验者乙没有将观察进行到底,他观察到前 3 台的寿命数据以后就离开实验室;实验者丙只观察了 10 h,在 10 h 内有 n_1 台失效($n_1\leqslant n$),并记录了失效的时间.试为每位实验者建立相应的统计模型.

3. 设有 N 个对象,N 未知;每个对象有一个标号 $1,\cdots,N$.为了估计 N 的大小,现从中随机地抽取 n 个标号:$i_1,\cdots,i_n$($n<N$).为这个问题建立统计模型.

4. 某针织厂为了对针织品的漂白工艺进行考查,测量针织品的断裂强度.对各个试品测得数据(单位:kg)如下:

20.5, 18.8, 19.8, 20.9, 21.5, 19.5, 21.0, 21.2.

已知织品的断裂强度服从正态分布,求出相应的统计模型,并指出相应的参数空间.

5. 设战士打靶一发命中的概率为 p. 按规定，每位战士必须至少打两发以上子弹. 若两发均不中，则必须继续打，直到打中目标为止. 记 X 为一位战士在打靶时所用的子弹数，试写出 X 的分布.

6. 设 $X_1,\cdots,X_n\sim \text{iid}N(\mu,\sigma^2)$，$\mu\in(-\infty,+\infty)$，$\sigma^2>0$，又设 $a_1,\cdots,a_n$ 为已知常数，求统计量 $T=a_1X_1+\cdots+a_nX_n$ 的分布.

7. 设某一个群体，共 N 人，记 m 为具有某种特征的人数. 现从中随机地抽查，直到找出一个具有该特征的人为止. 为这种检查建立一个统计模型(在这个问题中，$m>0$ 为未知，N 为已知. 在寻找稀有血型的人的时候，可采用这种模型). 记经检测后没有这种特征的人数为 X，求 X 的分布族.

8. 在一元正态线性回归模型(3.3)中求出 $\boldsymbol{Y}=(Y_1,\cdots,Y_n)$ 的联合密度 $f(\boldsymbol{y})$.

9. 某贸易机构想向某国采购一种重要物资，派出一个代表团到对方访问. 由于不知道对方的态度，只能认为对方有 50% 的可能性愿意出售这种物资. 但是代表团出国后，谈判前对方主动宴请代表团. 已知对方愿意出售重要物资情况下，谈判前主动宴请的概率为 0.8；对方不愿意出售重要物资情况下，谈判前主动宴请的概率为 0.1. 问：对方愿意出售重要物资的概率有多大？这是一个获取信息的过程，哪些是先验信息？哪些是后验信息？

第七章　估　　计

§7.1　最大似然估计

在第六章中对数据处理问题建立了相应的统计模型. 通常用

$$\boldsymbol{X}=(X_1,\cdots,X_n)\sim P_\theta \quad (\theta\in\Theta)$$

表示统计模型. 实际上统计模型给出了若干备择的样本分布 P_θ, 却没有指明 Θ 中的哪一个 θ 是真的总体参数. 在 Θ 中如何选择一个参数作为参数真值的估计成为估计理论的中心问题. 通常用记号 $\hat{\theta}$ 表示参数 θ 真值的估计. 在第六章已经提到, 估计值应该与观察值 $(x_1,\cdots,x_n)$ 有关, 用记号 $\hat{\theta}(x_1,\cdots,x_n)$ 表示之. 本节我们将介绍一种求 $\hat{\theta}(x_1,\cdots,x_n)$ 的方法——最大似然估计法. 为此, 我们引入两类最常用的统计模型. 第一类是**离散统计模型**: 设 $(X_1,\cdots,X_n)$ 为独立重复观察得到的样本, 其中 $X_i(i=1,\cdots,n)$ 为离散型随机变量, 样本**分布列**具有下列一般形式:

$$P_\theta((X_1,\cdots,X_n)=(x_1,\cdots,x_n))=\prod_{i=1}^{n}P_\theta(X_i=x_i) \quad (\theta\in\Theta),$$

此处 θ 为参数 (由于 $(X_1,\cdots,X_n)$ 的分布与 θ 有关, 常常把其有关事件的概率 $P(\cdot)$ 记为 $P_\theta(\cdot)$, 下同). 对于固定的样本值 $(x_1,\cdots,x_n)$, 作为参数 θ 的函数

$$L(\theta)=\prod_{i=1}^{n}P_\theta(X_i=x_i) \tag{1.1}$$

称为**似然函数**. 第二种是**连续统计模型**: 此时 $X_i(i=1,\cdots,n)$ 为连续型随机变量, 样本 $(X_1,\cdots,X_n)$ 具有联合密度

$$\prod_{i=1}^{n}p(x_i,\theta) \quad (\theta\in\Theta).$$

对于固定的样本值 $(x_1,\cdots,x_n)$, θ 的函数

$$L(\theta)=\prod_{i=1}^{n}p(x_i,\theta) \tag{1.2}$$

也称为**似然函数**. 似然函数的直观意义是什么？得到观察值$(x_1,\cdots,x_n)$以后，在许多待选的总体参数θ中，哪个与此数据最匹配呢？可用似然函数来刻画参数θ与数据的匹配程度. 例如，在离散情况下，似然函数$L(\theta)$就是总体参数为θ的情况下，事件$\{(X_1,\cdots,X_n)=(x_1,\cdots,x_n)\}$的概率. 最大似然估计就是挑选使$P_\theta((X_1,\cdots,X_n)=(x_1,\cdots,x_n))$达到最大的$\theta$值作为真值的估计. 将这个思想写成如下的定义：

定义 1.1　设$\theta\in\Theta$为统计模型$(X_1,\cdots,X_n)\sim P_\theta$的参数，统计模型可为连续型，也可为离散型，又设$x_1,\cdots,x_n$为总体的样本值. 若存在$\hat{\theta}(x_1,\cdots,x_n)$，使得

$$L(\hat{\theta}(x_1,\cdots,x_n))=\max_{\theta\in\Theta}L(\theta),$$

其中$L(\cdot)$为(1.1)式或(1.2)式所给出的似然函数，则称$\hat{\theta}(x_1,\cdots,x_n)$为$\theta$的**最大似然估计**(简称 **ML 估计**). 若$\hat{\theta}$为参数θ的 ML 估计，则θ的函数$g(\theta)$的 ML 估计定义为$g(\hat{\theta})$.

注 1　今后为了记号的统一，离散和连续模型下的似然函数都用公式(1.2)的表达式表示.

注 2　与统计量的表示法一样，可用$\hat{\theta}(x_1,\cdots,x_n)$或$\hat{\theta}(X_1,\cdots,X_n)$表示参数$\theta$的估计量$\hat{\theta}$，当用$\hat{\theta}(x_1,\cdots,x_n)$表示时，强调$\hat{\theta}$的计算；当用$\hat{\theta}(X_1,\cdots,X_n)$表示时，强调$\hat{\theta}$的统计特性.

注 3　在定义 1.1 中，$g(\theta)$的 ML 估计定义为$g(\hat{\theta})$，此处$\hat{\theta}$为参数θ的 ML 估计，这是非常合理的. 这样定义以后，可使 ML 估计具有不变性. 若$g(\theta)$是参数空间Θ到它的值域的一个一一变换，此时$\eta=g(\theta)$可以看成模型的一个新的参数化. 在新的模型中，似然函数$\tilde{L}(\eta)=\prod_{i=1}^{n}p(x_i,\theta)$，其中$\eta$与$\theta$通过关系式$\eta=g(\theta)$联系. 显然，$\hat{\eta}$使$\tilde{L}(\eta)$达最大等价于原来的似然函数$L(\theta)$在$\hat{\theta}$处达最大. 这样$\hat{\eta}=g(\hat{\theta})$. 在定义 1.1 中并不要求$g(\theta)$是一个一一变换. 对于给定观察值$x_1,\cdots,x_n$，什么样的$g$值与观察值最匹配？由于$\hat{\theta}$与$x_1,\cdots,x_n$最匹配，显然与$x_1,\cdots,x_n$最匹配的$g$值是$g(\hat{\theta})$. 也可形式上定义一个似然函数

$$L(g)=\max_{\{g:g(\theta)=g\}}L(\theta),$$

利用这个似然函数，求得g的最大似然估计就是$g(\hat{\theta})$.

ML 估计是 20 世纪初由英国统计学家 Fisher 提出的. 尽管 ML 估计法不能成为绝对的准则,但它是一个对统计模型普遍适用的求估计的方法. ML 估计法的思想虽然十分简单,但十分深刻,后续的研究说明它具有很多优良性质. 在许多实用的统计模型中参数的 ML 估计都是在各种意义下的最优估计. 现在我们用例子说明 ML 估计所含的基本思想. 设一个坛子内有 3 个球,其中有黑球,也有白球. 此时只有两种情况发生,坛子中有 1 个黑球和 2 个白球或 2 个黑球和 1 个白球,但不知道那一种情况是真实的. 我们用 θ 表示坛子中黑球的个数,则 θ 只可能有两种情况: $\theta=1$ 或 $\theta=2$. 现在从中随机地抽取一个球,用 X 表示摸到球的状况: $X=1$ 表示摸到的是黑球,$X=0$ 表示摸到的是白球. X 是一个随机变量,它的分布就刻画了坛子之中黑、白球的分布状况. 设 $\theta=1$,即坛子内有 1 个黑球和 2 个白球,此时 X 的分布为

$$P_1(X=1)=1/3, \quad P_1(X=0)=2/3;$$

当 $\theta=2$ 时,即坛子中有 2 个黑球和 1 个白球,X 的分布为

$$P_2(X=1)=2/3, \quad P_2(X=0)=1/3.$$

由此看出,坛子内球的状况不同,X 的分布也不同. 由 X 的分布可以确定坛子内球的状态. 这样,我们建立了一个统计模型

$$P_\theta(X=1)=\theta/3, \quad P_\theta(X=0)=1-\theta/3, \quad \theta=1,2.$$

这个问题原本是一个猜测问题,坛子中有几个黑球是不知道的,即 $\theta=1$ 或 $\theta=2$ 是未知的. 现在假定我们摸到的是一个黑球,即事件$\{X=1\}$发生. 参数 θ 的取值有两种可能,当 $\theta=2$ 时,$P_2(X=1)=2/3$;当 $\theta=1$ 时,$P_1(X=1)=1/3$. 究竟是猜 $\theta=2$,还是猜 $\theta=1$? 根据 ML 估计法的思想,毫无疑问,选择 $\hat{\theta}=2$,即认定坛子内有 2 个黑球. 事实上,从直观的角度看来,取 $\hat{\theta}=2$ 的理由也是十分充分的. 设想当 $\theta=2$,即坛子中有 2 个黑球时,摸到黑球的可能性,应比当 $\theta=1$,即坛子中有 1 个黑球时,摸到黑球的可能性大. 要我们猜 $\theta=1$ 或 $\theta=2$ 时,当然应该猜为 $\hat{\theta}=2$. 类似地,当我们摸到的是一个白球时,$P_2(X=0)=1/3$,$P_1(X=0)=2/3$,此时应选择 $\hat{\theta}=1$,即认定坛子中有 2 个白球和 1 个黑球. 注意,$\hat{\theta}$ 不过是一个估计,我们不能确知坛子内黑球个数的真实情况,除非一次摸出 2 个球来观察它们的颜色. 这就是 ML 估计法基本思想的来历.

例 1.1　设对飞机的最大飞行速度进行测试，测得 15 个数据（单位：m/s）如下：

422.2，418.7，425.6，420.3，425.8，423.1，431.5，428.2，

434.0，438.3，412.3，417.2，413.5，441.3，423.7.

试估计飞机最大飞行速度的均值.

分析　在解决此类问题时，我们需要研究这类问题的来龙去脉. 或许飞机设计师在设计飞机的时候就确定了飞机的最大速度，但飞机生产出来以后，其实测的最大速度与原设计的最大速度一般不会相同. 实测的最大速度是一个随机变量. 造成随机性的原因有很多，可能是设计中的计算错误，也可能是试飞员的操作错误，也可能是测量误差，还有气象条件的随机性，等等. 将这些种种无法预测的原因归结为随机误差. 这样，我们把实测最大飞行速度 X 抽象为一个随机变量. 由经验知，X 服从正态分布 $N(\mu,\sigma^2)$. 这样就建立了总体模型：$X\sim N(\mu,\sigma^2)$，$\mu\in(-\infty,+\infty)$，$\sigma^2>0$. 现在把上面列出的 15 个数据看成 X 的一个样本的观察值 $(X_1,\cdots,X_n)=(x_1,\cdots,x_n)$，$n=15$，并希望由这些观察值求出参数 μ,σ^2 的估计，其中 μ 的估计就是飞机最大飞行速度均值的估计. 我们试着求出参数 μ,σ^2 的 ML 估计. 对于样本值 $x_1,\cdots,x_n$ $(n=15)$，似然函数为

$$L(\theta)=\left(\frac{1}{\sqrt{2\pi}\sigma}\right)^n\exp\left\{-\frac{1}{2}\sum_{i=1}^n\left(\frac{x_i-\mu}{\sigma}\right)^2\right\},$$

其中 $\theta=(\mu,\sigma^2)\in\mathbf{R}\times\mathbf{R}^+$ 为参数. 为求似然函数 $L(\theta)$ 的最大值点，我们采取如下的求解策略：由于 $\theta=(\mu,\sigma^2)$ 是一个二维向量，在求函数的最大值点时，首先对固定的 σ^2 求 $L(\theta)=L(\mu,\sigma^2)$ 相对于变量 μ 的最大值点 $\mu^*(\sigma^2)$；然后代入 $L(\theta)$，变成 $L(\mu^*(\sigma^2),\sigma^2)$，再求 σ^2 的最大值点 σ^{2^*}，可得

$$L(\mu^*(\sigma^{2^*}),\sigma^{2^*})\geqslant L(\mu^*(\sigma^2),\sigma^2)\geqslant L(\mu,\sigma^2),$$

即 $(\mu^*(\sigma^{2^*}),\sigma^{2^*})$ 为 $\theta=(\mu,\sigma^2)$ 的 ML 估计. 循此思想，我们先求 $\mu^*(\sigma^2)$. 事实上，对固定的 σ^2，求 μ 的值 μ^* 使 $L(\mu,\sigma^2)$ 达最大，等价于求 μ^* 使 $\sum\limits_{i=1}^n(x_i-\mu)^2$ 达最小. 利用恒等式

$$\sum_{i=1}^{n}(x_i-\mu)^2=\sum_{i=1}^{n}(x_i-\bar{x})^2+n(\bar{x}-\mu)^2,$$

其中 $\bar{x}=\frac{1}{n}\sum_{i=1}^{n}x_i$，可知当 $\mu=\bar{x}$ 时，$\sum_{i=1}^{n}(x_i-\mu)^2$ 达到最小. 将 $\mu=\bar{x}$ 代入 $L(\mu,\sigma^2)$ 的表达式中，得

$$L(\bar{x},\sigma^2)=\left(\frac{1}{\sqrt{2\pi}\sigma}\right)^n\exp\left\{-\frac{\sum_{i=1}^{n}(x_i-\bar{x})^2}{2\sigma^2}\right\}.$$

不难验证，上式作为 σ^2 的函数当 $\sigma^2\to 0$ 或 $\sigma^2\to+\infty$ 时，$L\to 0$，而在 $\sigma^2\in(0,+\infty)$ 上，L 作为 σ^2 的函数取正值. 现求解方程 $\frac{\partial L}{\partial\sigma^2}=0$ 或等价地求解方程 $\frac{\partial \ln L}{\partial\sigma^2}=0$. 上述方程变成关于变量 σ^2 的方程

$$-\frac{n}{2\sigma^2}+\frac{1}{2\sigma^4}\sum_{i=1}^{n}(x_i-\bar{x})^2=0,$$

解之得 $\sigma^2=\frac{1}{n}\sum_{i=1}^{n}(x_i-\bar{x})^2$. 由微积分知识知，$\sigma^2=\frac{1}{n}\sum_{i=1}^{n}(x_i-\bar{x})^2$ 是 $L(\bar{x},\sigma^2)$ 的唯一的极大值点. 由此可知，$\mu=\bar{x},\sigma^2=\frac{1}{n}\sum_{i=1}^{n}(x_i-\bar{x})^2$ 使 $L(\mu,\sigma^2)$ 在它的定义域上达到最大. 再由 ML 估计的定义知，

$$\hat{\mu}=\bar{x},\quad \widehat{\sigma^2}=\frac{1}{n}\sum_{i=1}^{n}(x_i-\bar{x})^2$$

分别为 μ 与 σ^2 的 ML 估计. 将 $n=15$ 及 $x_1\cdots,x_{15}$ 的数据代入 $\hat{\mu}$ 和 $\widehat{\sigma^2}$ 的表达式，得 $\hat{\mu}=425.0467$，$\widehat{\sigma^2}=67.0892$，即飞机最大飞行速度均值的估计值为 $\hat{\mu}=425.0467$ m/s.

例 1.1 所展示的实际问题求解过程具有典型性，它可分成如下三个阶段：

第一阶段是为实际问题建立一个统计模型. 将飞机最大飞行速度的 15 个观察值 $x_1,\cdots,x_{15}$ 看成随机变量 $X_1,\cdots,X_{15}$ 的观察值. 而 X_i $(i=1,\cdots,15)$ 的共同分布为正态分布 $N(\mu,\sigma^2)$，其中 $\mu\in\mathbf{R}$ 和 $\sigma^2>0$ 为未知参数. “X 的分布为正态分布”是一种假定，它是根据经验或物理

背景知识而确定的.

第二阶段是对模型中的参数求 ML 估计. 利用 ML 估计的定义, 求解得到 θ 的 ML 估计 $\hat{\theta}(x_1,\cdots,x_n)$. 在例 1.1 中,解得参数 μ,σ^2 的 ML 估计分别为 $\hat{\mu}=\bar{x},\widehat{\sigma^2}=\frac{1}{n}\sum_{i=1}^{n}(x_i-\bar{x})^2(n=15)$. 求解 ML 估计的过程只与所建立的统计模型有关.

第三阶段是将 $x_1,\cdots,x_n$ 的具体数据代入 ML 估计的公式,得到 $\hat{\mu}$ 和 $\widehat{\sigma^2}$ 的值.

在这三个阶段中,第二阶段是关键. 在这个阶段求解的过程与具体的观察值数据是无关的. 本书中,很多例子是直接给出统计模型,依据此模型求出参数的 ML 估计,有时甚至具体数据也没有给出. 这样做的目的是引导读者从具体的数据中摆脱出来,考虑这些具体数据背后的数据结构,使得读者遇到数据的时候,首先考虑的是它背后的统计模型,然后在统计模型的基础上求出参数相应的 ML 估计. 但有些实际问题中所建立的模型非常复杂,在第二阶段中无法求出参数 θ 的 ML 估计 $\hat{\theta}(x_1,\cdots,x_n)$ 的解析表达式. 此时,只好求 $\hat{\theta}$ 的数字解,将第二阶段和第三阶段合并成一个阶段,计算得到的不是 $\hat{\theta}(x_1,\cdots,x_n)$ 的解析表达式,而是 $\hat{\theta}(x_1,\cdots,x_n)$ 的具体数值.

例 1.1 所建立的总体(或统计)模型称为**正态模型**,有时也称为**测量模型**,其数据的总体 X 的分布是正态分布 $N(\mu,\sigma^2)$, $\mu\in\mathbf{R},\sigma^2>0$, 而这些数据就是来自这个总体的一组观察值. 对于正态总体,其参数 μ 和 σ^2 的 ML 估计分别为 $\hat{\mu}=\bar{x},\widehat{\sigma^2}=\frac{1}{n}\sum_{i=1}^{n}(x_i-\bar{x})^2$. 今后,若遇到实际问题,发现其总体分布也是正态分布,则相应参数 μ 和 σ^2 的 ML 估计可用此结论. 我们只要将相应的数据代入 ML 估计的公式,就可以得到参数的估计值.

例 1.1 中,参数 $\theta=(\mu,\sigma^2)$ 所在的参数空间为 $\Theta=\mathbf{R}\times\mathbf{R}^+$, 即 $\mu\in\mathbf{R},\sigma^2>0$. 有些实际问题中,正态模型的参数空间不一定是 $\Theta=\mathbf{R}\times\mathbf{R}^+$, 例如可以是 $\Theta=[0,+\infty)\times(0,+\infty)$. 参数空间不同,其相应的模型就是不同的模型. 在参数空间为 $\Theta=[0,+\infty)\times(0,+\infty)$ 的情况,求参数的 ML 估计的问题变成求似然函数 $L(\theta)$ 在 $\Theta=[0,+\infty)\times(0,+\infty)$

上的最大值点的问题. 在初学统计学时,要特别注意参数空间的范围. 同样是正态模型,不同的参数空间会导致不同的 ML 估计. 根据实际问题的背景,还有下列两种常见的正态模型: 一种是 $X\sim N(\mu_0,\sigma^2)$,其中 $\sigma^2>0$ 未知,μ_0 为已知的参数值;另一种是 $X\sim N(\mu,\sigma_0^2)$,其中 $\mu\in\mathbf{R}$ 未知,而 σ_0^2 是已知的参数值. 这两种模型都是单参数模型,并且都具有应用的实际背景. 对于这两种模型,根据 ML 估计的定义,可以很容易地分别求出相应未知参数的 ML 估计.

例 1.2(不合格品率的估计) 工厂领导为了考核某工人的工作能力,让这位工人生产 20 件产品,经检查后发现其中有一件不合格品. 估计该工人每生产一件产品为不合格品的概率.

分析 在讨论问题以前,我们先考虑题目中两句话的含义. 第一句话说的是: 工厂领导为考核某工人的能力,让这位工人生产 20 件产品,经检查后发现其中有一件不合格品. 这句话描述了获得数据的过程. 第二句话是: 估计该工人每生产一件产品为不合格品的概率. 此句话中含有两重意义:

(1) 为数据建立了模型. 记 $X=1$ 表示生产一件产品为不合格品,$X=0$ 表示生产一件产品为合格品,则 $p=P(X=1)$就是该工人每生产一件产品为不合格品的概率;

(2) 工厂领导将工人的能力与每生产一件产品为不合格品这一事件的概率挂钩,即将 p 这个概率值作为工人能力的一个指标,而我们所要解决的是 p 的估计问题.

解 设该工人每生产一件产品为不合格品的概率 $p\in(0,1)$,并记 S 为 20 件产品中不合格品的件数,则 S 为随机变量,其分布为二项分布:

$$P(S=s)=\mathrm{C}_n^s p^s(1-p)^{n-s}\quad (n=20;s=0,1,\cdots,n;p\in(0,1)),$$

式中记号 C_n^s 表示从 n 个不同的对象中选取 s 个对象的组合数. 这是一个离散模型. 模型中的参数为 p,似然函数为

$$L(p)=\mathrm{C}_n^s p^s(1-p)^{n-s}\quad (n=20;p\in(0,1)).$$

为了求 p 的 ML 估计,我们只需求解方程 $\dfrac{\partial L(p)}{\partial p}=0$ 或 $\dfrac{\partial \ln L(p)}{\partial p}=0$. 后一方程可变成

$$\frac{s}{p}-\frac{n-s}{1-p}=0,$$

解之得 $p=s/n$. 利用微积分知识，可直接验证 $\hat{p}=s/n$ 的确是函数 $L(p)$ 在区间 $(0,1)$ 上的最大值点，故参数 p 的 ML 估计为 $\hat{p}=s/n=1/20$. 由结果可以看出，p 的 ML 估计 $\hat{p}$ 是比较贴切的. $\hat{p}$ 是样本数据的不合格品率，用它去估计总体参数 p 是很自然的.

例 1.3　某社会工作者调查买彩票人员得奖情况，其结果如表 7.1.1 所示. 已知买彩票者的“性别”与“得奖”是两个相互独立的事件. 记买彩票者为男性的概率为 p，买彩票者得奖的概率为 q，求 p 和 q 的 ML 估计.

表 7.1.1　对买彩票者的调查结果

	得奖人数	不得奖人数
男	32	152
女	20	100

表 7.1.2　买彩票者的分类

分类	概率
男，得奖	$p_1=pq$
男，不得奖	$p_2=p(1-q)$
女，得奖	$p_3=(1-p)q$
女，不得奖	$p_4=(1-p)(1-q)$

解　首先将这些数据看成一个多项试验. 每观察一个人，具有四种可能，见表 7.1.2. 总观察人数为 $n=32+152+20+100=304$，记四种可能结果出现的次数分别为 X_1,X_2,X_3,X_4，则 $\boldsymbol{X}=(X_1,X_2,X_3,X_4)$ 的分布为

$$P(\boldsymbol{X}=(x_1,x_2,x_3,x_4))=\frac{n!}{x_1!x_2!x_3!x_4!}p_1^{x_1}p_2^{x_2}p_3^{x_3}p_4^{x_4},$$

其中 $n!/(x_1!x_2!x_3!x_4!)$ 是多项系数，$p_i\ (i=1,2,3,4)$ 的公式见表 7.1.2. 这种分布称为**多项分布**，它是二项分布的推广. 因此，对于样本值 x_1,x_2,x_3,x_4，似然函数为

$$\begin{aligned}L(p,q)&=P(\boldsymbol{X}=(x_1,x_2,x_3,x_4))\\&=\frac{n!}{x_1!x_2!x_3!x_4!}(pq)^{x_1}[p(1-q)]^{x_2}\\&\quad\cdot[(1-p)q]^{x_3}[(1-p)(1-q)]^{x_4}\\&=cp^{x_1+x_2}(1-p)^{x_3+x_4}q^{x_1+x_3}(1-q)^{x_2+x_4},\end{aligned}$$

其中 $c=n!/(x_1!x_2!x_3!x_4!)$ 是与参数 p,q 无关的一个常数，我们之所以用 c 这个记号，就是强调这个数与求最大值点的问题是无关的. 由上式可看出，似然函数 $L(p,q)$ 可表为两个函数的乘积，其中一个为 p

的函数 $L_1(p)$，另一个为 q 的函数 $L_2(q)$. 这样求 ML 估计的问题就化为分别对函数 $L_1(p)$ 和 $L_2(q)$ 求最大值点的问题. 利用例 1.2 的方法，可得

$$\hat{p} = \frac{x_1 + x_2}{n}, \quad \hat{q} = \frac{x_1 + x_3}{n} \quad (n = x_1 + x_2 + x_3 + x_4 = 304)$$

分别为 p 和 q 的 ML 估计. 将表 7.1.1 的数据代入上式，可得

$$\hat{p} = \frac{184}{304}, \quad \hat{q} = \frac{52}{304}.$$

例 1.4 设 $X_1, \cdots, X_n \sim \text{iid} U[0,\theta], 0<\theta<+\infty$，其中 $U[0,\theta]$ 表示在区间 $[0,\theta]$ 上的**均匀分布**，其分布密度为

$$p(x,\theta) = \begin{cases} 1/\theta, & x \in [0,\theta], \\ 0, & \text{其他} \end{cases} = \frac{1}{\theta} I_{[0,\theta]}(x),$$

式中 $I_{[0,\theta]}$ 表示区间 $[0,\theta]$ 的示性函数：当自变量 $x \in [0,\theta]$ 时，$I_{[0,\theta]}$ 取值为 1；当 $x \overline{\in} [0,\theta]$ 时，$I_{[0,\theta]}$ 取值为 0. 这个模型中的未知参数为 $\theta(0<\theta<+\infty)$. 试求 θ 的 ML 估计.

解 $(X_1, \cdots, X_n)$ 的联合密度为

$$\prod_{i=1}^{n} \frac{1}{\theta} I_{[0,\theta]}(x_i) = \left(\frac{1}{\theta}\right)^n \prod_{i=1}^{n} I_{[0,\theta]}(x_i) = \left(\frac{1}{\theta}\right)^n I_{[\max\limits_{1 \leqslant i \leqslant n}\{x_i\}, +\infty)}(\theta).$$

上式作为似然函数 $L(\theta)$，其图像如图 7.1.1 所示.

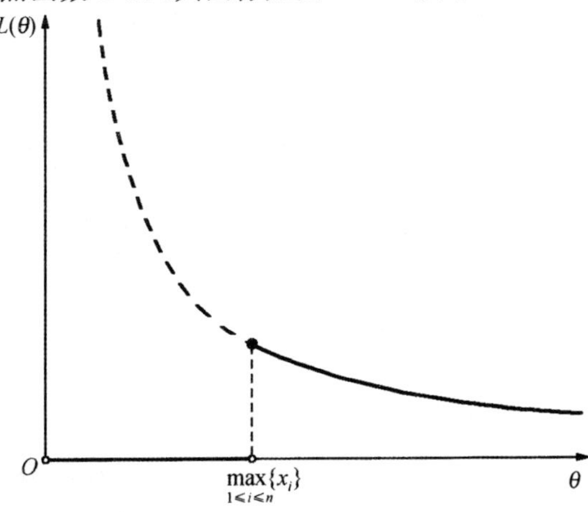

图 7.1.1 似然函数 $L(\theta)$ 的图像

当 θ 在 $[\max\limits_{1\leqslant i\leqslant n}\{x_i\},+\infty)$ 上时，$L(\theta)=(1/\theta)^n$；当 θ 在 $(0,\max\limits_{1\leqslant i\leqslant n}\{x_i\})$ 上时，$L(\theta)\equiv 0$. 这样，似然函数 $L(\theta)$ 在 $(0,+\infty)$ 上的最大值点为 $\max\limits_{1\leqslant i\leqslant n}\{x_i\}$. 由此可知，按 ML 估计的定义，参数 θ 的 ML 估计为

$$\hat{\theta}=\max_{1\leqslant i\leqslant n}\{x_i\}.$$

例 1.5　设 X 为某产品的寿命，服从指数分布，其分布密度为

$$p(x,\lambda)=\begin{cases}\lambda\exp\{-\lambda x\}, & x>0,\\ 0, & \text{其他},\end{cases} \tag{1.3}$$

其中 λ 称为**失效率**（或**危险率**）. λ 的名称来源于产品的可靠性理论. 为了考查产品在时刻 x 处的失效率，考虑下面的条件概率

$$P(X\in(x,x+\Delta x]\,|\,X>x).$$

这个概率表示产品在 x 这个时刻还是完好的条件下，在 $(x,x+\Delta x]$ 这个时间区间内失效的（条件）概率. 这个概率为

$$\begin{aligned}P(X\in(x,x+\Delta x]\,|\,X>x)&=\frac{P(x<X\leqslant x+\Delta x)}{P(X>x)}\\&=\frac{\exp\{-\lambda x\}-\exp\{-\lambda(x+\Delta x)\}}{\exp\{-\lambda x\}}=1-\exp\{-\lambda\Delta x\}.\end{aligned}$$

显然，这个概率当 $\Delta x\to 0$ 时趋于 0. 所谓设备在 x 处的失效率是指在 x 时完好的条件下，下一瞬间失效概率的变化率. 因此，它是下列的极限值

$$\lim_{\Delta x\to 0}\frac{P(X\in(x,x+\Delta x]\,|\,X>x)}{\Delta x}=\lim_{\Delta x\to 0}\frac{1-\exp\{-\lambda\Delta x\}}{\Delta x}=\lambda.$$

这就是失效率这个名称的来历. 这个极限与所处的时刻无关，因此具有指数分布的产品寿命的失效率为常数. 下面我们来讨论 λ 的 ML 估计问题.

现设 $\boldsymbol{x}=(x_1,\cdots,x_n)$ 为来自总体 X 的一个样本值. 为了求参数 λ 的 ML 估计，不妨假定 $x_1,\cdots,x_n$ 均大于 0. 此时，依 (1.3) 式，似然函数 $L(\lambda)$ 由下式给出：

$$L(\lambda)=\lambda^n\exp\left\{-\lambda\sum_{i=1}^n x_i\right\}.$$

由 $L(\lambda)$ 的表达式知，当 $\lambda\to 0$ 或 $\lambda\to\infty$ 时，$L(\lambda)\to 0$，$L(\lambda)$ 在 $(0,+\infty)$ 上取正值. 欲求函数 $L(\lambda)$ 的最大值点，只需求出方程 $\dfrac{\partial L(\lambda)}{\partial\lambda}=0$ 或方程

$$\frac{\partial \ln L(\lambda)}{\partial \lambda} = \frac{n}{\lambda} - \sum_{i=1}^{n} x_i = 0 \tag{1.4}$$

的解.由(1.4)式知,$\lambda = n\Big/\sum_{i=1}^{n} x_i = \frac{1}{\bar{x}}$.由于方程(1.4)只有一个解,可知 $\hat{\lambda}=1/\bar{x}$ 为参数 λ 的 ML 估计.

注 有时候指数分布密度也可写成 $p(x,\theta)=\exp\{-x/\theta\}/\theta\ (x>0)$的形式,此时的参数 θ 就不是失效率,而是平均寿命. θ 与 λ 的关系是

$$\theta = 1/\lambda.$$

例 1.6 设 X 服从**泊松分布**,其**分布列**由下式给出:

$$P_\lambda(X = i) = \frac{\lambda^i}{i!}\exp\{-\lambda\} \quad (i = 0,1,2,\cdots;\ \lambda > 0). \tag{1.5}$$

这种分布在实际中是很常见的.在毛纺厂的生产过程中,有一种中间产品称为毛条,反映该中间产品的质量的一个指标是单位重量的毛条中毛粒的个数(毛粒就是毛条中梳理不开的结).记产品中的毛粒个数为 X,由经验知 X 的分布为泊松分布.此外,电话局在单位时间内电话呼唤的次数,天空中单位时间接收到的 Γ 爆(一种宇宙射线)的个数,这些量的分布都是泊松分布.还有,零售商在售货过程中,每 1000 元零售额中百元大钞的张数近似地也服从泊松分布.

我们来讨论泊松分布中参数 λ 的 ML 估计问题.设$(x_1,\cdots,x_n)$为一个样本值,由(1.5)式知,对应的似然函数为

$$L(\lambda) = \prod_{i=1}^{n}\frac{\lambda^{x_i}}{x_i!}\exp\{-\lambda\} = \lambda^{\sum_{i=1}^{n}x_i}\exp\{-n\lambda\}\prod_{i=1}^{n}\frac{1}{x_i!}.$$

在上式中,因子 $\prod_{i=1}^{n}\frac{1}{x_i!}$ 与 λ 无关,求 ML 估计的问题化为求函数

$$\lambda^{\sum_{i=1}^{n}x_i}\exp\{-n\lambda\}$$

的最大值点问题.基于与前面诸例中相同的理由,求函数最大值点的问题化为求方程

$$\frac{\partial}{\partial\lambda}\ln\left(\lambda^{\sum_{i=1}^{n}x_i}\exp\{-n\lambda\}\right) = 0, \quad 即 \quad \frac{1}{\lambda}\sum_{i=1}^{n}x_i = n$$

的根.解之得 $\lambda = \frac{1}{n}\sum_{i=1}^{n}x_i = \bar{x}$.可以证明,似然函数 $L(\lambda)$在 $\lambda=\bar{x}$ 处的

确达到最大值. 因此,$\hat{\lambda}=\bar{x}$ 为 λ 的 ML 估计.

到目前为止,我们介绍了 ML 估计之定义(见定义 1.1),同时介绍了在各种统计模型中求 ML 估计的方法. 引入这些例子的目的是为了加深对 ML 估计的理解. 定义 1.1 所反映的统计思想是十分深刻的,它影响到后续统计理论的发展,在技术上归结为求似然函数的最大值点. 下面的两点或许对求解 ML 估计是有益的. 第一,定义 1.1 中指出若存在 $\hat{\theta}$,使 $L(\theta)$ 在 $\hat{\theta}$ 处达到最大值,则 $\hat{\theta}$ 就是 ML 估计. 由此可知,ML 估计存在的条件是似然函数 $L(\theta)$ 在 Θ 上有最大值点. 若 $L(\theta)$ 在 Θ 上没有最大值点,那么最大似然估计就不存在. 在例 1.2 中,当不合格品个数 $S=0$ 时,$P(S=0)=(1-p)^{20}$,$p\in(0,1)$. 这个函数在 $p\in(0,1)$ 范围内无最大值点,因此最大似然估计不存在. 第二,似然函数的最大值点可能不唯一,这样 ML 估计就不唯一.

§7.2 矩 估 计

矩估计方法由 K. 皮尔逊在 1894 年正式提出. 矩估计的理论根据是大数定律. 现概述如下:设 $X_1,\cdots,X_n$ 为来自总体 $X\sim F_\theta(\theta\in\Theta)$ 的一个样本,由大数律知

$$\overline{X}=\frac{1}{n}\sum_{i=1}^{n}X_i \xrightarrow{P} \mathrm{E}(X)\triangleq \mathrm{E}_\theta(X)$$

(由于上式中 X 的分布与参数 θ 有关,常常把 X 的期望 $\mathrm{E}(X)$ 记为 $\mathrm{E}_\theta(X)$,下同). 由上式知,当 n 充分大时,$\overline{X}$ 与 $\mathrm{E}_\theta(X)$ 靠近. 于是就利用 $a_1\triangleq\overline{X}$ 作为 $\alpha_1\triangleq\mathrm{E}_\theta(X)$ 的估计,这个估计称为 $\mathrm{E}_\theta(X)$ 的**矩估计**. 通常 $\alpha_l\triangleq\mathrm{E}_\theta(X^l)$ 称为 l 阶**总体矩**,而 $a_l\triangleq\frac{1}{n}\sum_{i=1}^{n}X_i^l$ 称为 l 阶**样本矩**. 由大数定律知,可用各阶样本矩去估计相应的总体矩. 由此而得矩估计这个名称. 依这个思想,可利用

$$a_2=\frac{1}{n}\sum_{i=1}^{n}X_i^2$$

作为 $\alpha_2=\mathrm{E}_\theta(X^2)$ 的估计. 当然,这些估计都是以 α_1,α_2 的存在且有限为前提的. 若 α_l 不存在或 $|\alpha_l|=+\infty$,则对 α_l 的估计无意义. 下面给出矩

估计的正式定义.

定义 2.1 设 $X_1,\cdots,X_n$ 为来自总体 $X\sim F_\theta(\theta\in\Theta)$ 的一个样本，所涉及的矩存在且有限.

(1) l 阶总体矩 $\alpha_l=\mathrm{E}_\theta(X^l)$ 的矩估计定义为相应的样本矩，即

$$\hat{\alpha}_l=a_l=\frac{1}{n}\sum_{i=1}^{n}X_i^l,\quad l=1,2,\cdots;$$

(2) 若存在连续函数 ϕ 使 $g(\theta)=\phi(\alpha_1,\cdots,\alpha_k)$ 成立，则 $g(\theta)$ 的矩估计定义为

$$\hat{g}(\theta)=\phi(a_1,\cdots,a_k).$$

本节的要求有两个：其一，要求掌握矩估计的思想和定义；其二，要求在各种统计模型中求出各种参数的矩估计.

例 2.1(续例 1.1) 在例 1.1 的飞机最大飞行速度问题中，$a_1=\bar{x}$ 作为 $\alpha_1=\mathrm{E}_\theta(X)=\mu$ 的矩估计；$a_2=\dfrac{1}{n}\displaystyle\sum_{i=1}^{n}x_i^2$ 作为 $\alpha_2=\mathrm{E}_\theta(X^2)=\mu^2+\sigma^2$ 的矩估计. 现考虑总体方差 σ^2 的矩估计. 由于 $\sigma^2=\alpha_2-\alpha_1^2$，按矩估计之定义，$\sigma^2$ 的矩估计为 $a_2-a_1^2=\dfrac{1}{n}\displaystyle\sum_{i=1}^{n}x_i^2-\bar{x}^2=\dfrac{1}{n}\sum_{i=1}^{n}(x_i-\bar{x})^2$. 由此可知，在正态模型中 $\hat{\mu}=\bar{x}$ 和 $\widehat{\sigma^2}=\dfrac{1}{n}\displaystyle\sum_{i=1}^{n}(x_i-\bar{x})^2$ 既是 μ 和 σ^2 的 ML 估计，又是 μ 和 σ^2 的矩估计.

例 2.2(续例 1.2) 在考查工人工作能力时，其每生产一件产品为不合格品的概率 p 是一个重要指标. 在例 1.2 中，已知的数据是 n,s，其中 n 为该工人所生产的产品总数，$S=s$ 为不合格品的件数. 此时的模型为 $S\sim B(n,p),p\in(0,1)$，即 S 的分布族为二项分布族. 但是，在寻找数据背景的时候，应该考虑工人生产一件产品的情况. 记

$$X=\begin{cases}1, & \text{生产一件产品，它为不合格品，}\\ 0, & \text{生产一件产品，它为合格品，}\end{cases}$$

此时这个模型可以这样改写：X 的分布为 0-1 分布，即 $P(X=1)=p$，$P(X=0)=1-p$. 事件 $\{X=1\}$ 表示工人生产的一件产品为不合格品. 工厂领导让这位工人生产 20 件产品就等于从这位工人所能生产的产品中抽取 20 件样品. 在这个模型中，$\alpha_1=\mathrm{E}(X)=p$，$\alpha_1=p$ 的矩估计为 $a_1=\bar{x}=s/n=1/20$，此处 s 表示 $n=20$ 件产品中不合格品的总数. 由此

可知，在估计不合格品率的问题中，$\bar{x}=s/n$ 既是 p 的 ML 估计，又是 p 的矩估计.

例 2.3　设购面包者中男性的概率为 p，女性的概率为 $1-p$，已知 $\frac{1}{2}\leqslant p\leqslant\frac{2}{3}$. 现发现在 70 位买面包者中有 30 位为男性，40 位女性，求参数 p 的 ML 估计和矩估计.

解　先求 p 的矩估计. 用

$$X_i=\begin{cases}1, & \text{第 } i \text{ 个购面包者为男性},\\ 0, & \text{第 } i \text{ 个购面包者为女性}\end{cases}\quad (i=1,\cdots,70)$$

表示购面包者的性别，则 $X_1,\cdots,X_{70}$ 可看作来自总体 $X\sim B(1,p)$ 的一个样本. 设样本值为 $x_1,\cdots,x_{70}$. 由 $\alpha_1=\mathrm{E}_p(X)=p$ 可知，$\hat{p}_1=a_1=\bar{x}$ 为 p 的矩估计(此处用记号 $\hat{p}_1$ 代替 $\hat{p}$ 作为 p 的矩估计，因为下面我们还要用记号 $\hat{p}_2$ 表示 p 的 ML 估计，以示区别). 将数据代入，得到 p 的矩估计为 $\hat{p}_1=3/7$.

在求矩估计的时候，有两点值得注意. 首先，在原来的问题中，数据是 $s_n=\sum\limits_{i=1}^{n}x_i=30$，即 70 人中男性的人数，并没有告诉我们 $x_1,\cdots,x_n$ 的具体的值. 但经过推论，得到矩估计为 $\hat{p}_1=s_n/n$. 它依赖于 s_n，因此可得到 $\hat{p}_1$ 的值为 $s_n/n=30/70=3/7$. 在建立统计模型时，可以将没有观察到的 $X_1,\cdots,X_n$ 的值作为数据而建立模型，经过推断以后得到参数 p 的矩估计 $\hat{p}_1=s_n/n$，从而 $\hat{p}_1$ 可从观察数据计算得到. 当然，我们也可以将 s_n 当作观察值，直接建立模型，利用矩估计方法求出矩估计. 但此时样本量是 1，看不出样本量的作用. 因此，我们宁愿用未观察到的 $X_1,\cdots,X_n$ 建立统计模型进行统计推断. 另一点要注意的是，矩估计只涉及总体矩和样本矩，而与参数空间无关. 本例中参数空间为[1/2,2/3]，而我们的估计值为 $\hat{p}_1=3/7$，它不在参数空间的范围内. 这是矩估计的不合理之处. 矩估计的着眼点为它的大样本性质，当样本量很大时，矩估计是合理的.

现在求 p 的 ML 估计. 此时我们应采用实际的数据 s_n 来建立统计模型. 经分析，$S_n=\sum\limits_{i=1}^{n}X_i$ 的分布为二项分布

$$P_p(S_n=s_n)=\mathrm{C}_n^{s_n}p^{s_n}(1-p)^{n-s_n}\quad (s_n=0,1,\cdots,n).$$

因此，对于样本值 $s_n=\sum_{i=1}^{n}x_i$，似然函数为

$$L(p)=cp^{s_n}(1-p)^{n-s_n}\quad(p\in[1/2,2/3]),$$

其中 $c=C_n^{s_n}$ 为常数. 此时必须强调参数 p 的空间为[1/2,2/3]. 由 ML 估计的定义知，$\hat{p}_2$ 应该在区间[1/2,2/3]上，且满足

$$L(\hat{p}_2)=\max_{p\in[1/2,2/3]}\{p^{s_n}(1-p)^{n-s_n}\},$$

此处我们在 $L(p)$ 的表达式中略去常数系数 c，因为它不影响 ML 估计的求解. 由微积分知识知，函数 $L(p)$ 在 $(0,1)$ 上唯一的最大点为 3/7. 而 $L(p)$ 在区间[1/2,2/3]上为单调函数，从而在 $p=1/2$ 处取最大值，故 p 的 ML 估计应为 $\hat{p}_2=1/2$(图 7.2.1).

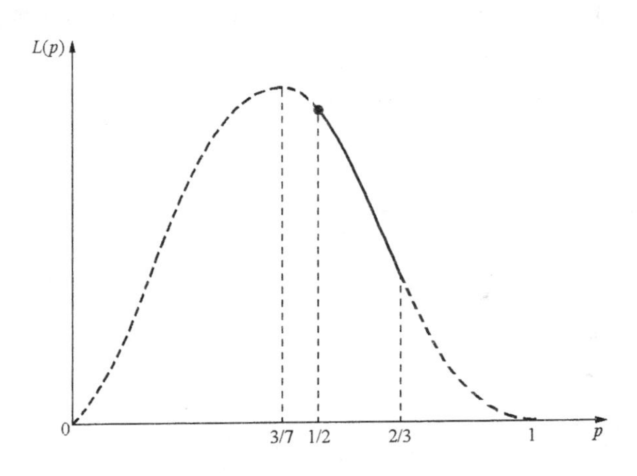

图 7.2.1 似然函数 $L(p)$ 的示意图

由上述可看出，求 ML 估计时应该考虑统计模型的参数空间. 一般说来，参数空间不同，应视为不同的统计模型. 而参数的 ML 估计与统计模型有关. 因此，求 ML 估计时不能简单地只求方程

$$\frac{\partial L}{\partial p}=0\quad 或\quad \frac{\partial \ln L}{\partial p}=0$$

的解，而应严格地按照 ML 估计的定义去求. 这就是求解 ML 估计和矩估计不同之处. 在本例中，这两种估计值是不同的.

例 2.4(续例 1.4) 设 $X\sim U[0,\theta]$，其中分布 $U[0,\theta]$ 同例 1.4，为区间 $[0,\theta]$ 上的均匀分布，$X_1,\cdots,X_n$ 为来自总体 X 的一个样本. 现求

参数 θ 的矩估计.

解　经计算,一阶总体矩为

$$\alpha_1 = \mathrm{E}_\theta(X) = \frac{1}{\theta}\int_0^\theta x\mathrm{d}x = \frac{1}{2}\theta.$$

故 $\frac{1}{2}\theta$ 的矩估计为 $a_1=\overline{X}$. 由 $\theta=2\alpha_1$ 知,θ 的矩估计为 $2a_1=2\overline{X}$.

在例 1.4 中已经求得 θ 的 ML 估计为 $\max\limits_{1\leqslant i\leqslant n}\{X_i\}$. 可见,两者是不相同的. 矩估计 $2\overline{X}$ 还有一个很不好的性质,当出现情况 $2\overline{X}<\max\limits_{1\leqslant i\leqslant n}\{X_i\}$时,变得很不合理. 在本例的统计模型中,数据不会超过$[0,\theta]$这个范围,因此 θ 的估计值 $\hat{\theta}$ 也应该满足要求 $x_i\leqslant\hat{\theta}(i=1,\cdots,n)$. 但条件 $2\overline{X}<\max\limits_{1\leqslant i\leqslant n}\{X_i\}$说明数据已经超出了$[0,\hat{\theta}]=[0,2\overline{X}]$这个范围,出现了矛盾. 这是矩估计的不足之处.

由矩估计的定义可知,矩估计不一定是唯一确定的. 就例 2.4 的情况,我们还可以找到另外的矩估计. 我们求得

$$\alpha_2 = \mathrm{E}_\theta(X^2) = \frac{1}{\theta}\int_0^\theta x^2\mathrm{d}x = \frac{1}{\theta}\frac{x^3}{3}\bigg|_0^\theta = \frac{\theta^2}{3},$$

故 $a_2=\frac{1}{n}\sum\limits_{i=1}^n X_i^2$ 是 $\frac{\theta^2}{3}$ 的矩估计. 由 $\alpha_2=\frac{\theta^2}{3}$ 解出 $\theta=\sqrt{3\alpha_2}$. 依矩估计的定义,θ 的矩估计为 $\sqrt{3a_2}=\sqrt{\frac{3}{n}\sum\limits_{i=1}^n X_i^2}$. 由此我们得到了 θ 的另一个矩估计. 既然矩估计不唯一,我们究竟选哪个好呢? 以后我们还要给出评判估计优良性能的标准,依据这些标准,找到性能优良的估计.

在求矩估计的时候,我们要掌握一个要点,那就是全力找出待估参数与总体的若干阶矩的关系. 将待估的参数表示成总体各阶矩的函数表达式,就可将表达式中各阶总体矩 α_i 用相应的各阶样本矩 a_i 来替代,最后得到参数的矩估计.

§7.3　估计的无偏性

在前两节中,我们已经利用两类最常见的统计模型的具体例子讨论了待估参数 θ 及其函数 $g(\theta)$ 的估计问题. 按估计的定义,任何统计

量 $T(X_1,\cdots,X_n)$都可以作为 $g(\theta)$的估计. 我们也介绍了寻找参数估计的两种主要方法：ML 估计法和矩估计法. 同时我们知道,即使使用同样的求估计的方法,也可以得到不同的估计. 例如,在 ML 估计的情况下,由于求最大值问题的解可以不唯一,所求得的 ML 估计可以不唯一;在矩估计的情况下,采用不同阶数的矩,也可求得同一参数的不同的矩估计. 一句话,对于一个待估的参数 $g(\theta)$,存在很多估计. 如何从众多的估计中选择合理的估计,这是估计理论所面临的重要问题. 为解决这个问题,人们提出许多评价估计好坏的标准. 现在介绍评价估计的无偏性准则.

定义 3.1 设 $X_1,\cdots,X_n\sim \mathrm{iid}F(x,\theta)\ (\theta\in\Theta)$ 为一个统计模型, $g(\theta)$为待估量. 统计量 $T(X_1,\cdots,X_n)$ 称为 $g(\theta)$ 的**无偏估计**,如果 T 满足

$$\mathrm{E}_\theta[T(X_1,\cdots,X_n)]=g(\theta)\quad (\forall\,\theta\in\Theta). \tag{3.1}$$

无偏估计有什么优良的性质呢? 由于(3.1)式涉及期望运算,我们只能从平均意义下来解释. 我们的结论是：无偏估计在平均意义下是准确的. 下面以调查某工厂产品的不合格品率为例,说明无偏估计的意义. 设某工厂产品的不合格品率为固定的常数 p, $p\in(0,1)$,即在正常的情况下工厂产品的不合格品率保持不变. 产品检验员每天抽取 5 件产品进行检验,并采用 $X/5$ 作为不合格品率的估计,此处 X 为 5 件产品中不合格品的件数. 这样不合格品率的估计值只可能是下列 6 个数之一：0,0.2,0.4,0.6,0.8,1. 显然估计的精度不会高,这是由样本量所决定的. 经计算知,$\hat{p}=X/5$ 是 p 的一个无偏估计. 利用大数定律可知,将每天的估计值进行平均,长时期的积累,这个平均值会与真值接近. 无偏估计的优点也就在于此. 对于产品检验员来说,由一次检验的结果得到的估计不会很精确,但重复使用无偏估计,长期积累的平均数会趋于不合格品率的真值. 这里还要强调一点,无偏估计的定义要求对任意的总体参数真值 $p\in(0,1)$,$\mathrm{E}_p(X/5)=p$(见(3.1)式).

例 3.1(续例 1.1) 我们仍讨论飞机最大飞行速度问题中的估计问题. 在例 1.1 中,已经求得参数 μ,σ^2 的 ML 估计,它们分别为

$$\hat{\mu}=\overline{X}\quad 和\quad \widehat{\sigma^2}=\frac{1}{n}\sum_{i=1}^{n}(X_i-\overline{X})^2.$$

由例 2.1 知,它们也是 μ 和 σ^2 的矩估计.现在考虑它们的**无偏性**.

对于 $\hat{\mu}=\overline{X}$,利用期望的性质和正态分布的定义可得

$$\mathrm{E}(\hat{\mu}) = \frac{1}{n}\sum_{i=1}^{n}\mathrm{E}(X_i) = \mathrm{E}(X_1) = \mu,$$

即 $\hat{\mu}$ 是 μ 的无偏估计.

现在来验证 $\widehat{\sigma^2}$ 的无偏性.将 $\widehat{\sigma^2}$ 的表达式做适当的变形:

$$\begin{aligned}\widehat{\sigma^2} &= \frac{1}{n}\sum_{i=1}^{n}(X_i-\overline{X})^2 = \frac{1}{n}\sum_{i=1}^{n}[X_i-\mu-(\overline{X}-\mu)]^2 \\ &= \frac{1}{n}\sum_{i=1}^{n}(X_i-\mu)^2 + (\overline{X}-\mu)^2 - \frac{2}{n}(\overline{X}-\mu)\sum_{i=1}^{n}(X_i-\mu) \\ &= \frac{1}{n}\sum_{i=1}^{n}(X_i-\mu)^2 - (\overline{X}-\mu)^2.\end{aligned}$$

由上式知

$$\mathrm{E}(\widehat{\sigma^2}) = \frac{1}{n}\sum_{i=1}^{n}\mathrm{E}[(X_i-\mu)^2] - \mathrm{E}[(\overline{X}-\mu)^2]. \tag{3.2}$$

由于 $X_1,\cdots,X_n \sim \mathrm{iid}N(\mu,\sigma^2)$,其中 σ^2 就是总体 $X\sim N(\mu,\sigma^2)$ 的方差,故

$$\frac{1}{n}\sum_{i=1}^{n}\mathrm{E}[(X_i-\mu)^2] = \frac{1}{n}\sum_{i=1}^{n}\sigma^2 = \sigma^2.$$

对于(3.2)式右边第二项,利用独立随机变量和的方差等于各随机变量方差的和的性质,可知

$$\mathrm{E}[(\overline{X}-\mu)^2] = \mathrm{var}(\overline{X}) = \frac{1}{n}\mathrm{var}(X_1) = \frac{1}{n}\sigma^2.$$

将所得的结果代入(3.2)式,得到

$$\mathrm{E}(\widehat{\sigma^2}) = \sigma^2 - \frac{1}{n}\sigma^2 = \frac{n-1}{n}\sigma^2.$$

由此可知,σ^2 的 ML 估计(也是矩估计)$\frac{1}{n}\sum_{i=1}^{n}(X_i-\overline{X})^2$ 不是 σ^2 的无偏估计.我们称 σ^2 的 ML 估计 $\frac{1}{n}\sum_{i=1}^{n}(X_i-\overline{X})^2$ 为**样本方差**.将样本方差做适当的修改可得到 σ^2 的无偏估计.记

$$S_n^2 = \frac{1}{n-1}\sum_{i=1}^{n}(X_i - \overline{X})^2.$$

不难证明

$$\mathrm{E}(S_n^2) = \frac{n}{n-1}\mathrm{E}\left[\frac{1}{n}\sum_{i=1}^{n}(X_i - \overline{X})^2\right] = \frac{n}{n-1}\cdot\frac{n-1}{n}\sigma^2 = \sigma^2,$$

即 S_n^2 为 σ^2 的无偏估计. 实用上都将 S_n^2 作为**总体方差**的估计.

上例中,我们将 σ^2 的 ML 估计 $\hat{\sigma}^2$ 做适当的修正,得到 σ^2 的无偏估计 $S_n^2 = \frac{1}{n-1}\sum_{i=1}^{n}(X_i - \overline{X})^2$. 其实, 总体方差 σ^2 的无偏估计 S_n^2 具有普遍适用性,即使我们所研究的总体不是正态总体,S_n^2 仍然是 $\mathrm{var}(X)$的无偏估计.

定理 3.1 设总体 X 的方差 $\mathrm{var}(X)$存在且为有限,$X_1,\cdots,X_n$ 为 X 的一个样本,则

$$S_n^2 = \frac{1}{n-1}\sum_{i=1}^{n}(X_i - \overline{X})^2 \tag{3.3}$$

为 $\mathrm{var}(X)$的无偏估计.

证明 首先将 $\sum_{i=1}^{n}(X_i - \overline{X})^2$ 进行化简:

$$\begin{aligned}\sum_{i=1}^{n}(X_i - \overline{X})^2 &= \sum_{i=1}^{n}[X_i - \mu - (\overline{X} - \mu)]^2 \\ &= \sum_{i=1}^{n}(X_i - \mu)^2 + n(\overline{X} - \mu)^2 - 2(\overline{X} - \mu)\sum_{i=1}^{n}(X_i - \mu) \\ &= \sum_{i=1}^{n}(X_i - \mu)^2 - n(\overline{X} - \mu)^2,\end{aligned}$$

其中 $\mu = \mathrm{E}(X)$. 然后对上式两边求期望,得

$$\begin{aligned}\mathrm{E}\left[\sum_{i=1}^{n}(X_i - \overline{X})^2\right] &= \mathrm{E}\left[\sum_{i=1}^{n}(X_i - \mu)^2\right] - n\mathrm{E}[(\overline{X} - \mu)^2] \\ &= n\mathrm{var}(X_1) - n\mathrm{var}(\overline{X}) = n\mathrm{var}(X_1) - \mathrm{var}(X_1) \\ &= (n-1)\mathrm{var}(X).\end{aligned}$$

由此可知,由(3.3)式给出的 S_n^2 为 $\mathrm{var}(X)$的无偏估计. □

细心的读者会注意到,定理 3.1 的证明实际上是例 3.1 相应结论

证明的重复.在例3.1中,可将其中的一个结论写成"S_n^2 为 X 的方差的无偏估计",而这个结论的证明中没有用到正态分布的任何性质.

例3.2(续例1.5)　在例1.5中,对于指数分布的参数 λ,已经求出它的ML估计为 $\frac{1}{\overline{X}}$.现在计算 $\mathrm{E}_\lambda\left(\frac{1}{\overline{X}}\right)$,看它是否为 λ 的无偏估计.为了求出 $\mathrm{E}_\lambda\left(\frac{1}{\overline{X}}\right)$,我们把 $\frac{1}{\overline{X}}$ 写成 $\frac{n}{\sum_{i=1}^{n} X_i}$ 的形式.而 $\sum_{i=1}^{n} X_i$ 的分布为 Γ 分布,其分布密度为

$$p(y,\lambda)=\begin{cases}\dfrac{\lambda^n}{\Gamma(n)}y^{n-1}\exp\{-\lambda y\}, & y>0,\\ 0, & y\leqslant 0\end{cases}$$

(见习题七的第23题或概率论分册第三章§3.6的例6.4).这样,利用求期望的公式可得

$$\begin{aligned}\mathrm{E}\left(\frac{1}{\overline{X}}\right)&=n\mathrm{E}\left(\frac{1}{\sum\limits_{i=1}^{n}X_i}\right)=n\int_0^{+\infty}\frac{1}{y}\cdot\frac{\lambda^n}{\Gamma(n)}y^{n-1}\exp\{-\lambda y\}\mathrm{d}y\\&=\frac{n\Gamma(n-1)\lambda}{\Gamma(n)}\int_0^{+\infty}\frac{\lambda^{n-1}y^{n-2}}{\Gamma(n-1)}\exp\{-\lambda y\}\mathrm{d}y\\&=\frac{n\Gamma(n-1)\lambda}{\Gamma(n)}=\frac{n\lambda}{n-1}\quad(n>1).\end{aligned}$$

由此可见,λ 的ML估计不是无偏估计.将 $\frac{1}{\overline{X}}$ 做适当的修正,可得到 λ 的无偏估计.由

$$\mathrm{E}\left(\frac{1}{\overline{X}}\right)\cdot\frac{n-1}{n}=\lambda\cdot\frac{n}{n-1}\cdot\frac{n-1}{n}=\lambda\quad(n>1)$$

可知,λ 的无偏估计是 $\frac{n-1}{n\overline{X}}$,而不是ML估计 $\frac{1}{\overline{X}}$(当 $n=1$ 时,λ 的无偏估计不存在).

无偏估计只有在大量重复使用中才能显示它的使用价值.若试验次数只有一次,我们必须充分利用样本提供的信息.一般情况下,当样本量很小的时候,参数没有很好的估计.下面的例子说明,一味追求无

偏性,效果适得其反.

例 3.3 设 X 服从**泊松分布**:

$$P(X=k)=\frac{\lambda^k}{k!}\exp\{-\lambda\} \quad (k=0,1,\cdots;\ \lambda>0).$$

由 $E(X)=\lambda$ 可知,X 是 λ 的一个无偏估计(注意样本量为1!). 现在要求 $\exp\{-2\lambda\}$ 的估计. 显然,$g_1(X)=\exp\{-2X\}$ 是一个可能的估计. 但是,它不是一个无偏估计($E[g_1(x)]=e^{-\lambda(1-e^{-2})}>e^{-2\lambda}$). 人们希望找出 $\exp\{-2\lambda\}$ 的一个无偏估计. 为此考虑另一估计 $g_2(X)\equiv 1$. 此时

$$E[g_2(X)]\equiv 1>\exp\{-2\lambda\}.$$

这个估计是荒谬的. 首先它不依赖于数据,其次它的期望值恒为1,大于 $\exp\{-2\lambda\}$. 为此我们考虑减少 $g_2(X)$ 的取值. 令

$$g_3(x)=\begin{cases}1, & x\text{ 是偶数},\\ -1, & x\text{ 是奇数},\end{cases}$$

此时 $E[g_3(X)]=\exp\{-2\lambda\}$. $g_3(X)$ 的确是 $\exp\{-2\lambda\}$ 的一个无偏估计,但它除了无偏性外,陷入了更荒谬的地步. 当 X 为奇数时,它取负值. 因此,在样本量很小的时候,不能片面追求无偏性,必须充分研究样本中的信息.

§7.4 无偏估计的优良性

当求得参数的估计以后,我们要问:这个估计准确不准确? 设待估量为 $g(\theta)$,其估计为 $T(\boldsymbol{x})=T(x_1,\cdots,x_n)$. 由于 $g(\theta)$ 是未知的参数,我们不可能知道 $T(\boldsymbol{x})$ 是否等于 $g(\theta)$. 但是如果把数据看成从总体的抽样,将估计 $T(\boldsymbol{x})$ 看成随机变量 $T(\boldsymbol{X})=T(X_1,\cdots,X_n)$,那么我们就可以从统计的角度研究 $T(\boldsymbol{X})$ 的性质. 为研究估计 $T(\boldsymbol{X})$ 的好坏,只需研究误差 $T(\boldsymbol{X})-g(\theta)$ 的性质. 前面提到的估计的无偏性就是误差 $T(\boldsymbol{X})-g(\theta)$ 的性质. 但单靠无偏性还不能看出一个估计的好坏. 无偏性是对估计的最基本的要求. 同是无偏估计,有的估计波动大,有的估计波动小. 人们通常用均方误差作为刻画一个估计偏离目标值的波动的度量. 下面我们介绍估计的均方误差的定义.

设 $X_1,\cdots,X_n\sim \mathrm{iid}F_\theta(x)\,(\theta\in\Theta)$ 为统计模型,$g(\theta)$ 为待估量. $g(\theta)$

的估计量$T(X_1,\cdots,X_n)$的**均方误差**定义为

$$R(\theta,T)=\mathrm{E}_\theta[T(X_1,\cdots,X_n)-g(\theta)]^2. \tag{4.1}$$

由上式看出,均方误差 $R(\theta,T)$依赖于未知参数 θ. 均方误差是刻画估计的性能的一个数量指标. 我们希望找到估计使得相应的均方误差越小越好,并且希望找到具有一致最小均方误差的估计(所谓最优估计). 也就是说,对于任何参数的真值 θ,该估计相应的均方误差达到最小. 但是,在大多数的情况下,具有一致最小均方误差的估计是不存在的. 正好像在一个班上,要找到一位平均成绩最好的学生是容易的,因为所考查的指标只有一个,即平均成绩,但要找到门门成绩考第一的学生是很困难的,且有时不存在. 估计的均方误差也称为**风险函数**. 下面两个例子展示了均方误差的计算. 得到了均方误差以后,我们对估计的误差就有了直观的印象.

例 4.1　设 $X_1,\cdots,X_n\sim\mathrm{iid}N(\mu,\sigma^2)$,$\mu\in(-\infty,+\infty)$,$\sigma^2>0$. 在这个统计模型中,$\mu$ 的 ML 估计为 $\hat{\mu}=\overline{X}$,其均方误差或风险函数为

$$\begin{aligned}\mathrm{E}(\overline{X}-\mu)^2&=\mathrm{var}(\overline{X})=\mathrm{var}\Big(\frac{1}{n}\sum_{i=1}^{n}X_i\Big)=\frac{1}{n^2}\mathrm{var}\Big(\sum_{i=1}^{n}X_i\Big)\\&=\frac{1}{n^2}\sum_{i=1}^{n}\mathrm{var}(X_i)=\frac{\sigma^2}{n},\end{aligned}$$

它是不随 μ 的变化而变化的.

例 4.2　设 $X_1,\cdots,X_n\sim\mathrm{iid}B(1,p)$,即 $X_i(i=1,\cdots,n)$以概率 p 取 1,以概率 $1-p$ 取 0. 这个统计模型在实用中是常见的. 例如,在产品检验中,设产品的不合格品率为 p,任意抽取 n 个样品进行检验,检验的结果用 $X_1,\cdots,X_n$ 表示,第 i 个样品为不合格品时 X_i 取 1,为合格品时取 0,则 $X_1,\cdots,X_n\sim\mathrm{iid}B(1,p)$. 在例 1.2 中,我们已经求得参数 p 的 ML 估计为 $\hat{p}=\overline{X}$. 不难验证 $\hat{p}$ 也是 p 的无偏估计,其均方误差为

$$\mathrm{E}(\overline{X}-p)^2=\mathrm{var}(\overline{X})=\frac{1}{n}\mathrm{var}(X_1)=\frac{p(1-p)}{n}.$$

由此可知,估计 $\overline{X}$ 的风险函数为 $R(p,\overline{X})=p(1-p)/n$,其图像如图 7.4.1 所示.

在寻找最优估计时,会遇到许多表现不好的估计,例如 $T(\boldsymbol{X})\equiv g(\theta_0)$,它是一个固定的常数,不包含数据的任何信息. 对于任何样本

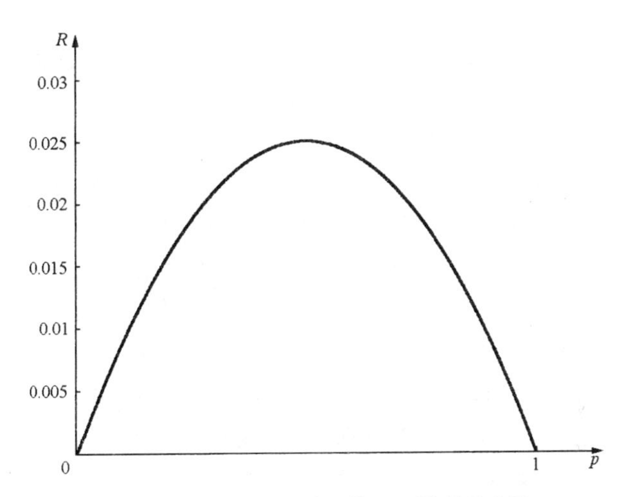

图 7.4.1 例 4.2 中风险函数 $R(p,\overline{X})$的示意图

$\boldsymbol{X}$,相应的估计值 $T(\boldsymbol{x})$永远是 $g(\theta_0)$. 但是按估计的定义,它也是一个估计. 这个估计的风险函数为 $R(\theta,g(\theta_0))=[g(\theta_0)-g(\theta)]^2$. 显然,当真值 $g(\theta)$离开 $g(\theta_0)$较远时,风险函数的值比较大,但在 $\theta=\theta_0$ 处风险函数的值为 0. 由此可知一个估计要成为最优估计,它的风险函数必须处处为 0,但这是不可能的. 为此,我们需另辟蹊径,考虑限制估计类. 像 $T(\boldsymbol{X})\equiv g(\theta_0)$那样的估计有一个特点,它们不是无偏估计,它们特别偏向于固定点 θ_0. 由于这些特别偏向的估计的存在,使得最优估计的均方误差必须处处为 0. 现在我们只考虑无偏估计类,把那些有偏的估计排除在外,希望在无偏估计类内找到最优估计. 设 $T(\boldsymbol{X})$是 $g(\theta)$的无偏估计,其均方误差变成方差:

$$R(\theta,T)=\mathrm{E}_\theta[T-g(\theta)]^2=\mathrm{E}_\theta[T-\mathrm{E}_\theta(T)]^2=\mathrm{var}_\theta(T). \tag{4.2}$$

当我们限制在无偏估计类时,就有可能找到最优的估计. 此时的最优估计称为最小方差无偏估计.

定义 4.1 设 $X_1,\cdots,X_n\sim\mathrm{iid}F_\theta(x)$,$\theta\in\Theta$,其中 $F_\theta(x)$为 $X_i(i=1,\cdots,n)$的共同分布函数;又设 $g(\theta)$为一维待估量,统计量 $T(X_1,\cdots,X_n)$为$g(\theta)$的一个估计量. 称 T 为 $g(\theta)$的**最小方差无偏估计**(简称 **UMVU 估计**),如果它满足:

(1) T 是 $g(\theta)$的无偏估计；

(2) 对于 $g(\theta)$的任何其他无偏估计 $\widetilde{T}$,其方差不比 T 的小,即

$$\mathrm{var}_\theta(T)\leqslant \mathrm{var}_\theta(\widetilde{T}) \quad (\forall\, \theta\in\Theta). \tag{4.3}$$

前面已经提到,要找到 $g(\theta)$的无偏估计是不容易的事.现在设已经找到了 $g(\theta)$的无偏估计 $T(\boldsymbol{X})$.要证明无偏估计 $T(\boldsymbol{X})$是 UMVU 估计也不是一件容易的事.首先,要把所有的 $g(\theta)$的无偏估计找出来;其次,要比较这些无偏估计的方差,并指出 $T(\boldsymbol{X})$的方差是最小的.尽管在寻找 UMVU 估计方面存在许多困难,但是还有一套理论方法.为了介绍 UMVU 估计的理论,我们必须引进充分统计量的概念.由于充分统计量的概念涉及条件概率和测度论等较深的理论,我们不在理论上细究,而着重统计信息处理的直观描述和具体的计算.

通常看一个统计量 $T=T(\boldsymbol{X})$是不是含有参数 θ 的信息,要看这个统计量的分布是不是含有参数 θ 的信息.记

$$F_\theta(t) = P_\theta(T \leqslant t) \tag{4.4}$$

为统计量 T 的分布.若分布 F_θ 与 θ 无关,则统计量 T 不可能包含 θ 的任何信息.例如,对于参数 $\theta_1,\theta_2(\theta_1\neq\theta_2)$,若相应 T 的分布都一样,我们就不可能根据 T 的分布去判别总体参数是 θ_1 或 θ_2.反过来,若统计量 T 的分布 $F_\theta(t)$与 θ 有关,则至少存在两个参数点 θ_1 和 θ_2,使得 F_{θ_1} 与 F_{θ_2} 不相同,此时我们称统计量 T 含有 θ 的信息.在考虑 θ 的估计问题的时候,我们只考虑包含 θ 的信息的那些统计量.但是,我们更希望找到包含 θ 的全部信息的那些统计量.若 T 包含了 θ 的全部信息,则我们只需考虑依赖 T 的估计量即可.什么样的统计量才是包含 θ 的全部信息的?设 T 为统计量,首先要求 T 包含 θ 的信息,即 $F_\theta(t)=P_\theta(T\leqslant t)$与 θ 有关;其次,它已经包含了 θ 的全部信息,即在 T 的取值已知的条件下,其他统计量已经不再含有 θ 的信息了,亦即若 $\widetilde{T}$ 是任意其他统计量,$\widetilde{T}$ 的条件分布 $F_\theta(t|s)=P_\theta(\widetilde{T}\leqslant t|T=s)$与 θ 无关.这样的统计量 T 称为充分统计量.下面给出充分统计量的正式定义.

定义 4.2 设 $(X_1,\cdots,X_n)\sim F_\theta(x_1,\cdots,x_n),\theta\in\Theta$.称统计量 $T(X_1,\cdots,X_n)$为**充分统计量**,如果对于任何其他统计量 $\widetilde{T}(X_1,\cdots,X_n)$,$\widetilde{T}$ 在 T 的值已知的条件之下的条件分布与参数 θ 无关.

充分统计量在统计理论中具有十分重要的意义.在本章中,充分统

计量主要用于求最优无偏估计.

例 4.3(续例 4.2) 设 $X_1,\cdots,X_n\sim \text{iid}B(1,p)$, $p\in(0,1)$. 取 $T=\sum_{i=1}^{n}X_i$, 易知 T 的分布为**二项分布**,即

$$P_p(T=k)=\mathrm{C}_n^k p^k(1-p)^{n-k}\quad (k=0,1,\cdots,n),$$

其中 p 为未知的参数. 显然, T 的分布与 p 有关. 现在讨论 T 的充分性.

按充分统计量的定义,为证明 T 的充分性,只需证明 $(X_1,\cdots,X_n)$ 在 T 给定之下的条件分布与 p 无关即可. 首先指出事件

$$A=\{X_1+\cdots+X_n\neq t\}$$

在 $T=t$ 之下的条件概率为 0,即

$$P(X_1+\cdots+X_n\neq t\mid T=t)=\frac{P(T\neq t,T=t)}{P\{T=t\}}=0.$$

显然,这个概率与参数 p 无关. 其次,由于 $X_i(i=1,\cdots,n)$ 只取 0 或 1, 对于任何满足条件 $\sum_{i=1}^{n}i_k=t$ 的 0-1 序列 $i_1,\cdots,i_n$, 下式成立:

$$P(X_1=i_1,\cdots,X_n=i_n\mid T=t)=\frac{p^t(1-p)^{n-t}}{\mathrm{C}_n^t p^t(1-p)^{n-t}}=\frac{1}{\mathrm{C}_n^t}.$$

显然这些事件的概率与 p 也无关. 这样,对一切样本点 $\boldsymbol{x}=(i_1,\cdots,i_n)$, $P(X_1=i_1,\cdots,X_n=i_n\mid T=t)$ 与 p 无关. 由于 $(X_1,\cdots,X_n)$ 在 $T=t$ 的条件下的概率分布与 p 无关,对任何 $(X_1,\cdots,X_n)$ 的函数 $\widetilde{T}(X_1,\cdots,X_n)$ 和任何实数 s, 事件 $\{\widetilde{T}(X_1,\cdots,X_n)\leqslant s\}$ 在 $T=t$ 的条件下的概率也与参数 p 无关. 这说明,统计量 $T=\sum_{i=1}^{n}X_i$ 已经包含了参数 p 的全部信息,即 T 为充分统计量.

这样,当样本为 $X_1,\cdots,X_n$ 时,为了获得参数 p 的信息,我们只需研究 $T=\sum_{i=1}^{n}X_i$ 的分布即可, 因为 T 已经包含了 p 的全部信息.

由定义 4.2 知,要证明一个统计量为充分统计量,需要计算条件概率. 而由上例看出,计算条件概率十分烦琐,有时候计算也是十分困难的. 特别是在 X_i 的分布连续情况下,求条件概率的问题还会遇到一些技术问题. 当事件 $\{T=t\}$ 为零概率事件的时候,其条件概率没有初等

的定义. 不过,关于统计量的充分性,有一个比较容易的判别方法. 该判别方法原理的证明,已经超出了本书的要求,在此略去. 但是要求读者熟练地应用判别法,找出统计模型中的充分统计量. 下面是关于判别充分统计量的因子分解定理.

定理 4.1(因子分解定理)　设 $X_1,\cdots,X_n\sim \text{iid}\,p(x,\theta),\theta\in\Theta$,其中 $p(x,\theta)$ 在连续情况为分布密度,在离散情况为分布列(为方便起见,$p(x,\theta)$ 统称分布密度). 若 $(X_1,\cdots,X_n)$ 的联合密度具有下列形式:

$$\prod_{i=1}^{n}p(x_i,\theta)=q_\theta(T(x_1,\cdots,x_n))h(x_1,\cdots,x_n),\tag{4.5}$$

式中 $h(x_1,\cdots,x_n)$ 与参数 θ 无关,$q_\theta(T)$ 表示它可以写成与 θ 有关,但作为 $x_1,\cdots,x_n$ 的函数具有复合函数 $q_\theta(T(x_1,\cdots,x_n))$ 的形式,则 $T(X_1,\cdots,X_n)$ 是充分统计量.

例 4.4　设 $X_1,\cdots,X_n\sim \text{iid}\,N(\theta,1),\theta\in\mathbf{R}$,其联合分布密度为

$$\begin{aligned}\prod_{i=1}^{n}\frac{1}{\sqrt{2\pi}}\exp\left\{-\frac{1}{2}(x_i-\theta)^2\right\}&=\left(\frac{1}{\sqrt{2\pi}}\right)^n\exp\left\{-\frac{1}{2}\sum_{i=1}^{n}(x_i-\theta)^2\right\}\\&=\left(\frac{1}{\sqrt{2\pi}}\right)^n\exp\left\{\theta\sum_{i=1}^{n}x_i\right\}\exp\left\{-\frac{n}{2}\theta^2\right\}\exp\left\{-\frac{1}{2}\sum_{i=1}^{n}x_i^2\right\}.\end{aligned}$$

由上式看出,联合分布密度可分解成两个因子: 第一个因子为

$$q_\theta(T(x_1,\cdots,x_n))=\left(\frac{1}{\sqrt{2\pi}}\right)^n\exp\{\theta\,T(x_1,\cdots,x_n)\}\exp\left\{-\frac{n}{2}\theta^2\right\},$$

式中 $T(x_1,\cdots,x_n)=\sum_{i=1}^{n}x_i$;第二个因子

$$h(x_1,\cdots,x_n)=\exp\left\{-\frac{1}{2}\sum_{i=1}^{n}x_i^2\right\}$$

的表达式中不含参数 θ. 利用因子分解定理可知,

$$T(X_1,\cdots,X_n)=\sum_{i=1}^{n}X_i$$

是充分统计量,即 $T(X_1,\cdots,X_n)$ 包含了 θ 的全部信息.

例 4.5　设我们需要了解的总体是二元总体,即必须用两个随机变量来刻画的总体. 例如,我们记录某校男生的身高和体重,记 X 为某男生的身高,Y 为该生的体重. 注意我们的观察对象为该校的男生,而

每一个男生都有身高和体重(x,y).这样我们所研究的总体可用随机向量(X,Y)表示.凭经验知,学生的身高和体重构成的随机向量(X,Y)的联合分布为**二元正态分布**.(X,Y)的联合分布密度为

$$p(x,y;\theta)=\frac{1}{2\pi\sigma_1\sigma_2\sqrt{1-\rho^2}}\exp\left\{-\frac{1}{2(1-\rho^2)}\right.$$
$$\left.\cdot\left[\left(\frac{x-\mu_1}{\sigma_1}\right)^2-\frac{2\rho(x-\mu_1)(y-\mu_2)}{\sigma_1\sigma_2}+\left(\frac{y-\mu_2}{\sigma_2}\right)^2\right]\right\},$$

其中θ为参数向量,$\theta=(\mu_1,\mu_2,\sigma_1^2,\sigma_2^2,\rho)$.参数的变化范围是:$\mu_1$和$\mu_2$可在实数轴上任意取值,$\sigma_1^2$和$\sigma_2^2$的变化范围为正实数轴,而$\rho\in(-1,1)$.现在设从总体中抽取$n$个个体.这$n$个个体组成该总体的一个样本$((X_1,Y_1),\cdots,(X_n,Y_n))$,其联合分布密度为

$$\prod_{i=1}^{n}p(x_i,y_i;\theta)=\left(\frac{1}{2\pi\sigma_1\sigma_2\sqrt{1-\rho^2}}\right)^n\exp\left\{-\frac{1}{2(1-\rho^2)}\sum_{i=1}^{n}\left[\left(\frac{x_i-\mu_1}{\sigma_1}\right)^2\right.\right.$$
$$\left.\left.-\frac{2\rho(x_i-\mu_1)(y_i-\mu_2)}{\sigma_1\sigma_2}+\left(\frac{y_i-\mu_2}{\sigma_2}\right)^2\right]\right\}. \tag{4.6}$$

将上式中e的指数上求和号中的表达式稍加变形,即把$x_i-\mu_1$写成$x_i-\bar{x}+\bar{x}-\mu_1$,$y_i-\mu_2$写成$y_i-\bar{y}+\bar{y}-\mu_2$,然后进行展开,化简,最后指数上的表达式可以写成

$$\left(\bar{x},\bar{y},\sum_{i=1}^{n}(x_i-\bar{x})^2,\sum_{i=1}^{n}(y_i-\bar{y})^2,\sum_{i=1}^{n}(x_i-\bar{x})(y_i-\bar{y})\right)$$

的函数.因此,$((X_1,Y_1),\cdots,(X_n,Y_n))$的联合分布密度具有形式

$$\prod_{i=1}^{n}p(x_i,y_i;\theta)$$
$$=q_\theta\left(\bar{x},\bar{y},\sum_{i=1}^{n}(x_i-\bar{x})^2,\sum_{i=1}^{n}(y_i-\bar{y})^2,\sum_{i=1}^{n}(x_i-\bar{x})(y_i-\bar{y})\right).$$

这样,由因子分解定理知

$$T=\left(\bar{X},\bar{Y},\sum_{i=1}^{n}(X_i-\bar{X})^2,\sum_{i=1}^{n}(Y_i-\bar{Y})^2,\sum_{i=1}^{n}(X_i-\bar{X})(Y_i-\bar{Y})\right)$$

就是本例中的充分统计量.

例 4.6 设$X_1,\cdots,X_n$为指数分布总体的一个样本,其联合分布密度为

$$p(x_1,\cdots,x_n;\lambda)=\begin{cases}\prod_{i=1}^{n}\lambda\exp\{-\lambda x_i\}, & x_1,\cdots,x_n>0,\ \lambda>0,\\ 0, & \text{其他}.\end{cases}$$

将上式进行化简,它具有下列形式:

$$p(x_1,\cdots,x_n;\lambda)=\lambda^n\exp\left\{-\lambda\sum_{i=1}^{n}x_i\right\}I_{(\min\limits_{1\leqslant i\leqslant n}\{x_i\}>0)}.$$

上式中,$I_{(\min\limits_{1\leqslant i\leqslant n}\{x_i\}>0)}$是一个示性函数,当所有的 x_i 大于 0 时,取值为 1;当 x_i 中只要有一个 $x_i\leqslant 0$ 时,I 即为 0. 由于多维分布密度是定义在 $\mathbf{R}^n=(-\infty,+\infty)^n$上的,将分布密度的表达式写出来,就含有 $I_{(\min\limits_{1\leqslant i\leqslant n}\{x_i\}>0)}$这个因子,而这个因子刚好具有 $h(x_1,\cdots,x_n)$的特点,它与参数无关. 和参数有关的那一个因子为 $q_\lambda(T)\triangleq\lambda^n\exp\{-\lambda T\}$,其中 $T=\sum\limits_{i=1}^{n}x_i$. 故 $T=\sum\limits_{i=1}^{n}X_i$ 是充分统计量.

充分统计量有一个特点,它在不丢失数据所含信息的条件下将数据进行简化. 从数据包含参数信息的角度看,充分统计量不一定是唯一的. 以例 4.6 为例,已知 $T=\sum\limits_{i=1}^{n}X_i$ 是充分统计量,但比它复杂的 $\widetilde{T}=(X_1,\cdots,X_n)$也是充分统计量. 这可以从因子分解定理得到(其分布密度 $p(x_1,\cdots,x_n;\lambda)$具有 $q_\lambda(\widetilde{T})$的形式). 从压缩数据的角度来看,$T=\sum\limits_{i=1}^{n}X_i$ 将 n 维样本$(X_1,\cdots,X_n)$压缩成一维,而 $\widetilde{T}=(X_1,\cdots,X_n)$并没有压缩数据. 我们当然希望得到压缩成很简单的统计量. 为此,我们要引入完全充分统计量的概念.

定义 4.3　设 $X_1,\cdots,X_n\sim\text{iid}\,p(x,\theta)$,$\theta\in\Theta$,其中 θ 为参数,它可以是向量参数,又设 T 为充分统计量. 若对任何满足下列条件的统计量 $\phi(T(X_1,\cdots,X_n))$:

$$\mathrm{E}_\theta[\phi(T(X_1,\cdots,X_n))]\equiv 0\quad(\forall\,\theta\in\Theta),\tag{4.7}$$

可推知 $P_\theta(\phi(T(X_1,\cdots,X_n))=0)=1(\forall\,\theta\in\Theta)$,则称 T 为**完全充分统计量**.

这个关于完全充分统计量的定义说明完全充分统计量是最“干净

的"充分统计量．利用它不可能加工出非零的统计量 $\varphi(T)$，使得 $\varphi(T)$ 是"0"的无偏估计．换句话说，依赖于完全充分统计量 T 的 $g(\theta)$ 的无偏估计，最多只有一个．现在来看一个例子．

例 4.7 设 $X_1,\cdots,X_n\sim \text{iid}N(\theta,1),\theta\in\mathbf{R}$. 由因子分解定理知，$T_1=\sum_{i=1}^{n}X_i$ 是一个充分统计量，$T_2=(T_1,X_1-X_2)$ 也是充分统计量. 取 $\phi(T_2)=X_1-X_2$，易知

$$\mathrm{E}_\theta[\phi(T_2)]=\mathrm{E}_\theta(X_1)-\mathrm{E}_\theta(X_2)\equiv 0,$$

但 $P_\theta(\phi(T_2)=0)=P_\theta(X_1=X_2)\neq 1$. 这说明 $T_2=(T_1,X_1-X_2)$ 不是完全充分统计量.

完全充分统计量具有下列很好的性质.

定理 4.2 设 $X_1,\cdots,X_n\sim \text{iid}p(x,\theta),\theta\in\Theta,T$ 为完全充分统计量. 若 $\phi(T)$ 满足

$$\mathrm{E}_\theta[\phi(T)]=g(\theta)\quad(\forall\,\theta\in\Theta),$$

则 $\phi(T)$ 为 $g(\theta)$ 的 UMVU 估计.

由于该定理的证明已经超出本书的要求范围，在此略去，但要求读者明白其意义. 该定理说明，对于待估量 $g(\theta)$，只要找到依赖于完全充分统计量的函数 $\phi(T)$，使得 $\phi(T)$ 是 $g(\theta)$ 的无偏估计，则 $\phi(T)$ 就是 $g(\theta)$ 的 UMVU 估计. 这一定理告诉我们，要找到 $g(\theta)$ 的 UMVU 估计，只需在完全充分统计量的函数中去找即可.

无偏估计理论还证明了这样的事实：设 $g(\theta)$ 为某参数，$g(\theta)$ 为**无偏可估**的(即存在 $g(\theta)$ 的无偏估计)，又设 T 为完全充分统计量，则必定存在依赖于 T 的无偏估计，并且这个估计是最优的无偏估计，即 UMVU 估计. 这个事实告诉我们，在存在完全充分统计量 T 的情况下，$g(\theta)$ 的 UMVU 估计必定是 T 的函数.

我们在此用了不少篇幅介绍充分统计量、完全充分统计量以及 UMVU 估计，这样做的目的是为了引导大家求出某些参数的 UMVU 估计. 为了求参数的 UMVU 估计，我们必须学会以下两点：

(1) 找到统计模型的完全充分统计量；

(2) 利用完全充分统计量找到相应参数的 UMVU 估计.

要寻找完全充分统计量，具有两大困难：其一是统计量的范围很

大,要找到一个满意的统计量是很困难的;其二是即使找到了满意的统计量,要证明该统计量的完全充分性,也不是一件容易的事. 在例 4.7 中,我们没有指出 $T=X_1+\cdots+X_n$ 是一个完全充分统计量,其主要原因是按定义证明其完全性是十分困难的事. 但是,有一类分布族,叫指数族,这类分布族的完全充分统计量很好找. 为此,我们引入指数族分布的概念. 很多统计模型是指数族分布模型. 关于指数族分布,我们先介绍定义,然后介绍如何将常见的分布化为指数族分布的形式.

定义 4.4 设 $p(x,\theta)(\theta\in\Theta)$为分布密度或分布列. $p(x,\theta)(\theta\in\Theta)$称为**指数族分布**(或**指数型分布**),如果 $p(x,\theta)$能分解成如下几个因子的形式:

$$p(x,\theta) = S(\theta)h(x)\exp\left\{\sum_{k=1}^{m}C_k(\theta)T_k(x)\right\} \quad (\theta\in\Theta). \qquad (4.8)$$

例 4.8 指数分布的分布密度为

$$p(x,\lambda) = \begin{cases}\lambda\exp\{-\lambda x\}, & x>0,\\ 0, & x\leqslant 0\end{cases} \quad (\lambda>0).$$

用示性函数 $I_{(x>0)}$ 可将它写成下列形式:

$$p(x,\lambda) = \lambda I_{(x>0)}(x)\exp\{-\lambda x\} \quad (\lambda>0). \qquad (4.9)$$

这个表达式有三个因子: $S(\lambda)=\lambda, h(x)=I_{(x>0)}(x), \exp\{C_1(\lambda)T_1\}$,其中 $C_1(\lambda)=-\lambda, T_1(x)=x$. 这样指数分布是一个指数族分布.

下面的分布也是由指数分布产生的分布,但它不是指数族分布,因为其分布密度没有指数族分布的形式:

$$p(x,a)=I_{(x>a)}\exp\{-(x-a)\} \quad (a\in(-\infty,+\infty)). \qquad (4.10)$$

上式中,$I_{(x>a)}$ 无法分解成两个因子,其中一个只与 a 有关,另一个只与 x 有关,因此这个分布不是指数族分布.

例 4.9 一元正态分布的分布密度为

$$p(x,\mu,\sigma^2) = \frac{1}{\sqrt{2\pi}\sigma}\exp\left\{-\frac{(x-\mu)^2}{2\sigma^2}\right\}.$$

将这个分布密度的指数上的表达式展开,经过变形,分布密度具有形式

$$p(x,\mu,\sigma^2) = \frac{1}{\sqrt{2\pi}\sigma}\exp\left\{-\frac{\mu^2}{2\sigma^2}\right\}\exp\left\{-\frac{x^2}{2\sigma^2}+\frac{\mu}{\sigma^2}x\right\}.$$

显然,它具有指数族分布的形式.

例 4.10 二项分布为离散型分布,其分布列为

$$P(X=x)=C_n^x p^x(1-p)^{n-x} \quad (x=0,1,\cdots,n;\ p\in(0,1)),$$

可将它改写成

$$P(X=x)=(1-p)^n C_n^x \exp\left\{x\ln\frac{p}{1-p}\right\} \quad (p\in(0,1)). \tag{4.11}$$

由上式看出,$P(X=x)$所表成三个因子的乘积符合指数族分布的要求,故二项分布也是指数族分布.

指数族分布具有很重要的特性.

引理 4.1 设 $X\sim p(x,\theta)$,$\theta\in\Theta$,其分布族为指数族,又设 $X_1,\cdots,X_n$ 为 X 的一个样本.将$(X_1,\cdots,X_n)$看成随机向量,则$(X_1,\cdots,X_n)$的联合分布也是指数族分布.

证明 将 $p(x,\theta)$写成指数族分布的形式:

$$p(x,\theta) = S(\theta)h(x)\exp\left\{\sum_{k=1}^{m}C_k(\theta)T_k(x)\right\},$$

此时$(X_1,\cdots,X_n)$的联合分布密度具有形式

$$\prod_{i=1}^{n}p(x_i,\theta) = S(\theta)^n\left[\prod_{i=1}^{n}h(x_i)\right]\exp\left\{\sum_{k=1}^{m}C_k(\theta)\left[\sum_{i=1}^{n}T_k(x_i)\right]\right\}.$$

由它的形式看出,$(X_1,\cdots,X_n)$的联合分布仍然是指数族分布. □

例 4.11 设 $X_1,\cdots,X_n\sim \mathrm{iid}\,p(x,\lambda)=\lambda\exp\{-\lambda x\}$,$x>0$,$\lambda>0$.利用例 4.8 和引理 4.1 立即可知$(X_1,\cdots,X_n)$的分布也是指数族分布.即使直接计算$(X_1,\cdots,X_n)$的联合分布密度也是十分方便的.其联合分布密度为

$$\prod_{i=1}^{n}p(x_i,\lambda) = \lambda^n I_{(\min\limits_{1\leqslant i\leqslant n}\{x_i\}>0)}\exp\left\{-\lambda\sum_{i=1}^{n}x_i\right\},$$

它具有指数族分布的形式.

例 4.12 设 $X_1,\cdots,X_n\sim \mathrm{iid}\,N(\mu,\sigma^2)$,$\mu\in(-\infty,+\infty)$,$\sigma^2\in(0,+\infty)$.利用例 4.9 的关于正态分布的表达式,可得$(X_1,\cdots,X_n)$的联合分布密度为

$$\begin{aligned}p(x_1,\cdots,x_n;\mu,\sigma^2) &= \left(\frac{1}{\sqrt{2\pi}\sigma}\right)^n\exp\left\{-\frac{1}{2\sigma^2}\sum_{i=1}^{n}(x_i-\mu)^2\right\}\\ &= \left(\frac{1}{\sqrt{2\pi}\sigma}\right)^n\exp\left\{-\frac{n\mu^2}{2\sigma^2}\right\}\exp\left\{-\frac{1}{2\sigma^2}\sum_{i=1}^{n}x_i^2+\frac{\mu}{\sigma^2}\sum_{i=1}^{n}x_i\right\},\end{aligned}$$

故正态分布的一个样本的联合分布也是指数族分布. 其实,引理 4.1 已经告诉我们,只要总体的分布是指数族分布,其样本的分布必定是指数族分布.

下面的定理告诉我们如何求得指数族分布中的完全充分统计量.

定理 4.3　设 X 具有指数族分布,其分布密度为

$$p(x,\theta) = S(\theta)h(x)\exp\left\{\sum_{k=1}^{m}C_k(\theta)T_k(x)\right\} \quad (\theta\in\Theta), \quad (4.12)$$

其中 Θ 是 m 维空间中含有内点的集合,向量值函数$(C_1(\theta),\cdots,C_m(\theta))$是 Θ 上一一对应的连续函数,但(4.12)式中诸 T_i 之间和诸 $C_i(\theta)$之间均不能有线性关系(若有线性关系,必须消除这种关系,缩小维数 m),则对于来自总体 X 的样本 $\boldsymbol{X}=(X_1,\cdots,X_n)$,

$$\left(\sum_{i=1}^{n}T_1(X_i),\cdots,\sum_{i=1}^{n}T_m(X_i)\right)$$

是该统计模型的完全充分统计量.

定理 4.3 的证明涉及较多的数学内容,在此从略. 该定理提供了寻找完全充分统计量的方法. 实际中遇到的统计模型大多数都是指数族分布模型,因此利用定理 4.3 可以很容易找到完全充分统计量. 再根据定理 4.2,要求参数 $g(\theta)$的 UMVU 估计,我们只需求出 $g(\theta)$的依赖于完全充分统计量的无偏估计即可. 现在举一些例子来说明如何利用定理 4.2 和定理 4.3 来寻找 UMVU 估计.

例 4.13(续例 1.2)　在例 1.2 中讨论了不合格品率的估计问题. 已知检查了 20 件产品,发现一件不合格品. 目的是要求出不合格品率 p 的估计. 我们已经求得 p 的 ML 估计为 $\hat{p}=x/n=1/20$,此处记 x 为 $n=20$ 件产品中不合格品件数 X 的观察值,即 $x=1$. 现在将 p 的估计看成随机变量 X/n. 在例 1.2 中已经指出 X 的分布为二项分布(此处 X 就是例 1.2 中的 S),而由例 4.10 知其分布列具有指数族分布的形式(见(4.11)式),于是由定理 4.3 知 X 是完全充分统计量. 若我们能证明 X/n 是 p 的无偏估计,则由定理 4.2 知 X/n 就是 p 的 UMVU 估计. 实际上,

$$\mathrm{E}(X)=\sum_{i=0}^{n}iP(X=i)=\sum_{i=0}^{n}i\mathrm{C}_n^i p^i(1-p)^{n-i}$$

$$=\sum_{i=1}^{n}\frac{n!}{(i-1)!(n-i)!}p^{i}(1-p)^{n-i}$$

$$=np\sum_{i-1=0}^{n-1}\frac{(n-1)!}{(i-1)!(n-i)!}p^{i-1}(1-p)^{n-i}$$

$$=np\sum_{i=0}^{n-1}C_{n-1}^{i}p^{i}(1-p)^{n-1-i}=np.$$

据此，X/n 就是 p 的无偏估计，从而 X/n 是 p 的 UMVU 估计.

完全充分统计量具有很好的性质. 两个可以相互表示的统计量，它们必定同时为完全充分统计量，或者均不为完全充分统计量. 例如，设 $T(X_1,\cdots,X_n)$ 和 $S(X_1,\cdots,X_n)$ 为两个统计量，说它们可以互相表示，即 T 可以写成 $T=\phi(S(X_1,\cdots,X_n))$ 的形式，同时 S 也可以写成 $S=\psi(T(X_1,\cdots,X_n))$ 的形式. 此时，T 为完全充分统计量的充分必要条件是 S 为完全充分统计量. 这个结论的证明也是容易的，只需按完全充分统计量的定义验证即可. 不过，这里不将这些理论证明作为重点，我们强调应用这个结论.

例 4.14 设 $X_1,\cdots,X_n\sim \text{iid}N(\mu,\sigma^2)$，$\mu\in(-\infty,+\infty)$，$\sigma^2\in(0,+\infty)$. 由定理 4.3 知 $T=\left(\sum_{i=1}^{n}X_i,\sum_{i=1}^{n}X_i^2\right)$ 是完全充分统计量（请读者自行验证定理 4.3 的条件）. 又易知 $S=\left(\overline{X},\frac{1}{n-1}\sum_{i=1}^{n}(X_i-\overline{X})^2\right)$ 可与 T 相互表示. 事实上，表达式 $\overline{X}=\frac{1}{n}\sum_{i=1}^{n}X_i$ 和

$$\frac{1}{n-1}\sum_{i=1}^{n}(X_i-\overline{X})^2=\frac{1}{n-1}\left[\sum_{i=1}^{n}X_i^2-\frac{1}{n}\left(\sum_{i=1}^{n}X_i\right)^2\right]$$

$$=\frac{1}{n-1}\sum_{i=1}^{n}X_i^2-\frac{1}{n(n-1)}\left(\sum_{i=1}^{n}X_i\right)^2$$

说明 S 可以由 T 表示，反过来也容易验证 T 可以表示成 S 的函数. 这样 S 也是完全充分统计量. 再由

$$\mathrm{E}(\overline{X})=\mu \quad 和 \quad \mathrm{E}\left[\frac{1}{n-1}\sum_{i=1}^{n}(X_i-\overline{X})^2\right]=\mathrm{var}(X)=\sigma^2$$

立即可知，$\overline{X}$ 和 $\frac{1}{n-1}\sum_{i=1}^{n}(X_i-\overline{X})^2$ 分别是 μ 和 σ^2 的 UMVU 估计.

例 4.15 设 $X_1,\cdots,X_n \sim \mathrm{iid}N(\theta,1)$，$\theta\in(-\infty,+\infty)$，求 θ^2 的 UMVU 估计.

解 对于这个模型，$(X_1,\cdots,X_n)$ 的联合分布密度为

$$p(x_1,\cdots,x_n;\theta)=\left(\frac{1}{\sqrt{2\pi}}\right)^n\exp\left\{-\frac{1}{2}\sum_{i=1}^n(x_i-\theta)^2\right\}$$

$$=\left(\frac{1}{\sqrt{2\pi}}\right)^n\exp\left\{-\frac{n\theta^2}{2}\right\}\exp\left\{-\frac{1}{2}\sum_{i=1}^n x_i^2+\theta\sum_{i=1}^n x_i\right\}.$$

由上式知，$\overline{X}$ 或 $\sum_{i=1}^n X_i$ 是完全充分统计量. 由

$$\mathrm{E}(\overline{X}^2)=\mathrm{var}(\overline{X})+[\mathrm{E}(\overline{X})]^2=\frac{1}{n}+\theta^2$$

得

$$\mathrm{E}\left(\overline{X}^2-\frac{1}{n}\right)=\theta^2.$$

这样，θ^2 的 UMVU 估计为 $\overline{X}^2-\frac{1}{n}$. 由于 $\overline{X}$ 是 θ 的 ML 估计，依 ML 估计的定义，θ^2 的 ML 估计为 $\overline{X}^2$，它并不是无偏估计，不过将它修正后可得无偏估计 $\overline{X}^2-\frac{1}{n}$，并且是 θ^2 的 UMVU 估计.

§7.5 估计的相合性

设 $X_1,\cdots,X_n$ 为来自某总体 $X\sim F_\theta(x)$ 的一个样本，此处 θ 为参数. 通常待估量是一维的，我们用 $g(\theta)$ 表示之，而参数 θ 本身可以是多维的向量参数. 前面已经提到作为 $g(\theta)$ 的估计 $T(X_1,\cdots,X_n)$ 是依赖于 $(X_1,\cdots,X_n)$ 的统计量，从而 $T(X_1,\cdots,X_n)$ 通常依赖于样本量 n，例如 $T(X_1,\cdots,X_n)=\frac{1}{n}\sum_{i=1}^n X_i$. 对于估计量 $T(X_1,\cdots,X_n)$，我们总是希望随着样本量 n 的增加，它将越来越精确地估计 $g(\theta)$. 体现这种要求的性质就是估计的相合性. 此处我们所指的相合性是指概率论中的弱收敛或依概率收敛. 概率论中还有强收敛，在本书的统计学这部分将不涉及. 因此，在统计学部分所提到的相合性就是指弱相合性. 下面给出估计相合性的定义.

定义 5.1 设 $X_1,\cdots,X_n$ 为来自某总体 $X\sim F_\theta(x)$ 的一个样本,待估参数为 $g(\theta)$,$T_n(X_1,\cdots,X_n)$ 为 $g(\theta)$ 的一个估计. 若对任何 $\varepsilon>0$,有

$$P_\theta(|T_n(X_1,\cdots,X_n)-g(\theta)|\geqslant\varepsilon)\to 0\quad(n\to\infty),$$

则称估计序列 $T_n(X_1,\cdots,X_n)$ 为 $g(\theta)$ 的**相合估计**,或称 $g(\theta)$ 的估计 $T_n(X_1,\cdots,X_n)$ 具有**相合性**.

在定义中估计的相合性是对具体的总体参数而言的. 对于实际工作者来说,当样本容量充分大的时候,相合性要求估计值趋向于总体的待估参数的真值. 实际上,这种收敛性是对一切总体参数 θ 的值都要求具有的收敛性. 此处我们要做一些说明. "设 $X_1,\cdots,X_n$ 是来自总体 $X\sim F_\theta(x)$ 的一个样本",当我们这样说的时候,一定是有一个实际问题作为其背景,并且还有一组数据 $x_1,\cdots,x_n$ 即样本值作为总体 X 的观察值,$F_\theta(x)$ 中的参数 θ 为这个总体参数的真值. 但 θ 的值又不为我们所知,我们只知道 θ 是参数空间 Θ 中的一点,而要估计的目标值为 $g(\theta)$. 故估计的相合性是针对所有的总体而言的. 设想我们的问题是测量某材料的长度. 设这个材料的长度为 a,其测量值为 $x_1,\cdots,x_n$. 我们的估计量为 $\overline{X}$,相合性要求此时 $\overline{X}$ 的值趋向于真值 a. 相合性是指所有的测量问题中 $\overline{X}$ 都具有相合性. 当测量的对象是另一种材料,其长度为 a',其测量值为 $x_1',\cdots,x_n'$,利用 $\overline{X}'$ 作为 a' 的估计,也具有相合性. 正好像在测量体温的时候,被测的对象既可以是病人也可以是健康的人,我们的测量方法必须对一切人的体温测量都具有相合性. 因此,在定义 5.1 中,相合性要求对所有的参数值 θ,估计量 $T(X_1,\cdots,X_n)$ 都弱收敛到 $g(\theta)$,尽管在定义中没有明显地提到这件事.

估计的相合性也是对估计的最基本的要求. 若一个估计不具有相合性,则样本容量较大时,这个估计就根本不能用. 因此对于一个估计,我们必须考查其相合性.

关于估计的相合性,本书中主要涉及的理论是概率论中的大数律和有关的理论. 在概率论部分已经详细地论证过**大数律**,此处我们只是加以引用而不加证明. 不过我们在提到随机变量的分布时,总是带有统计的特色,将分布 $F(x)$ 写成 $F_\theta(x)$,其中 θ 为参数的真值. 下面叙述的是关于相合性的基本定理.

定理 5.1 设 $X_1,\cdots,X_n\sim \mathrm{iid}F_\theta(x)$,$\theta\in\Theta$,$\mathrm{E}_\theta(X_i)\,(i=1,\cdots,n)$ 存

在且有限,则

$$\overline{X}_n = \frac{1}{n}\sum_{i=1}^{n} X_i \xrightarrow{P} \mathrm{E}_\theta(X_1) \quad (n \to \infty), \tag{5.1}$$

或等价地,对任何 $\varepsilon > 0$,有

$$P_\theta(|\overline{X}_n - \mathrm{E}_\theta(X_1)| \geqslant \varepsilon) \to 0 \quad (n \to \infty). \tag{5.2}$$

定理 5.1 说明,在简单随机抽样的情况下,样本均值是总体均值的相合估计.

注　当随机变量序列 $\xi_n(n=1,2,\cdots)$收敛到常数的时候,依概率收敛与弱收敛是一样的,因此记号 $\xi_n \xrightarrow{P} a$ 与 $\xi_n \xrightarrow{w} a$ 是一样的(前者是依概率收敛的记号,后者是弱收敛的记号,a 为常数).

推论 5.1　设 $X_1,\cdots,X_n \sim \mathrm{iid}F_\theta(x), \theta \in \Theta$,则 $\alpha_l = \mathrm{E}_\theta(X_1^l)$ 的矩估计 $a_l = \frac{1}{n}\sum_{j=1}^{n} X_j^l$ 为 α_l 的相合估计.

推论 5.1 中的结论是以 α_l 存在且 $|\alpha_l| < +\infty$ 为前提的. 若 α_l 不满足上述限制条件,则 α_l 的矩估计就无从谈起.

定理 5.2　设 $X_1,\cdots,X_n \sim \mathrm{iid}F_\theta(x), \theta \in \Theta$. 若 θ 的函数 $g(\theta)$的矩估计 $\hat{g}_n(X_1,\cdots,X_n)$存在,则 $\hat{g}_n(X_1,\cdots,X_n)$必为 $g(\theta)$的相合估计.

证明　由矩估计之定义知,$g(\theta)$可表示成$(\alpha_1,\cdots,\alpha_k)$的一个连续函数 $g(\theta)=\phi(\alpha_1,\cdots,\alpha_k)$,而且相应的矩估计就是 $\hat{g}_n=\phi(a_1,\cdots,a_k)$. 我们指出

$$\hat{g}_n - g(\theta) \xrightarrow{P} 0.$$

事实上,为证明相合性,我们只需证明,对任意 $\varepsilon > 0$,下式成立:

$$P(|\phi(a_1,\cdots,a_k) - \phi(\alpha_1,\cdots,\alpha_k)| \leqslant \varepsilon) \to 1 \quad (n \to \infty). \tag{5.3}$$

由函数 ϕ 的连续性知,必存在 $\delta > 0$,使得只要

$$|a_1 - \alpha_1| \leqslant \delta, \quad \cdots, \quad |a_k - \alpha_k| \leqslant \delta$$

成立,就有

$$|\phi(a_1,\cdots,a_k) - \phi(\alpha_1,\cdots,\alpha_k)| \leqslant \varepsilon,$$

即事件关系式

$$\{|a_1 - \alpha_1| \leqslant \delta,\cdots,|a_k - \alpha_k| \leqslant \delta\}$$
$$\subseteq \{|\phi(a_1,\cdots,a_k) - \phi(\alpha_1,\cdots,\alpha_k)| \leqslant \varepsilon\}$$

成立,从而

$$P(|a_1-\alpha_1|\leqslant\delta,\cdots,|a_k-\alpha_k|\leqslant\delta)$$
$$\leqslant P(|\phi(a_1,\cdots,a_k)-\phi(\alpha_1,\cdots,\alpha_k)|\leqslant\varepsilon).$$

再利用 a_l 之相合性,可知

$$P(|a_1-\alpha_1|\leqslant\delta,\cdots,|a_k-\alpha_k|\leqslant\delta)\to 1\quad(n\to\infty),$$

从而(5.3)式成立. □

由定理 5.2 可知,只要存在矩估计,就可以保证矩估计的相合性. 关于 ML 估计,也有相关定理可保证 ML 估计的相合性. 由于该定理涉及更深的理论,在本书中不作讨论. 但对于具体模型,可以讨论其参数的 ML 估计的相合性.

例 5.1 设 $X_1,\cdots,X_n\sim\text{iid}N(\mu,\sigma^2)$. 参数 σ/μ 称为正态分布的**变异系数**. 当 $\mu\neq 0$ 时,变异系数是从实际中提出来的指标. 例如,对于农场所养的猪,出栏时猪的重量服从正态分布,其标准差(即正态总体的参数 σ)是一个很重要的指标,因为商家希望猪出栏时的重量尽可能地一致. 但是猪的重量是不断地变化的,当猪的重量增加时其方差(相应的标准差)也会增加,不能将出栏猪群的标准差作为猪群一致性的度量,而将变异系数作为出栏猪群的一致性质量指标是合理的. 在例 1.1 和例 2.1 中已经求得参数 μ,σ^2 的 ML 估计和矩估计均为 $\hat{\mu}=\overline{X}$, $\widehat{\sigma^2}=\frac{1}{n}\sum_{i=1}^{n}(X_i-\overline{X})^2$. 利用定理 5.2,立即可知 $\hat{\mu}=\overline{X}$, $\widehat{\sigma^2}=\frac{1}{n}\sum_{i=1}^{n}(X_i-\overline{X})^2$ 为相应参数 μ 和 σ^2 的相合估计,并且变异系数 σ/μ(它是 (μ,σ^2) 的连续函数)的矩估计 $\sqrt{\widehat{\sigma^2}}\big/\hat{\mu}$ 也是相合估计.

例 5.2 设 $X_1,\cdots,X_n\sim\text{iid}U[0,\theta]$, $\theta>0$. 由例 1.4 和例 2.4 的讨论知,参数 θ 的 ML 估计和矩估计分别为 $\max\limits_{1\leqslant i\leqslant n}\{X_i\}$ 和 $2\overline{X}$. 矩估计的相合性直接可从定理 5.2 得到. 现讨论 ML 估计的相合性. 为证明其相合性,我们只需证明,对任意 $\varepsilon>0$,下式成立:

$$P_\theta(|\max_{1\leqslant i\leqslant n}\{X_i\}-\theta|\geqslant\varepsilon)\to 0\quad(n\to\infty).$$

由于 $\max\limits_{1\leqslant i\leqslant n}\{X_i\}\leqslant\theta$ 永远成立,事件等式

$$\{|\max_{1\leqslant i\leqslant n}\{X_i\}-\theta|\geqslant\varepsilon\}=\{\max_{1\leqslant i\leqslant n}\{X_i\}\leqslant\theta-\varepsilon\}$$

成立，从而

$$P_\theta(|\max_{1\leqslant i\leqslant n}\{X_i\}-\theta|\geqslant\varepsilon)=P_\theta(\max_{1\leqslant i\leqslant n}\{X_i\}\leqslant\theta-\varepsilon)$$
$$=P_\theta(X_i\leqslant\theta-\varepsilon,i=1,\cdots,n)=[P_\theta(X_1\leqslant\theta-\varepsilon)]^n$$
$$=\left(\frac{\theta-\varepsilon}{\theta}\right)^n\to 0\quad(n\to\infty).$$

上式说明 ML 估计 $\hat{\theta}_n=\max\limits_{1\leqslant i\leqslant n}\{X_i\}$ 是 θ 的相合估计.

例 5.3　考虑某物种三种类型的个体. 以 1,2,3 表示个体的三种类型，设此三种类型出现的概率分别为

$$p(1,\theta)=\theta^2,\quad p(2,\theta)=2\theta(1-\theta),\quad p(3,\theta)=(1-\theta)^2,$$

其中 $0<\theta<1$. 现得到 n 个个体的类型为 $\boldsymbol{x}=(x_1,\cdots,x_n)$，其中 x_i 为个体 i 的类型，x_i 可取 1,2 或 3. 设 $x_1,\cdots,x_n$ 中共有 n_1 个 1，n_2 个 2，n_3 个 3，则 $\boldsymbol{x}$ 出现的概率为

$$\begin{aligned}P_\theta(\boldsymbol{X}=\boldsymbol{x})&=p(1,\theta)^{n_1}p(2,\theta)^{n_2}p(3,\theta)^{n_3}\\&=\theta^{2n_1+n_2}(1-\theta)^{n_2+2n_3}2^{n_2}\\&=2^{n_2}\theta^{2n_1+n_2}(1-\theta)^{2n-(2n_1+n_2)}.\end{aligned}$$

它其实就是对参数 θ 作 ML 估计时的似然函数. 从其形式可以看出，这个似然函数与二项总体的似然函数相同，不过此处的 $2n$ 相当于二项总体的样本量，$2n_1+n_2$ 相当于 $2n$ 次独立重复试验中某事件出现的次数. 利用二项分布中参数的 ML 估计的公式，可得 θ 的 ML 估计为

$$\hat{\theta}_n=\frac{2n_1+n_2}{2n}.$$

为证明 $\hat{\theta}_n$ 的相合性，我们只需证明

$$\frac{n_1}{n}\xrightarrow{P}\theta^2,\quad\frac{n_2}{n}\xrightarrow{P}2\theta(1-\theta)\quad(n\to\infty).$$

事实上，n_1 表示在 n 个个体中类型 1 的个体数，而类型 1 出现的概率为 θ^2，利用大数定律可得 $n_1/n\xrightarrow{P}\theta^2$；类似地，利用类型 2 的个体出现的概率，可得 $n_2/n\xrightarrow{P}2\theta(1-\theta)$. 将两个极限式合并即可得到

$$\hat{\theta}_n=\frac{n_1}{n}+\frac{n_2}{2n}\xrightarrow{P}\theta^2+\theta-\theta^2=\theta,$$

即 $\hat{\theta}_n$ 为 θ 的相合估计.

§7.6 估计的渐近分布

在§7.5中讨论了估计的相合性.我们知道估计的相合性是对估计的最基本的要求.设 $X_1,\cdots,X_n\sim \text{iid}F_\theta,\theta\in\Theta$.在求$g(\theta)$的估计问题中,若 $T(X_1,\cdots,X_n)$是 $g(\theta)$的相合估计,它只是告诉我们,对样本值$(x_1,\cdots,x_n)$,当 n 相当大时,误差 $T(x_1,\cdots,x_n)-g(\theta)$比较小,但并未告诉我们这个误差的收敛速度究竟是多少.这是相合估计的收敛速度问题.为了得到一个相合估计 $T(X_1,\cdots,X_n)$的收敛速度,考虑概率

$$P_n(a)=P(|T(X_1,\cdots,X_n)-g(\theta)|\leqslant a/k_n), \tag{6.1}$$

其中$\{k_n\}$是一个正常数序列.一方面,若$\{k_n\}$是有界的,那么 $P_n(a)\to 1$ $(n\to\infty)$.另一方面,若$\{k_n\}$相当快地趋于$\infty(n\to\infty)$,则 $P_n(a)\to 0(n\to\infty)$.这启发我们,可能存在一个合适的序列$\{k_n\}$,$k_n\to\infty(n\to\infty)$,但$P_n(a)$趋于一个严格介于0和1之间的极限.这正是我们所需要的,这个趋于∞的正数序列$\{k_n\}$反映了 $T(x_1,\cdots,x_n)$向$g(\theta)$收敛的速度.若存在$\{k_n\}$,$k_n\to\infty(n\to\infty)$和一个非退化的分布函数 H(分布 H 的质量不集中在一个点),使得对所有 H 的连续点 a,有

$$P(k_n[T(X_1,\cdots,X_n)-g(\theta)]\leqslant a)\to H(a)\quad(n\to\infty), \tag{6.2}$$

则我们称 $T(X_1,\cdots,X_n)$以 $1/k_n$ 的速度趋于$g(\theta)$.当然,由这个定义,收敛速度不是唯一地被决定的.若 $1/k_n$ 是一个可能的速度,则对任何满足 k_n'/k_n 趋于有限正数的另一序列$\{k_n'\}$, $T(X_1,\cdots,X_n)$也是以$1/k_n'$的速度趋于$g(\theta)$.

我们也可以从另一个角度考虑序列$\{k_n\}$.若估计 $T(X_1,\cdots,X_n)$是相合的,则随 $n\to\infty$,误差 $T(X_1,\cdots,X_n)-g(\theta)$依概率趋于0.误差乘以趋于无穷大的 k_n,就是放大这些误差,它起着显微镜的作用.若(6.2)式成立,则可视 k_n 恰好将误差的特性图像放大到清晰的程度.在本书中,绝大多数估计的收敛速度都是 $1/\sqrt{n}$,并且其**渐近分布**是正态分布.为了便于学习,我们把有关收敛性的定义和定理重复叙述于此.

定义 6.1 (1) 设 $\xi_n(n=1,2,\cdots)$为一随机变量序列,它们的分布为 $F_n(x)(n=1,2,\cdots)$;ξ 为一随机变量,其分布函数为 $F(x)$.称 $F_n(n=1,2,\cdots)$**弱收敛**到 F,如果

$$F_n(x) \to F(x) \quad (n \to \infty) \tag{6.3}$$

在 $F(x)$ 的每一个连续点 x 处成立，并且用记号 $F_n \xrightarrow{w} F\ (n \to \infty)$ 表示. 有时候，分布还可以用相应的随机变量替代，因此 $\xi_n \xrightarrow{w} \xi$，$F_n \xrightarrow{w} \xi$，$\xi_n \xrightarrow{w} F$ 和 $F_n \xrightarrow{w} F$ 表示同一个意思.

(2) 设 $A_n(n=1,2,\cdots)$ 为一随机变量序列，a 为一个常数. 序列 $A_n(n=1,2,\cdots)$ 称为**依概率收敛**到 a，如果对任意 $\varepsilon>0$，下式成立：

$$P(|A_n - a| > \varepsilon) \to 0 \quad (n \to \infty). \tag{6.4}$$

用记号 $A_n \xrightarrow{P} a$ 表示随机变量序列 $A_n(n=1,2,\cdots)$ 依概率收敛到 a. 当 A_n 退化成常数时，依概率收敛就是普通的数列的收敛.

定理 6.1 若 $Y_n \xrightarrow{w} Y$，且随机变量序列 A_n 和 $B_n(n=1,2,\cdots)$ 分别依概率收敛于 a 和 b，则 $A_n + B_n Y_n \xrightarrow{w} a + bY$.

定理 6.2(中心极限定理) 设 $X_i(i=1,\cdots,n)$ 是独立同分布的，且 $\mathrm{E}(X_i)=\mu$，$\mathrm{var}(X_i)=\sigma^2<+\infty$，那么 $\sqrt{n}(\overline{X}-\mu)$ 弱收敛到 $N(0,\sigma^2)$，因此 $\sqrt{n}(\overline{X}-\mu)/\sigma$ 弱收敛到标准正态分布 $N(0,1)$.

定理 6.3(Δ 方法) 设 T_n 为 θ 的估计. 若

$$\sqrt{n}(T_n - \theta) \xrightarrow{w} N(0,\tau^2) \quad (n \to \infty), \tag{6.5}$$

则对于函数 $h(\theta)$，当 $h'(\theta)$ 存在且不为 0 时，有

$$\sqrt{n}[h(T_n) - h(\theta)] \xrightarrow{w} N(0,\tau^2[h'(\theta)]^2) \quad (n \to \infty). \tag{6.6}$$

下面给出渐近正态估计的定义.

定义 6.2 设 $X_1,\cdots,X_n \sim \mathrm{iid} F_\theta$，$\theta\in\Theta$，$T(X_1,\cdots,X_n)$ 是 $g(\theta)$ 的估计. 若对每一个 $\theta\in\Theta$，下式成立：

$$\sqrt{n}\,[T(X_1,\cdots,X_n) - g(\theta)] \xrightarrow{w} N(0,\sigma^2) \quad (n \to \infty), \tag{6.7}$$

则称估计 $T(X_1,\cdots,X_n)$ 是**渐近正态**的，其渐近分布为 $N(0,\sigma^2)$. 渐近分布 $N(0,\sigma^2)$ 的方差 σ^2 称为估计的**渐近方差**(σ^2 也可依赖于 θ).

有了渐近正态的概念以后，可以比较两个估计的大样本性质. 例如，设在某个统计模型中，$T(X_1,\cdots,X_n)$ 和 $\widetilde{T}(X_1,\cdots,X_n)$ 是待估量 $g(\theta)$ 的两个估计，若单是知道它们都是相合估计，我们无法比较它们的

优劣. 现在假定它们都具有渐近正态性,并且它们的渐近分布分别为 $N(0,\sigma^2)$ 和 $N(0,\tilde{\sigma}^2)$. 此时,我们可以从它们的渐近方差大小比较它们的优劣. 若 $\sigma^2<\tilde{\sigma}^2$,则认为 $T(X_1,\cdots,X_n)$ 比 $\widetilde{T}(X_1,\cdots,X_n)$ 优;否则, $T(X_1,\cdots,X_n)$ 不比 $\widetilde{T}(X_1,\cdots,X_n)$ 优.

下面我们用例子说明估计渐近分布的求法.

例 6.1 设 $X_1,\cdots,X_n\sim \text{iid}N(\mu,\sigma^2)$, $\mu\in(-\infty,+\infty)$, $\sigma^2>0$. 现在我们研究 μ 和 σ^2 的估计问题. 前面已经得到 $\overline{X}$ 是参数 μ 的 ML 估计和矩估计,同时又是 UMVU 估计,因此它是一个很好的估计. 现在讨论这个估计的渐近正态性. 当 $n\to\infty$ 时,利用中心极限定理,得

$$\frac{\overline{X}-\mu}{\sqrt{\text{var}(\overline{X})}}\xrightarrow{w}N(0,1),\quad \text{或等价地}\quad \sqrt{n}(\overline{X}-\mu)\xrightarrow{w}N(0,\sigma^2),$$

即估计 $\overline{X}$ 是渐近正态的,其渐近方差为 σ^2.

再考虑 σ^2 的估计问题. 前面已经证明, σ^2 的 ML 估计和矩估计均为 $\widehat{\sigma^2}=\dfrac{1}{n}\sum\limits_{i=1}^{n}(X_i-\overline{X})^2$,而其 UMVU 估计为 $S_n=\dfrac{1}{n-1}\sum\limits_{i=1}^{n}(X_i-\overline{X})^2$. 我们先求 S_n 的渐近分布. 由分布理论可知, $(n-1)S_n$ 的分布与 $\sigma^2\chi^2(n-1)$ 的分布相同(见本章定理 7.1),其中 $\chi^2(n-1)$ 的分布是自由度为 $n-1$ 的 χ^2 分布[①]. 设 $\xi_1,\cdots,\xi_{n-1}\sim\text{iid}N(0,1)$, 则 $\sum\limits_{i=1}^{n-1}\xi_i^2$ 的分布是自由度为 $n-1$ 的 χ^2 分布. 这样 $(n-1)S_n-(n-1)\sigma^2$ 与 $\sum\limits_{i=1}^{n-1}(\xi_i^2-1)\sigma^2$ 具有相同的分布,或 $\sqrt{(n-1)}(S_n-\sigma^2)$ 与 $\sqrt{(n-1)}\left[\sum\limits_{i=1}^{n-1}(\xi_i^2-1)\sigma^2\right]\Big/(n-1)$ 具有相同的分布. 利用中心极限定理可知,当 $n\to\infty$ 时,

$$\sigma^2\sqrt{n-1}\left[\sum_{i=1}^{n-1}(\xi_i^2-1)\right]\Big/(n-1)\xrightarrow{w}N(0,\sigma^4\,\text{var}(\xi_i^2)).$$

① χ^2 分布是统计学中十分重要的分布. n 个自由度的 χ^2 分布的分布密度公式由概率论分册第三章习题三的第 8 题给出. 为了便于记忆,在此处给出等价的定义:设随机变量序列 $\zeta_1,\cdots,\zeta_n\sim\text{iid}N(0,1)$,则 $\sum\limits_{i=1}^{n}\zeta_i^2$ 的分布是自由度为 n 的 χ^2 分布. 其等价性的证明是通过计算得到的.

经计算得 $\mathrm{var}(\xi_i^2)=2$，故

$$\sqrt{n-1}\left[\sum_{i=1}^{n-1}(\xi_i^2-1)\sigma^2\right]\Big/(n-1)\xrightarrow{w}N(0,2\sigma^4)\quad(n\to\infty).$$

由此可知

$$\begin{aligned}\sqrt{n}(S_n-\sigma^2)&=\sqrt{n/(n-1)}\cdot\sqrt{n-1}(S_n-\sigma^2)\\&\xrightarrow{w}N(0,2\sigma^4)\quad(n\to\infty).\end{aligned}$$

故 S_n 是渐近正态的，其渐近方差为 $2\sigma^4$. 由于 σ^2 的 ML 估计 $\hat{\sigma}^2$ 与 S_n 相差一个趋向于 1 的常数因子，因此 $\hat{\sigma}^2$ 与 S_n 具有相同的渐近分布（见习题七的第 26 题）.

例 6.2　设 $X_1,\cdots,X_n$ 是来自总体 X 的一个样本，总体 X 服从泊松分布，其分布列为

$$P(X_i=k)=\frac{\lambda^k}{k!}\exp\{-\lambda\}\quad(k=0,1,2,\cdots;\ \lambda>0).$$

在例 1.6 中已经求得 λ 的 ML 估计为 $\hat{\lambda}=\overline{X}$. 不难验证 λ 的矩估计也是 $\overline{X}$. 利用中心极限定理，得

$$\sqrt{n}(\overline{X}-\lambda)=\sqrt{n}\,[\overline{X}-\mathrm{E}(X)]\xrightarrow{w}N(0,\mathrm{var}(X)),$$

其中 $\mathrm{var}(X)=\lambda$，故 $\overline{X}$ 是渐近正态的，并且渐近方差为 λ. 现在试求 λ^2 的估计，并讨论其渐近分布. 因 λ 的 ML 估计是 $\overline{X}$，故 λ^2 的 ML 估计是 $\overline{X}^2$. 利用 Δ 方法，有

$$\sqrt{n}\,[h(\overline{X})-h(\lambda)]\xrightarrow{w}N(0,(h'(\lambda))^2\lambda)=N(0,4\lambda^3)\quad(n\to\infty),$$

式中 $h(\overline{X})=\overline{X}^2,h(\lambda)=\lambda^2$. 由此可知，$\lambda^2$ 的 ML 估计 $\overline{X}^2$ 是渐近正态的，其渐近方差为 $4\lambda^3$.

例 6.3（合格品率的估计）　合格品率估计这类问题在日常生活中是很常见的. 例如，我们要了解患糖尿病的人的比例. 设一个人的血糖值为 X，通过调查，当血糖值高于某水平 x_0 时，就定义为糖尿病. 因此，$P(X\geqslant x_0)$就是居民患糖尿病的概率. 在产品检验中这种概率称为合格品率或不合格品率（视实际情况而定）. 为了简化问题的陈述，我们假定 $X\sim N(\mu,1)$（一般情况是 $X\sim N(\mu,\sigma^2)$，我们做这样的简化以后，问题的本质是一样的，不过在 $X\sim N(\mu,\sigma^2)$的情况，计算更复杂一些）. 设

$X_1,\cdots,X_n$ 为总体 X 的一个样本. 利用 X 的分布密度,知待估量具有表达式

$$g(\mu)=P_\mu(X\geqslant x_0)=\int_{x_0}^{+\infty}\frac{1}{\sqrt{2\pi}}\exp\left\{-\frac{1}{2}(x-\mu)^2\right\}\mathrm{d}x$$
$$=\int_{x_0-\mu}^{+\infty}\frac{1}{\sqrt{2\pi}}\exp\left\{-\frac{1}{2}x^2\right\}\mathrm{d}x.$$

已知 μ 的 ML 估计为 $\overline{X}$,按 ML 估计的定义,$g(\mu)$的 ML 估计为

$$g(\overline{X})=\int_{x_0-\overline{X}}^{+\infty}\frac{1}{\sqrt{2\pi}}\exp\left\{-\frac{1}{2}x^2\right\}\mathrm{d}x=1-\Phi(x_0-\overline{X}),$$

此处 $\Phi(\cdot)$为标准正态分布函数. 依 Δ 方法,由$\sqrt{n}(\overline{X}-\mu)\xrightarrow{w}N(0,1)$ $(n\to\infty)$推知,当 $n\to\infty$ 时,

$$\sqrt{n}[g(\overline{X})-g(\mu)]\xrightarrow{w}N(0,(g'(\mu))^2)=N(0,\varphi^2(x_0-\mu)),$$

其中 $\varphi(x)=\exp\{-x^2/2\}/\sqrt{2\pi}$ 为标准正态分布密度,从而$g(\overline{X})$的渐近分布为 $N(0,\varphi^2(x_0-\mu))$,渐近方差为 $\varphi^2(x_0-\mu)$. 我们可以证明,$g(\overline{X})=1-\Phi(x_0-\overline{X})$不是 $g(\mu)=P_\mu(X\geqslant x_0)$的无偏估计,$g(\mu)$的无偏估计为 $1-\Phi\left(\sqrt{\frac{n}{n-1}}(x_0-\overline{X})\right)$.

现在介绍 $g(\mu)$的另一个常用的估计

$$\hat{p}=\frac{1}{n}\sum_{i=1}^{n}I_{(X_i\geqslant x_0)}.$$

若被调查人员的血糖值 $X\geqslant x_0$ 表示该被调查人员为糖尿病人的话,$\hat{p}$ 就是所调查的样本中得糖尿病的病人占所调查的样本个体数的比例. 这是最直观的估计. 利用中心极限定理,得

$$\sqrt{n}[\hat{p}-g(\mu)]\xrightarrow{w}N(0,p(1-p)),$$

其中

$$p=g(\mu)=P_\mu(X\geqslant x_0)=\int_{x_0-\mu}^{+\infty}\frac{1}{\sqrt{2\pi}}\exp\left\{-\frac{1}{2}x^2\right\}\mathrm{d}x,$$

故 $\hat{p}$ 的渐近分布为 $N(0,p(1-p))$,渐近方差是 $p(1-p)$.

可以证明 $\varphi^2(x_0-\mu)<p(1-p)$(见习题七的第 30 题). 这说明,在渐近意义下,ML 估计 $g(\overline{X})$比 $\hat{p}$ 好. 此处,得到了单凭经验想象不到的

结论：在正态样本的情况下，$P_\mu(X\geqslant x_0)$的估计 $g(\overline{X})=1-\Phi(x_0-\overline{X})$ 比传统的估计 $\hat{p}$ 好. 特别地，无偏估计 $1-\Phi\left(\sqrt{\frac{n}{n-1}}(x_0-\overline{X})\right)$的方差比 $\hat{p}$ 的方差小. 之所以会产生这种情况，是因为 $\hat{p}$ 没有考虑正态样本的特殊情况. 其实，$1-\Phi\left(\sqrt{\frac{n}{n-1}}(x_0-\overline{X})\right)$是 $P_\mu(X\geqslant x_0)$的 UMVU 估计.

本章到此为止介绍的是统计模型中参数 θ 或 $g(\theta)$的点估计理论，所需回答的问题是参数 θ(或 $g(\theta)$)是什么. 其回答是简单的：凡是统计量 $T(\boldsymbol{X})$都可以作为参数的估计. 但要找到好的估计是不容易的，本书介绍了两种最重要的求点估计的方法：最大似然(ML)估计法和矩估计法. 此外，还介绍了评价估计的方法，其中一个方法是求最小方差无偏估计，另一个方法是大样本的相合性和渐近正态性. 读者遇到实际问题以后，首先要建立合适的统计模型，然后依上述思路按点估计这一块理论进行计算和推导，得到参数的合理的估计. 通过众多模型的计算和推导，可以加深对点估计理论的认识并提高解决实际问题的能力.

§7.7 置信区间和置信限

设 $X_1,\cdots,X_n\sim \mathrm{iid}F_\theta(\theta\in\Theta)$为某统计模型，其中 θ 可为向量参数. 现设我们的目的是估计 $g(\theta)$. 本节以前所讨论的估计是用一个“点” $T(X_1,\cdots,X_n)$去估计 $g(\theta)$的值，称为**点估计**. 但实际工作者对点估计并不满意，其主要原因是我们不好把握点估计 $T(X_1,\cdots,X_n)$与 $g(\theta)$之间的差距. 为解决这个问题，统计学家提出用置信区间来估计 $g(\theta)$. 下面举一个实际问题来说明置信区间这个概念的来源. 在测量问题中，设 $X_1,\cdots,X_n\sim \mathrm{iid}N(a,\sigma^2)$，其中参数 $a\in(-\infty,+\infty)$，$\sigma^2>0$. 我们的目的是要知道被测对象 a 的真值. 由于误差的存在，由统计学的知识知，要精确地知道 a 的值是不可能的，因此只能得到 a 的近似值. 若用点估计 $T(X_1,\cdots,X_n)$去估计 a 的值，我们不知道 T 是比 a 大还是比 a 小，也不知道 T 离 a 有多远. 虽然我们能知道误差的大致分布，但实际工作者对点估计还是不放心. 不过如果给出两个界，下界 $\underline{T}$ 与上界 $\overline{T}$，满

足 $\underline{T} \leqslant a \leqslant \overline{T}$,这样实际工作者就放心了.仔细一想,$\underline{T}$ 与 $\overline{T}$ 必定依赖于样本值,因此 $\underline{T}$ 和 $\overline{T}$ 都是随机变量,我们不能保证 $P(\underline{T} \leqslant a \leqslant \overline{T})=1$. 从而,对给定很小的正数 α,若能保证 $P(\underline{T} \leqslant a \leqslant \overline{T}) \geqslant 1-\alpha$,我们也就满意了.通常称 $1-\alpha$ 为**置信度或置信水平**,称$[\underline{T},\overline{T}]$为置信度是 $1-\alpha$ 的置信区间.可以这样解释置信区间的实际意义:当从数据计算得到区间$[\underline{T},\overline{T}]$以后,事件$\{\underline{T} \leqslant a \leqslant \overline{T}\}$的概率大于或等于 $1-\alpha$,从而当 α 为较小的数时,我们会很满意地认为 a 的真值在区间$[\underline{T},\overline{T}]$之内.

在某些问题中,我们并不需要知道参数的区间.例如,电视机的寿命问题,我们只关心其平均寿命的下限,只需要知道平均寿命在 10 年以上,而不需要知道平均寿命的上限.又例如,在调查某产品的不合格品率 p 时,我们只需要知道不合格品率的上限,因为不合格品率的上限是产品质量的标志.由此产生置信上限和置信下限的概念.置信下限与置信上限统称**置信限**.置信区间和置信限都是对参数的一种估计,称之为**区间估计**.下面给出置信区间和置信限的定义.

定义 7.1 设 $X_1,\cdots,X_n \sim \mathrm{iid} F_\theta(\theta \in \Theta)$为某统计模型,其中 θ 可为向量参数,又设 $g(\theta)$为 θ 的实值函数(在统计中 $g(\theta)$也称为参数或一维参数).

(1) 设 $\underline{T}$ 和 $\overline{T}$ 为满足条件 $\underline{T}<\overline{T}$ 的两个统计量,$\alpha \in (0,1)$为某常数.若对任意 $\theta \in \Theta$,有

$$P_\theta(\underline{T} \leqslant g(\theta) \leqslant \overline{T}) \geqslant 1-\alpha, \tag{7.1}$$

则称$[\underline{T},\overline{T}]$为 $g(\theta)$的置信度是 $1-\alpha$ 的**置信区间**.

(2) 设 $\underline{T}$ 为某统计量,$\alpha \in (0,1)$为某常数.若对任意 $\theta \in \Theta$,有

$$P_\theta(g(\theta) \geqslant \underline{T}) \geqslant 1-\alpha, \tag{7.2}$$

则称 $\underline{T}$ 为 $g(\theta)$的置信度是 $1-\alpha$ 的**置信下限**.

(3) 设 $\overline{T}$ 为某统计量,$\alpha \in (0,1)$为某常数.若对任意 $\theta \in \Theta$,有

$$P_\theta(g(\theta) \leqslant \overline{T}) \geqslant 1-\alpha, \tag{7.3}$$

则称 $\overline{T}$ 为 $g(\theta)$的置信度是 $1-\alpha$ 的**置信上限**.

由于置信上、下限的情形是置信区间的特殊情况,故关于置信区间的许多性质都是适用于置信限的情形.下面在讨论性质时,我们只提置信区间这个名词.置信区间的定义只给了我们一个保证,即以 $1-\alpha$ 的概率保证参数 $g(\theta)$在区间$[\underline{T},\overline{T}]$内.置信区间的范围是很广的,例如

$(-\infty,+\infty)$也符合置信区间的定义,但它的区间长度为无限大,这是毫无意义的置信区间.由此引向最优置信区间的讨论,即希望找到长度最短的置信区间.在本书中,我们不讨论最优置信区间的理论,而重点介绍在各种不同模型中参数置信区间的设置.当然,我们构造的置信区间都是常用的比较好的置信区间.下面用四个专题来介绍置信区间的问题.

1. 枢轴量法

所谓枢轴量,就是与参数有关而其分布与参数无关的随机变量.下面是关于枢轴量的定义.

定义 7.2 设 $X_1,\cdots,X_n \sim \text{iid}F_\theta(\theta\in\Theta)$为某统计模型,其中 θ 可为向量参数,又设 $g(\theta)$为 θ 的实值函数. $g(\theta)$和样本 $X_1,\cdots,X_n$ 的函数 $h(X_1,\cdots,X_n;g(\theta))$称为**枢轴量**,如果它的分布与参数 θ 无关.

有了枢轴量的概念以后,就可以利用枢轴量构造置信区间或置信限.由于函数 $h(X_1,\cdots,X_n;g(\theta))$的分布与 θ 无关,我们可以找到 λ_1 和 λ_2,使得

$$P_\theta(\lambda_1 \leqslant h(X_1,\cdots,X_n;g(\theta)) \leqslant \lambda_2) \geqslant 1-\alpha. \tag{7.4}$$

再解不等式 $\lambda_1 \leqslant h(x_1,\cdots,x_n;u) \leqslant \lambda_2$,设得到的解为 $\underline{T} \leqslant u \leqslant \overline{T}$.这样

$$\begin{aligned} P_\theta(\underline{T} \leqslant g(\theta) \leqslant \overline{T}) &= P_\theta(\lambda_1 \leqslant h(X_1,\cdots,X_n;g(\theta)) \leqslant \lambda_2) \\ &\geqslant 1-\alpha, \end{aligned} \tag{7.5}$$

于是区间$[\underline{T},\overline{T}]$就是 $g(\theta)$的置信度为 $1-\alpha$ 的置信区间.

例 7.1(指数分布中参数的置信区间) 设 $X_1,\cdots,X_n \sim \text{iid}p(x,\lambda) = \lambda\exp\{-\lambda x\}, x>0, \lambda>0$.由分布密度的表达式可知,$\lambda X_1,\cdots,\lambda X_n \sim \text{iid}p(x,1)=\exp\{-x\}, x>0$.利用求独立随机变量和分布的方法(见概率论分册第三章的例 6.4)可求出

$$\lambda\sum_{i=1}^n X_i \sim \frac{1}{(n-1)!}x^{n-1}\exp\{-x\} \quad (x>0),$$

于是得 $h(X_1,\cdots,X_n;\lambda) = 2\lambda\sum_{i=1}^n X_i$ 的分布密度为

$$f(x) = \begin{cases} \dfrac{1}{2^n\Gamma(n)}x^{n-1}\exp\left\{-\dfrac{1}{2}x\right\}, & x>0, \\ 0, & x\leqslant 0. \end{cases}$$

这个分布与参数 λ 无关，因此 $h(X_1,\cdots,X_n;\lambda)=2\lambda\sum_{i=1}^{n}X_i$ 为枢轴量. 利用 h 可以构造 λ 的置信区间$\left(\text{其实}\lambda\sum_{i=1}^{n}X_i\right.$ 也是枢轴量，我们之所以利用 $2\lambda\sum_{i=1}^{n}X_i$ 来构造 λ 的置信区间，而不用 $\lambda\sum_{i=1}^{n}X_i$，是因为前者在计算置信区间时有现成的 χ^2 **分布**临界值表可利用).

为了构造 λ 的置信区间，我们要用到 χ^2 分布及其分位数. 由 χ^2 分布的分布密度可以看出，$h(X_1,\cdots,X_n;\lambda)=2\lambda\sum_{i=1}^{n}X_i$ 的分布刚好是自由度为 $2n$ 的 χ^2 分布(见概率论分册第三章例 6.3 关于 χ^2 分布的定义). 所谓一个分布 F 的 p 分位数是指方程 $F(x)=p$ 的解，其中 $F(x)$ 为分布函数；当分布有分布密度 $f(x)$ 时，p 分位数就是关于 x 的方程 $\int_{-\infty}^{x}f(u)\mathrm{d}u=p$ 的解. 对于 χ^2 分布及给定的 $\alpha\in(0,1)$，利用附表 3(χ^2 分布临界值表)可以查到 λ_1 和 λ_2 的值，使得 $P\left(\lambda_1\leqslant 2\lambda\sum_{i=1}^{n}X_i\leqslant\lambda_2\right)=1-\alpha$. 实际上，$\lambda_1$ 可取为 $2n$ 个**自由度**的 χ^2 分布的 $\alpha/2$ 分位数，λ_2 取为 $2n$ 个自由度的 χ^2 分布的 $1-\alpha/2$ 分位数. 于是

$$P\left(\lambda_1\Big/\left(2\sum_{i=1}^{n}X_i\right)\leqslant\lambda\leqslant\lambda_2\Big/\left(2\sum_{i=1}^{n}X_i\right)\right)=1-\alpha,$$

这样，$\left[\lambda_1\Big/\left(2\sum_{i=1}^{n}X_i\right),\lambda_2\Big/\left(2\sum_{i=1}^{n}X_i\right)\right]$ 就是 λ 的置信度为 $1-\alpha$ 的置信区间.

2. 正态分布中参数的置信区间

正态分布族是统计学中最重要的分布族之一. 在介绍关于正态分布参数的置信区间之前，我们首先回忆一下一元及多元正态分布的有关的知识. 最简单的一元正态分布是标准正态分布，记为 $N(0,1)$，其分布密度为

$$\varphi(x) = \frac{1}{\sqrt{2\pi}}\exp\left\{-\frac{1}{2}x^2\right\},$$

相应的分布函数记为 $\Phi(x)$：

$$\Phi(x) = \int_{-\infty}^{x}\varphi(x)\mathrm{d}x.$$

关于 $\Phi(x)$的数值，有数值表(附表 1)可查，也有统计软件提供 $\Phi(x)$的数值. 若 X 的分布为标准正态分布，则称 X 为标准正态随机变量.

设 $\boldsymbol{X}=(X_1,\cdots,X_n)^{\mathrm{T}}$①为随机向量. 若随机变量序列 $X_1,\cdots,X_n \sim \mathrm{iid}N(0,1)$，则称 $\boldsymbol{X}$ 为标准正态的 n 维随机向量. 容易知道，标准正态的 n 维随机向量的联合分布密度为

$$p(\boldsymbol{x}) = \left(\frac{1}{\sqrt{2\pi}}\right)^n \exp\left\{-\frac{1}{2}\boldsymbol{x}^{\mathrm{T}}\boldsymbol{x}\right\}, \tag{7.6}$$

式中 $\boldsymbol{x}^{\mathrm{T}}\boldsymbol{x}$ 表示向量 $\boldsymbol{x}=(x_1,\cdots,x_n)^{\mathrm{T}}$ 的模的平方：$\boldsymbol{x}^{\mathrm{T}}\boldsymbol{x}=\sum_{i=1}^{n}x_i^2$. 我们采用记号 $N(\boldsymbol{0},\boldsymbol{I}_n)$表示这个标准正态随机向量的分布，称为 n 元标准正态分布. n 元正态分布的一般定义见第三章，复述如下：

定义 7.3 设 $\boldsymbol{Y}$ 为 n 维随机向量，其联合分布密度由下式给出：

$$\left(\frac{1}{\sqrt{2\pi}}\right)^n |\boldsymbol{M}|^{-1/2}\exp\left\{-\frac{1}{2}(\boldsymbol{y}-\boldsymbol{\mu})^{\mathrm{T}}\boldsymbol{M}^{-1}(\boldsymbol{y}-\boldsymbol{\mu})\right\}, \tag{7.7}$$

其中 $\boldsymbol{M}$ 是一个任意的正定矩阵，$\boldsymbol{\mu}$ 为 n 维常数向量，则称 $\boldsymbol{Y}$ 为 **n 维正态随机变量**，$\boldsymbol{Y}$ 的联合分布为 **n 元正态分布**，记为 $\boldsymbol{Y}\sim N(\boldsymbol{\mu},\boldsymbol{M})$.

现在我们讨论随机向量的期望向量和协方差阵. 其实期望向量和协方差阵的概念已经在概率论部分学过，现在我们强调使用矩阵记号.

定义 7.4 设 $\boldsymbol{X}=(X_1,\cdots,X_n)^{\mathrm{T}}$ 和 $\boldsymbol{Y}=(Y_1,\cdots,Y_m)^{\mathrm{T}}$ 为 n 维随机向量，其**期望向量**和**协方差阵**分别由下列式子定义：

$$\mathrm{E}(\boldsymbol{X})=\begin{bmatrix}\mathrm{E}(X_1)\\ \mathrm{E}(X_2)\\ \vdots \\ \mathrm{E}(X_n)\end{bmatrix}, \tag{7.8}$$

① 此处$(X_1,\cdots,X_n)^{\mathrm{T}}$ 表示向量$(X_1,\cdots,X_n)$的转置，是一个列向量.

$$\operatorname{cov}(\boldsymbol{X},\boldsymbol{X})=\begin{bmatrix}\operatorname{cov}(X_1,X_1) & \cdots & \operatorname{cov}(X_1,X_n)\\ \operatorname{cov}(X_2,X_1) & \cdots & \operatorname{cov}(X_2,X_n)\\ \vdots & & \vdots\\ \operatorname{cov}(X_n,X_1) & \cdots & \operatorname{cov}(X_n,X_n)\end{bmatrix}, \tag{7.9}$$

$$\operatorname{cov}(\boldsymbol{X},\boldsymbol{Y})=\begin{bmatrix}\operatorname{cov}(X_1,Y_1) & \cdots & \operatorname{cov}(X_1,Y_m)\\ \operatorname{cov}(X_2,Y_1) & \cdots & \operatorname{cov}(X_2,Y_m)\\ \vdots & & \vdots\\ \operatorname{cov}(X_n,Y_1) & \cdots & \operatorname{cov}(X_n,Y_m)\end{bmatrix}. \tag{7.10}$$

上面的公式中 $\operatorname{cov}(X_i,Y_j)=\mathrm{E}\{[X_i-\mathrm{E}(X_i)][Y_j-\mathrm{E}(Y_j)]\}$ 是两个随机变量之间的协方差.

关于协方差阵,具有下列性质:

引理 7.1 记 $\boldsymbol{X},\boldsymbol{Y},\boldsymbol{Z}$ 为多维随机向量,$\boldsymbol{a}$ 为常向量,$\boldsymbol{A},\boldsymbol{B}$ 为常数矩阵. 关于协方差阵,下面性质成立(假定涉及的矩阵运算有意义):

(1) $\operatorname{cov}(\boldsymbol{a},\boldsymbol{X})=\boldsymbol{0}$;

(2) $\operatorname{cov}(\boldsymbol{X}+\boldsymbol{Y},\boldsymbol{Z})=\operatorname{cov}(\boldsymbol{X},\boldsymbol{Z})+\operatorname{cov}(\boldsymbol{Y},\boldsymbol{Z})$;

(3) $\operatorname{cov}(\boldsymbol{AX},\boldsymbol{Y})=\boldsymbol{A}\operatorname{cov}(\boldsymbol{X},\boldsymbol{Y})$;

(4) $\operatorname{cov}(\boldsymbol{X},\boldsymbol{BZ})=\operatorname{cov}(\boldsymbol{X},\boldsymbol{Y})\boldsymbol{B}^{\mathrm{T}}$;

(5) $\operatorname{cov}(\boldsymbol{X},\boldsymbol{Y})=[\operatorname{cov}(\boldsymbol{Y},\boldsymbol{X})]^{\mathrm{T}}$.

关于多元正态分布还有下面的重要性质.

引理 7.2 (1) 设 $\boldsymbol{X}\sim N(\boldsymbol{\mu},\boldsymbol{M})$,即 $\boldsymbol{X}$ 的分布为多元正态分布(见定义 7.3),则

$$\mathrm{E}(\boldsymbol{X})=\boldsymbol{\mu},\quad \operatorname{cov}(\boldsymbol{X},\boldsymbol{X})=\boldsymbol{M}.$$

(2) 设 $\boldsymbol{X}\sim N(\boldsymbol{\mu},\boldsymbol{M})$,$\boldsymbol{X}$ 为 n 维随机向量,则 $\boldsymbol{Y}=\boldsymbol{a}+\boldsymbol{BX}$ 服从 n 元正态分布 $N(\boldsymbol{a}+\boldsymbol{B\mu},\boldsymbol{BMB}^{\mathrm{T}})$,其中 $\boldsymbol{B}$ 是非退化的 n 阶方阵,$\boldsymbol{a}$ 为 n 维常向量.

(3) 设 $\boldsymbol{X}\sim N(\boldsymbol{\mu},\boldsymbol{M})$,$\boldsymbol{X}$ 为 n 维随机向量. 将 $\boldsymbol{X}$ 分成两个子向量:$\boldsymbol{X}=\begin{bmatrix}\boldsymbol{X}_1\\ \boldsymbol{X}_2\end{bmatrix}$,其中 $\boldsymbol{X}_1,\boldsymbol{X}_2$ 分别为 n_1,n_2 维子向量($n_1+n_2=n$);将 $\boldsymbol{\mu}$ 和 $\boldsymbol{M}$ 作相应分解:

$$\boldsymbol{\mu}=\begin{bmatrix}\boldsymbol{\mu}_1\\ \boldsymbol{\mu}_2\end{bmatrix},\quad \boldsymbol{M}=\begin{bmatrix}\boldsymbol{M}_{11} & \boldsymbol{M}_{12}\\ \boldsymbol{M}_{21} & \boldsymbol{M}_{22}\end{bmatrix}.$$

则 $\boldsymbol{X}_1$ 是 n_1 维正态随机向量,其分布为 $N(\boldsymbol{\mu}_1,\boldsymbol{M}_{11})$.

(4) 设 $\boldsymbol{X}\sim N(\boldsymbol{\mu},\boldsymbol{M})$,$\boldsymbol{X}$ 为 n 维随机向量,$\boldsymbol{A}$ 为 $m\times n$ 常数矩阵,$\boldsymbol{A}$ 的秩为 $m(<n)$,则 $\boldsymbol{Y}=\boldsymbol{AX}$ 为 m 维随机向量,且 $\boldsymbol{Y}\sim N(\boldsymbol{A\mu},\boldsymbol{AMA}^{\mathrm{T}})$.

以上两个引理的证明可以在第三章§3.6和§3.8中找到.下面是统计中十分重要的关于正态分布的一个主要定理.

定理 7.1 设 $X_1,\cdots,X_n\sim \mathrm{iid}N(\mu,\sigma^2)$,则

(1) $\overline{X}\sim N(\mu,\sigma^2/n)$;

(2) $\dfrac{1}{\sigma^2}\sum\limits_{i=1}^{n}(X_i-\overline{X})^2\sim\chi^2(n-1)$;

(3) $\overline{X}$ 与 $\sum\limits_{i=1}^{n}(X_i-\overline{X})^2$ 相互独立.

证明 构造一个正交矩阵

$$\boldsymbol{A}=\begin{bmatrix}\frac{1}{\sqrt{n}} & \cdots & \frac{1}{\sqrt{n}}\\ * & \cdots & * \\ \vdots & & \vdots \\ * & \cdots & *\end{bmatrix}. \tag{7.11}$$

这个矩阵的第一行为$\left(\dfrac{1}{\sqrt{n}},\cdots,\dfrac{1}{\sqrt{n}}\right)$,其余各行没有明确指定,但 $\boldsymbol{A}$ 是正交矩阵,即各行为单位向量,并且相互正交.利用矩阵记号可知 $\boldsymbol{X}\sim N(\mu\boldsymbol{1},\sigma^2\boldsymbol{I}_n)$,再由引理7.2(2)知

$$\boldsymbol{AX}\sim N(\boldsymbol{A}(\mu\boldsymbol{1}),\sigma^2\boldsymbol{AA}^{\mathrm{T}}), \tag{7.12}$$

其中黑体的 $\boldsymbol{1}$ 表示一个 n 维列向量,其分量均为1.由于 $\boldsymbol{A}$ 具有(7.11)式的形式,可知

$$\boldsymbol{A}(\mu\boldsymbol{1})=\mu\begin{bmatrix}\sqrt{n}\\0\\\vdots\\0\end{bmatrix},\quad \boldsymbol{AA}^{\mathrm{T}}=\boldsymbol{I}_n. \tag{7.13}$$

若记 $\boldsymbol{AX}=\boldsymbol{Y}=(Y_1,\cdots,Y_n)^{\mathrm{T}}$,则(7.12)式及(7.13)式说明 $Y_1,\cdots,Y_n$ 为相互独立的随机变量,且

$$Y_1=\sqrt{n}\,\overline{X}\sim N(\sqrt{n}\mu,\sigma^2)\quad 或\quad \overline{X}=\frac{1}{\sqrt{n}}Y_1\sim N\left(\mu,\frac{\sigma^2}{n}\right),$$

即结论(1)成立.

由(7.12)式和(7.13)式知 $Y_2,\cdots,Y_n\sim \mathrm{iid}N(0,\sigma^2)$,按 χ^2 分布的定义得

$$Y_2^2+\cdots+Y_n^2\sim\sigma^2\chi^2(n-1).$$

上式的意义是指随机变量 $\dfrac{Y_2^2+\cdots+Y_n^2}{\sigma^2}=\dfrac{1}{\sigma^2}\sum\limits_{i=2}^{n}Y_i^2$ 的分布是自由度为 $n-1$ 的 χ^2 分布. 由于 $\boldsymbol{A}$ 为正交阵,下式成立:

$$\sum_{i=1}^{n}Y_i^2=\boldsymbol{Y}^{\mathrm{T}}\boldsymbol{Y}=(\boldsymbol{A}\boldsymbol{X})^{\mathrm{T}}(\boldsymbol{A}\boldsymbol{X})=\boldsymbol{X}^{\mathrm{T}}\boldsymbol{A}^{\mathrm{T}}\boldsymbol{A}\boldsymbol{X}=\boldsymbol{X}^{\mathrm{T}}\boldsymbol{I}_n\boldsymbol{X}=\sum_{i=1}^{n}X_i^2.$$

由此可知

$$\sum_{i=2}^{n}Y_i^2=\sum_{i=1}^{n}Y_i^2-Y_1^2=\sum_{n=1}^{n}X_i^2-n\overline{X}^2=\sum_{i=1}^{n}(X_i-\overline{X})^2.$$

故(2)得证.

由 Y_1 与 $Y_2^2+\cdots+Y_n^2$ 的相互独立性,立即可知(3)也成立. □

现在来介绍正态总体中参数置信区间(限)的设置问题.

例 7.2 某农场试验一种新的猪崽饲养方法. 为了考查新饲养法的效果,农场测量猪崽自出生后固定日龄的重量,以 X 表示这个重量(单位: kg). 根据经验,X 服从正态分布,且猪崽重量的波动是固定且为已知的. 因此,对于这个总体 X 我们作这样的假定: $X\sim N(\mu,\sigma_0^2)$,其中 $\mu\in(-\infty,+\infty)$未知,σ_0^2 已知. 设 $x_1,\cdots,x_n$ 为一组猪崽固定日龄的重量数据(单位: kg). 对给定的置信度 $1-\alpha$,求参数 μ 的置信区间.

解 设$(x_1,\cdots,x_n)$是总体的样本$(X_1,\cdots,X_n)$的观察值. 我们所找的枢轴量为

$$h(X_1,\cdots,X_n,\mu)=\frac{\sqrt{n}(\overline{X}-\mu)}{\sigma_0},$$

其分布为标准正态分布. 记 $z_{1-\alpha/2}$ 为标准正态分布的 $1-\alpha/2$ 分位数,则

$$P_\mu\left(\left|\frac{\sqrt{n}(\overline{X}-\mu)}{\sigma_0}\right|\leqslant z_{1-\alpha/2}\right)=1-\alpha.$$

由此可导得

$$P_\mu\left(\overline{X}-\frac{\sigma_0 z_{1-\alpha/2}}{\sqrt{n}}\leqslant\mu\leqslant\overline{X}+\frac{\sigma_0 z_{1-\alpha/2}}{\sqrt{n}}\right)=1-\alpha.$$

故$[\overline{X}-\sigma_0 z_{1-\alpha/2}/\sqrt{n},\overline{X}+\sigma_0 z_{1-\alpha/2}/\sqrt{n}]$是参数$\mu$的置信度为$1-\alpha$的置信区间. 把数据$x_1,\cdots,x_n$代入可得$\mu$的置信度为$1-\alpha$的一个置信区间

$$[\overline{x}-\sigma_0 z_{1-\alpha/2}/\sqrt{n},\overline{x}+\sigma_0 z_{1-\alpha/2}/\sqrt{n}].$$

例 7.2 中的模型成为求置信区间的一种重要的类型. 只要总体为正态总体,并且方差已知,即总体模型为$X\sim N(\mu,\sigma_0^2)$,其中σ_0^2为已知,则X的均值μ的置信度为$1-\alpha$的置信区间是

$$[\overline{X}-\sigma_0 z_{1-\alpha/2}/\sqrt{n},\overline{X}+\sigma_0 z_{1-\alpha/2}/\sqrt{n}].$$

例 7.3　某种防热材料的烧蚀量是在航天工业中必须考虑的量. 记X为该材料在一定条件下高速进入大气后的烧蚀量(单位：mm). 通常假定$X\sim N(\mu,\sigma_0^2)$,此处μ未知,σ_0^2已知. μ的置信上限是这种材料的重要性能指标,因为知道了μ的置信上限,就可以设计防热板的厚度,使它在回到地面后,防热层不会被烧坏. 设$x_1,\cdots,x_n$是一组烧蚀量数据(单位：mm),试求出μ的置信度为$1-\alpha$的置信上限.

解　设$(x_1,\cdots,x_n)$是总体X的样本$(X_1,\cdots,X_n)$的一个观察值. 对于参数μ,枢轴量为

$$h(X_1,\cdots,X_n,\mu)=\frac{\sqrt{n}(\overline{X}-\mu)}{\sigma_0},$$

其分布为$N(0,1)$. 由

$$P_\mu\left(\frac{\sqrt{n}(\overline{X}-\mu)}{\sigma_0}\geqslant -z_{1-\alpha}\right)=1-\alpha$$

导出

$$P_\mu\left(\mu\leqslant\overline{X}+\sigma_0 z_{1-\alpha}\frac{1}{\sqrt{n}}\right)=1-\alpha.$$

由此可知,$\overline{X}+\sigma_0 z_{1-\alpha}/\sqrt{n}$是$\mu$的置信度为$1-\alpha$的置信上限. 把数据$x_1,\cdots,x_n$代入可得$\mu$的置信度为$1-\alpha$的一个置信上限

$$\overline{x}+\sigma_0 z_{1-\alpha}/\sqrt{n}.$$

概率论分册第二章的定义 8.4 已经给出了t分布的定义(见第二章的(8.6)式),现在重新陈述一下. 设随机变量T_n的分布密度为

$$f_n(x)=\frac{\Gamma[(n+1)/2]}{\sqrt{\pi n}\,\Gamma(n/2)}\cdot\frac{1}{(1+x^2/n)^{(n+1)/2}}\quad(-\infty<x<+\infty),$$

其中 $\Gamma(a)=\int_0^{+\infty} u^{a-1}\exp\{-u\}\mathrm{d}u(a>0)$ 是 Γ 函数，则称 T_n 的分布为自由度 n 的 t **分布**. t 分布是统计学家哥色特以笔名 Student 于 1908 年首次提出的，故 t 分布也称 Student 分布. t 分布在统计学发展史上具有极其重要的位置，可以说它的发现是小样本统计理论的开始.

t 分布的分布密度公式难以记住，但是 t 分布是具有实用价值的分布，初学者应该记住这个分布的来历. 设 $\xi_0,\xi_1,\cdots,\xi_n \sim \mathrm{iid}N(0,1)$，则随机变量 $\xi_0\Big/\sqrt{\frac{1}{n}\sum_{i=1}^{n}\xi_i^2}$ 的分布是自由度为 n 的 t 分布. 可以利用求随机变量函数分布的方法证明这个结论. 但是，我们的重点不是推导分布，而是利用 t 分布解决统计中的实际问题.

现在设 $X_1,\cdots,X_n \sim \mathrm{iid}N(\mu,\sigma^2)$，$\mu\in(-\infty,+\infty)$，$\sigma^2>0$，由定理 7.1 知，(1) $\frac{\sqrt{n}(\overline{X}-\mu)}{\sigma}\sim N(0,1)$；(2) $\frac{1}{\sigma^2}\sum_{i=1}^{n}(X_i-\overline{X})^2\sim\chi^2(n-1)$；(3) $\overline{X}$ 与 $\sum_{i=1}^{n}(X_i-\overline{X})^2$ 相互独立. 由此可知

$$T=\frac{\sqrt{n}(\overline{X}-\mu)}{\sqrt{\frac{1}{n-1}\sum_{i=1}^{n}(X_i-\overline{X})^2}} \tag{7.14}$$

的分布是自由度为 $n-1$ 的 t 分布.

例 7.4(续例 7.2) 现在假定在例 7.2 中农场没有关于猪崽重量的波动资料. 此时，对于总体 X 我们作这样的假定：$X\sim N(\mu,\sigma^2)$，其中 $\mu\in(-\infty,+\infty)$，$\sigma^2>0$ 均未知. 同样对猪崽重量数据 $x_1,\cdots,x_n$，求 μ 的置信度为 $1-\alpha$ 的置信区间.

解 这种情况下，不能再像例 7.2 一样用枢轴量 $\frac{\sqrt{n}(\overline{X}-\mu)}{\sigma}$ 得到 μ 的置信区间(因 σ 未知). 不过可以取

$$T=\frac{\sqrt{n}(\overline{X}-\mu)}{\sqrt{\frac{1}{n-1}\sum_{i=1}^{n}(X_i-\overline{X})^2}}$$

作为枢轴量，且其分布是自由度为 $n-1$ 的 t 分布. 记 $t_{1-\alpha/2}(n-1)$ 为自

由度是 $n-1$ 的 t 分布的 $1-\alpha/2$ 分位数，则

$$P\left\{\left|\frac{\sqrt{n}(\overline{X}-\mu)}{\hat{\sigma}}\right| \leqslant t_{1-\alpha/2}(n-1)\right\}=1-\alpha$$

(图 7.7.1)，其中 $\hat{\sigma}=\sqrt{\frac{1}{n-1}\sum_{i=1}^{n}(X_i-\overline{X})^2}$. 由此解得

$$P\left(\overline{X}-\frac{\hat{\sigma}}{\sqrt{n}}t_{1-\alpha/2}(n-1) \leqslant \mu \leqslant \overline{X}+\frac{\hat{\sigma}}{\sqrt{n}}t_{1-\alpha/2}(n-1)\right)=1-\alpha.$$

这样，我们得到 $[\overline{X}-\hat{\sigma}t_{1-\alpha/2}(n-1)/\sqrt{n}, \overline{X}+\hat{\sigma}t_{1-\alpha/2}(n-1)/\sqrt{n}]$ 是 μ 的置信度为 $1-\alpha$ 的置信区间. 再将数据 $x_1,\cdots,x_n$ 代入即可得所求的置信区间.

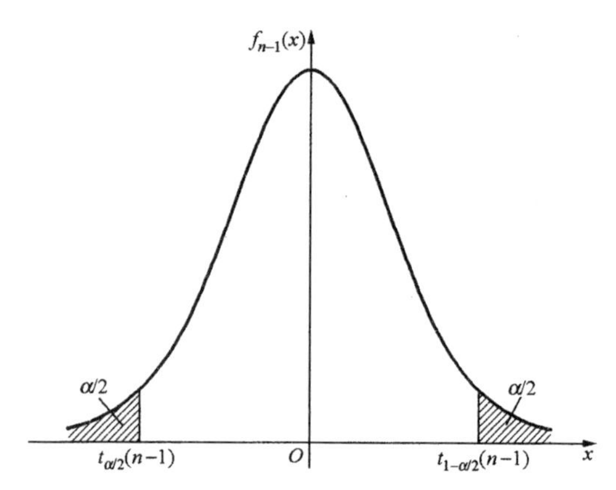

图 7.7.1　t 分布的分位数示意图

t 分布是实际应用中十分重要的分布. 在求正态总体期望值的置信区间的时候，通常不会有标准差 σ 的资料，此时就要利用枢轴量(7.14)和 t 分布. 在例 7.3 中也会遇到这样的情况，实验单位没有烧蚀量波动的资料，于是只好借助于 t 分布这个枢轴量. 此时，可解得烧蚀量均值 μ 的置信度为 $1-\alpha$ 的置信上限是 $\overline{X}+\hat{\sigma}t_{1-\alpha}(n-1)/\sqrt{n}$.

例 7.5　设某车间生产滚珠. 从实践知道，滚珠的直径 X(单位：mm)的分布为正态分布，即 $X\sim N(\mu,\sigma^2)$，其中参数 μ 主要由产品的设计所决定，而 σ^2 由生产滚珠的机器的性能决定. 为了调查机器的性能，我们必须找出 σ^2 的置信上限. 现从某天的产品中随机地抽取 6 粒滚

珠,测量它们的直径,得到的数据(单位: mm)如下:

14.7, 15.21, 14.90, 14.91, 15.32, 15.32.

试求 σ^2 的置信度为 0.95 的置信上限.

解 设 $X_1,\cdots,X_n$ 是来自总体 X 的一个样本. 由定理 7.1(2)知

$$\frac{1}{\sigma^2}\sum_{i=1}^{n}(X_i-\overline{X})^2 \sim \chi^2(n-1).$$

对给定的 α,查 χ^2 **分布**临界值表(附表 3)可得分位数 $\chi^2_\alpha(n-1)$,即有

$$P\left(\frac{1}{\sigma^2}\sum_{i=1}^{n}(X_i-\overline{X})^2 \geqslant \chi^2_\alpha(n-1)\right)=1-\alpha,$$

亦即

$$P\left(\sigma^2 \leqslant \frac{1}{\chi^2_\alpha(n-1)}\sum_{i=1}^{n}(X_i-\overline{X})^2\right)=1-\alpha.$$

由此可得方差 σ^2 的置信度为 $1-\alpha$ 的置信上限是

$$\frac{1}{\chi^2_\alpha(n-1)}\sum_{i=1}^{n}(X_i-\overline{X})^2.$$

在本例中,$n=6$,$\alpha=1-0.95=0.05$,查附表 3 得 $\chi^2_\alpha(n-1)$①$=1.1455$,$\sum_{i=1}^{n}(x_i-\overline{x})^2=0.3554$,故方差 σ^2 的置信度为 0.95 的置信上限是 $\frac{0.3554}{1.1455}=0.3103$,$\sigma$ 的相应的置信上限是 $\sqrt{0.3103}=0.5570$.

3. 参数的近似置信区间

通常可利用近似的枢轴量来构造参数的**近似置信区间**. 其主要利用下面两条定理.

定理 7.2 设 $X_1,\cdots,X_n\sim \mathrm{iid}F_\theta$,$\theta\in\Theta$,又设 $T(X_1,\cdots,X_n)$是 $g(\theta)$ 的渐近正态估计,即当 $n\to\infty$ 时,

$$\sqrt{n}[T(X_1,\cdots,X_n)-g(\theta)] \xrightarrow{w} N(0,\sigma^2). \tag{7.15}$$

---

① $\chi^2_\alpha(n-1)$是 χ^2 分布的 α 分位数的记号(见概率论分册中的定义),附表 3 的数值是临界值,注意两者的差别.

(1) 若 σ^2 已知，则 $g(\theta)$ 的置信度为 $1-\alpha$ 的近似置信区间是

$$\left[T(X_1,\cdots,X_n)-\frac{\sigma}{\sqrt{n}}z_{1-\alpha/2},T(X_1,\cdots,X_n)+\frac{\sigma}{\sqrt{n}}z_{1-\alpha/2}\right];$$

(2) 若 σ^2 未知，则 $g(\theta)$ 的置信度为 $1-\alpha$ 的近似置信区间是

$$\left[T(X_1,\cdots,X_n)-\frac{\hat{\sigma}_n}{\sqrt{n}}z_{1-\alpha/2},T(X_1,\cdots,X_n)+\frac{\hat{\sigma}_n}{\sqrt{n}}z_{1-\alpha/2}\right],\quad(7.16)$$

其中 $\hat{\sigma}_n$ 为 σ 的相合估计.

证明　(1) 由(7.15)式知

$$P\left(\left|\frac{\sqrt{n}[T(X_1,\cdots,X_n)-g(\theta)]}{\sigma}\right|\leqslant z_{1-\alpha/2}\right)\approx 1-\alpha.$$

由此可得结论(1).

(2) 由 $\hat{\sigma}_n$ 的相合性知 $\sigma/\hat{\sigma}_n\xrightarrow{P}1(n\to\infty)$，从而

$$\frac{\sigma}{\hat{\sigma}_n}\cdot\frac{\sqrt{n}[T(X_1,\cdots,X_n)-g(\theta)]}{\sigma}\xrightarrow{w}N(0,1)\quad(n\to\infty).$$

由此导出 $g(\theta)$ 的置信度为 $1-\alpha$ 的近似置信区间为

$$\left[T(X_1,\cdots,X_n)-\frac{\hat{\sigma}_n}{\sqrt{n}}z_{1-\alpha/2},T(X_1,\cdots,X_n)+\frac{\hat{\sigma}_n}{\sqrt{n}}z_{1-\alpha/2}\right].\qquad\square$$

在实用中较常见的情况是定理 7.2(2). 设 $(X_1,\cdots,X_n)$ 是来自总体 $X\sim F$ 的一个样本，其期望 $\mu=\mathrm{E}(X_i)$ 和方差 $\sigma^2=\mathrm{var}(X_i)(i=1,\cdots,n)$ 存在且有限. 利用定理 7.2(2)，期望 μ 的置信度为 $1-\alpha$ 的近似置信区间可由(7.16)式给出，其中 $T=\overline{X}$，$\hat{\sigma}=\sqrt{\frac{1}{n-1}\sum_{i=1}^{n}(X_i-\overline{X})^2}$. 此处分布 F 可以是任意的分布，只要它的期望和方差存在且有限即可. 当样本量足够大时，其置信度就接近 $1-\alpha$.

但在处理单参数族(一维参数空间)中参数的置信区间时会遇到一些特殊的情况. 设 T_n 是 $g(\theta)$ 的渐近正态估计：

$$\sqrt{n}[T_n-g(\theta)]/\sigma\xrightarrow{w}N(0,1)\quad(n\to\infty),$$

其中 θ 为单参数，而 $\sigma=\sigma(\theta)$ 为 θ 的函数，此时有

$$P(|\sqrt{n}[T_n-g(\theta)]/\sigma(\theta)|\leqslant z_{1-\alpha/2})\approx 1-\alpha.$$

我们需要利用此关系式求出 $g(\theta)$ 的置信区间. 下面请看例子.

例 7.6 某学校计划在数学系开一门新课,调查了 90 位学生以后,发现其中 15 位学生反映目前课业负担过重.试求课业负担过重学生百分比的置信度为 0.95 的置信区间.

解 记 θ 为课业负担过重的学生的百分比,n 为调查的样本量,X 为样本中课业负担过重的学生数.利用概率论分册第四章的定理 3.1(中心极限定理),得到

$$\sqrt{n}\left(\frac{X}{n}-\theta\right)\Big/\sqrt{\theta(1-\theta)} \xrightarrow{w} N(0,1) \quad (n\to\infty),$$

从而对给定的 $\alpha\in(0,1)$,有

$$P\left\{\left|\sqrt{n}\left(\frac{X}{n}-\theta\right)\Big/\sqrt{\theta(1-\theta)}\right|\leqslant z_{1-\alpha/2}\right\}\approx 1-\alpha.$$

现在需要求解不等式

$$\left|\sqrt{n}\left(\frac{X}{n}-\theta\right)\Big/\sqrt{\theta(1-\theta)}\right|\leqslant z_{1-\alpha/2}.$$

这个不等式的解为

$$\tilde{\theta}-\Delta\leqslant\theta\leqslant\tilde{\theta}+\Delta,$$

其中

$$\tilde{\theta}=\frac{(2X+z_{1-\alpha/2}^2)/n}{2(1+z_{1-\alpha/2}^2/n)},$$

$$\Delta=\frac{\sqrt{(z_{1-\alpha/2}^2/n)[z_{1-\alpha/2}^2/n+4(1-X/n)X/n]}}{2(1+z_{1-\alpha/2}^2/n)}.$$

于是,$[\tilde{\theta}-\Delta,\tilde{\theta}+\Delta]$是 θ 的置信度为 $1-\alpha$ 的近似置信区间.

已知 $1-\alpha=0.95$,即 $\alpha=0.05$,$n=90$,$x=15$,又查附表 1 得 $z_{1-\alpha/2}=z_{0.975}=1.96$,代入经计算得到 θ 的置信度为 0.95 的近似置信区间是[0.1037,0.2569].这个区间称为 **Wilson 置信区间**.它比利用定理 7.2(2)所得到的结果好(由定理 7.2(2)得到的相应的近似置信区间为[0.0897,0.2437]),因为可证明 Wilson 置信区间覆盖率(覆盖真参数的概率)比较接近 $1-\alpha$.

另外,在 1998 年,Agresti 和 Coull 得到 θ 的近似置信区间为 $[\tilde{\theta}-\tilde{\Delta},\tilde{\theta}+\tilde{\Delta}]$,其中 $\tilde{\theta}$ 与上同,而

$$\widetilde{\Delta} = \frac{z_{1-\alpha/2}}{\sqrt{n+z_{1-\alpha/2}^2}}\sqrt{\widetilde{\theta}(1-\widetilde{\theta})}.$$

按与上相同的数据计算，这个置信区间为[0.1025,0.2581]. 可证明此置信区间的覆盖率比 Wilson 置信区间的覆盖率稍大. 经研究认为，实用中可推荐使用 Wilson 区间与 Agresti & Coull 区间.

例 7.7 某鸟类学家调查了某林区中若干个鸟窝，发现窝中的鸟蛋个数的一组数据如下：

$$2,\ 1,\ 3,\ 0,\ 4,\ 5,\ 3,\ 0,\ 1,\ 3,\ 3,\ 2,\ 2.$$

假定每窝鸟蛋个数 X 服从参数为 λ 的泊松分布，$\lambda>0$，试求平均每窝鸟蛋个数的置信度为 0.95 的置信区间.

解 由题设知，平均每窝鸟蛋个数为 $E_\lambda(X)=\lambda$，且 X 的方差也为

$$\mathrm{var}(X)=\lambda.$$

设 $X_1,\cdots,X_n$ 为来自 X 的一个样本，利用中心极限定理得

$$\frac{\sqrt{n}(\overline{X}-\lambda)}{\sqrt{\lambda}} \xrightarrow{w} N(0,1) \quad (n\to\infty),$$

于是对给定的 $\alpha\in(0,1)$，有

$$P(|\sqrt{n}(\overline{X}-\lambda)/\sqrt{\lambda}|\leqslant z_{1-\alpha/2})\approx 1-\alpha.$$

下面解不等式

$$(\sqrt{n}(\overline{X}-\lambda)/\sqrt{\lambda})^2\leqslant z_{1-\alpha/2}^2.$$

将这个不等式化成等价的不等式

$$n\lambda^2-(2n\overline{X}+z_{1-\alpha/2}^2)\lambda+n\overline{X}^2\leqslant 0.$$

满足这个不等式的 λ 介于上式左端的关于 λ 的二次三项式的两个根之间，而这两个根为

$$\frac{2n\overline{X}+z_{1-\alpha/2}^2}{2n}\pm\frac{z_{1-\alpha/2}}{2n}\sqrt{4n\overline{X}+z_{1-\alpha/2}^2},$$

这样我们得到 $E_\lambda(X)=\lambda$ 的置信度为 $1-\alpha$ 的近似置信区间是

$$\left[\frac{2n\overline{X}+z_{1-\alpha/2}^2}{2n}-\frac{z_{1-\alpha/2}}{2n}\sqrt{4n\overline{X}^2+z_{1-\alpha/2}^2},\right.$$
$$\left.\frac{2n\overline{X}+z_{1-\alpha/2}^2}{2n}+\frac{z_{1-\alpha/2}}{2n}\sqrt{4n\overline{X}^2+z_{1-\alpha/2}^2}\right].$$

利用给出的数据及 $\alpha=1-0.95=0.05$，代入计算得到 λ 的置信度为

0.95 的近似置信区间是[1.5802,3.1769].

下面利用定理 7.2(2)求 λ 的置信度为 0.95 的近似置信区间. 因 $\sqrt{\mathrm{var}(X)}$ 的矩估计 $\hat{\sigma}_n=\sqrt{\frac{1}{n}\sum_{i=1}^{n}(X_i-\overline{X})^2}$ 为相合估计，$\overline{X}$ 为 λ 的渐近正态估计，由定理7.2(2)可得 λ 的置信度为 $1-\alpha$ 的近似置信区间是

$$\left[\overline{X}-\frac{\hat{\sigma}_n}{\sqrt{n}}z_{1-\alpha/2},\overline{X}+\frac{\hat{\sigma}_n}{\sqrt{n}}z_{1-\alpha/2}\right].$$

对于本例的数据及 $\alpha=0.05$，得置信度为 0.95 的近似置信区间是[1.4575,3.0041]. 可见两种方法的结果略有差别.

4. 统计量法

统计量法是构造置信限的一般方法，此处我们只做一个入门介绍. 设 $X_1,\cdots,X_n\sim \mathrm{iid}F_\theta(x)$，$\theta\in\Theta$. 我们假定 Θ 是一个区间，θ 是一个待估的参数. 现在求参数 θ 的置信下限. 设 $\varphi(X_1,\cdots,X_n)$是一个统计量，并令

$$G(u,\theta)=P_\theta(\varphi(X_1,\cdots,X_n)\geqslant u),\tag{7.17}$$

称 $G(u,\theta)$为统计量 φ 的**生存函数**(生存函数这个名词来源于寿命统计. 设 T 代表个体的寿命，则 $F(u)=P(T\leqslant u)$就是 T 的分布函数. 但在寿命统计中更有意义的是 $G(u)=P(T\geqslant u)$，它表示个体的寿命大于或等于 u 的概率. $G(u)$就称为 T 的生存函数. 此处借用此名词). 对固定的 θ，$G(u,\theta)$作为 u 的函数是非增且左连续的函数. 对于固定的 u，定义

$$\underline{\theta}(u)=\inf\{\theta\colon G(u,\theta)\geqslant\alpha\}.\tag{7.18}$$

$\underline{\theta}$ 具有下列重要性质：

定理 7.3 设 $X_1,\cdots,X_n\sim \mathrm{iid}F_\theta(x)$，$\theta\in\Theta$，$\varphi(X_1,\cdots,X_n)$是(7.17)式中出现的统计量，则由(7.18)式给出的 $\underline{\theta}(\varphi(X_1,\cdots,X_n))$是 θ 的置信度为 $1-\alpha$ 的置信下限.

注 $\underline{\theta}$ 是 $\varphi(X_1,\cdots,X_n)$的函数，但依惯例，在日常的使用中我们还是使用记号 $\underline{\theta}(X_1,\cdots,X_n)$而不使用 $\underline{\theta}(\varphi(X_1,\cdots,X_n))$.

证明 我们只需证明对任意 $\theta\in\Theta$ 不等式

$$P_\theta(\theta\geqslant\underline{\theta}(\varphi(X_1,\cdots,X_n)))\geqslant 1-\alpha$$

成立即可，或等价地证明

$$P_\theta(\theta<\underline{\theta}(\varphi(X_1,\cdots,X_n)))\leqslant\alpha\tag{7.19}$$

成立即可. 现在将 θ 和样本点$(x_1,\cdots,x_n)$固定，并用记号"$\Longrightarrow$"表示箭头两边的条件具有包含关系，且是右边包含左边，例如像 $a<b\Longrightarrow a<b+1$ 那样的关系. 我们要证明的第一个关系为

$$\theta < \underline{\theta}(\varphi(x_1, \cdots, x_n)) \Longrightarrow G(\varphi(x_1, \cdots, x_n), \theta) < \alpha. \tag{7.20}$$

事实上,这个关系从(7.18)式立即得到:若 θ 比下限 $\underline{\theta}(\varphi(x_1, \cdots, x_n))$ 小,关系式

$$G(\varphi(x_1, \cdots, x_n), \theta) \geqslant \alpha$$

就不可能成立,因此关系式(7.20)成立.

令

$$c = \sup\{u: G(u, \theta) \geqslant \alpha\}. \tag{7.21}$$

我们要证明的第二个关系式是

$$G(\varphi(x_1, \cdots, x_n), \theta) < \alpha \Longrightarrow \varphi(x_1, \cdots, x_n) > c. \tag{7.22}$$

(7.22)式可由下述结论推出:对任何 u,有

$$G(u, \theta) < \alpha \Longrightarrow u > c.$$

而上述结论可由 c 的定义与函数 $G(u, \theta)$ 的性质推出.事实上,对于固定的 θ,$G(u, \theta)$ 为 u 的非增左连续函数(见图 7.7.2),当 $u \leqslant c$ 时,可导出 $G(u, \theta) \geqslant \alpha$,故结论"$G(u, \theta) < \alpha \Longrightarrow u > c$"必定成立.在关系式(7.20)和(7.22)中,将 $(x_1, \cdots, x_n)$ 用 $(X_1, \cdots, X_n)$ 代替,这两个关系式就成为事件包含关系,因此

$$P_\theta(\theta < \underline{\theta}(\varphi(X_1, \cdots, X_n))) \leqslant P_\theta(\varphi(X_1, \cdots, X_n) > c).$$

但是

$$P_\theta(\varphi(X_1, \cdots, X_n) > c) = \lim_{\varepsilon \to 0+} P_\theta(\varphi(X_1, \cdots, X_n) \geqslant c + \varepsilon) = G(c+, \theta).$$

上式中的极限是 $G(u, \theta)$ 在 $u = c$ 处的右极限,因此记为 $G(c+, \theta)$.由函数 G 的性质以及 c 的定义(7.21),可知 $G(c+, \theta) \leqslant \alpha$(也可由图 7.7.2 说明).这样我们证明了(7.19)式,即 $\underline{\theta}(\varphi(X_1, \cdots, X_n))$ 是 θ 的置信度为 $1-\alpha$ 的置信下限. □

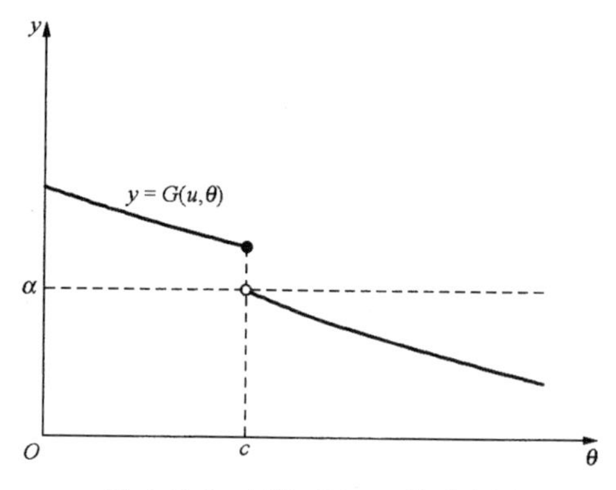

图 7.7.2 函数 $G(u, \theta)$ 的示意图

对于置信上限和置信区间的结果是类似的,此处我们只是叙述结果而不予证明.类似于(7.18)式,令

$$\bar{\theta}(u) = \sup\{\theta: G(u+,\theta) \leqslant 1-\alpha\}. \tag{7.23}$$

定理 7.4 (1) 设 $X_1,\cdots,X_n \sim \text{iid} F_\theta(x), \theta \in \Theta, \varphi(X_1,\cdots,X_n)$ 是在(7.17)式中出现的统计量,则由(7.23)式给出的 $\bar{\theta}(\varphi(X_1,\cdots,X_n))$ 是 θ 的置信度为 $1-\alpha$ 的置信上限;

(2) 令

$$\hat{\theta}_1 = \min\{\underline{\theta}(\varphi(X_1,\cdots,X_n)), \bar{\theta}(\varphi(X_1,\cdots,X_n))\},$$
$$\hat{\theta}_2 = \max\{\underline{\theta}(\varphi(X_1,\cdots,X_n)), \bar{\theta}(\varphi(X_1,\cdots,X_n))\},$$

式中 $\underline{\theta}(\varphi(X_1,\cdots,X_n))$ 为定理 7.3 中给出的置信下限,则 $(\hat{\theta}_1,\hat{\theta}_2)$ 是 θ 的置信度为 $1-2\alpha$ 的置信区间(要求 $\alpha<0.5$).

例 7.8 某工厂对某种成败型元件的出厂试验要求是 140 次试验中不能有失败. 设有一批这种元件,每个元件一次试验成功的概率为 p,且已知这批元件已经通过出厂试验,即进行 140 次试验没有失败. 试求 p 的置信度为 0.95 的置信下限.

解 设 X 为 140 次成败型试验中成功的次数. 我们将 X 看成随机变量,X 的分布是二项分布:

$$P(X=k) = \mathrm{C}_n^k p^k (1-p)^{n-k} \quad (k=0,1,\cdots,n).$$

对这个模型推导置信区间,使用统计量法. 取统计量 $\varphi(X)=X$,并令

$$G(k,p) = P(X \geqslant k) = \sum_{i=k}^{n} \mathrm{C}_n^i p^i (1-p)^{n-i} \quad (k=0,1,\cdots,n),$$

可证明(习题七的第 39 题)$G(k,p)$ 的积分表达式为

$$G(k,p) = \frac{n!}{(k-1)!(n-k)!}\int_0^p x^{k-1}(1-x)^{n-k}\,\mathrm{d}x. \tag{7.24}$$

下一步是依定理 7.3 计算 p 的置信度为 $1-\alpha$ 的置信下界

$$\underline{p}(k) = \inf\{p: G(k,p) \geqslant \alpha\}. \tag{7.25}$$

由 $G(k,p)$ 的表达式知,$G(k,p)$ 是 p 的连续上升函数,(7.25)式的求极小值问题与求解下列方程是等价的:

$$G(k,\underline{p}(k)) = \alpha. \tag{7.26}$$

现代计算技术可利用软件直接求解方程(7.26). 不过此处也提供一个用统计表计算的公式(其证明见[23]的第 123 页):

$$\begin{aligned}\underline{p}(k) &= \left[1+\frac{n-k+1}{k}\cdot\frac{1}{F_\alpha(2k,2(n-k+1))}\right]^{-1} \\ &= \left[1+\frac{n-k+1}{k}F_{1-\alpha}(2(n-k+1),2k)\right]^{-1},\end{aligned} \tag{7.27}$$

此处 $F_\alpha(2k,2(n-k+1))$ 表示 F 分布的 α 分位数,$2k$ 和 $2(n-k+1)$ 分别为 F 分布的第一、第二自由度(关于 F 分布的理论将在第八章详细介绍). 工厂的试验数据

是 $n=140$ 次试验中成功的次数 $k=140$. 已知 $\alpha=1-0.95=0.05$,得 $F_{\alpha}(280,2)=19.5$,于是 p 的置信度为 0.95 的置信下限是

$$p=\left(1+\frac{1}{140}\cdot\frac{1}{19.5}\right)^{-1}=0.9996.$$

可见,在航天产品中有一些一次性使用的元件,其可靠性要求很高. 为了高可靠性,使用一个元件,必须生产 140 个元件进行试验,因此成本是很高的.

例 7.9(续例 7.6)　在例 7.6 的题设下求课业负担过重学生百分比的置信度为 0.95 的置信上限.

解　同样设课业负担过重学生的比例为 $\theta,\theta\in(0,1)$,在 n 个学生中课业负担过重的人数为 X,则可将 X 看成 n 次伯努利试验的成功次数,服从二项分布 $B(n,\theta)$. 不难证明,$1-\bar{\theta}$ 就是参数 $1-\theta$ 的置信下限. 这样,我们只需求出课业负担不过重的学生比例 $1-\theta$ 的置信下限($\bar{\theta}$ 为 θ 的置信上限). 据调查数据知,90 个学生中课业负担不过重的学生人数为 $k=90-15=75$. 已知 $\alpha=1-0.95=0.05$,依公式(7.27)计算得 $1-\theta$ 的置信度为 0.95 的置信下限是 $1-\bar{\theta}=0.7550$,这样参数 θ 的置信度为 0.95 的置信上限是 $1-0.7550=0.2450$.

依照定理 7.2(1),(2),也可以计算相应的近似置信下限. 若利用定理 7.2(2),可得

$$P\left(\sqrt{n}\left(\frac{X}{n}-\theta\right)\Big/\hat{\sigma}\geqslant -z_{1-\alpha}\right)\approx 1-\alpha,$$

其中 $\hat{\sigma}=\sqrt{(X/n)(1-X/n)}$ 是 $\sigma=\sqrt{\theta(1-\theta)}$ 的 ML 估计. 利用数据导出 θ 的置信度为 0.95 的近似置信上限为

$$x/n+z_{0.95}\hat{\sigma}/\sqrt{n}=15/90+1.645\sqrt{15\times 75}/(90\sqrt{90})=0.2313.$$

若利用定理 7.2(1),再利用渐近方差 σ^2 与 θ 的关系,可求得 θ 的置信度为 $1-\alpha$ 的近似置信上限为

$$\bar{\theta}=\frac{(2X+z_{1-\alpha}^2)/n+\sqrt{(z_{1-\alpha}^2/n)[z_{1-\alpha}^2/n+4(1-X/n)X/n]}}{2(1+z_{1-\alpha}^2/n)}.\qquad(7.28)$$

现在将 $n=90,x=15,\alpha=0.05$ 代入上式,得 $\bar{\theta}=0.2408$.

利用统计量法得到的置信上限为精确的置信上限,并且可以证明,这种置信上限具有某种最优性,因此利用定理 7.2(1),(2)所得到的近似置信上限都不及精确的置信上限.

在调查课业负担这样的问题中,当发现课业负担重的学生较少时,我们需要回答的问题是课业负担重的学生是否确实很少. 此时需要求 θ 的置信上限. 若求出的上限很小,就说明课业负担重的学生确实很少. 在这种情况下,我们可能会采取行动,例如要开设一门新课等,以便保证开设新课后课业负担重的学生的比例处

于适当的状况.当发现课业负担重的学生较多时,我们需要回答的问题是课业负担重的学生是否确实很多.这时,我们需要求 θ 的置信下限.当这个下限很大的时候,说明课业负担重学生的比例的确很大.在这种情况下,我们可能采取的行动是取消开新课的计划.由此看来,同样的问题,求什么样的置信限,决定于当时的实际情况和可能采取的行动.统计学既是一门科学,又具有技巧性.

习 题 七

1. 设 X 的分布为几何分布:

$$P(X=k)=p(1-p)^{k-1}\quad (k=1,2,\cdots),$$

其中 $p\in(0,1)$.这个分布的实际背景为独立同分布试验序列,其中 p 为一次试验成功的概率,X 为试验序列中取得第一次成功所需的试验次数.设 $X_1,\cdots,X_n$ 为来自总体 X 的样本.

(1) 写出这个模型的似然函数;

(2) 求出参数 p 的 ML 估计;

(3) 求出参数 p 的矩估计.

2. 设 $X_1,\cdots,X_n\sim \mathrm{iid}N(\mu,\sigma^2)$,在下列两种情况下求出模型参数的 ML 估计:

(1) $\mu=\mu_0$ 已知,$\sigma^2>0$ 为未知参数;

(2) $\sigma^2=\sigma_0^2$ 已知,$\mu\in(-\infty,+\infty)$为未知参数.

3. 设 X 具有分布密度

$$p(x,\theta)=\begin{cases}\exp\{-(x-\theta)\}, & x\geqslant\theta,\\ 0, & x<\theta\end{cases}\quad (\theta\in(-\infty,+\infty)),$$

$X_1,\cdots,X_n$ 为来自总体 X 的样本,求 θ 的 ML 估计 T_1.

4. 设 $X_1,\cdots,X_n\sim \mathrm{iid}B(1,p)$,即 $P(X_i=1)=p,P(X_i=0)=1-p(i=1,\cdots,n)$.

(1) 计算 $\mathrm{var}(X_1)$;

(2) 求 $\mathrm{var}(X_1)$的 ML 估计 $T(X_1,\cdots,X_n)$;

(3) 求 $\mathrm{E}(T(X_1,\cdots,X_n))$.

5. 在例 1.2 中,求:

(1) $\mathrm{var}(\hat{p})$,其中 $\hat{p}$ 为参数 p 的 ML 估计;

(2) $\mathrm{var}(\hat{p})$的 ML 估计.

6. 在第 3 题中,求:

(1) θ 的矩估计 $T_2(X_1,\cdots,X_n)$;

(2) θ 的 ML 估计 T_1 和矩估计 T_2 的均方误差 $\mathrm{E}_\theta[(T_1-\theta)^2]$和 $\mathrm{E}_\theta[(T_2-\theta)^2]$.

7. 在例 1.4 中，求出 $\hat{\theta}=\max\limits_{1\leqslant i\leqslant n}\{X_i\}$ 的

(1) $E_\theta(\hat{\theta})$；　　(2) 分布.

8. 设 $X_1,\cdots,X_n$ 为来自总体 X 的一个样本，又总体 X 的分布密度为

$$p(x,\theta)=\begin{cases}\theta x^{\theta-1}, & 0\leqslant x\leqslant 1,\\ 0, & \text{其他}\end{cases}\quad (\theta>0).$$

(1) 求 θ 的矩估计；　　(2) 求 θ 的 ML 估计.

9. 设 $X_1,\cdots,X_n\sim \mathrm{iid}N(\mu,\sigma^2)$，$\mu\geqslant 0$，$\sigma^2>0$，求参数 μ,σ^2 的 ML 估计.

*10. 设 $\xi\sim N(0,1)$，$\eta\sim\chi^2(n)$，且 ξ 和 η 相互独立，证明：$\xi/\sqrt{\eta/n}$ 服从 $t(n)$ 分布.

*11. 设 $X_1,\cdots,X_n$ 相互独立，其共同分布为泊松分布：

$$P(X_i=k)=\frac{\lambda^k}{k!}\mathrm{e}^{-\lambda}\quad (k=0,1,\cdots;\ \lambda>0),$$

利用充分统计量的定义证明统计量 $T=\sum\limits_{i=1}^{n}X_i$ 为充分统计量.

12. 设 $X_1,\cdots,X_n\sim \mathrm{iid}N(\mu,\sigma^2)$，$\mu\geqslant 0$，$\sigma^2\leqslant 2$，求变异系数 σ/μ 的 ML 估计.

13. 在(4.6)式中将 e 指数上的表达式写成

$$\left(\bar{x},\bar{y},\sum_{i=1}^{n}(x_i-\bar{x})^2,\sum_{i=1}^{n}(y_i-\bar{y})^2,\sum_{i=1}^{n}(x_i-\bar{x})(y_i-\bar{y})\right)$$

的函数.

14. 设 $X\sim B(n,\theta)$，即 X 的分布由下式给出：

$$P_\theta(X=k)=C_n^k\theta^k(1-\theta)^{n-k}\quad (k=0,1,\cdots,n).$$

(1) 求 θ 和 $\theta(1-\theta)$ 的无偏估计；

*(2) 求 θ 的无偏估计 $\hat{\theta}$ 的均方误差.

15. 在例 5.3 中，

(1) 证明：θ 的 ML 估计 $\hat{\theta}_n=(2n_1+n_2)/(2n)$ 是 θ 的无偏估计；

(2) 求出 $\hat{\theta}_n$ 的均方误差.

16. 设 $X_1,\cdots,X_n\sim \mathrm{iid}N(\mu,1)$，$\mu\in(-\infty,+\infty)$，求 μ,μ^2,μ^3 的 UMVU 估计.

17. 设 $X_1,\cdots,X_n\sim \mathrm{iid}N(\mu,\sigma^2)$，$\mu\in(-\infty,+\infty)$，$\sigma^2>0$，证明：

$$T(X_1,\cdots,X_n)=\overline{X}^2-\frac{\sum\limits_{i=1}^{n}(X_i-\overline{X})^2}{n(n-1)}$$

是 μ^2 的 UMVU 估计.

18. 设 $X_1,\cdots,X_n$ 相互独立，其共同分布为泊松分布：

$$P(X_i=k)=\frac{\lambda^k}{k!}\mathrm{e}^{-\lambda}\quad (k=0,1,\cdots;\ \lambda>0),$$

证明：$\overline{X}$ 和 $\frac{1}{n-1}\sum_{i=1}^{n}(X_i-\overline{X})^2$ 都是 λ 的无偏估计.

*19. 设 $X_1,\cdots,X_n \sim \mathrm{iid}B(1,p)$, $p\in(0,1)$. 令 $T=\sum_{i=1}^{n}X_i$, $\widetilde{T}=X_1+X_2$, 证明：$\widetilde{T}$ 在 $T=t$ 条件下的分布与 p 无关.

20. 设 $X_1,\cdots,X_n \sim \mathrm{iid}B(1,p)$, $0<p<1$, 证明 $(X_1,\cdots,X_n)$ 的分布为指数族分布，并找出其完全充分统计量.

21. 设 $X_1,\cdots,X_n \sim \mathrm{iid}p(x,\theta)$, $0<\theta<1$, 其中 $p(x,\theta)$ 为离散型随机变量的分布列：

$$p(x,\theta)=\theta(1-\theta)^{x-1} \quad (x=1,2,\cdots),$$

证明 $(X_1,\cdots,X_n)$ 的分布为指数族分布，并找出其完全充分统计量.

22. 设 S 和 T 为某统计模型中的两个统计量，证明：若它们能互相表示，即 S 能写成 $\phi(T)$ 的形式，T 也能写成 $\psi(S)$ 的形式，则 S 和 T 同时为完全充分统计量或同时不为完全充分统计量.

23. 设 $X_1,\cdots,X_n \sim \mathrm{iid}p(x,\lambda)=I_{[0,+\infty)}(x)\lambda\exp\{-\lambda x\}$, $\lambda>0$.

*(1) 证明 $\sum_{i=1}^{n}X_i$ 的分布密度为

$$q(x,\lambda)=I_{[0,+\infty)}(x)\frac{1}{\Gamma(n)}\lambda^n x^{n-1}\exp\{-\lambda x\} \quad (\lambda>0);$$

(2) 求 λ 的矩估计；

(3) 找出该统计模型的完全充分统计量；

(4) 求 λ 的 UMVU 估计.

24. 在例 6.1 中曾提到 $\mathrm{var}(\xi^2)=2$, 其中 $\xi\sim N(0,1)$, 试证明这个等式.

25. 在例 3.2 关于指数分布参数 λ 的估计问题中已经求出它的无偏估计，现求：

(1) 此无偏估计的方差； (2) 此无偏估计的渐近分布.

26. 证明：例 6.1 中 σ^2 的 ML 估计 $\widehat{\sigma^2}$ 与 σ^2 的 UMVU 估计 S_n 具有相同的渐近分布.

27. 设 ξ_n 满足 $\sqrt{n}(\xi_n-a)\xrightarrow{w}N(0,\sigma^2)\,(n\to\infty)$, 证明：$\xi_n\xrightarrow{P}a\,(n\to\infty)$.

28. 设有某批产品，测得其出现第一次严重故障以前使用期的数据如下：

15.0, 15.3, 10.3, 5.1, 7.3, 9.7, 14.6, 18.1, 9.8, 14.7, 12.6, 13.7, 13.1.

由于对使用期 X 的分布没有先期认识，对于 X 的分布只能做如下假定：$\mathrm{var}(X)<+\infty$, X 的分布的形状无法确定. 试求出 $\mathrm{E}(X)$ 的近似置信下限(置信度为 0.95).

29. 用放射性同位素法可测定地层的年代.现从同一地层采集 19 个样品,测得年代数据(单位:百万年)如下:

249,254,243,268,253,269,287,241,273,306,

303,280,260,256,278,344,304,283,310.

假定地质年代服从正态分布,则从同一地层采集的 19 个样品可以看成来自总体 $X\sim N(\mu,\sigma^2)$ 的一个样本.试求出 μ 的置信度为 $1-\alpha=0.95$ 的置信区间.

*30. 证明:例 6.3 中 $g(\overline{X})$ 的渐近方差比 $\hat{p}$ 的渐近方差小,即

$$\varphi^2(x_0-\mu)<p(1-p),$$

其中 $p=\int_{x_0-\mu}^{+\infty}\varphi(u)\mathrm{d}u$,这里 φ 是标准正态分布密度.

31. 设 $\boldsymbol{X}=(X_1,\cdots,X_n)^{\mathrm{T}}$ 和 $\boldsymbol{Y}=(Y_1,\cdots,Y_n)^{\mathrm{T}}$ 满足关系式 $\boldsymbol{Y}=\boldsymbol{BX}+\boldsymbol{\mu}$,其中 $\boldsymbol{B}$ 为非退化的常数方阵,$\boldsymbol{\mu}$ 为常向量,证明:

$$\begin{bmatrix}\dfrac{\partial X_1}{\partial Y_1} & \cdots & \dfrac{\partial X_1}{\partial Y_n}\\ \vdots & & \vdots\\ \dfrac{\partial X_n}{\partial Y_1} & \cdots & \dfrac{\partial X_n}{\partial Y_n}\end{bmatrix}=\boldsymbol{B}^{-1}.$$

*32. (1) 求出 $\chi^2(n)$ 分布的分布密度表达式;

(2) 求出 $t(n)$ 分布的分布密度表达式.

33. 已知某统计工作者对某种面值纸币的长度(单位:mm)进行测量,得数据:

156.2,155.3,155.5,155.1,155.3,154.5,154.9,155.1,154.7,154.7.

(1) 求出该种纸币长度均值的置信度为 0.95 的置信区间;

(2) 求出该种纸币长度标准差的置信度为 0.95 的置信上限.

34. 设 $\boldsymbol{X}=(X_1,X_2)^{\mathrm{T}}$,$X_1,X_2\sim \mathrm{iid}N(\mu,\sigma^2)$.

(1) 求 X_1+X_2 与 X_1-X_2 的联合分布密度;

(2) 证明:X_1+X_2 与 X_1-X_2 相互独立.

35. 设 $X_1,\cdots,X_n\sim \mathrm{iid}N(\mu,\sigma^2)$.记 $\boldsymbol{A}$ 和 $\boldsymbol{B}$ 分别为 $n\times k$ 和 $n\times l$ 矩阵($k+l\leqslant n$),且矩阵 $\boldsymbol{A}$ 和 $\boldsymbol{B}$ 的秩分别为 k 和 l.

(1) 求 $\boldsymbol{A}^{\mathrm{T}}\boldsymbol{X}$ 的分布密度;

(2) 证明:若 $\boldsymbol{A}^{\mathrm{T}}\boldsymbol{B}=\boldsymbol{0}$,则 $\boldsymbol{A}^{\mathrm{T}}\boldsymbol{X}$ 与 $\boldsymbol{B}^{\mathrm{T}}\boldsymbol{X}$ 相互独立.

36. 设 $\boldsymbol{X}=(X_1,X_2)^{\mathrm{T}}\sim N(\boldsymbol{\mu},\boldsymbol{M})$,其中 $\boldsymbol{\mu}$ 为 2 维向量,$\boldsymbol{M}$ 为 2×2 正定矩阵,求系数 b,使得 X_1 与 X_2-bX_1 相互独立.

37. 设 $\boldsymbol{X}=(X_1,X_2,X_3)^{\mathrm{T}}\sim N(\boldsymbol{\mu},\boldsymbol{I}_3)$，其中 $\boldsymbol{\mu}^{\mathrm{T}}=(1,0,3)$，又设

$$\boldsymbol{d}=\begin{bmatrix}2\\1\end{bmatrix},\quad \boldsymbol{A}=\begin{bmatrix}2&1&0\\0&1&1\end{bmatrix},$$

求 $\boldsymbol{Y}=\boldsymbol{AX}+\boldsymbol{d}$ 的分布.

38. 利用矩阵方法和多元正态分布之定义，证明引理 7.2(1)，(2).

*39. 证明公式(7.24).

40. 下面列出的是 30 个病人的数据(各个人的数据用分号隔开，每个病人有两个数据，一个是治疗前的血糖值，另一个是治疗后的血糖值(单位：mg/dL))：

194.80 119.90；101.40 98.50；101.50 93.40；98.10 94.30；
98.60 92.20；98.20 93.00；109.30 105.60；127.00 99.10；
87.60 78.70；108.70 91.30；113.50 103.90；105.60 113.60；
117.40 93.00；98.70 90.00；78.60 84.10；104.00 94.10；
132.30 109.20；86.00 95.60；94.80 98.70；82.90 88.60；
85.40 96.40；111.00 116.30；97.00 105.00；105.00 108.40；
107.50 111.20；124.60 109.70；96.10 65.70；89.20 76.30；
95.80 87.30；86.00 81.70.

假定这些病人治疗前的数据来自总体 $N(\mu_1,\sigma^2)$，治疗后的数据来自总体 $N(\mu_2,\sigma^2)$，求 $\mu_1-\mu_2$ 的置信度为 $1-\alpha=0.95$ 的置信区间.(治疗前和治疗后的数据的均值分别为 104.5，96.5，标准差分别为 21.454，12.425)

第八章　假设检验

§8.1　问题的提法

第七章讨论了参数估计问题. 参数估计问题的提法是这样的：对于我们所处理的数据，其相应的总体是什么？仔细分析发现，当总体模型 $X \sim F_\theta(\theta \in \Theta)$ 给定时，参数的真值 θ 是不知道的. 参数估计的问题是要根据数据找出模型参数真值的估计，以确定相应的总体. 实际上，参数估计只是对于真参数的一个猜测. 但实际问题并不限于此. 下面的一些问题说明实际中存在另一类问题.

例 1.1　在第六章中曾提到这样的例子：一批产品，共有 200 件，按规定不合格品率 $p \leqslant 3\%$ 时，这批产品为合格的产品. 观察数据是：在 10 件样品中有 2 件不合格品. 问题是：这批产品是否合格？若记 200 件产品中不合格品的总件数为 b，则这批产品合格定义为 $b \leqslant 6$，此处 b 是未知参数. 现在所考虑的问题并不是"$b=?$"(这是估计问题的特征). 我们的问题是：$b \leqslant 6$ 是否成立？我们关心的是这批产品是否合格，而对"这批产品中有多少件不合格品？"这一问题，虽然也很感兴趣，但是由于估计误差的缘故，做出估计以后还不能满意地回答这批产品是否合格的问题，因此把"$b \leqslant 6$ 是否成立？"这样的问题作为主要研究对象.

例 1.2　在习题七的第 33 题中提到某统计工作者从纸币的流通过程中随机抽取同一面值的 10 张纸币，测量其长度. 若用 X 表示一张纸币的长度(单位：mm)，则 X 是一个随机变量. 可假定 $X \sim N(\mu, \sigma^2)$，其中 $\mu \in (-\infty, +\infty)$，$\sigma^2 > 0$. 但是，纸币的长度必定有一个设计值，这个设计值应该是 μ. 现在我们关心的是"$\mu = 155$ mm 是否成立?"，这个问题与估计问题"$\mu = ?$"也是不同的. 直观上，我们可以这样来理解：利用数据求得 μ 的估计值 $\hat{\mu}$，若 $\hat{\mu}$ 与 155 mm 相近，就可以认为纸币的设计长度为 155 mm. 但这不是一个十分科学的回答. 仔细的读者会问：$\hat{\mu}$

与 155 mm 接近到什么程度，才能下肯定的结论？假设检验就是为解决这一类问题所建立的理论.

例 1.3 设某单位有一台包装机，在正常情况下，它包装的散装物品的重量 $X\sim N(\mu,\sigma^2)$，其中 μ 为指定的包装重量. 当机器使用久了，σ^2 会发生变化. 在正常情况下，σ^2 在 $\sigma^2\leqslant\sigma_0^2$ 的范围内. 机器工作久了，σ^2 可能会超出正常范围. 包装车间的领导关心的是：包装机是否异常？即问题"$\sigma^2\geqslant\sigma_0^2$?". 这个问题与估计问题"$\sigma^2=$?"也是不同的.

这三个例中有两个共同的特点：第一个共同特点是，给模型中的分布指定一个范围，或者指定参数的一个范围，对于这个范围赋予特别的意义. 在例 1.1 中，这个范围是 $b\leqslant 6$，即不合格品的件数 b 不超过 6，并表示参数在这个范围内，这批产品为合格的. 在例 1.2 中，参数的范围是 $\mu=155,\sigma^2>0$. 在这个范围内，表示纸币长度的设计值为 155 mm. 在例 1.3 中，参数的范围是 $\mu\in(-\infty,+\infty),\sigma^2\geqslant\sigma_0^2$. 注意，在例 1.3 中，参数$(\mu,\sigma^2)$中的 μ 并不代表机器的性能，它是在包装物品时设定的重量，而 X 是物品包装后的重量，其分布与 μ 和 σ^2 有关. "$\sigma^2\geqslant\sigma_0^2$"是机器处于不正常状态的标志，因此 σ^2 才是我们关心的参数.（当然包装机还可能有系统偏差问题，即设定包装物品的均值为 μ，实际均值为 $\mu+b$，系统偏差为 b. 我们不讨论此类偏差.）当参数处于 $\mu\in(-\infty,+\infty)$，$\sigma^2\geqslant\sigma_0^2$ 这个范围内，机器就不正常. 第二个共同特点是，要求回答的问题是总体的分布或参数是否在指定的范围内. 而估计问题就不是这种类型的. 首先，估计问题并没有事先指定一个范围；其次，它问的问题是：参数是什么？参数估计问题要求的答案具有多种选择. 两类问题之所以有这样的差异，是由实际问题造成的.

在参数"范围"这个概念的基础上，又产生了"**假设**"这个概念. 假设是对真实参数范围的一种虚拟认定，是对总体参数归属的一个判断. 不过在没有进行统计推断以前，这种判断的正确性是无法证实的. 因此，这一类问题的一个特征是有一个假设 $\theta\in\Theta_0$，此处 θ 代表分布参数的真值，Θ_0 表示参数空间 Θ 的一个真子空间. $\theta\in\Theta_0$ 就是对总体参数真值的一个判断，并称为零假设(或原假设). 当然还有对立假设(或备择假设). 对立假设是与零假设对立的判断 $\theta\overline{\in}\Theta_0$. 这样，我们就可以给假设检验问题下定义.

定义 1.1 设 $X\sim F_\theta(\theta\in\Theta)$ 为总体模型，所谓**假设检验问题**是两个关于总体真值的互相对立判断($\theta\in\Theta_0,\theta\in\Theta_1$)的鉴定问题，其中 Θ_0 是 Θ 的一个真子集，$\Theta_1=\Theta\backslash\Theta_0$ 为 Θ_0 的余集. 判断 $\theta\in\Theta_0$ 称为**零假设**(或**原假设**)，记为 H_0；判断 $\theta\in\Theta_1$ 称为**对立假设**(或**备择假设**)，记为 H_1.

通常教科书上用

$$H_0:\theta\in\Theta_0\longleftrightarrow H_1:\theta\in\Theta_1$$

或(Θ_0,Θ_1)表示假设检验问题，且问题一般是以这样的方式提出：零假设是否成立？

当我们在提出假设检验问题的时候，总是在一个总体模型 $X\sim F_\theta$ ($\theta\in\Theta$)的框架之下讨论问题的. 其实总体模型 $X\sim F_\theta(\theta\in\Theta)$本身是一个判断，不过这个判断是由先验知识或已往经验所确定的. 例如，在例1.2中假定纸币长度的分布是正态分布，这个假定是由经验确定的. 而要回答两个相互对立的假设哪一个正确必须依赖于样本观察值，经过统计推断做出判定.

现在我们讨论什么是假设检验问题的解. 检验问题要求回答的是：零假设 $\theta\in\Theta_0$ 这个判断是否成立？ 因此回答“是”或“否”即可. 在统计学术语中，“是”就是接受零假设 $\theta\in\Theta_0$，“否”就是拒绝零假设 $\theta\in\Theta_0$. 由于问题的回答必须依赖于样本观察值，而样本观察值 $\boldsymbol{x}=(x_1,\cdots,x_n)$ 是样本 $\boldsymbol{X}=(X_1,\cdots,X_n)$的取值，它是样本空间 $\mathscr{X}$ 中的一个点，因此为了做出判断，只需给出样本空间的一个子集 $\mathscr{W}$，当且仅当 $\boldsymbol{x}\in\mathscr{W}$ 时，否定零假设 $\theta\in\Theta_0$. 我们称 $\mathscr{W}$ 为**否定域**. 现在看来，假设检验问题解的定义是很广泛的，只要给出一个否定域 $\mathscr{W}$，就是假设检验问题的一个解. 当样本观察值满足条件 $\boldsymbol{x}\in\mathscr{W}$ 时，就做出判断：零假设不真，否定零假设.

但是实际问题不仅要求给出一个否定域，而且要求找到好的否定域. 这个问题实际上是对否定域的优良性的评价问题. 为了评价一个否定域，我们看一看取定否定域 $\mathscr{W}$ 后，实施起来将会有什么后果. 在 H_0 为真的条件下，若样本观察值满足条件 $\boldsymbol{x}\in\mathscr{W}$，此时按检验规则，应否定 H_0，即在 H_0 为真的条件下，原本不应否定 H_0，但是按检验规则否定了 H_0，犯了错误，这种错误称为**第一类错误**；若样本观察值 $\boldsymbol{x}\overline{\in}\mathscr{W}$，按检验规则，不应否定 H_0，此时按检验规则做出了正确的判断. 在 H_0 不真的条件下，若样本观察值 $\boldsymbol{x}\in\mathscr{W}$，则按检验规则应否定 H_0，即原本应该

否定 H_0，按检验规则也否定了 H_0，做出了正确的决定；若样本观察值 $\boldsymbol{x}\overline{\in}\mathscr{W}$，则按检验规则，不应否定 H_0，显然此时按检验规则做出了错误的判断，这种错误称为**第二类错误**. 我们把刚才讨论的情况列成表 8.1.1.

表 8.1.1 关于假设检验问题最后判断的讨论

总体情况	样本情况	规则判断	判断的正确性
H_0 为真	$\boldsymbol{x}\in\mathscr{W}$	否定 H_0	犯第一类错误
H_0 为真	$\boldsymbol{x}\overline{\in}\mathscr{W}$	不否定 H_0	正确
H_0 不真	$\boldsymbol{x}\in\mathscr{W}$	否定 H_0	正确
H_0 不真	$\boldsymbol{x}\overline{\in}\mathscr{W}$	不否定 H_0	犯第二类错误

上面讨论了在进行假设检验的过程中，取定否定域 $\mathscr{W}$ 后，按规则实施后可能造成的后果. 实际上，在我们利用否定域 $\mathscr{W}$ 对总体进行检验之前，H_0 是否为真是完全确定的. H_0 为真，或者 H_0 不真，两者必居其一. 当 H_0 为真的时候，判断者只可能犯第一类错误；当 H_0 不真的时候，判断者只可能犯第二类错误. 但在进行检验的时候，我们作为判断者不知道 H_0 是真或不真，因此也不知道可能犯哪一类错误. 下面我们来讨论犯两类错误的概率.

在 H_0 为真的情况下，事件 $\boldsymbol{x}\in\mathscr{W}$ 发生，我们就会犯第一类错误. 而在 H_0 为真的情况下，其分布参数 $\theta\in\Theta_0$，因此可用 $P_\theta(\boldsymbol{X}\in\mathscr{W})(\theta\in\Theta_0)$ 表示犯第一类错误的概率. 由 $P_\theta(\boldsymbol{X}\in\mathscr{W})$ 的表达式可以看出，它依赖于总体分布的参数 θ，是 θ 的函数. 我们称 $\beta_{\mathscr{W}}(\theta)\triangleq P_\theta(\boldsymbol{X}\in\mathscr{W})$ 为 $\mathscr{W}$ 的功效函数. 易见，当 $\theta\in\Theta_0$ 时，$\beta_{\mathscr{W}}(\theta)$ 是犯第一类错误的概率. 当 $\theta\in\Theta_1$ 时，即在 H_0 不真的情况下，$1-\beta_{\mathscr{W}}(\theta)$ 是犯第二类错误的概率. 由此可知，对于给定的否定域 $\mathscr{W}$，可用 $\mathscr{W}$ 的功效函数刻画犯错误的情况. 在评价一个否定域的时候，只需看它的功效函数即可. 我们希望找到 $\mathscr{W}$，使得当 $\theta\in\Theta_0$ 时，$\beta_{\mathscr{W}}(\theta)$ 要小；当 $\theta\in\Theta_1$ 时，$\beta_{\mathscr{W}}(\theta)$ 要大，即 $1-\beta_{\mathscr{W}}(\theta)$ 要小. 但是，要使犯这两类错误的概率都达到极小，这是不可能实现的. 可以证明，在样本量 n 固定的情况下，当选择否定域 $\mathscr{W}$ 使犯第一类错误的概率减少时，相应的犯第二类错误的概率就增大. 所以，不可能使犯两类错误的概率都一致地任意小.

现在看来,在选择优良的否定域这个问题中,我们只可能采取这样的策略:在控制犯第一类错误的概率在一定水平的条件下,选取犯第二类错误的概率尽可能小的否定域 $\mathscr{W}$. 现在用定义的形式把我们讨论的假设检验中的概念确定下来.

定义 1.2　设(Θ_0,Θ_1)为总体模型 $X\sim F_\theta(\theta\in\Theta)$的一个假设检验问题,$\boldsymbol{X}=(X_1,\cdots,X_n)$为总体的一个样本,$\mathscr{W}$为该假设检验问题的一个否定域,$\alpha\in(0,1)$为一个常数.

(1) 称定义在 Θ 上的函数 $\beta_{\mathscr{W}}(\theta)\triangleq P_\theta(\boldsymbol{X}\in\mathscr{W})$为 $\mathscr{W}$ 的**功效函数**;

(2) 若 $\mathscr{W}$ 满足条件

$$\sup_{\theta\in\Theta_0}\beta_{\mathscr{W}}(\theta)\leqslant\alpha, \tag{1.1}$$

则称 $\mathscr{W}$ 为假设检验问题(Θ_0,Θ_1)的一个**显著性水平**(简称**水平**)**为 α 的否定域**.

否定域 $\mathscr{W}$ 的显著性水平 α 控制了第一类错误. 有了显著性水平的概念以后,我们就可以在显著性水平为 α 的否定域中寻找最优的否定域.

定义 1.3　设(Θ_0,Θ_1)为总体模型 $X\sim F_\theta(\theta\in\Theta)$的一个假设检验问题,$\boldsymbol{X}=(X_1,\cdots,X_n)$为来自总体的一个样本,$\mathscr{W}$为该假设检验问题的一个否定域. 称 $\mathscr{W}$ 为假设检验问题(Θ_0,Θ_1)的水平为 α 的**一致最大功效否定域**(简称 **UMP 否定域**),如果

(1) $\mathscr{W}$ 是水平为 α 的否定域;

(2) 对任何其他的水平为 α 的否定域 $\widetilde{\mathscr{W}}$,均有

$$\beta_{\mathscr{W}}(\theta)\geqslant\beta_{\widetilde{\mathscr{W}}}(\theta)\quad(\forall\,\theta\in\Theta_1), \tag{1.2}$$

此处 $\beta_{\mathscr{W}}(\theta)$和 $\beta_{\widetilde{\mathscr{W}}}(\theta)$分别为 $\mathscr{W}$ 和 $\widetilde{\mathscr{W}}$ 的功效函数.

定义 1.3 给出了一种最优检验的标准. 它体现了在控制犯第一类错误概率的情况下寻找使犯第二类错误概率达到最小的否定域的思想. 要找到水平为 α 的 UMP 否定域常常很不容易,甚至有时候这种否定域不存在. 在处理假设检验问题时,若事先控制住犯第一类错误的概率,则犯第二类错误的概率是难以控制的. 在样本量固定的情况下,只能在水平为 α 的否定域中寻找使犯第二类错误的概率尽可能小的否定域.

由于在许多场合下 UMP 否定域不存在,不得已而求其次,人们对否定域提出一个无偏性的要求.

定义 1.4 设(Θ_0,Θ_1)为总体模型 $X\sim F_\theta(\theta\in\Theta)$的一个假设检验问题,$\boldsymbol{X}=(X_1,\cdots,X_n)$为来自总体的一个样本,$\mathscr{W}$为该假设检验问题的一个水平为 α 的否定域,$\alpha\in(0,1)$. 称 $\mathscr{W}$ 为假设检验问题(Θ_0,Θ_1)的水平为 α 的**无偏否定域**,如果对任何 $\theta_0\in\Theta_0$ 和 $\theta_1\in\Theta_1$,均有

$$P_{\theta_0}(\boldsymbol{X}\in\mathscr{W})\leqslant\alpha\leqslant P_{\theta_1}(\boldsymbol{X}\in\mathscr{W}).$$

在水平为 α 的否定域中存在这样的两类否定域 $\mathscr{W}$: 第一类否定域 $\mathscr{W}$ 有这样的特点: 当 $\theta\in\Theta_1$ 时,功效 $\beta_{\mathscr{W}}(\theta)$ 并不大,而且有一部分 $\theta\in\Theta_1$ 使得 $\beta_{\mathscr{W}}(\theta)<\alpha$. 设想我们所处理的数据对应的参数真值 $\theta_1\in\Theta_1$,并且 $\beta_{\mathscr{W}}(\theta_1)<\alpha$,此时若采用 $\mathscr{W}$ 作为假设检验问题(Θ_0,Θ_1)的否定域,犯第二类错误的概率为 $1-\beta_{\mathscr{W}}(\theta_1)>1-\alpha$. 由于 α 通常取得很小,此时可以认为必定会犯第二类错误,因此这一类否定域是没有竞争力的. 单是这一类否定域,还不会对我们寻找 UMP 否定域造成很大的影响,在选优的时候不考虑这一类否定域即可. 更有甚者,就是第二类否定域,这些否定域 $\mathscr{W}$ 具有这样的特点: 存在某些 $\theta_1\in\Theta_1$,使得 $P_{\theta_1}(\boldsymbol{X}\in\mathscr{W})$ 很大,又存在某些 $\theta_1'\in\Theta_1$,使得 $P_{\theta_1'}(\boldsymbol{X}\in\mathscr{W})<\alpha$. 这一类否定域只照顾了 Θ_1 中的某一些 θ_1,而完全不顾那些 θ_1'. 由于这第二类否定域的存在,使得寻找水平为 α 的 UMP 否定域变得很困难,或者根本不存在水平为 α 的 UMP 否定域. 将这两类否定域排除后就有可能找到一致最优的否定域. 而这两类否定域有一个共同的特点,它们都不是无偏否定域,无偏性检验可将这两类否定域排除在外. 由此产生了水平为 α 的最优无偏否定域的概念.

定义 1.5 设(Θ_0,Θ_1)为总体模型 $X\sim F_\theta(\theta\in\Theta)$的一个假设检验问题,$\boldsymbol{X}=(X_1,\cdots,X_n)$为来自总体的一个样本,$\mathscr{W}$为该假设检验问题的一个水平为 α 的否定域,$\alpha\in(0,1)$. 称 $\mathscr{W}$ 为假设检验问题(Θ_0,Θ_1)的水平是 α 的**最优无偏否定域**(简称 **UMPU 否定域**),如果

(1) $\mathscr{W}$ 是水平为 α 的无偏否定域;

(2) 对任何其他的水平为 α 的无偏否定域 $\widetilde{\mathscr{W}}$,均有

$$P_{\theta_1}(\boldsymbol{X}\in\widetilde{\mathscr{W}})\leqslant P_{\theta_1}(\boldsymbol{X}\in\mathscr{W})\quad(\forall\,\theta_1\in\Theta_1).$$

关于假设检验问题,我们还要从实用的角度来看.有一类问题,我们关心的只是犯第一类错误的概率.下面是一个实例.

例 1.4　我国近年来推行一种行之有效的胃病普查法:提取一些鼻子的分泌物,检查某种物质的量.凡胃部有病变的病人,这种物质的含量比较多,而健康人的含量比较少,但有些健康人的含量也比较多.现在将每一个人看成一个总体,总体的参数为有病($\theta=0$)或没病($\theta=1$),则假设检验问题为

$$H_0: \theta = 0 \longleftrightarrow H_1: \theta = 1.$$

记 X 为鼻子分泌物中某种物质的含量.由经验知道,可存在一个临界值 c,使得 $P_0(X>c)=1-\alpha$,其中 α 是一个非常小的正数.这说明,这种检验方法可将绝大部分的患胃病的病人检测出来.但是,对于健康人来说,也有相当大的比例呈假阳性,即 $P_1(X>c)=\beta$,其中 β 并不很小(当然 β 不能太大,若 β 很大,则检验就失去意义).这种检验可将几乎所有的病人查出来,也包含相当一部分的假阳性.但是,医生并不关心 β 的大小,其原因是这种检验方法成本很低.为了确诊,可将初步诊断有问题的人再利用胃镜进行细查.一开始就用胃镜的方法进行普查可不可以呢?这是很难行得通的,因为会有相当一部分人不愿意做胃镜检查,除价格问题以外,还有做胃镜检查有感觉不舒服等因素.但通过鼻子分泌物检查阳性以后,所有的怀疑对象一般都愿意做胃镜检查,从而达到了普查的目的.这种方法(我们称之为普查加细查法)是非常有效的方法,它可以用于癌症普查.在医学中这种只考虑第一类错误的现象是很普遍的.医生在诊断病人时,一开始只要有一点迹象,就列为怀疑对象,然后再对怀疑对象进行仔细检查,达到准确无误的诊断.

下面再看一个例子.

例 1.5　设某散装食品包装机包装的食品标准重量为 $\mu_0=100$ g.记每次包装的食品重量为 X,并设 $X\sim N(\mu,\sigma_0^2)$,其中 σ_0^2 为已知.值班工人每天要检查包装机包装的食品重量是否有系统偏差,若有偏差,就应该重新调整机器.为此,他必须抽取一个样本 $\boldsymbol{X}=(X_1,\cdots,X_n)$,若其观察值显示不正常,他就应该调整机器,使得系统偏差为0.这个问题也是假设检验问题,可以表示成

$$H_0: \mu = \mu_0 \longleftrightarrow H_1: \mu \neq \mu_0,$$

其相应否定域的形式为 $\mathscr{W}=\{\boldsymbol{x}: |\overline{X}-\mu_0|\geqslant c\}$. 设这个否定域的水平为 α. 它控制了犯第一类错误的概率. 但是实际工作者并不需要控制犯第一类错误的概率,因为即使判断失误,其后果只是多检查一次机器. 其实工厂关心的是第二类错误. 若机器有系统偏差,但没有查出问题,此时工厂会遭受重大损失. 那么,在这个问题中应该怎样控制第二类错误的概率? 首先,应该确定一个 μ 的区域 $\{|\mu-\mu_0|>d\}$,当 μ 落在这个区域的时候,机器包装的食品重量偏离标准重量太大;然后,寻找 c 的值,使得满足条件 $\{|\mu-\mu_0|>d\}$ 的所有的 μ,概率 $P_\mu(|\overline{X}-\mu_0|\leqslant c)$ 都很小. 这就实现了对包装机器系统偏差的控制.

在某些问题中两类错误都是重要的,但又不容许增大样本量,此时作为统计工作者,就要选择一类错误作为控制的对象. 下面的例子说明在确定假设检验问题时需要做出选择.

例 1.6 在考查某种药品是否具有疗效的问题中,有两类错误: 将有疗效判成无疗效和将无疗效判成有疗效. 这两种错误都是十分重要的. 将有疗效的药判成没有疗效,将会给研制单位造成很大的损失,但是若把无效的药判成有效,又会给病人造成损失. 此时,决定哪一种错误作为控制的对象,就成为十分重要的问题. 现在设 X 表示药效的观察值,且 $X\sim N(\mu,\sigma_0^2)$,其中 σ_0^2 为已知. 当 $\mu\geqslant\mu_0$ 时,药为有效,否则为无效. 在样本量固定的条件下,我们只能控制一类错误的概率. 为了确定第一类错误,需要一些先验信息. 一类信息是错误判断所引起后果的严重性. 若认为将无效判为有效所造成的危害较大,那么应该把"将无效判为有效"作为第一类错误,其假设检验问题应该为

$$H_0: \mu\leqslant\mu_0 \longleftrightarrow H_1: \mu>\mu_0;$$

否则,应讨论下列的假设检验问题:

$$H_0: \mu\geqslant\mu_0 \longleftrightarrow H_1: \mu<\mu_0.$$

另一类信息是对于两类假设的信心. 若认为药是有效的,特别是药物的研制者,他们对药物的疗效有认识,认为所研制的药物有疗效,但没有统计的支持,此时可将"药物没有疗效"作为零假设. 因为一旦数据否定了零假设,数据就支持了他们原来的认识,所得到的结论很强. 但是,若检验的结果不否定零假设,即未发现数据与零假设有矛盾,此时的结论是容忍零假设,即从数据得到的结论"药可能无效",不过结论不强,要

作出正式的决定还需要进一步研究.

上述几个例子说明如何将实际问题化成一个假设检验问题. 当假设检验问题确定了以后,就成为统计问题,或数学问题. 从纯数据分析的角度看,假设检验解决这样的问题: 数据是否与零假设符合? 若否定零假设,其结论较强. 本章后面讨论的**拟合优度检验**也是解决这一类问题的. 拟合优度检验解决这样一类问题: 数据的分布是否与正态分布差别很大? 计算机所产生的随机数是否与(0,1)上的均匀分布差别很大? 若一组数据在拟合优度检验中否定了正态假设,那么我们就肯定不能用正态假设;若不否定正态假设,那么可以认为数据的分布与正态分布差别不大,认为符合正态假设,但也不排除当这组数据量增大时,这组数据可能与正态假设不符合. 不过,如果数据量不可能增加,而这组数据与正态分布又拟合得不错,从数据分析的角度,就可以认为这组数据来自正态分布.

实际中还有另一类问题,它要求控制两类错误的概率. 下面看一个例子.

例 1.7 在军方向厂方订货时,军方要求产品的不合格品率 θ 控制在 θ_1 以下,厂方提出当产品的不合格品率 θ 不超过 θ_0 ($\theta_0<\theta_1$) 的时候,军方必须接受这批产品. 实际上,双方要找出一个检验方案,使得当 $\theta\leqslant\theta_0$ 时,P_θ(拒绝产品)$\leqslant\alpha$;当 $\theta\geqslant\theta_1$ 时,P_θ(接受产品)$\leqslant\beta$,其中 α,β 为给定的很小的正数. 现在设从产品中抽取一组样本量为 n 的样品,检查它们是否为不合格品,设其中不合格品数为 X. 现考虑假设检验问题 $H_0: \theta\leqslant\theta_0 \longleftrightarrow H_1: \theta>\theta_0$,其否定域可表为形式 $\mathscr{W}=\{x: x\geqslant c\}$. 适当地选取 c 的值,可使当 $\theta\leqslant\theta_0$ 时,$P_\theta(X\in\mathscr{W})\leqslant\alpha$. 但是,在 $\theta\geqslant\theta_1$ 这个区域内,并不能保证 $1-P_\theta(X\in\mathscr{W})\leqslant\beta$. 而这里无论是接受或拒绝零假设,都要做决策性的行动,行动错误就会造成损失. 例如,当产品的不合格品率 $\theta\leqslant\theta_0$ 时,本来军方应该接受这批产品,但若按假设检验的结论拒绝这批产品,这将造成厂方的损失. 反过来,当 $\theta\geqslant\theta_1$ 时,这批产品应该被拒绝,但若通过假设检验接受了零假设,按规定军方接受了这批本来应该被拒绝的产品,给军方造成了损失. 因此,两类错误的概率都要限制在一定的范围. 由假设检验理论知,单独调整 c 的值,不能使两类错误的概率都小. 为此,我们还需要调节另外一个参数——样本量,即应

该同时调整常数 c 和样本量 n，使得两类错误的概率都得到控制.

由上述例子可以看出，例 1.7 和例 1.4，例 1.5，例 1.6 具有很大的不同之处. 例 1.7 中要控制两类错误的概率，而例 1.4，例 1.5，例 1.6 中只需控制一类错误的概率. 在实用上两者也有一些差别. 在例 1.7 中，无论假设检验的结果是什么，都要做出决策性的行动. 因此，我们把例 1.7 那样的假设检验问题称为**决策性假设检验问题**. 像例 1.4，例 1.5 和例 1.6 那样的假设检验问题，虽然有时候也有决策性的功能(如例 1.4)，但有时候只有部分决策的功能(不能做出明确的决定)，甚至只是属于数据分析的范围(拟合优度检验). 这类假设检验问题的特点是只控制一类错误的概率，我们称之为**显著性假设检验问题**.

本章的主要内容是介绍实用中常见的总体(统计)模型中的检验方法，以及介绍一些寻找好的否定域的方法. 本节已经介绍了假设检验问题的提法和解决问题的准则，下面将结合具体的问题，介绍如何找出假设检验问题的解——优良的否定域.

§8.2 N-P 引理和似然比检验

我们考虑最简单的情况作为解决假设检验问题的开始. 设总体模型为 $X \sim F_\theta$，其中 $\theta \in \Theta = \{\theta_0, \theta_1\}$，即参数空间 Θ 是由两个点组成的集合，假设检验问题为

$$H_0: \theta = \theta_0 \longleftrightarrow H_1: \theta = \theta_1. \tag{2.1}$$

这样的假设检验问题称为**简单假设检验问题**. 当 Θ_0 或 Θ_1 中有一个集合不是单点集的时候，相应的假设检验问题称为**复杂假设检验问题**. 对于简单假设检验问题，下面的 Neyman-Pearson 引理(简称 N-P 引理)给出了满意的回答.

定理 2.1(N-P 引理) 设 X 的一个样本为 $\boldsymbol{X} = (X_1, \cdots, X_n)$，并假定 X 的分布密度为 $f(x, \theta)$，$\theta = \theta_0$ 或 $\theta = \theta_1$(当 X 的分布为离散型时，将 $f(x, \theta)$ 理解为分布列). 记 $L(\boldsymbol{x}, \theta) = \prod_{i=1}^{n} f(x_i, \theta)$，其中 $\boldsymbol{x} = (x_1, \cdots, x_n) \in \mathscr{X}$. 若对于给定的 $\alpha \in (0,1)$，n 维空间中的集合

$$\mathscr{W} = \{\boldsymbol{x}: L(\boldsymbol{x}, \theta_1) > \lambda_0 L(\boldsymbol{x}, \theta_0)\} \quad (\lambda_0 \geqslant 0 \text{ 是常数}) \tag{2.2}$$

满足

$$P_{\theta_0}(\boldsymbol{X}\in\mathscr{W})\triangleq\int\cdots\int_{\mathscr{W}}\prod_{i=1}^{n}f(x_i,\theta_0)\mathrm{d}x_1\cdots\mathrm{d}x_n=\alpha \tag{2.3}$$

(当 $X_i(i=1,\cdots,n)$ 为离散型随机变量时,积分就是求和,$\mathscr{W}$ 就是求和的范围),则 $\mathscr{W}$ 就是假设检验问题(2.1)的水平为 α 的 UMP 否定域.

证明　为证明 $\mathscr{W}$ 为假设检验问题(2.1)的水平为 α 的 UMP 否定域,只需验证下面两条:

(1) $\mathscr{W}$ 是水平为 α 的否定域. 由定义 1.2 以及等式(2.3)可知 $\mathscr{W}$ 为检验问题(2.1)的水平为 α 的否定域.

(2) 对假设检验问题(2.1)的任意一个水平为 α 的否定域 $\widetilde{\mathscr{W}}$,有

$$\beta_{\mathscr{W}}(\theta_1)\geqslant\beta_{\widetilde{\mathscr{W}}}(\theta_1). \tag{2.4}$$

下面的一串关系式说明(2.4)式是成立的:

$$\begin{aligned}\beta_{\mathscr{W}}(\theta_1)-\beta_{\widetilde{\mathscr{W}}}(\theta_1)&=P_{\theta_1}(\boldsymbol{X}\in\mathscr{W})-P_{\theta_1}(\boldsymbol{X}\in\widetilde{\mathscr{W}})\\&=\int\cdots\int_{\mathscr{W}}L(\boldsymbol{x},\theta_1)\mathrm{d}\boldsymbol{x}-\int\cdots\int_{\widetilde{\mathscr{W}}}L(\boldsymbol{x},\theta_1)\mathrm{d}\boldsymbol{x}\\&=\int\cdots\int_{\mathscr{W}\setminus\widetilde{\mathscr{W}}}L(\boldsymbol{x},\theta_1)\mathrm{d}\boldsymbol{x}-\int\cdots\int_{\widetilde{\mathscr{W}}\setminus\mathscr{W}}L(\boldsymbol{x},\theta_1)\mathrm{d}\boldsymbol{x}\\&\geqslant\lambda_0\left[\int\cdots\int_{\mathscr{W}\setminus\widetilde{\mathscr{W}}}L(\boldsymbol{x},\theta_0)\mathrm{d}\boldsymbol{x}-\int\cdots\int_{\widetilde{\mathscr{W}}\setminus\mathscr{W}}L(\boldsymbol{x},\theta_0)\mathrm{d}\boldsymbol{x}\right]\\&=\lambda_0\left[\int\cdots\int_{\mathscr{W}}L(\boldsymbol{x},\theta_0)\mathrm{d}\boldsymbol{x}-\int\cdots\int_{\widetilde{\mathscr{W}}}L(\boldsymbol{x},\theta_0)\mathrm{d}\boldsymbol{x}\right]\\&=\lambda_0[\alpha-\beta_{\widetilde{\mathscr{W}}}(\theta_0)]\geqslant 0\end{aligned}$$

(这一连串的关系式主要利用概率等于分布密度在相应的区域上的积分和积分的性质,中间一个不等式是利用函数 $L(\boldsymbol{x},\theta_1)$ 在集合 $\mathscr{W}$ 上大于 $\lambda_0L(\boldsymbol{x},\theta_0)$,在集合 $\widetilde{\mathscr{W}}$ 的余集上小于或等于 $\lambda_0L(\boldsymbol{x},\theta_0)$ 的事实,而最后一个不等式则利用(2.3)式和 $\widetilde{\mathscr{W}}$ 是水平为 α 的否定域).　□

这个引理的证明不难,但是它的意义十分重大,它确立了在假设检验理论中 UMP 否定域的形式. 后续的许多检验方法都是在这个引理

的基础上发展起来的. 其实 $L(\boldsymbol{x},\theta)$是似然函数,而 N-P 引理是利用似然比 $\lambda(\boldsymbol{x})\triangleq L(\boldsymbol{x},\theta_1)/L(\boldsymbol{x},\theta_0)$构造否定域,因此由 N-P 引理所给出的否定域又称**似然比否定域**,而这种由似然比构造否定域的检验法叫作**似然比检验**.

综上可知,UMP 否定域具有形式 $\mathscr{W}=\{\boldsymbol{x}: \lambda(\boldsymbol{x})>\lambda_0\}$. 在求 UMP 否定域的时候,往往先给出否定域的形式 $\mathscr{W}=\{\boldsymbol{x}: \lambda(\boldsymbol{x})>\lambda_0\}$,其中 λ_0 是一个待定的常数,它是通过水平 α 来确定的. 此外,在求否定域的时候,有时作一些变换可使否定域的计算变得简单.

附带说明一下,作为假设检验的解,否定域 $\mathscr{W}$ 是一样本点 $\boldsymbol{x}$ 的集合. 通常经过化简以后,否定域具有$\{\boldsymbol{x}: T(\boldsymbol{x})>c\}$或$\{\boldsymbol{x}: T(\boldsymbol{x})<c_1\}\cup\{\boldsymbol{x}: T(\boldsymbol{x})>c_2\}$的形式,它是通过统计量 $T(\boldsymbol{X})$构造得到的. 此时,统计量$T(\boldsymbol{X})$就称为**检验统计量**.

例 2.1 设 X 的一个样本为 $\boldsymbol{X}=(X_1,\cdots,X_n)$. 假定 X 的分布为 $N(\mu,1)$,$\mu\in\{0,2\}$,即 X 的分布只有两种可能性: $X\sim N(0,1)$或 $X\sim N(2,1)$. 试求设假设检验问题

$$H_0: \mu=0 \longleftrightarrow H_1: \mu=2 \tag{2.5}$$

的水平为 $\alpha=0.05$ 的 UMP 否定域.

解 这是一个简单假设检验问题,根据 N-P 引理,UMP 否定域具有形式

$$\{\boldsymbol{x}: \lambda(\boldsymbol{x})>c\}, \tag{2.6}$$

其中

$$\lambda(\boldsymbol{x})=\prod_{i=1}^{n} f(x_i,2)\Big/\prod_{i=1}^{n} f(x_i,0),$$

$$f(x_i,\mu)=\frac{1}{\sqrt{2\pi}}\exp\left\{-\frac{1}{2}(x_i-\mu)^2\right\} \quad (i=1,\cdots,n).$$

现在需要对否定域的形式作一些变换,因为若不作变换有两大缺点: 一是否定域的表达很复杂,没有直观意义; 二是待定常数 c 很难确定. 经计算得到 $\lambda(\boldsymbol{x})=\exp\{2n\bar{x}-2n\}$,从而否定域的形式为$\{\boldsymbol{x}: \exp\{2n\bar{x}-2n\}>c\}$,化简后它具有形式

$$\{\boldsymbol{x}: \bar{x}>\ln c/(2n)+1\}, \quad 即 \quad \{\boldsymbol{x}: \sqrt{n}\bar{x}>\sqrt{n}(\ln c/(2n)+1)\}.$$

这个形式与$\{\boldsymbol{x}: \sqrt{n}\bar{x}>c'\}$是等价的. 在 H_0 的假设之下,$\sqrt{n}\bar{X}\sim N(0,1)$.

已知 $\alpha=0.05$，取 $c'=z_{1-\alpha}=1.65$，可得 $P_{\mu=0}(\sqrt{n}\overline{X}>1.65)=\alpha=0.05$. 因此，

$$\mathscr{W}=\{\boldsymbol{x}:\ \overline{x}>1.65/\sqrt{n}\}$$

就是假设检验问题(2.5)的水平为 $\alpha=0.05$ 的 UMP 否定域.

今后在求否定域时，可利用否定域内容不变的原则对否定域的形式作变换，使得变换后否定域中待定常数的确定变得十分容易. 此外，在变换前、后的否定域中的常数，尽管是不同的常数，但是它们都是未定的常数，我们可用同一个记号 c 表示. 在例 2.1 的问题中，否定域的形式经历以下几个变换：

$$\{\boldsymbol{x}:\ \lambda(\boldsymbol{x})>c\}\to\{\boldsymbol{x}:\ n\overline{x}-2n>c\}\to\{\boldsymbol{x}:\ n\overline{x}>c\}\to\{\boldsymbol{x}:\ \sqrt{n}\overline{x}>c\},$$

其中最后一种形式中的待定常数 c 最容易确定. 所谓内容不变的原则，是指在每种形式之下，当待定常数变化时所得各种否定域的集合是相同的. 这样，当 α 的值确定以后，无论在哪种形式之下求出的否定域是相同的. 于是，我们就可以找一种最简单的形式来确定待定常数. 今后在确定否定域的时候，都采取这种办法.

例 2.2　设 $X_1,\cdots,X_n\sim\text{iid}f(x,\theta)$(这里 $f(x,\theta)$ 为分布密度)，$\theta\in\{0,1\}$，且当 $\theta=0$ 时，$f(x,\theta)=I_{(0,1)}(x)$，即 $X_i(i=1,\cdots,n)$ 的共同分布为(0,1)上的均匀分布；当 $\theta=1$ 时，$f(x,\theta)=2xI_{(0,1)}(x)$($f(x,\theta)$ 的图形如图 8.2.1 所示). 试求假设检验问题

$$H_0:\ \theta=0\longleftrightarrow H_1:\ \theta=1 \tag{2.7}$$

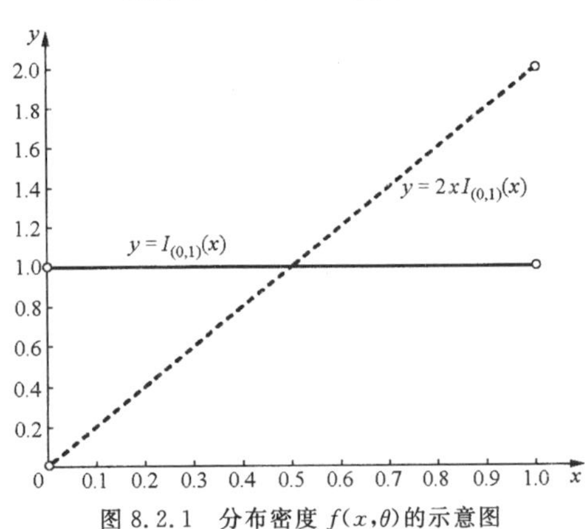

图 8.2.1　分布密度 $f(x,\theta)$ 的示意图

的水平为 α 的 UMP 否定域.

解 这个问题也是简单假设检验问题. 先求似然比. 对于 $\theta=0$ 和 $\theta=1$, $(X_1,\cdots,X_n)$的联合分布密度为

$$\left.\begin{aligned} L(\boldsymbol{x},0) &= \prod_{i=1}^{n} I_{(0,1)}(x_i), \\ L(\boldsymbol{x},1) &= \prod_{i=1}^{n} 2x_i I_{(0,1)}(x_i) \end{aligned}\right\} \quad (\boldsymbol{x}=(x_1,\cdots,x_n)),$$

相应的似然比为

$$\frac{L(\boldsymbol{x},1)}{L(\boldsymbol{x},0)} = \prod_{i=1}^{n} 2x_i I_{(0,1)}(x_i).$$

因此,假设检验问题(2.7)的 UMP 否定域具有形式

$$\mathscr{W} = \left\{\boldsymbol{x}:\ \prod_{i=1}^{n} 2x_i > c\right\}. \tag{2.8}$$

在上述否定域中常数 c 是一个待定常数,我们可以作适当的变换,使得否定域保持不变,而待定的常数 c 变得容易求得(注意,在不同的表达式中记号 c 表示不同的数). 经过变换,否定域具有形式

$$\mathscr{W} = \left\{\boldsymbol{x}:\ -2\sum_{i=1}^{n} \ln x_i < c\right\}. \tag{2.9}$$

为确定(2.9)中的常数 c,我们必须先求 $-\ln X_i$ $(i=1,\cdots,n)$的分布. 由

$$P_{\theta=0}(-\ln X < t) = \begin{cases} 0, & t \leqslant 0, \\ 1-\exp\{-t\}, & t > 0 \end{cases}$$

可以看出, $-\ln X_i$ $(i=1,\cdots,n)$的分布为指数分布. 由指数分布的性质(见习题八的第 9 题)可知,随机变量 $-\sum_{i=1}^{n}\ln X_i$ 的分布为 Γ 分布,其分布密度为

$$p(s) = \begin{cases} \dfrac{1}{\Gamma(n)} s^{n-1}\exp\{-s\}, & s > 0, \\ 0, & s \leqslant 0. \end{cases}$$

于是 $-2\sum_{i=1}^{n}\ln X_i$ 的分布密度为

$$p(y) = \begin{cases} \dfrac{1}{2^n\Gamma(n)} y^{n-1}\exp\left\{-\dfrac{y}{2}\right\}, & y > 0, \\ 0, & y \leqslant 0. \end{cases}$$

这个分布密度刚好是自由度为 $2n$ 的 χ^2 分布密度(见概率论分册第三章的例 6.4). 因此,取 $c=\chi_\alpha^2(2n)$(自由度为 $2n$ 的 χ^2 分布的 α 分位数,见图 8.2.2),便得

$$P_0(\boldsymbol{X}\in\mathscr{W})=P_{\theta=0}\left(-2\sum_{i=1}^{n}\ln X_i<\chi_\alpha^2(2n)\right)=\alpha,$$

即
$$\mathscr{W}=\left\{\boldsymbol{x}:-2\sum_{i=1}^{n}\ln x_i<\chi_\alpha^2(2n)\right\}$$
为假设检验问题(2.7)的水平为 α 的 UMP 否定域.

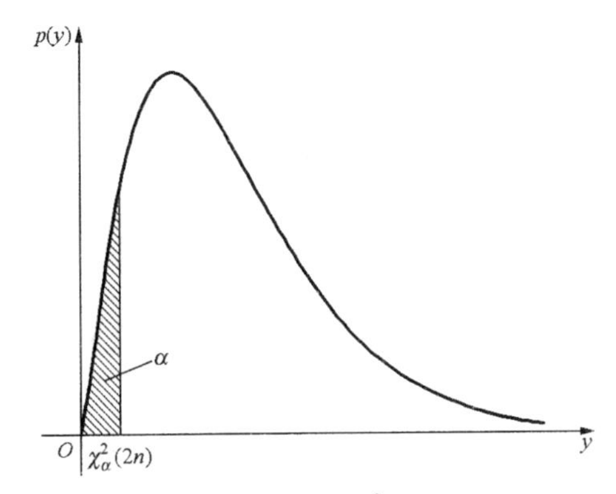

图 8.2.2　自由度为 $2n$ 的 χ^2 分布的 α 分位数

在例 2.2 中,我们之所以将 $\mathscr{W}$ 的原来形式化成(2.9)式的形式,其主要目的是为了容易求得待定常数 c. 形式(2.9)看起来复杂,实际上可以看成 $\mathscr{W}=\{\boldsymbol{x}:\xi<c\}$ 的形式,其中 ξ 是一个统计量,在 H_0 的假设之下,其分布是自由度为 $2n$ 的 χ^2 分布. 为了确定常数 c,需求解方程 $P_{\theta=0}(\xi<c)=\alpha$. 这个方程刚好说明 c 是自由度为 $2n$ 的 χ^2 分布的 α 分位数,而此分位数可以用查表方法求得,也可利用统计计算软件计算得到. 通常对否定域作变换的时候,总是将它化成 $\{\boldsymbol{x}:\xi<c\}$ 的形式,或 $\{\boldsymbol{x}:\xi>c\}$ 的形式,其中统计量 ξ 在零假设之下的分位数很容易计算,或者有表可查. 现在例 2.2 中设 $n=5$,取 $\alpha=0.05$,查表得 $\chi_{0.05}^2(10)=3.9403$. 若数据为 0.55,0.75,0.64,0.40,0.80,经计算得

$$-2\sum_{i=1}^{5}\ln x_i=4.9425>3.9403=\chi_{0.05}^2(10),$$

此时没有强有力的证据否定 H_0,认为在 H_0 的假定之下也有可能产生这一组数据. 若数据为 0.55,0.90,0.80,0.50,0.95,得

$$-2\sum_{i=1}^{n}\ln x_i = 3.3416 < 3.9403 = \chi^2_{0.05}(10),$$

此时否定了 H_0,认为这组数据不是均匀随机数.

下面的定理说明由 N-P 引理给出的否定域具有无偏性. 因此,由 N-P 引理给出的否定域也是 UMPU 否定域. 这是因为在水平 α 的否定域内最优,必定在水平 α 的无偏否定域也是最优的.

定理 2.2 在定理 2.1 的假定下,有

$$\beta_{\mathscr{W}}(\theta_1) \geqslant \alpha, \tag{2.10}$$

其中 $\mathscr{W}$ 由(2.2)式和(2.3)式确定.

证明 记 $\mathscr{W}^c$ 为 $\mathscr{W}$ 的余集,即检验问题的**接受域**. 下面的一系列关系式说明(2.10)式成立:

$$\begin{aligned}
\beta_{\mathscr{W}}(\theta_1) - \alpha &= \int\cdots\int_{\mathscr{W}} L(\boldsymbol{x},\theta_1)\mathrm{d}\boldsymbol{x} - \alpha \\
&= (1-\alpha)\int\cdots\int_{\mathscr{W}} L(\boldsymbol{x},\theta_1)\mathrm{d}\boldsymbol{x} - \alpha\int\cdots\int_{\mathscr{W}^c} L(\boldsymbol{x},\theta_1)\mathrm{d}\boldsymbol{x} \\
&\geqslant \lambda_0(1-\alpha)\int\cdots\int_{\mathscr{W}} L(\boldsymbol{x},\theta_0)\mathrm{d}\boldsymbol{x} - \lambda_0\alpha\int\cdots\int_{\mathscr{W}^c} L(\boldsymbol{x},\theta_0)\mathrm{d}\boldsymbol{x} \\
&= \lambda_0\left[\int\cdots\int_{\mathscr{W}} L(\boldsymbol{x},\theta_0)\mathrm{d}\boldsymbol{x} - \alpha\right] \\
&= \lambda_0(\alpha-\alpha) = 0
\end{aligned}$$

(上述一系列等式可以从定理的假定、功效函数的定义和积分的性质直接得到,而不等式可以从 $\mathscr{W}$ 的下列性质得到: 在 $\mathscr{W}$ 上,$L(\boldsymbol{x},\theta_1) > \lambda_0 L(\boldsymbol{x},\theta_0)$;在 $\mathscr{W}^c$ 上,$L(\boldsymbol{x},\theta_1) \leqslant \lambda_0 L(\boldsymbol{x},\theta_0)$). □

§8.3 单参数模型中的检验

§8.2 中讨论的假设检验问题是简单假设检验问题. 虽然在实际问题中很少遇到这类问题,但它是研究复杂假设检验问题的基础. 现在

我们考虑稍为复杂一些的假设检验问题. 设 $X_1, \cdots, X_n \sim \text{iid} F_\theta (\theta \in \Theta)$ 为一个统计模型,其假设检验问题(Θ_0, Θ_1)为

$$H_0: \theta \in \Theta_0 \longleftrightarrow H_1: \theta = \theta_1, \tag{3.1}$$

即 $\Theta_1 = \Theta \backslash \Theta_0$ 是一个由单一的一个点 θ_1 组成的集合. 对于这样一个假设检验问题,要找到水平为 α 的 UMP 否定域 $\mathscr{W}$ 是很不容易的. 在简单假设检验的情况,UMP 否定域具有似然比否定域的形式. 在现在的情况下,如果不对模型做一些限制,很难把水平为 α 的否定域表达出来,因此也无法从中选择最优否定域. 但是,我们可以给出若干条件,当这些条件成立时,可以找到假设检验问题(3.1)的水平为 α 的 UMP 否定域. 下面的定理叙述了这样的情形.

定理 3.1　设 $X_1, \cdots, X_n \sim \text{iid} F_\theta (\theta \in \Theta)$ 为一个统计模型,所考虑的假设检验问题为(3.1),又设 $\theta_0 \in \Theta_0$ 是一个参数点,$\mathscr{W}$ 为简单假设检验问题

$$H_0: \theta = \theta_0 \longleftrightarrow H_1: \theta = \theta_1 \tag{3.2}$$

的水平为 α 的 UMP 否定域. 若 $\mathscr{W}$ 还满足条件

$$\beta_{\mathscr{W}}(\theta) \leqslant \alpha \quad (\theta \in \Theta_0), \tag{3.3}$$

则 $\mathscr{W}$ 在假设检验问题(3.1)中也是水平为 α 的 UMP 否定域.

证明　现在设 $\mathscr{W}$ 为假设检验问题(3.2)的水平为 α 的 UMP 否定域,又设 $\widetilde{\mathscr{W}}$ 是假设检验问题(3.1)的任意一个水平为 α 的否定域. 先看表 8.3.1 中的否定域的性质,其中理由(1)～(4)的含义如下:

(1) 由定理的条件知,$\mathscr{W}$ 是简单假设检验问题(3.2)的水平为 α 的 UMP 否定域.

(2) 由定理的条件(3.3)知,$\mathscr{W}$ 是假设检验问题(3.1)的水平为 α 的否定域.

(3) 由假设知,$\widetilde{\mathscr{W}}$ 是假设检验问题(3.1)的任意一个水平为 α 的否

表 8.3.1　否定域的性质

否定域	假设检验问题(3.1)中的性质	理由	假设检验问题(3.2)中的性质	理由
$\mathscr{W}$	水平为 α	(2)	水平为 α,且是 UMP 否定域	(1)
$\widetilde{\mathscr{W}}$	水平为 α	(3)	水平为 α	(4)

定域.

(4) 显然,$\widetilde{\mathscr{W}}$在假设检验问题(3.2)中的水平也是 α.

由 $\mathscr{W}$ 和 $\widetilde{\mathscr{W}}$ 在假设检验问题(3.2)中的性质可推知

$$\beta_{\widetilde{\mathscr{W}}}(\theta_1) \leqslant \beta_{\mathscr{W}}(\theta_1),$$

其中 $\widetilde{\mathscr{W}}$ 是假设检验问题(3.1)的任意一个水平为 α 的否定域. 因此,由水平为 α 的 UMP 否定域的定义知,$\mathscr{W}$ 是假设检验问题(3.1)的水平为 α 的 UMP 否定域. □

注 这个定理的构思很巧妙,它把困难转化为一些条件,当这些条件满足时,就得到水平为 α 的 UMP 否定域. 其步骤如下: 先找一个参数点 θ_0,构造一个简单假设检验问题(3.2),构造它的一个水平为 α 的 UMP 否定域 $\mathscr{W}$;然后回到假设检验问题(3.1),如果 $\mathscr{W}$ 在问题(3.1)中也是水平为 α 的否定域(即 $\mathscr{W}$ 满足(3.3)式),则 $\mathscr{W}$ 在问题(3.1)中也是水平为 α 的 UMP 否定域. 在应用此定理时遇到两个困难: 一是 θ_0 很难找;二是当得到 $\mathscr{W}$ 以后,检查条件(3.3)也是困难的任务.

定理 3.1 所讨论的情况是一般假设检验问题的特例. 在假设检验问题(3.1)中,Θ_1 只有一个参数 θ_1,而一般的复杂假设检验问题是

$$H_0: \theta \in \Theta_0 \longleftrightarrow H_1: \theta \in \Theta_1, \tag{3.4}$$

其中 Θ_0 和 Θ_1 都不是由一个点组成的集合. 对于这样的问题,我们有下面的定理.

定理 3.2 设 $X_1, \cdots, X_n \sim \text{iid} F_\theta (\theta \in \Theta)$ 为一个统计模型,所考虑的假设检验问题为(3.4),其中 $\Theta_1 = \Theta \backslash \Theta_0$,$\Theta_0$ 和 Θ_1 都不是由一个单点组成的集合. 若对于 Θ_1 中的每一个单点 θ_1,假设检验问题(3.1)存在水平为 α 的 UMP 否定域 $\mathscr{W}$,并且这个否定域 $\mathscr{W}$ 不依赖于 $\theta_1 \in \Theta_1$,则 $\mathscr{W}$ 也是假设检验问题(3.4)的水平为 α 的 UMP 否定域.

证明 令 $\widetilde{\mathscr{W}}$ 为假设检验问题(3.4)的任意一个水平为 α 的否定域. 为了比较 $\widetilde{\mathscr{W}}$ 和 $\mathscr{W}$ 的功效,我们列出否定域的性质,如表 8.3.2 所示. 表 8.3.2 中的理由(1)~(4)的含义如下:

(1) 由假设知,对每一个 $\theta_1 \in \Theta_1$,$\mathscr{W}$ 都是假设检验问题(3.1)的水平为 α 的 UMP 否定域.

表 8.3.2　否定域的性质

否定域	假设检验问题(3.4)中的性质	理由	假设检验问题(3.1)中的性质	理由
$\mathscr{W}$	水平为 α	(2)	水平为 α,且是 UMP 否定域	(1)
$\widetilde{\mathscr{W}}$	水平为 α	(3)	水平为 α	(4)

(2) 由定理的假设知,$\mathscr{W}$ 是假设检验问题(3.4)的水平为 α 的否定域.

(3) 由假设知,$\widetilde{\mathscr{W}}$ 是假设检验问题(3.4)的任意一个水平为 α 的否定域.

(4) 显然,$\widetilde{\mathscr{W}}$ 在假设检验问题(3.1)中的水平也是 α.

由 $\mathscr{W}$ 和 $\widetilde{\mathscr{W}}$ 在假设检验问题(3.1)中的性质可推知

$$\beta_{\widetilde{\mathscr{W}}}(\theta_1) \leqslant \beta_{\mathscr{W}}(\theta_1) \quad (\forall\, \theta_1 \in \Theta_1). \tag{3.5}$$

这就说明,在假设检验问题(3.4)中,$\mathscr{W}$ 是一个水平为 α 的 UMP 否定域. □

注　这个定理和定理 3.1 一样,把困难转化为一些条件. 为了找到假设检验问题(3.4)的水平为 α 的 UMP 否定域,只需找到假设检验问题(3.1)的水平为 α 的 UMP 否定域. 若对每一个 $\theta_1 \in \Theta_1$,相应的假设检验问题(3.1) 都存在 UMP 否定域,并且找到的 UMP 否定域与 θ_1 无关,则此否定域就是假设检验问题(3.4)的水平为 α 的 UMP 否定域. 若对某一个 θ_1,相应的假设检验问题无解,则原来的检验问题也无解. 许多实际问题,并不存在 UMP 否定域.

下面我们指出对于一类单参数指数族分布,有可能利用定理 3.1 和定理 3.2 找到复杂假设检验问题的 UMP 否定域. 第七章的定义 4.4 已经给出了指数族分布的定义,现在给出单参数指数族分布的定义.

定义 3.1　设$\{f(x,\theta),\theta\in\Theta\}$为分布密度族(在离散分布的情况下是分布列族),其中 Θ 为有限或无穷区间. 若分布密度能分解成下列形式:

$$f(x,\theta) = S(\theta)h(x)\exp\{C(\theta)T(x)\} \quad (\theta\in\Theta), \tag{3.6}$$

其中 $C(\theta)$ 为 θ 的严格增函数,则称$\{f(x,\theta),\theta\in\Theta\}$构成**单参数指数族**.

注 1 若 $C(\theta)$ 为严格减函数，可将 $C(\theta)T(x)$ 写成 $-C(\theta)\times(-T(x))$ 的形式. 因此，当(3.6)式中 $C(\theta)$ 为严格减函数时，分布族 $\{f(x,\theta),\theta\in\Theta\}$ 也是单参数指数族.

注 2 若在指数族分布(见第七章的定义 4.4)中，(1) $m=1$；(2) θ 为实参数；(3) $C(\theta)$ 为严格增或减函数，则该分布为单参数指数族分布. 单参数指数族分布必为指数族分布.

注 3 从逻辑上来说，若在注 2 的指数族中，(1) $m=1$；(2) θ 为实参数，则该分布族就是单参数指数族. 为了论证方便，我们在单参数指数族的定义中加上了条件(3).

单参数指数族有一个重要的性质.

定理 3.3 设 X 的分布族 $\{f(x,\theta),\theta\in\Theta\}$ 为单参数指数族，又设 $\boldsymbol{X}=(X_1,\cdots,X_n)$ 为来自 X 的一个样本. 记

$$\mathscr{W}=\left\{\boldsymbol{x}:\ \sum_{i=1}^{n}T(x_i)>c\right\},$$

其中 c 为任一常数，$T(x)$ 由 $f(x,\theta)$ 的分解式(见(3.6)式)确定，则 $\mathscr{W}$ 的功效函数 $\beta_{\mathscr{W}}(\theta)$ 为 θ 的非减函数.

证明 设 θ_1 和 θ_2 为 Θ 中的两个参数点，$\theta_1<\theta_2$. 现在只需证明

$$P_{\theta_1}(\boldsymbol{X}\in\mathscr{W})\leqslant P_{\theta_2}(\boldsymbol{X}\in\mathscr{W}). \tag{3.7}$$

我们用反证法. 设(3.7)式不成立，即下式成立：

$$P_{\theta_1}(\boldsymbol{X}\in\mathscr{W})>P_{\theta_2}(\boldsymbol{X}\in\mathscr{W}). \tag{3.8}$$

现在分三种情况说明(3.8)式是不可能的.

(1) 若 $P_{\theta_1}(\boldsymbol{X}\in\mathscr{W})=\alpha\in(0,1)$，此时考虑简单假设检验问题

$$H_0:\theta=\theta_1\longleftrightarrow H_1:\theta=\theta_2.$$

易知，$\mathscr{W}$ 是似然比否定域，利用 N-P 引理可知 $\mathscr{W}$ 是水平为 α 的 UMP 否定域. 又根据定理 2.2 知 $P_{\theta_2}(\boldsymbol{X}\in\mathscr{W})\geqslant\alpha$. 这与(3.8)式矛盾.

(2) 若 $P_{\theta_1}(\boldsymbol{X}\in\mathscr{W})=0$，此时(3.8)式是不可能成立的(概率永远大于或等于 0).

(3) 若 $P_{\theta_1}(\boldsymbol{X}\in\mathscr{W})=1$，此时

$$P_{\theta_2}(\boldsymbol{X}\in\mathscr{W}^c)=\int_{\mathscr{W}^c}\lambda(\boldsymbol{x})f(\boldsymbol{x},\theta_1)\mathrm{d}\boldsymbol{x}\leqslant c_1\int_{\mathscr{W}^c}f(\boldsymbol{x},\theta_1)\mathrm{d}\boldsymbol{x}=0,$$

式中

$$\lambda(\boldsymbol{x})=\frac{\prod_{i=1}^{n}f(x_i,\theta_2)}{\prod_{i=1}^{n}f(x_i,\theta_1)}\triangleq\frac{[S(\theta_2)]^n}{[S(\theta_1)]^n}\exp\left\{[C(\theta_2)-C(\theta_1)]\sum_{i=1}^{n}T(x_i)\right\}$$

是似然比(由单参数指数族的条件知 $\lambda(\boldsymbol{x})$ 可写成最后一个式子的形式),而

$$c_1=\frac{[S(\theta_2)]^n}{[S(\theta_1)]^n}\exp\{c[C(\theta_2)-C(\theta_1)]\}.$$

从上式得到 $P_{\theta_2}(\boldsymbol{X}\in\mathscr{W}^c)=0$,即

$$P_{\theta_2}(\boldsymbol{X}\in\mathscr{W})=1.$$

总之,在所有情况下,(3.8)式不可能成立,即(3.7)式成立. □

现在考虑单参数指数族分布中如下的假设检验问题:

$$H_0:\theta\leqslant\theta_0\longleftrightarrow H_1:\theta>\theta_0 \tag{3.9}$$

(称此假设检验问题为**单边假设检验问题**. 同样,假设检验问题

$$H_0:\theta\geqslant\theta_0\longleftrightarrow H_1:\theta<\theta_0$$

也称为单边假设检验问题. 相应地,称假设检验问题

$$H_0:\theta=\theta_0\longleftrightarrow H_1:\theta\neq\theta_0$$

为**双边假设检验问题**). 利用定理 3.1,定理 3.2 和定理 3.3,可得到假设检验问题(3.9)的水平为 α 的 UMP 否定域.

定理 3.4　设 X 的分布族 $\{f(x,\theta),\theta\in\Theta\}$ 为单参数指数族,又设 $\boldsymbol{X}=(X_1,\cdots,X_n)$ 为来自 X 的一个样本. 记

$$\mathscr{W}=\left\{\boldsymbol{x}:\ \sum_{i=1}^n T(x_i)>c\right\},$$

其中 c 为任一常数. 只要 $\alpha=P_{\theta_0}(\boldsymbol{X}\in\mathscr{W})\neq 0$,则 $\mathscr{W}$ 就是假设检验问题(3.9)的水平为 α 的 UMP 否定域.

证明　不难验证 $(X_1,\cdots,X_n)$ 的联合分布密度可写成如下形式:

$$\prod_{i=1}^n f(x_i,\theta)=[S(\theta)]^n\left[\prod_{i=1}^n h(x_i)\right]\exp\left\{C(\theta)\sum_{j=1}^n T(x_j)\right\}.$$

它是一个单参数指数族分布的分布密度. 对于任意 $\theta_0<\theta_1$,考虑简单假设检验问题 (θ_0,θ_1). 其似然比否定域

$$\left\{\boldsymbol{x}:\ \frac{\prod_{i=1}^n f(x_i,\theta_1)}{\prod_{i=1}^n f(x_i,\theta_0)}>c\right\}$$

可以化为 $\left\{\boldsymbol{x}:\ \sum_{i=1}^n T(x_i)>c\right\}$ 的形式. 假设检验问题 (θ_0,θ_1) 的否定域 $\mathscr{W}=\left\{\boldsymbol{x}:\ \sum_{i=1}^n T(x_i)>c\right\}$ 是水平为 $\alpha=P_{\theta_0}(\boldsymbol{X}\in\mathscr{W})$ 的 UMP 否定域. 现在考虑假设检验

问题

$$H_0: \theta \leqslant \theta_0 \longleftrightarrow H_1: \theta = \theta_1, \tag{3.10}$$

其中 θ_1 为任意一大于 θ_0 的参数. 由定理 3.3 知, $\beta_{\mathscr{W}}(\theta)$ 为 θ 的非减函数. 由此可知 $\mathscr{W}$ 为假设检验问题(3.10)的水平为 α 的否定域. 再利用定理 3.1 的结论可知, 否定域 $\mathscr{W}$ 是假设检验问题(3.10)的水平为 α[①] 的 UMP 否定域. 又由于 $\mathscr{W}$ 与选取的 θ_1 无关, 由定理 3.2 知, $\mathscr{W}$ 也是假设检验问题(3.9)的水平为 α 的 UMP 否定域. □

注 对于单参数指数族中如下的检验问题:

$$H_0: \theta \geqslant \theta_0 \longleftrightarrow H_1: \theta < \theta_0,$$

也可得到类似的结论, 不过其水平为 α 的 UMP 否定域具有如下形式:

$$\left\{ \boldsymbol{x}: \sum_{i=1}^{n} T(x_i) < c \right\}.$$

现在设有一个单参数总体 $X \sim f(x,\theta)$, $\theta \in \Theta$, 其中 Θ 为区间, $f(x,\theta)$ 为 X 的分布密度, $(X_1, \cdots, X_n)$ 为来自总体 X 的一个样本, 相应的假设检验问题为单边假设检验问题(3.9), 即($\theta \leqslant \theta_0$, $\theta > \theta_0$). 我们分下列三个步骤解决这样的假设检验问题:

(1) 检查 X 的分布是否为单参数指数族分布. 将 X 的分布密度进行分解, 检查是否得到三个因子: $\exp\{C(\theta)T(x)\}$, $S(\theta)$ 和 $h(x)$, 特别要检查 $C(\theta)$ 是否是 θ 的严格增函数. 若不能按单指数族分布之定义, 将分布密度分解成三个因子, 则不能利用定理 3.4 找到 UMP 否定域.

(2) 在(1)中得到正面回答后, 写出否定域

$$\mathscr{W} = \left\{ \boldsymbol{x}: \sum_{i=1}^{n} T(x_i) > c \right\},$$

并且把它化成最便于计算的形式, 最后在参数 $\theta = \theta_0$ 的条件下计算事件 $\{\boldsymbol{X} = (X_1, \cdots, X_n) \in \mathscr{W}\}$ 的概率.

(3) 对于给定的 α 的值, 确定 $\mathscr{W}$ 的表达式中 c 的值, 使得 $P_{\theta_0}(\boldsymbol{X} \in \mathscr{W}) = \alpha$. 于是, $\mathscr{W}$ 就是假设检验问题(3.9)的水平为 α 的 UMP 否定域.

例 3.1 设某产品的合格标准是平均寿命不小于 6000 h. 假定该产品的寿命 X 的分布密度为

$$f(x,\theta) = \frac{1}{\theta}\exp\left\{-\frac{x}{\theta}\right\} \quad (x > 0,\ \theta > 0).$$

---

① 此处限定 $\alpha \in (0,1)$. 读者可补上 $\alpha = 1$ 的情况的证明.

易知,$E(X)=\theta$ 为产品的平均寿命.由下式看出,$f(x,\theta)$形成一个单参数指数族分布:

$$f(x,\theta)=\frac{1}{\theta}I_{(0,+\infty)}(x)\exp\left\{\left(-\frac{1}{\theta}\right)x\right\}.$$

对该产品进行观察,得到 5 个样品的寿命数据,它们是

$$395,\ 4094,\ 119,\ 11572,\ 6133.$$

现在的问题是:从这些数据看来,这批产品是否合格?是 $\theta<6000$,还是 $\theta>6000$?对于这个问题,有两种提法:一种是假设检验问题($\theta\leqslant6000,\theta>6000$);另一种是假设检验问题($\theta\geqslant6000,\theta<6000$).这两种提法是不相同的,第一种提法将产品不合格作为零假设,它可以把不合格产品判为合格的概率控制在 α 以内,从而可以保证不合格的产品不予出厂.第二种提法则不能提供这种保证.因此,我们采用第一种提法,即考虑假设检验问题(3.9),其中 $\theta_0=6000$.下面我们按上述三个步骤求出此假设检验问题的水平为 α 的 UMP 否定域:

第一步,由假定可知 X 的分布的确是单参数指数族分布.

第二步,可知假设检验问题(3.9)的水平为 α 的 UMP 否定域具有形式

$$\mathscr{W}=\left\{\boldsymbol{x}:\ \sum_{i=1}^{n}x_i>c\right\}.$$

现在要设法将这个否定域进行化简.利用指数分布的下列特性:在参数为 θ_0 的假定下,

$$2\sum_{i=1}^{n}X_i\Big/\theta_0\sim\chi^2(2n),$$

即 $2\sum_{i=1}^{n}X_i\Big/\theta_0$ 的分布是自由度为 $2n$ 的 χ^2 分布(见第七章的例 7.1).这样可将否定域改写成 $\mathscr{W}=\left\{\boldsymbol{x}:\ 2\sum_{i=1}^{n}x_i\Big/\theta_0>c\right\}$ 的形式,其中常数 c 可通过查 χ^2 分布临界值表得到,它等于自由度为 $2n$ 的 χ^2 分布的 $1-\alpha$ 分位数 $\chi^2_{1-\alpha}(2n)$.

第三步,现在数据的个数为 $n=5$,并假定 $\alpha=0.05$,从 χ^2 分布临界值表查得 $\chi^2_{0.95}(10)=18.307$,于是假设检验问题(3.9)的水平为 $\alpha=$

0.05 的 UMP 否定域为

$$\mathscr{W}=\left\{\boldsymbol{x}:\ 2\sum_{i=1}^{n}x_i\Big/\theta_0>18.307\right\}.$$

经计算,得 $2\sum_{i=1}^{n}x_i=44626$, $2\sum_{i=1}^{n}x_i\Big/\theta_0=7.437<18.307$. 因此,我们不能否定 $\theta\leqslant 6000$ 之假设. 不过,由于没有控制犯第二类错误的概率,我们不能有把握地判定这批产品为不合格. 因此,在本例的情况下,没有很强的统计结论.

例 3.2 设某砖瓦厂生产的某种型号砖的主要指标为抗断强度 X. 根据长期实践的经验知,X 服从正态分布 $N(\mu,\sigma_0^2)$,其中 $\sigma_0^2=1.21(\mathrm{kg/cm^2})^2$. 今从该厂所生产的一批砖中随机地抽取 6 块进行测试,测得抗断强度的数据(单位:$\mathrm{kg/cm^2}$)如下:

32.56, 29.66, 31.64, 30.00, 31.87, 30.23.

问:在显著性水平 $\alpha=0.05$ 的条件下,这一批砖的平均抗断强度是否超过 $30\ \mathrm{kg/cm^2}$?

解析 此问题中,$X\sim N(\mu,\sigma_0^2)$ 是假定,也是一种对分布的判断,不过这些假定已经由经验判断而确定,所不确定的是 μ 的值. 我们关心的是 $\mu\leqslant 30$,或 $\mu>30$? 在正式提出假设检验问题之前,我们还要分析一下实际问题的背景. 工厂对不合格的产品是十分关心的,他们不想让不合格的产品出厂. $\mu\leqslant 30$ 代表该批产品不合格. 从这个观点看来,应该把 $\mu\leqslant 30$ 作为零假设,因为我们可以控制不合格产品的出厂概率. 因此,假设检验问题为

$$H_0:\ \mu\leqslant\mu_0(=30)\longleftrightarrow H_1:\ \mu>\mu_0(=30). \tag{3.11}$$

现在再看 X 的分布密度

$$f(x,\mu)=\frac{1}{\sqrt{2\pi}\sigma_0}\exp\left\{-\frac{\mu^2}{2\sigma_0^2}\right\}\exp\left\{-\frac{x^2}{2\sigma_0^2}\right\}\exp\left\{\frac{x\mu}{\sigma_0^2}\right\}.$$

由 f 的表达式看出,X 的分布族为单参数指数族,其中 $T(x)=x$. 利用定理 3.4 的结论立即可得,假设检验问题(3.11)的 UMP 否定域具有形式 $\left\{\boldsymbol{x}:\ \sum_{i=1}^{n}x_i>c\right\}$ 或

$$\left\{\boldsymbol{x}:\ \frac{\sqrt{n}(\bar{x}-\mu_0)}{\sigma_0}>c\right\}.$$

在 $\mu=\mu_0$ 的假定之下，$\sqrt{n}(\overline{X}-\mu_0)/\sigma_0 \sim N(0,1)$. 取 $c=z_{1-\alpha}$，可得

$$P_{\mu_0}\left(\frac{\sqrt{n}(\overline{X}-\mu_0)}{\sigma_0} > z_{1-\alpha}\right)=\alpha.$$

由此可知 $\mathscr{W}=\left\{\boldsymbol{x}:\ \frac{\sqrt{n}(\bar{x}-\mu_0)}{\sigma_0}>z_{1-\alpha}\right\}$是假设检验问题(3.11)的水平为 α 的 UMP 否定域.

已知 $\alpha=0.05$，查标准正态分布数值表(附表 1)得 $z_{1-\alpha}=1.65$，又利用已知数据经计算得 $\frac{\sqrt{n}(\bar{x}-\mu_0)}{\sigma_0}=2.212>1.65$，故数据否定了零假设，从而可认为这批砖是合格的. 做出这个判断所犯错误的概率被控制在 $\alpha=0.05$ 以内，因此判定这批砖是合格的结论是很可靠的. 在假设检验问题中，一旦否定了零假设，就可以大胆地做出否定零假设的结论.

通过这个例子我们总结出以下的结论：在检查产品质量等问题上，选择我们最希望避免的错误作为第一类错误. 在例 3.2 中，我们最希望避免的错误是把不合格的产品判为合格产品，这样应该把“产品不合格”作为零假设. 另外，由于否定零假设以后做出的决定是最可靠的，若我们想做出一个可靠的决定，就应该把这个决定作为否定零假设后才做出的决定. 同样，在例 3.2 中，我们希望产品出厂这个决定最有把握，故把“产品不合格”作为零假设. 由于犯第一类错误的概率是得到控制的，否定零假设以后做出产品出厂的决定就比较可靠.

例 3.3　某工厂为检测某测量仪器的精度，用一个标准测试件进行重复测试，测得 9 个数据如下：

$$3.0012,\ 2.9987,\ 3.0051,\ 2.9959,\ 3.0153,$$
$$2.9990,\ 3.0008,\ 3.0075,\ 3.0004.$$

已知标准测试件的值为 3.00，测试前已经校正了仪器的系统误差. 按规定，测量仪器的测量误差标准差 $\sigma<\sigma_0=0.005$ 时为合格. 现根据测得的数据，在显著性水平 $\alpha=0.05$ 下，判断该仪器是否合格.

解　首先根据经验，测量值 X 的分布为正态分布 $N(\mu,\sigma^2)$. 已知标准测试件的值为 3.00，而且已经校正了仪器的系统误差，因此 X 的分布为 $N(\mu_0,\sigma^2)$，$\mu_0=3.00$，$\sigma^2>0$. 工厂希望“将仪器判为合格”这一决定是可靠的，因此我们应该将“仪器不合格”作为零假设. 这样，相应

的假设检验问题是

$$H_0: \sigma^2 \geqslant \sigma_0^2 \longleftrightarrow H_1: \sigma^2 < \sigma_0^2 \tag{3.12}$$

或

$$H_0: \frac{1}{\sigma^2} \leqslant \frac{1}{\sigma_0^2} \longleftrightarrow H_1: \frac{1}{\sigma^2} > \frac{1}{\sigma_0^2}.$$

X 的分布密度为

$$f(x,\sigma^2) = \frac{1}{\sqrt{2\pi}\sigma}\exp\left\{\frac{1}{2\sigma^2}[-(x-\mu_0)^2]\right\}.$$

如果把 $1/\sigma^2$ 看成一个参数，这是一个单参数指数族分布. 利用定理 3.4 可知，假设检验问题(3.12)的 UMP 否定域由下式给出：

$$\mathscr{W} = \left\{\boldsymbol{x}: -\sum_{i=1}^{n}(x_i-\mu_0)^2 > c\right\}.$$

或等价地，假设检验问题(3.12)的 UMP 否定域形式如下：

$$\mathscr{W} = \left\{\boldsymbol{x}: \frac{1}{\sigma_0^2}\sum_{i=1}^{n}(x_i-\mu_0)^2 < c\right\}.$$

在 $\sigma^2=\sigma_0^2$ 的假定之下，$\frac{1}{\sigma_0^2}\sum_{i=1}^{n}(X_i-\mu_0)^2$ 的分布是自由度为 n 的 χ^2 分布. 又已知 $n=9$，$\alpha=0.05$，查附表 3 得 $\chi^2_{0.05}(9)=3.325$，而由数据计算得 $\frac{1}{\sigma_0^2}\sum_{i=1}^{n}(x_i-\mu_0)^2=13.2563>3.325$，故不能否定零假设，即可以认为仪器的精度不合要求. 但由于第二类错误没有控制，我们的结论是不强的.

现在考虑另一类假设检验问题：

$$H_0: \theta=\theta_0 \longleftrightarrow H_1: \theta \neq \theta_0. \tag{3.13}$$

这一类问题在使用中是十分常见的. 例如，某一散装物品的包装机按规定的重量(如每袋 100 g)对散装物品进行包装，人们关心该包装机包装的物品重量有没有系统偏差，从而要考虑如(3.13)式的假设检验问题. 这类假设检验问题是**双边假设检验问题**. 为讨论双边假设检验问题(3.13)的否定域，先介绍两条定理.

定理 3.5 设 X 的分布族 $\{f(x,\theta),\theta\in\Theta\}$ 为单参数指数族，又设 $\boldsymbol{X}=(X_1,\cdots,X_n)$ 为来自 X 的一个样本. 记

$$\mathscr{W} = \left\{\boldsymbol{x}: \sum_{i=1}^{n}T(x_i) > c\right\},$$

其中 c 为任一常数,则在参数集合 $\{\theta: 0<P_\theta((X_1,\cdots,X_n)\in\mathscr{W})<1\}$ 上,$\beta_{\mathscr{W}}(\theta)=P_\theta((X_1,\cdots,X_n)\in\mathscr{W})$ 是 θ 的严格增函数.

该定理其实是定理 3.3 的推广,由于其证明涉及较多数学内容,在此从略.

定理 3.6 设 X 的分布族 $\{f(x,\theta),\theta\in\Theta\}$ 为单参数指数族,又设 $\boldsymbol{X}=(X_1,\cdots,X_n)$ 为来自 X 的一个样本,则对任意 $\alpha\in(0,1)$,假设检验问题(3.13)不存在水平为 α 的 UMP 否定域.

证明 我们在 $T(X)$(见(3.6)式)的分布为连续的情况下给出证明.用反证法.设 $\mathscr{W}$ 为假设检验问题(3.13)的一个水平为 α 的 UMP 否定域.显然,对于任何 $\theta_1\neq\theta_0$,它也是下列假设检验问题的水平为 α 的 UMP 否定域:

$$H_0: \theta=\theta_0 \longleftrightarrow H_1: \theta=\theta_1.$$

可以证明,当 $\theta_1>\theta_0$ 时,否定域 $\mathscr{W}$ 应取如下形式:

$$\mathscr{W}=\left\{\boldsymbol{x}: \sum_{i=1}^n T(x_i)>c\right\},$$

并且 $\alpha=P_{\theta_0}(\mathscr{W})$.依定理 3.5,对于任意 $\theta_1>\theta_0$,应有 $P_{\theta_1}(\mathscr{W})>\alpha$;对于任意 $\widetilde{\theta}_1<\theta_0$,应有 $P_{\widetilde{\theta}_1}(\mathscr{W})<\alpha$.由于 $\mathscr{W}$ 是假设检验问题(3.13)的水平为 α 的 UMP 否定域,因此 $\mathscr{W}$ 也是下列假设检验问题的水平为 α 的 UMP 否定域:

$$H_0: \theta=\theta_0 \longleftrightarrow H_1: \theta=\widetilde{\theta}_1.$$

依定理 2.2,应有

$$P_{\widetilde{\theta}_1}(\mathscr{W})\geqslant P_{\theta_0}(\mathscr{W})=\alpha.$$

这样得到矛盾.因此,假设检验问题(3.13)的水平为 α 的 UMP 否定域是不存在的. □

由定理 3.6 知,双边假设检验问题(3.13)不存在 UMP 否定域.那么,应如何处理双边假设检验问题(3.13)呢?由单参数指数族分布密度表达式知,$\sum_{i=1}^n T(X_i)$ 是分布族的完全充分统计量.当所讨论的问题为单边假设检验问题时,我们采用形式为 $\left\{\boldsymbol{x}: \sum_{i=1}^n T(x_i)>c\right\}$ 的否定域,并且取待定常数 c 为使 $P_{\theta_0}\left(\sum_{i=1}^n T(X_i)>c\right)=\alpha$ 成立的值.现在所讨论的问题是双边假设检验问题,很自然地想到将 $\sum_{i=1}^{n} T(x_i)$ 两端的值取作否定域.具体地说,寻找待定常数 c_1 和 c_2,使得

$$\begin{aligned} P_{\theta_0}\left(\sum_{i=1}^{n} T(X_i) < c_1\right) = \frac{\alpha}{2}, \\ P_{\theta_0}\left(\sum_{i=1}^{n} T(X_i) > c_2\right) = \frac{\alpha}{2}. \end{aligned} \tag{3.14}$$

这样,

$$\mathscr{W} = \left\{\boldsymbol{x}:\ \sum_{i=1}^{n} T(x_i) < c_1\right\} \cup \left\{\boldsymbol{x}:\ \sum_{i=1}^{n} T(x_i) > c_2\right\} \tag{3.15}$$

形成了假设检验问题(3.13)的一个水平为 α 的否定域.(3.15)式是实用中使用的否定域.但是,(3.15)式给出的否定域有一个缺点,它有时候不满足无偏性的要求,即它不满足

$$P_\theta(\boldsymbol{X} \in \mathscr{W}) \geqslant P_{\theta_0}(\boldsymbol{X} \in \mathscr{W}) \quad (\forall\, \theta \neq \theta_0). \tag{3.16}$$

对于假设检验问题(3.13)的否定域,有下面的定理.

定理 3.7 设 X 的分布族 $\{f(x,\theta), \theta \in \Theta\}$ 为单参数指数族,又设 $\boldsymbol{X} = (X_1, \cdots, X_n)$ 为来自 X 的一个样本.若在 $\theta = \theta_0$ 的假设下,$\frac{1}{n}\sum_{i=1}^{n} T(X_i)$ 的分布相对于某点 r_0 对称,则由(3.14)式和(3.15)式确定的 $\mathscr{W}$ 就是假设检验问题(3.13)的水平为 $\alpha = P_{\theta_0}(\boldsymbol{X} \in \mathscr{W})$ 的 UMPU 否定域.

上面定理的证明涉及较深的数学内容,我们不给出细节.

例 3.4 设 $X \sim N(\mu, \sigma_0^2)$,$\sigma_0^2$ 为已知,$\mu \in (-\infty, +\infty)$,又设 $\boldsymbol{X} = (X_1, \cdots, X_n)$为来自 X 的一个样本,试求假设检验问题

$$H_0: \mu = \mu_0 \longleftrightarrow H_1: \mu \neq \mu_0 \tag{3.17}$$

的水平为 α 的 UMPU 否定域.

解 X 的分布密度 $f(x,\theta)$可写成

$$f(x,\theta) = \frac{1}{\sqrt{2\pi}\sigma_0} \exp\left\{-\frac{\mu^2}{2\sigma_0^2}\right\} \exp\left\{-\frac{x^2}{2\sigma_0^2} x^2\right\} \exp\left\{\frac{\mu}{\sigma_0^2} x\right\},$$

故 X 的分布是一个单参数指数族分布,且 $T(x) = x$.由于在 $\mu = \mu_0$ 的假设之下,$\frac{1}{n}\sum_{i=1}^{n} T(X_i) = \overline{X}$ 的分布以 μ_0 为对称点,依定理 3.7,假设

检验问题(3.17)的 UMPU 否定域具有形式

$$\mathscr{W}=\{\boldsymbol{x}: |\bar{x}-\mu_0|>c\}.$$

又由于 $\sqrt{n}(\bar{X}-\mu_0)/\sigma_0$ 在 $\mu=\mu_0$ 的假定之下的分布为标准正态分布，因此

$$\mathscr{W}=\{\boldsymbol{x}: |\bar{x}-\mu_0|>z_{1-\alpha/2}\sigma_0/\sqrt{n}\}$$

是假设检验问题(3.17)的水平为 α 的 UMPU 否定域.

§8.4　广义似然比检验和关于正态总体参数的检验

1. 广义似然比检验的思想

在§8.3中，讨论了单参数指数族分布有关参数的假设检验问题. 但是单参数指数族是一个很特殊的分布族，并且§8.3中对参数的假设检验问题的提法也比较特殊(单边和双边的假设检验问题). 本节介绍一个一般的求解假设检验问题的方法，它的适用范围很广，并且对通常的实际问题总能得到满意的否定域.

现设 $X\sim f(x,\theta)(\theta\in\Theta)$，此处 $f(x,\theta)$ 是分布密度或分布列，θ 可以是向量，当然 X 也可以是随机向量. 这样，模型就变得很广泛. 设 Θ_0 是 Θ 的真子集，考虑假设检验问题

$$H_0: \theta\in\Theta_0 \longleftrightarrow H_1: \theta\in\Theta_1, \tag{4.1}$$

其中 $\Theta_1=\Theta\backslash\Theta_0$. 设 $\boldsymbol{X}=(X_1,\cdots,X_n)$ 为来自总体 X 的一个样本，$\boldsymbol{x}=(x_1,\cdots,x_n)$ 为样本观察值. 令

$$L(\boldsymbol{x},\theta)=\prod_{i=1}^{n}f(x_i,\theta).$$

对于固定的点 $\boldsymbol{x}$，变量 θ 的函数 $L(\boldsymbol{x},\theta)$ 为**似然函数**，有时候简记为 $L(\theta)$. 令 $\hat{\theta}$ 为 θ 的 ML 估计，即 $\hat{\theta}$ 满足条件

$$L(\boldsymbol{x},\hat{\theta})=\sup_{\theta\in\Theta}L(\boldsymbol{x},\theta).$$

同时，令 $\hat{\theta}_0$ 为在总体模型 $X\sim f(x,\theta)(\theta\in\Theta_0)$ 的假设之下，参数 θ 的 ML 估计，即 $\hat{\theta}_0$ 满足条件

$$L(\boldsymbol{x},\hat{\theta}_0)=\sup_{\theta\in\Theta_0}L(\boldsymbol{x},\theta).$$

定义 4.1　对于上述的 $L(\boldsymbol{x},\hat{\theta})\xlongequal{\text{记为}}L(\hat{\theta})$ 及 $L(\boldsymbol{x},\hat{\theta}_0)\xlongequal{\text{记为}}L(\hat{\theta}_0)$，称

$$\lambda(\boldsymbol{x}) = \frac{L(\hat{\theta})}{L(\hat{\theta}_0)} \tag{4.2}$$

为**广义似然比**.

注 在简单假设检验问题(θ_0,θ_1)中,似然比定义为

$$\lambda(\boldsymbol{x}) = \frac{L(\theta_1)}{L(\theta_0)}.$$

在复杂假设检验问题的情况下,似然比的最自然的推广是

$$\frac{L(\hat{\theta}_1)}{L(\hat{\theta}_0)}, \tag{4.3}$$

式中 $\hat{\theta}_1$ 为在总体模型 $X\sim f(x,\theta)(\theta\in\Theta_1)$的假设之下参数 θ 的 ML 估计. 为什么在(4.2)式中的分子中用 $L(\hat{\theta})$而不用 $L(\hat{\theta}_1)$? 究其原因,当 Θ 是一个多维集合时,Θ_0 的维数往往比 Θ 的维数少,例如 Θ 是一个平面,而 Θ_0 是一条直线,函数 $L(\theta)$在 $\Theta\backslash\Theta_0$ 上求极值,往往与 Θ 上的极值相同. 这就是在似然比的定义中采用(4.2)式而不采用(4.3)式的原因.

仿照简单假设检验问题的情况,我们采用

$$\mathscr{W} = \{\boldsymbol{x}:\lambda(\boldsymbol{x}) > c\} \tag{4.4}$$

作为备选的否定域. 对于固定的 α,选择 c,使得

$$\sup_{\theta\in\Theta_0} P_\theta(\boldsymbol{X}\in\mathscr{W})=\alpha.$$

选中的 $\mathscr{W}$ 就作为假设检验问题(4.1)的否定域. 这样的否定域称为**广义似然比否定域**,相应的检验法称为**广义似然比检验**.

许多好的否定域都是广义似然比否定域. 下面用正态分布的一些例子展示广义似然比否定域的求法和解释所求得的否定域的优良性. 由于在§8.3中已经讨论了单参数指数族分布参数的假设检验问题,在本节中讨论正态分布参数的假设检验问题时,不再推导单参数假设检验问题的广义似然比否定域. 其实,在单参数指数族分布情况下的广义似然比否定域与§8.3中推导出来的否定域是相同的. 限于篇幅,我们把它们略去了.

2. 关于正态总体均值的检验

设总体 $X\sim N(\mu,\sigma^2)$,分布参数 $\mu\in(-\infty,+\infty)$,$\sigma^2>0$ 均未知,$\boldsymbol{X}=(X_1,\cdots,X_n)$为来自 X 的一个样本,$\boldsymbol{x}=(x_1,\cdots,x_n)$为样本观察值,

假设检验问题为

$$H_0: \mu \leqslant \mu_0 \longleftrightarrow H_1: \mu > \mu_0. \tag{4.5}$$

现在求假设检验问题(4.5)的广义似然比否定域. 下面分三个步骤进行:

(1) 分别在 $\Theta=(-\infty,+\infty)\times(0,+\infty)$ 和 $\Theta_0=(-\infty,\mu_0]\times(0,+\infty)$ 的假设之下求出 μ,σ^2 的 ML 估计 $\hat{\mu},\widehat{\sigma^2}$ 和 $\hat{\mu}_0,\widehat{\sigma_0^2}$(此处 $\hat{\mu}_0$ 是参数 μ 的 ML 估计,不是假设检验问题(4.5)中常数 μ_0 的估计). 不难得到,在 Θ 的假设之下 μ,σ^2 的 ML 估计分别为 $\hat{\mu}=\bar{x},\widehat{\sigma^2}=\dfrac{1}{n}\sum\limits_{i=1}^{n}(x_i-\bar{x})^2$. 将 $\hat{\mu}$ 和 $\widehat{\sigma^2}$ 的公式代入似然函数 L 的表达式,得到

$$\begin{aligned} L(\boldsymbol{x},\hat{\mu},\widehat{\sigma^2}) &= \left(\frac{1}{\sqrt{2\pi}\hat{\sigma}}\right)^n \exp\left\{-\frac{\sum\limits_{i=1}^{n}(x_i-\hat{\mu})^2}{2\widehat{\sigma^2}}\right\} \\ &= \left(\frac{1}{\sqrt{2\pi}\hat{\sigma}}\right)^n \exp\left\{-\frac{n}{2}\right\}. \end{aligned} \tag{4.6}$$

对于 $\hat{\mu}_0$ 和 $\widehat{\sigma_0^2}$,按 ML 估计的定义,它们应满足

$$L(\boldsymbol{x},\hat{\mu}_0,\widehat{\sigma_0^2}) = \sup_{\mu\leqslant\mu_0,\sigma^2>0} L(\boldsymbol{x},\mu,\sigma^2),$$

其中

$$L(\boldsymbol{x},\mu,\sigma^2) = \left(\frac{1}{\sqrt{2\pi}\sigma}\right)^n \exp\left\{-\frac{1}{2\sigma^2}\sum_{i=1}^{n}(x_i-\mu)^2\right\}.$$

我们首先固定 σ^2 的值,求 μ 的函数 $L(\boldsymbol{x},\mu,\sigma^2)$ 在区间 $(-\infty,\mu_0]$ 上的最大值点. 这等价于求 $\sum\limits_{i=1}^{n}(x_i-\mu)^2$ 在 $(-\infty,\mu_0]$ 上的最小值点. 利用恒等式

$$\sum_{i=1}^{n}(x_i-\mu)^2 = \sum_{i=1}^{n}(x_i-\bar{x})^2 + n(\bar{x}-\mu)^2,$$

可得

$$\hat{\mu}_0(\boldsymbol{x}) = \begin{cases} \bar{x}, & \bar{x}\leqslant\mu_0, \\ \mu_0, & \bar{x}>\mu_0. \end{cases}$$

得到 $\hat{\mu}_0$ 以后,将它代入 L 的公式,得

$$L(\boldsymbol{x},\hat{\mu}_0,\sigma^2) = \left(\frac{1}{\sqrt{2\pi}\sigma}\right)^n \exp\left\{-\frac{1}{2\sigma^2}\sum_{i=1}^{n}(x_i-\hat{\mu}_0)^2\right\}.$$

上式作为 σ^2 的函数，求相应的最大值点，得到

$$\hat{\sigma}_0^2 = \frac{1}{n}\sum_{i=1}^{n}(x_i - \hat{\mu}_0)^2.$$

将 $\hat{\sigma}_0^2$ 代入 L 的公式，得到

$$L(\boldsymbol{x}, \hat{\mu}_0, \hat{\sigma}_0^2) = \left(\frac{1}{\sqrt{2\pi}\hat{\sigma}_0}\right)^n \exp\left\{-\frac{n}{2}\right\}. \tag{4.7}$$

(2) 求广义似然比 $\lambda(\boldsymbol{x})$ 的公式. 按定义，有

$$\lambda(\boldsymbol{x}) = \frac{L(\boldsymbol{x}, \hat{\mu}, \hat{\sigma}^2)}{L(\boldsymbol{x}, \hat{\mu}_0, \hat{\sigma}_0^2)} = \left[\frac{\sum_{i=1}^{n}(x_i - \hat{\mu}_0)^2}{\sum_{i=1}^{n}(x_i - \bar{x})^2}\right]^{n/2}.$$

将分解式

$$\sum_{i=1}^{n}(x_i - \hat{\mu}_0)^2 = \sum_{i=1}^{n}(x_i - \bar{x})^2 + n(\bar{x} - \hat{\mu}_0)^2$$

代入 $\lambda(\boldsymbol{x})$ 的表达式，得到

$$\lambda(\boldsymbol{x}) = \left[1 + \frac{n(\bar{x} - \hat{\mu}_0)^2}{\sum_{i=1}^{n}(x_i - \bar{x})^2}\right]^{n/2} = \left(1 + \frac{T^2}{n-1} I_{(T>0)}\right)^{n/2},$$

式中

$$T = \frac{\sqrt{n}(\bar{x} - \mu_0)}{\sqrt{\frac{1}{n-1}\sum_{i=1}^{n}(x_i - \bar{x})^2}}, \quad I_{(T>0)} = \begin{cases} 1, & T > 0, \\ 0, & T \leqslant 0. \end{cases}$$

关于 $\lambda(\boldsymbol{x})$ 的表达式中的两个等号，第二个等号的验证有一点数学的技巧. 由于 $\hat{\mu}_0$ 是分段表达的，在验证等式的时候必须分段验证. 当 $\bar{x} \leqslant \mu_0$ 时，$\hat{\mu}_0 = \bar{x}$，等式的左边为 $(1+0)^{n/2} = 1$，等式右边的 $T \leqslant 0$，因此

$$[1 + T^2 I_{(T>0)}/(n-1)]^{n/2} = 1.$$

这样第二个等式的两边当 $\bar{x} \leqslant \mu_0$ 时是相等的. 同理，当 $\bar{x} > \mu_0$ 时，也可验证两边是相等的.

(3) 将备择的似然比否定域 $\{\boldsymbol{x}: \lambda(\boldsymbol{x}) > c\}$ 进行变换，使得待定常数 c 容易确定. 由于 $\lambda(\boldsymbol{x})$ 是 $|T| I_{(T>0)}$ 的非降函数，备择否定域

$$\{\boldsymbol{x}: \lambda(\boldsymbol{x}) > c\} \quad 与 \quad \{\boldsymbol{x}: |T| I_{(T>0)} > c\}$$

是等价的. 当 $\mu=\mu_0$ 时, T 的分布是**自由度**为 $n-1$ 的 t 分布. 取 $0<\alpha<\frac{1}{2}$, 则

$$P_{\mu_0}(|T|I_{(T>0)}>t_{1-\alpha}(n-1))=P_{\mu_0}(T>t_{1-\alpha}(n-1))=\alpha.$$

利用 T 的表达式, 不难验证

$$\sup_{\mu\leqslant\mu_0}P_{\mu}(T>t_{1-\alpha}(n-1))=P_{\mu_0}(T>t_{1-\alpha}(n-1))=\alpha. \quad (4.8)$$

综上所述, 假设检验问题(4.5)的水平为 α 的广义似然比否定域是

$$\mathscr{W}=\{\boldsymbol{x}: T>t_{1-\alpha}(n-1)\}.$$

可见, 关于正态分布均值参数的假设检验是广义似然比检验, 它也就是实用上非常著名的 t **检验**(或称 **Student 检验**). 还可以证明单边 t 检验的否定域是假设检验问题(4.5)的水平为 α 的 UMPU 否定域, 不过由于涉及的数学推导太多, 证明从略.

现在讨论关于 μ 的双边假设检验问题. 设 $X\sim N(\mu,\sigma^2)$, 参数 $\mu\in(-\infty,+\infty)$, $\sigma^2>0$ 均未知, 假设检验问题为

$$H_0: \mu=\mu_0 \longleftrightarrow H_1: \mu\neq\mu_0. \quad (4.9)$$

同样分三步求假设检验问题(4.9)的广义似然比否定域:

(1) 分别在 Θ 和 Θ_0 的假设之下求出 θ 的 ML 估计 $\hat{\theta}$ 和 $\hat{\theta}_0$, 此处 $\theta=(\mu,\sigma^2)$ 为向量参数. 不难验证, 在参数空间为 Θ 和 Θ_0 的假设之下参数 $\hat{\theta}$ 和 $\hat{\theta}_0$ 的 ML 估计分别为

$$\hat{\mu}=\bar{x}, \quad \widehat{\sigma^2}=\frac{1}{n}\sum_{i=1}^{n}(x_i-\bar{x})^2$$

和

$$\hat{\mu}_0=\mu_0, \quad \widehat{\sigma_0^2}=\frac{1}{n}\sum_{i=1}^{n}(x_i-\mu_0)^2.$$

代入相应的似然函数, 得

$$L(\boldsymbol{x},\hat{\theta})=\sup_{\theta\in\Theta}L(\boldsymbol{x},\theta)=\left[\frac{n}{2\pi\sum_{i=1}^{n}(x_i-\bar{x})^2}\right]^{n/2}\exp\left\{-\frac{n}{2}\right\},$$

$$L(\boldsymbol{x},\hat{\theta}_0)=\sup_{\theta\in\Theta_0}L(\boldsymbol{x},\theta)=\left[\frac{n}{2\pi\sum_{i=1}^{n}(x_i-\mu_0)^2}\right]^{n/2}\exp\left\{-\frac{n}{2}\right\}.$$

(2) 计算广义似然比：

$$\lambda(\boldsymbol{x})=\frac{L(\boldsymbol{x},\hat{\theta})}{L(\boldsymbol{x},\hat{\theta}_0)}=\left[\frac{\sum_{i=1}^{n}(x_i-\mu_0)^2}{\sum_{i=1}^{n}(x_i-\bar{x})^2}\right]^{n/2}=\left(1+\frac{T^2}{n-1}\right)^{n/2},$$

其中

$$T=\frac{\sqrt{n}(\bar{x}-\mu_0)}{\sqrt{\frac{1}{n-1}\sum_{i=1}^{n}(x_i-\bar{x})^2}}. \tag{4.10}$$

(3) 由于 λ 是 $|T|$ 的严格增函数，因此广义似然比否定域为

$$\mathscr{W}=\{\boldsymbol{x}:|T(\boldsymbol{x})|>c\}. \tag{4.11}$$

在 $\mu=\mu_0$ 的假定之下，随机变量 $T(\boldsymbol{X})$ 的分布就是自由度为 $n-1$ 的 t 分布. 对给定的水平 $\alpha\in(0,1)$，利用 t 分布临界值表，可确定(4.11)式中的 $c=t_{1-\alpha/2}(n-1)$.

下面看一个数值例子.

例 4.1 已知 ApoE 基因被敲除的小鼠其血清总胆固醇水平处于不正常状况. 记 X 为小鼠服药前血清总胆固醇含量(单位：mg/dL). 设 $X\sim N(\mu_0,\sigma^2)$，其中 $\mu_0=502$ mg/dL，$\sigma^2>0$ 未知. 现在对 7 只小鼠喂降脂药立普妥，服药之后得到血清总胆固醇含量数据(单位：mg/dL)如下：

270, 293, 407, 311, 344, 282, 274.

试问：在 $\alpha=0.05$ 的显著性水平下，降脂药立普妥对于降低血清总胆固醇含量是否有效?

解析 对于实际的数据处理问题，我们将从设立假设检验问题开始，以解决实际问题. 已知 $X\sim N(\mu,\sigma^2)$ 为正态总体，由于喂药，其平均值可能会下降. 若药是有效的，则 μ 的值会下降；若药是无效的，则 μ 的值保持不变. 我们取零假设为 H_0：$\mu\geqslant\mu_0=502$. 之所以将“无效”作为零假设，有两个方面的原因：一方面，我们有一些原始信息，立普妥是一种降脂药，应该有降脂的功能，只是希望得到数据的支持. 我们希望一旦否定了零假设，所得到的结论比较强，即将该药判为有效时把握比较大. 另一方面，若药为无效，而判为有效，这种错误所造成的后果比较

严重，应尽量避免. 因此，我们将假设检验问题设为

$$H_0: \mu \geqslant \mu_0 \longleftrightarrow H_1: \mu < \mu_0. \tag{4.12}$$

利用前面给出的单边检验方法，可以求得假设检验问题(4.12)的广义似然比否定域，它具有形式

$$\mathscr{W} = \{\boldsymbol{x}: T(\boldsymbol{x}) < c\},$$

其中 T 由(4.10)式给出，在 $\mu=\mu_0$ 的假设之下，它服从自由度为 $n-1$ 的 t 分布.

已知 $n=7$，$\alpha=0.05$，利用 t 分布的对称性，应取 $c=-t_{1-\alpha}(n-1)=-1.943$(查附表 2). 代入数据，经计算得

$$T=-10.245<-1.943,$$

故数据否定了假设检验问题(4.12)中的零假设. 这说明，降脂药立普妥是有效的，且结论很强. 若立普妥本来是有效的降脂药，我们的结论没有错. 若立普妥本来是无效的，我们犯了错误，但犯错误的概率为 0.05，它在容许的范围之内. 因此，我们的判断是可靠的.

从这个例子的数据看出，7 只小鼠中的每一只小鼠的血清总胆固醇含量都小于标准值 502 mg/dL. 直观上可以下这样的结论：降脂药立普妥对于降低血清总胆固醇含量是有效的. 但是，要得出令人信服的结论，还得求助于统计检验. 这因为，若数据很靠近标准值 502，即使每个数值均小于 502，我们还是没有把握说降脂药立普妥对于降低血清总胆固醇含量是有效的. 只有经过统计假设检验以后下的结论才是可靠的.

3. 关于正态总体方差的检验

设总体 $X\sim N(\mu,\sigma^2)$，分布参数 $\mu\in(-\infty,+\infty)$，$\sigma^2>0$ 均未知，$(X_1,\cdots,X_n)$ 为来自 X 的一个样本，$\boldsymbol{x}=(x_1,\cdots,x_n)$ 为样本观察值，假设检验问题为

$$H_0: \sigma^2 = \sigma_0^2 \longleftrightarrow H_1: \sigma^2 \neq \sigma_0^2. \tag{4.13}$$

对于此假设检验问题，我们仍分三步进行求解：

(1) 假定 $\Theta=\{(\mu,\sigma^2): \mu\in(-\infty,+\infty),\sigma^2\in(0,+\infty)\}$ 和 $\Theta_0=\{(\mu,\sigma_0^2): \mu\in(-\infty,+\infty)\}$，$\sigma_0^2$ 为固定的值. 现在分别在不同的假定之下求 $\theta=(\mu,\sigma^2)$ 的 ML 估计. 易知相应的 ML 估计为：在 Θ 的假定之

下，$\hat{\mu}=\bar{x},\hat{\sigma}^2=\frac{1}{n}\sum_{i=1}^{n}(x_i-\bar{x})^2$；在 Θ_0 的假定之下，$\hat{\mu}_0=\bar{x},\hat{\sigma}^2=\sigma_0^2$. 将 ML 估计代入相应的似然函数，得

$$L(\boldsymbol{x},\hat{\theta})=\left(\frac{1}{\sqrt{2\pi}\hat{\sigma}}\right)^n\exp\left\{-\frac{n}{2}\right\},$$

$$L(\boldsymbol{x},\hat{\theta}_0)=\left(\frac{1}{\sqrt{2\pi}\sigma_0}\right)^n\exp\left\{-\frac{1}{2\sigma_0^2}\sum_{i=1}^{n}(x_i-\bar{x})^2\right\}.$$

(2) 求广义似然比：

$$\lambda(\boldsymbol{x})=\frac{L(\boldsymbol{x},\hat{\theta})}{L(\boldsymbol{x},\hat{\theta}_0)}=\left(\frac{n}{u}\right)^{n/2}\exp\left\{-\frac{n}{2}\right\}\exp\left\{\frac{u}{2}\right\},$$

其中

$$u=\frac{1}{\sigma_0^2}\sum_{i=1}^{n}(x_i-\bar{x})^2.$$

(3) 广义似然比否定域具有形式

$$\left\{\boldsymbol{x}:\frac{1}{\sigma_0^2}\sum_{i=1}^{n}(x_i-\bar{x})^2>c_2\right\}\cup\left\{\boldsymbol{x}:\frac{1}{\sigma_0^2}\sum_{i=1}^{n}(x_i-\bar{x})^2<c_1\right\},$$

其中 c_1 和 c_2 为下列关于 u 的方程的两个解($c_1<c_2$)：

$$\left(\frac{1}{u}\right)^{n/2}\exp\left\{\frac{u}{2}\right\}=c. \tag{4.14}$$

容易证明，在 H_0 的假定之下，$U=\frac{1}{\sigma_0^2}\sum_{i=1}^{n}(X_i-\bar{X})^2$ 的分布是自由度为 $n-1$ 的 χ^2 分布. 现在的问题是要找到 c 的值，使得方程(4.14)的两个解 c_1 和 c_2 满足 $\alpha=P_{H_0}(U<c_1)+P_{H_0}(U>c_2)$，这样就可得到水平为 α 的广义似然比否定域 $\mathscr{W}=\{\boldsymbol{x}: u<c_1\}\cup\{\boldsymbol{x}: u>c_2\}$. 但是，在讨论否定域的最优性时会发现，这样的广义似然比否定域却不是最优的. 若用方程

$$\left(\frac{1}{u}\right)^{(n-1)/2}\exp\left\{\frac{u}{2}\right\}=c \tag{4.15}$$

代替方程(4.14)，由方程(4.15)解得 c_1 和 c_2，可以证明 $\mathscr{W}=\{\boldsymbol{x}: u<c_1\}\cup\{\boldsymbol{x}: u>c_2\}$ 是假设检验问题(4.13)的水平为 α 的 UMPU 否定域. 由此可知，广义似然比否定域与 UMPU 否定域已经相差不远. 由于找这样的 c_1 和 c_2 比较困难，实用上分别取自由度为 $n-1$ 的 χ^2 分布的 $\alpha/2$

分位数和 $1-\alpha/2$ 分位数作为 c_1 和 c_2 的代替值.

我们已经讨论了正态分布总体中 $\sigma^2=\sigma_0^2$ 的广义似然比检验问题.但在实际工作中,关于 σ^2 的单边假设检验更为重要,因为在质量控制中,σ^2 往往是质量的一个重要指标,实际问题通常给出一个 σ^2 的临界值 σ_0^2,我们需要的是"$\sigma^2\leqslant\sigma_0^2$"或"$\sigma^2>\sigma_0^2$"这样的判断,而不是"$\sigma^2=\sigma_0^2$"或"$\sigma^2\neq\sigma_0^2$"这样的判断.例如,某工人在加工某产品时,产品的某指标 X 的方差 $\sigma^2<\sigma_0^2$ 成为该工人技术达标的标志.在农业上,某农作物成熟期的方差成为人们特别关心的指标,因为成熟期的方差越小,在收割时损失越少,而平均成熟期的长或短不会影响收割的质量.同样,实验动物的培养过程中所培养出来的动物群体越整齐,进行药物对比实验所得到的结论越可靠,因此在考查实验动物的质量时,需要讨论"$\sigma^2\geqslant\sigma_0^2$"或"$\sigma^2<\sigma_0^2$"这样的假设检验问题.现设某总体 $X\sim N(\mu,\sigma^2)$,参数 $\mu\in(-\infty,+\infty)$,$\sigma^2>0$ 均未知,$(X_1,\cdots,X_n)$为来自 X 的一个样本,$\boldsymbol{x}=(x_1,\cdots,x_n)$为样本观察值,假设检验问题为

$$H_0:\sigma^2\geqslant\sigma_0^2\longleftrightarrow H_1:\sigma^2<\sigma_0^2.\qquad(4.16)$$

对此问题,下面还是按求广义似然比步骤进行求解:

(1) 求出(μ,σ^2)的 ML 估计$(\hat{\mu},\widehat{\sigma^2})$和在 H_0 假设之下的 ML 估计$(\hat{\mu}_0,\widehat{\sigma_0^2})$.易知

$$\hat{\mu}=\bar{x},\quad \widehat{\sigma^2}=\frac{1}{n}\sum_{i=1}^{n}(x_i-\bar{x})^2.$$

将它们代入似然函数 L 的表达式,得

$$L(\boldsymbol{x},\hat{\mu},\widehat{\sigma^2})=\left(\frac{1}{2\pi\,\widehat{\sigma^2}}\right)^{n/2}\exp\left\{-\frac{n}{2}\right\}.\qquad(4.17)$$

现在求解在 H_0 假定之下的 ML 估计 $\hat{\mu}_0$ 和 $\widehat{\sigma_0^2}$.易知,对于固定的 σ^2 和 $\boldsymbol{x}$ 的值,$L(\boldsymbol{x},\mu,\sigma^2)$的最大值点为 $\hat{\mu}_0=\bar{x}$.将 $\hat{\mu}_0$ 代入似然函数 L 以后,得

$$L(\boldsymbol{x},\hat{\mu}_0,\sigma^2)=\left(\frac{1}{\sqrt{2\pi}\sigma}\right)^n\exp\left\{-\frac{1}{2\sigma^2}\sum_{i=1}^{n}(x_i-\bar{x})^2\right\}.$$

由于 σ^2 的函数 $L(\boldsymbol{x},\hat{\mu}_0,\sigma^2)$在$(0,+\infty)$上为单峰函数,在 $\sigma^2=$

$\frac{1}{n}\sum_{i=1}^{n}(x_i-\bar{x})^2$处达最大，所以当$\sigma_0^2<\frac{1}{n}\sum_{i=1}^{n}(x_i-\bar{x})^2$时，$L$在$[\sigma_0^2,+\infty)$上的最大值点为$\frac{1}{n}\sum_{i=1}^{n}(x_i-\bar{x})^2$；当$\sigma_0^2\geqslant\frac{1}{n}\sum_{i=1}^{n}(x_i-\bar{x})^2$时，$L$在$[\sigma_0^2,+\infty)$上的最大值点为边界点$\sigma_0^2$. 于是

$$\hat{\sigma}_0^2=\begin{cases}\frac{1}{n}\sum_{i=1}^{n}(x_i-\bar{x})^2, & \sigma_0^2<\frac{1}{n}\sum_{i=1}^{n}(x_i-\bar{x})^2,\\ \sigma_0^2, & \sigma_0^2\geqslant\frac{1}{n}\sum_{i=1}^{n}(x-\bar{x})^2.\end{cases}$$

将$\hat{\sigma}_0^2$代入$L(\boldsymbol{x},\hat{\mu}_0,\sigma^2)$的表达式，得

$$L(\boldsymbol{x},\hat{\mu}_0,\hat{\sigma}_0^2)=\begin{cases}\left(\frac{n}{2\pi\sigma_0^2u}\right)^{n/2}\exp\left\{-\frac{1}{2}n\right\}, & u>n,\\ \left(\frac{1}{2\pi\sigma_0^2}\right)^{n/2}\exp\left\{-\frac{1}{2}u\right\}, & u\leqslant n,\end{cases}\tag{4.18}$$

其中
$$u=\frac{1}{\sigma_0^2}\sum_{i=1}^{n}(x_i-\bar{x})^2.$$

(2) 计算广义似然比. 记

$$\varphi(u)=\begin{cases}1, & u>n,\\ \left(\frac{n}{u}\right)^{n/2}\exp\left\{-\frac{1}{2}(n-u)\right\}, & u\leqslant n.\end{cases}$$

容易验证，函数$\varphi(u)$是$(0,+\infty)$上的连续函数，在区间$(0,n)$内为严格减函数，在$[n,+\infty)$上取值为1. 经计算，广义似然比$\lambda(\boldsymbol{x})$具有下列表达式：

$$\lambda(\boldsymbol{x})=\varphi(u(\boldsymbol{x})),$$

其中
$$u(\boldsymbol{x})=\frac{1}{\sigma_0^2}\sum_{i=1}^{n}(x_i-\bar{x})^2.$$

(3) 广义似然比否定域具有形式

$$\{\boldsymbol{x}:\lambda(\boldsymbol{x})>c\}=\{\boldsymbol{x}:\varphi(u(\boldsymbol{x}))>c\}.$$

当c取小于或等于1的时候，由于$\varphi(u)\geqslant1$，此时广义似然比否定域$\mathscr{W}$为样本空间的全部，没有实用价值. 当取$c>1$时，广义似然比否定域具

有形式

$$\{\boldsymbol{x}: u(\boldsymbol{x}) < \varphi^{-1}(c)\},$$

其中 φ^{-1} 是 φ 的反函数，$\varphi^{-1}(c)<n$. 由于 $\varphi^{-1}(c)$ 是一个待定常数，广义似然比否定域可写成

$$\{\boldsymbol{x}: u(\boldsymbol{x}) < c\},$$

其中 $c<n$. 考虑自由度为 $n-1$ 的 χ^2 分布. 对于 $\alpha \leqslant 1/2$，其 α 分位数 $\chi_\alpha^2(n-1)<n-1$. 在上述否定域中取常数 $c=\chi_\alpha^2(n-1)$，得到广义似然比否定域

$$\{\boldsymbol{x}: u(\boldsymbol{x}) < \chi_\alpha^2(n-1)\}.$$

现在计算这个广义似然比否定域的水平. 易知，当 $\sigma^2=\sigma_0^2$ 时，$u(\boldsymbol{X})$ 的分布是自由度为 $n-1$ 的 χ^2 分布. 对于 $\sigma^2 \geqslant \sigma_0^2$，有

$$P_{\sigma^2}(u(\boldsymbol{X})<\chi_\alpha^2(n-1)) \leqslant P_{\sigma_0^2}(u(\boldsymbol{X})<\chi_\alpha^2(n-1))=\alpha.$$

这说明，检验问题(4.16)的水平为 α 的广义似然比否定域是

$$\left\{\boldsymbol{x}: \frac{1}{\sigma_0^2}\sum_{i=1}^{n}(x_i-\bar{x})^2 < \chi_\alpha^2(n-1)\right\}. \tag{4.19}$$

上述假设检验中在确定常数 c 时用到 χ^2 分布，故也称相应的检验方法为 χ^2 **检验**. 进一步可以证明，假设检验问题(4.16)的 χ^2 检验否定域是 UMPU 否定域. 这说明，假设检验问题(4.16)的广义似然比检验否定域具有很好的优良性能.

例 4.2　某工厂生产一批铜丝，在检查铜丝质量时，除了要检查铜丝的平均折断力，折断力的方差是主要指标. 例如，将铜丝用于通信线路的话，铜丝折断力的方差成为线路质量的主要指标，方差越大，线路的质量就越差. 假定铜丝的折断力 $X \sim N(\mu, \sigma^2)$. 工厂规定 $\sigma^2 < 8^2 \mathrm{N}^2$ 为合格. 现从产品中抽取一个样本，得铜丝折断力数据(单位：N)如下：

578, 512, 570, 568, 572, 570, 570, 572, 596, 564.

问：在显著性水平 $\alpha=0.05$ 下，该批铜丝的质量是否合格？

解　按质量标准，我们希望判为合格的产品确实是合格品，因此将假设检验问题确定为(4.16)，其中 $\sigma_0^2=8^2$. 由上述讨论知，此假设检验问题的水平为 α 的广义似然比否定域为

$$\left\{\boldsymbol{x}:\frac{1}{\sigma_0^2}\sum_{i=1}^{n}(x_i-\bar{x})^2<\chi_\alpha^2(n-1)\right\},\quad 其中\quad \sigma_0^2=8^2.$$

现在就铜丝的数据进行计算. 已知 $n=10,\alpha=0.05$,得 $\chi_\alpha^2(n-1)=3.325$,又 $\frac{1}{\sigma_0^2}\sum_{i=1}^{n}(x_i-\bar{x})^2=63.65$,故检验结果并不否定零假设,铜丝的性能需有所改进. 由于没有否定零假设,我们的结论不是很强的.

4. 关于两正态总体的参数检验

两总体的参数检验问题在应用中也是常见的,例如比较两个班级的教学效果,比较两种治疗方法的好坏等实际问题.

设总体 $X\sim N(\mu_1,\sigma_1^2)$ 和 $Y\sim N(\mu_2,\sigma_2^2)$ 相互独立,其中 $\mu_1,\mu_2,\sigma_1^2,\sigma_2^2$ 均是未知参数,$\boldsymbol{X}=(X_1,\cdots,X_{n_1})$ 和 $\boldsymbol{Y}=(Y_1,\cdots,Y_{n_2})$ 分别是来自 X 和 Y 的一个样本,而 $\boldsymbol{x}=(x_1,\cdots,x_{n_1})$ 和 $\boldsymbol{y}=(y_1,\cdots,y_{n_2})$ 分别是 $\boldsymbol{X}$ 和 $\boldsymbol{Y}$ 的观察值,假设检验问题为

$$H_0:\sigma_1^2=\sigma_2^2\longleftrightarrow H_1:\sigma_1^2\neq\sigma_2^2.\tag{4.20}$$

现在我们按常规求此假设检验问题的广义似然比否定域.

先求参数 $\mu_1,\mu_2,\sigma_1^2,\sigma_2^2$ 的 ML 估计. 由于 X 和 Y 两个总体是相互独立的,因此我们可以分别对每个总体的参数求 ML 估计,得

$$\hat{\mu}_1=\bar{x},\ \widehat{\sigma_1^2}=\frac{1}{n_1}\sum_{i=1}^{n_1}(x_i-\bar{x})^2;\quad \hat{\mu}_2=\bar{y},\ \widehat{\sigma_2^2}=\frac{1}{n_2}\sum_{i=1}^{n_2}(y_i-\bar{y})^2.$$

将它们代入似然函数,得

$$\begin{aligned}&L(\boldsymbol{x},\boldsymbol{y},\hat{\mu}_1,\hat{\mu}_2,\widehat{\sigma_1^2},\widehat{\sigma_2^2})\\&=\left(\frac{1}{\sqrt{2\pi}\hat{\sigma}_1}\right)^{n_1}\exp\left\{-\frac{n_1}{2}\right\}\left(\frac{1}{\sqrt{2\pi}\hat{\sigma}_2}\right)^{n_2}\exp\left\{-\frac{n_2}{2}\right\}.\end{aligned}\tag{4.21}$$

再求在 H_0 的假定下 $\mu_1,\mu_2,\sigma_1^2,\sigma_2^2$ 的 ML 估计. 在 H_0 的假定之下,即当 $\sigma_1^2=\sigma_2^2=\sigma^2$ 时,似然函数为

$$\begin{aligned}&L(\boldsymbol{x},\boldsymbol{y},\mu_1,\mu_2,\sigma^2)\\&=\left(\frac{1}{\sqrt{2\pi}\sigma}\right)^{n_1+n_2}\exp\left\{-\frac{1}{2\sigma^2}\left[\sum_{i=1}^{n_1}(x_i-\mu_1)^2+\sum_{i=1}^{n_2}(y_i-\mu_2)^2\right]\right\}.\end{aligned}$$

此时参数 μ_1,μ_2,σ^2 的 ML 估计分别为

$$\hat{\mu}_1 = \bar{x},\quad \hat{\mu}_2 = \bar{y},\quad \hat{\sigma^2} = \frac{1}{n_1+n_2}\left[\sum_{i=1}^{n_1}(x_i-\bar{x})^2 + \sum_{i=1}^{n_2}(y_i-\bar{y})^2\right].$$

将它们代入似然函数,得

$$L(\boldsymbol{x},\boldsymbol{y},\hat{\mu}_1,\hat{\mu}_2,\hat{\sigma^2}) = \left(\frac{1}{\sqrt{2\pi}\hat{\sigma}}\right)^{n_1+n_2} \exp\left\{-\frac{n_1+n_2}{2}\right\}. \tag{4.22}$$

利用(4.21)式和(4.22)式,求得广义似然比为

$$\lambda(\boldsymbol{x},\boldsymbol{y}) = \frac{\left\{\frac{1}{n_1+n_2}\left[\sum_{i=1}^{n_1}(x_i-\bar{x})^2 + \sum_{i=1}^{n_2}(y_i-\bar{y})^2\right]\right\}^{(n_1+n_2)/2}}{\left[\frac{1}{n_1}\sum_{i=1}^{n_1}(x_i-\bar{x})^2\right]^{n_1/2}\left[\frac{1}{n_2}\sum_{i=1}^{n_2}(y_i-\bar{y})^2\right]^{n_2/2}}.$$

为了导出广义似然比否定域,将广义似然比 $\lambda(\boldsymbol{x},\boldsymbol{y})$ 的表达式写成如下形式:

$$\lambda(\boldsymbol{x},\boldsymbol{y}) = c_0\left(\frac{u+v}{u}\right)^{n_1/2}\left(\frac{u+v}{v}\right)^{n_2/2},$$

其中 c_0 为常数,

$$u = \sum_{i=1}^{n_1}(x_i-\bar{x})^2,\quad v = \sum_{i=1}^{n_2}(y_i-\bar{y})^2. \tag{4.23}$$

故广义似然比否定域的形式为

$$\left\{(\boldsymbol{x},\boldsymbol{y}):\ \left(\frac{u+v}{u}\right)^{n_1/2}\left(\frac{u+v}{v}\right)^{n_2/2} > c\right\},$$

或等价地为

$$\left\{(\boldsymbol{x},\boldsymbol{y}):\ \left(\frac{u}{u+v}\right)^{n_1/2}\left(1-\frac{u}{u+v}\right)^{n_2/2} < c\right\}. \tag{4.24}$$

注意到定义在(0,1)上的函数 $p^{n_1/2}(1-p)^{n_2/2}$ 是 p 的单峰函数,不等式 $p^{n_1/2}(1-p)^{n_2/2}<c$ 的解具有形式 $\{p<c_1\}\cup\{p>c_2\}$,其中 c_1 和 c_2($c_1<c_2$)为下列方程的两个解:

$$p^{n_1/2}(1-p)^{n_2/2} = c. \tag{4.25}$$

因此,对于由(4.25)式中确定的 c_1,c_2,

$$\left\{(\boldsymbol{x},\boldsymbol{y}):\ \frac{u}{u+v} < c_1\right\} \cup \left\{(\boldsymbol{x},\boldsymbol{y}):\ \frac{u}{u+v} > c_2\right\}$$

是假设检验问题(4.20)的一个广义似然比否定域,且这个否定域的水平为

$$\alpha = P_{H_0}\left(\frac{U}{U+V} < c_1\right) + P_{H_0}\left(\frac{U}{U+V} > c_2\right), \tag{4.26}$$

其中$U = \sum_{i=1}^{n_1}(X_i - \overline{X})^2, V = \sum_{i=1}^{n_2}(Y_i - \overline{Y})^2$是与$u,v$相应的随机变量. 但对于给定的$\alpha$的值,例如$\alpha=0.05$,要求出常数$c_1$和$c_2$,在计算上存在困难. 实用上,我们找$c_1$和$c_2$,满足下列条件:

$$P_{H_0}\left(\frac{U}{U+V} < c_1\right) = \frac{\alpha}{2}, \quad P_{H_0}\left(\frac{U}{U+V} > c_2\right) = \frac{\alpha}{2}. \tag{4.27}$$

为了求解(4.27)式中的常数c_1和c_2,我们需引入F分布的概念.

定义 4.2 设$\psi \sim \chi^2(n_1), \phi \sim \chi^2(n_2)$,且$\psi$与$\phi$相互独立,则$\frac{\psi/n_1}{\phi/n_2}$的分布称为自由度是$(n_1,n_2)$的 **$F$ 分布**. 经推导知,相应的分布密度为

$$f_{n_1,n_2}(u) = \begin{cases} 0, & u \leqslant 0, \\ \dfrac{\Gamma\left(\frac{n_1+n_2}{2}\right)}{\Gamma\left(\frac{n_1}{2}\right)\Gamma\left(\frac{n_2}{2}\right)}\left(\dfrac{n_1}{n_2}\right)^{n_1/2} u^{n_1/2-1}\left(1+\dfrac{n_1}{n_2}u\right)^{-(n_1+n_2)/2}, & u > 0, \end{cases}$$

其中n_1称为**第一自由度**,n_2称为**第二自由度**. 自由度为(n_1,n_2)的F分布记为$F(n_1,n_2)$.

现在回到求解(4.27)式中的c_1和c_2. 注意到在零假设的条件之下,$U = \sum_{i=1}^{n_1}(X_i - \overline{X})^2 \sim \sigma^2\chi^2(n_1-1), V = \sum_{i=1}^{n_2}(Y_i - \overline{Y})^2 \sim \sigma^2\chi^2(n_2-1)$,依定义 4.2,我们有

$$\frac{U/(n_1-1)}{V/(n_2-1)} \sim F(n_1-1, n_2-1).$$

为了利用上式,我们还要将否定域的形式作变换:

$$\left\{(\boldsymbol{x},\boldsymbol{y}): \frac{u}{u+v} < c_1\right\} = \left\{(\boldsymbol{x},\boldsymbol{y}): \frac{u/(n_1-1)}{v/(n_2-1)} < \frac{c_1(n_2-1)}{(1-c_1)(n_1-1)}\right\}.$$

由于在H_0之下$\frac{U/(n_1-1)}{V/(n_2-1)}$的分布是自由度为$(n_1-1,n_2-1)$的$F$分布,因此查$F$分布临界值表(附表 4)可得自由度为$(n_1-1,n_2-1)$的$F$分布的$\alpha/2$分位数$F_{\alpha/2}(n_1-1,n_2-1)$,使得

$$P_{H_0}\left(\frac{U/(n_1-1)}{V/(n_2-1)} < F_{\alpha/2}(n_1-1, n_2-1)\right) = \frac{\alpha}{2}.$$

同理可得

$$P_{H_0}\left(\frac{U/(n_1-1)}{V/(n_2-1)} > F_{1-\alpha/2}(n_1-1, n_2-1)\right) = \frac{\alpha}{2}$$

(图 8.4.1). 这样,由条件(4.27)给出的假设检验问题(4.20)的否定域为

$$\left\{(\boldsymbol{x},\boldsymbol{y}):\ \frac{u/(n_1-1)}{v/(n_2-1)} < F_{\alpha/2}(n_1-1, n_2-1)\right\}$$
$$\cup\left\{(\boldsymbol{x},\boldsymbol{y}):\ \frac{u/(n_1-1)}{v/(n_2-1)} > F_{1-\alpha/2}(n_1-1, n_2-1)\right\}. \quad (4.28)$$

上面所述的检验就是通常所说的 F **检验**.

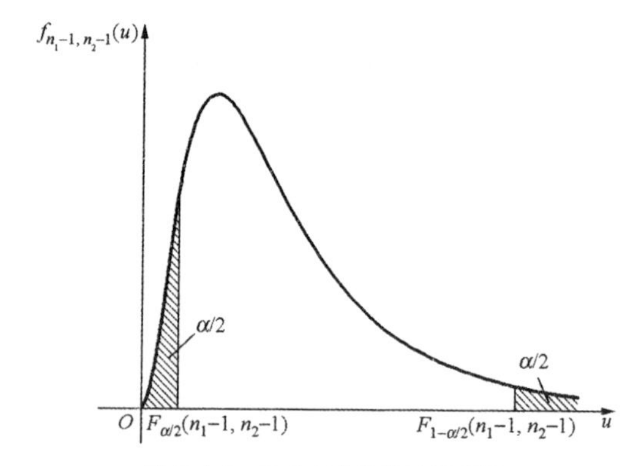

图 8.4.1 F 分布分位数的示意图

现在给出两点说明:

(1) 由(4.28)式给出的否定域并不是广义似然比否定域;

(2) 前面导出的广义似然比否定域也不是 UMPU 否定域.

经研究,存在假设检验问题(4.20)的 UMPU 否定域,但它不是广义似然比否定域. 限于篇幅,我们对此不细述. 那么,广义似然比方法在此起了什么作用呢? 广义似然比方法是一种统计思想,在这种思想的指导之下,导出了否定域的形式

$$\left\{(\boldsymbol{x},\boldsymbol{y}):\ \frac{u/(n_1-1)}{v/(n_2-1)} < c_1\right\} \cup \left\{(\boldsymbol{x},\boldsymbol{y}):\ \frac{u/(n_1-1)}{v/(n_2-1)} > c_2\right\}.$$

在这种形式之下,引出了实用的否定域(4.28). 在此基础上,又可导出具有优良性能的水平为 α 的 UMPU 否定域. 因此,应该肯定,广义似然

比方法的确对假设检验理论的发展起着促进的作用.

例 4.3 在比较两种药物的药效时,需要对小鼠做实验.现有两种药,一种叫立普妥,另一种叫降脂灵,它们都是降脂药,同时也有抗氧化作用.将两种药物分别注入两组小鼠体内,观察其抗氧化指标丙二醛的含量,得两组数据如表 8.4.1 所示.丙二醛的含量越低,说明小鼠抗氧化能力越强.问:在显著性水平 $\alpha=0.05$ 下,两种药物抗氧化能力在波动上有没有差异?

表 8.4.1 小鼠丙二醛含量表 (单位:nmol/L)

立普妥	5.94	7.19	6.88	5.94	4.38	9.06	5.31	4.69
降脂灵	3.75	5.63	7.03	7.03	6.25	5.00	5.31	

解析 我们先设立模型并提出假设检验问题.设$(X_1,\cdots,X_{n_1})$是立普妥抗氧化能力的样本,$(Y_1,\cdots,Y_{n_2})$是降脂灵抗氧化能力的样本,$(x_1,\cdots,x_{n_1})$和$(y_1,\cdots,y_{n_2})$分别为它们的观察值.按常规,假定 $X_1,\cdots,X_{n_1}\sim \text{iid}N(\mu_1,\sigma_1^2)$,$Y_1,\cdots,Y_{n_2}\sim\text{iid}N(\mu_2,\sigma_2^2)$,并且两个样本也相互独立.假设检验问题是

$$H_0:\sigma_1^2=\sigma_2^2\longleftrightarrow H_1:\sigma_1^2\neq\sigma_2^2.$$

现在采用否定域(4.28):

$$\left\{(\boldsymbol{x},\boldsymbol{y}):\frac{u/(n_1-1)}{v/(n_2-1)}<F_{\alpha/2}(n_1-1,n_2-1)\right\}$$
$$\cup\left\{(\boldsymbol{x},\boldsymbol{y}):\frac{u/(n_1-1)}{v/(n_2-1)}>F_{1-\alpha/2}(n_1-1,n_2-1)\right\},$$

其中 $u=\sum_{i=1}^{n_1}(x_i-\bar{x})^2$,$v=\sum_{i=1}^{n_2}(y_i-\bar{y})^2$,$n_1=8$,$n_2=7$.经计算,得检验统计量的值为

$$\frac{u/(n_1-1)}{v/(n_2-1)}=1.6687.$$

已知 $\alpha=0.05$,查 F 分布临界值表(附表 4)得 $F_{0.025}(7,6)=0.1954$,$F_{0.975}(7,6)=5.6955$.因此,对给定的显著性水平 $\alpha=0.05$,我们不能否定零假设,即可以认为立普妥和降脂灵两种药抗氧化能力在波动上没有显著性差异,但此结论不强.

在有些实验中，例如精度改进的实验中，我们需要知道改进的工艺是否将产品的精度改进了. 设 $X_1,\cdots,X_{n_1}\sim \mathrm{iid}N(\mu_1,\sigma_1^2)$，$Y_1,\cdots,Y_{n_2}\sim \mathrm{iid}N(\mu_2,\sigma_2^2)$，并且两个样本也相互独立，此处 $X_i(i=1,\cdots,n_1)$ 表示用老工艺生产的一批产品的指标记录，$Y_j(j=1,\cdots,n_2)$ 表示用新工艺生产的一批产品的指标记录. 我们关心的问题是新工艺所生产的产品的精度是否有所改进，故所采用的假设检验问题是

$$H_0:\sigma_1^2\leqslant\sigma_2^2\longleftrightarrow H_1:\sigma_1^2>\sigma_2^2. \tag{4.29}$$

经计算，求得假设检验问题(4.29)的水平为 α 的广义似然比否定域为

$$\left\{(\boldsymbol{x},\boldsymbol{y}):\frac{\dfrac{1}{n_1-1}\sum\limits_{i=1}^{n_1}(x_i-\overline{x})^2}{\dfrac{1}{n_2-1}\sum\limits_{i=1}^{n_2}(y_i-\overline{y})^2}>F_{1-\alpha}(n_1-1,n_2-1)\right\}. \tag{4.30}$$

可以证明，这个水平为 α 的广义似然比否定域是假设检验问题(4.29)的水平为 α 的 UMPU 否定域.

例 4.4　在针织品漂白工艺中要考查温度对针织品断裂强力的影响. 为了比较 70℃和 80℃的处理对针织品断裂强力的影响，在这两个温度下，分别做了 8 次试验，获得的数据见表 8.4.2. 试在显著性水平 $\alpha=0.05$ 下，比较两个温度的处理对针织品断裂强力波动的影响.

表 8.4.2　针织品断裂强力试验表　　(单位：N)

80℃时	17.7	20.3	20.0	18.8	19.0	20.1	20.2	19.1
70℃时	20.5	18.8	19.8	20.9	21.5	19.5	21.0	21.2

解析　对于这样的问题，我们还得了解一点工程背景. 若 70℃时针织品断裂强力的波动明显地大于 80℃时的针织品断裂强力的波动，我们宁愿使用 80℃的工艺，因为这样能保证质量. 否则，由于节能的关系，我们使用 70℃的工艺. 因此，我们将"70℃之下针织品断裂强力的波动明显大于 80℃之下针织品断裂强力的波动"作为重点检测对象. 下面在这种考虑的基础上，我们设立模型并提出假设检验问题. 设 $X_1,\cdots,X_{n_1}$ 是 80℃工艺针织品断裂强力的样本，$Y_1,\cdots,Y_{n_2}$ 是 70℃工艺针织品断裂强力的样本. 按常规，我们假定 $X_1,\cdots,X_{n_1}\sim \mathrm{iid}N(\mu_1,\sigma_1^2)$，

$Y_1,\cdots,Y_{n_2}\sim \text{iid}N(\mu_2,\sigma_2^2)$，并且两样本也相互独立. 假设检验问题是

$$H_0: \sigma_1^2 \leqslant \sigma_2^2 \longleftrightarrow H_1: \sigma_1^2 > \sigma_2^2.$$

利用(4.30)式给出的广义似然比否定域，就可以进行检验. 这里 $n_1=8, n_2=8, \alpha=0.05$，查 F 分布临界值表(附表 4)得 $F_{1-\alpha}(7,7)=3.7870$. 依数据计算得检验统计量的值为

$$\frac{\dfrac{1}{n_1-1}\sum_{i=1}^{n_1}(x_i-\bar{x})^2}{\dfrac{1}{n_2-1}\sum_{i=1}^{n_2}(y_i-\bar{y})^2}=0.9355.$$

检验的结果显示并不否定零假设，此时我们得不到很强的结论.

如果我们提出假设检验问题

$$H_0: \sigma_2^2 \leqslant \sigma_1^2 \longleftrightarrow H_1: \sigma_2^2 > \sigma_1^2,$$

此时的广义似然比否定域为

$$\left\{(\boldsymbol{x},\boldsymbol{y}):\ \frac{\dfrac{1}{n_2-1}\sum_{i=1}^{n_2}(y_i-\bar{y})^2}{\dfrac{1}{n_1-1}\sum_{i=1}^{n_1}(x_i-\bar{x})^2} > F_{1-\alpha}(n_2-1,n_1-1)\right\}.$$

由 $\alpha=0.05, n_1=n_2=8$ 得 $F_{1-\alpha}(7,7)=3.7870$，而检验统计量的值为 1.0690，故也不能否定零假设.

通过两个假设检验，既不能推翻假设 $\sigma_1^2\leqslant\sigma_2^2$，又不能推翻假设 $\sigma_2^2\leqslant\sigma_1^2$，说明 σ_1^2 与 σ_2^2 的值相近. 在这种情况下，我们倾向于采纳 $\sigma_1^2=\sigma_2^2$ 的假设. 作为实际问题的结论，工厂应采用 70℃ 的工艺.

上一个例子中，$\sigma_1^2\leqslant\sigma_2^2$ 和 $\sigma_1^2\geqslant\sigma_2^2$ 作为零假设都没有被推翻. 在这种情况下，即使两者不同，其差别也不大. 因此，在进一步的研究中，我们可以认为 $\sigma_1^2=\sigma_2^2=\sigma^2$，且作这样的假设不会冒大风险. 现设 $X_1,\cdots,X_{n_1}\sim\text{iid}N(\mu_1,\sigma^2)$，$Y_1,\cdots,Y_{n_2}\sim\text{iid}N(\mu_2,\sigma^2)$，且两样本相互独立. 我们要比较 μ_1 与 μ_2. 为此，讨论如下的假设检验问题：

$$H_0: \mu_1=\mu_2 \longleftrightarrow H_1: \mu_1\neq\mu_2. \tag{4.31}$$

对于这个假设检验问题，可以推导出其广义似然比否定域有如下形式：

$$\{(\boldsymbol{x},\boldsymbol{y}): |T(\boldsymbol{x},\boldsymbol{y})|>c\}, \tag{4.32}$$

其中

$$T(\boldsymbol{x},\boldsymbol{y}) = \frac{\bar{x}-\bar{y}}{\sqrt{\sum_{i=1}^{n_1}(x_1-\bar{x})^2+\sum_{i=1}^{n_2}(y_1-\bar{y})^2}}\sqrt{\frac{n_1 n_2(n_1+n_2-2)}{n_1+n_2}}. \tag{4.33}$$

现讨论对于给定的显著性水平 α，常数 c 如何确定？我们需要如下定理：

定理 4.1　设 $X_1,\cdots,X_{n_1}\sim \mathrm{iid}N(\mu_1,\sigma^2)$，$Y_1,\cdots,Y_{n_2}\sim \mathrm{iid}N(\mu_2,\sigma^2)$，且两样本相互独立，则在 $\mu_1=\mu_2$ 的假定之下，由(4.33)式给出的统计量 $T(\boldsymbol{X},\boldsymbol{Y})$ 的分布是自由度为 n_1+n_2-2 的 t **分布**.

证明　对 $\sum_{i=1}^{n_1}X_i^2$ 和 $\sum_{i=1}^{n_2}Y_i^2$ 作如下分解：

$$\sum_{i=1}^{n_1}X_i^2 = n_1\bar{X}^2+\sum_{i=1}^{n_1}(X_i-\bar{X})^2,$$

$$\sum_{i=1}^{n_2}Y_i^2 = n_2\bar{Y}^2+\sum_{i=1}^{n_2}(Y_i-\bar{Y})^2.$$

记 $\xi=\sum_{i=1}^{n_1}(X_i-\bar{X})^2$，$\eta=\sum_{i=1}^{n_2}(Y_i-\bar{Y})^2$. 由于两样本相互独立，因此 $\sum_{i=1}^{n}X_i^2$ 和 $\sum_{i=1}^{n}Y_i^2$ 是相互独立的随机变量. 再利用第七章定理 7.1 知，$\bar{X}$ 和 ξ 是相互独立的，$\bar{Y}$ 和 η 也是相互独立的. 这样这四个随机变量相互独立. 由于 ξ 和 η 的分布为 $\sigma^2\chi^2$ 分布，由 χ^2 分布的性质可知，$\xi+\eta$ 的分布也是 $\sigma^2\chi^2$ 分布，其自由度为 n_1+n_2-2. 在定理的假设之下，$\bar{X}-\bar{Y}\sim N(0,(1/n_1+1/n_2)\sigma^2)$. 这样，利用 t 分布的定义可知

$$T(\boldsymbol{X},\boldsymbol{Y}) = \frac{(\bar{X}-\bar{Y})/(\sigma\sqrt{1/n_1+1/n_2})}{\sqrt{(\xi+\eta)/[\sigma^2(n_1+n_2-2)]}}\sim t(n_1+n_2-2). \qquad \square$$

根据定理 4.1 的结论，对给定的显著性水平 α，否定域(4.32)中的常数 c 应取为 $t_{1-\alpha/2}(n_1+n_2-2)$.

例 4.5　现有两组数据：一组是病人服药后的胆固醇水平(称为处理组)，用 $x_i(i=1,\cdots,n_1)$ 表示；另一组是对照组的胆固醇水平，用 y_j $(j=1,\cdots,n_2)$ 表示. 两组的人数均为 32 人($n_1=n_2=32$). 测得其均值为：处理组 $\bar{x}=241.76$，对照组 $\bar{y}=224.62$；标准差为：处理组 $s_1=51.2808$，对照组 $s_2=36.2710$. 这时统计模型可写成 $X_1,\cdots,X_{n_1}\sim \mathrm{iid}N(\mu_1,\sigma_1^2)$，$Y_1,\cdots,Y_{n_2}\sim \mathrm{iid}N(\mu_2,\sigma_2^2)$. 在研究药效的问题中要分两步

走，首先要检查两个组的胆固醇水平的波动有没有差异，这可利用假设检验问题(4.20)进行检验，其相应的否定域由(4.28)给出，其中 u 和 v 的表达式由(4.23)式给出. 经计算，检验统计量的值为

$$\frac{u/(n_1-1)}{v/(n_2-1)}=1.9927,$$

而对显著性水平 $\alpha=0.05$，查 F 分布临界值表得 $F_{0.975}(31,31)=2.0486$，$F_{0.025}(31,31)=0.4881$，即检验统计量的值介于 0.4881 和 2.0486 之间，并不否定零假设，因此我们可以认为两组数据所对应的方差是相等的. 此时可建立如下的统计模型：

$$X_1,\cdots,X_{n_1}\sim \mathrm{iid}N(\mu_1,\sigma^2),\quad Y_1,\cdots,Y_{n_2}\sim \mathrm{iid}N(\mu_2,\sigma^2).$$

现在的实际问题变成下面的假设检验问题：

$$H_0:\ \mu_1\leqslant\mu_2\longleftrightarrow H_1:\ \mu_1>\mu_2. \tag{4.34}$$

这里将 $\mu_1\leqslant\mu_2$ 作为零假设，是因为只有否定了 $\mu_1\leqslant\mu_2$，才能得到"服药无效"的可靠结论. 这个问题与假设检验问题(4.31)稍有不同，但类似地可求出广义似然比检验统计量，它仍然是由(4.33)式给出，不过其否定域为

$$\{(\boldsymbol{x},\boldsymbol{y}):\ T(\boldsymbol{x},\boldsymbol{y})>t_{1-\alpha}(n_1+n_2-2)\}. \tag{4.35}$$

经计算，$T(\boldsymbol{x},\boldsymbol{y})=1.5436$，而查 t 分布临界值表得 $t_{1-\alpha}(n_1+n_2-2)=t_{0.975}(62)=1.6698(\alpha=0.05)$. 显然，不否定 H_0，即可认为药物对降低胆固醇水平有效. 但是，由于犯第二类错误的概率没法控制，这个结论不是很强的.

如果我们考虑假设检验问题

$$H_0:\ \mu_1\geqslant\mu_2\longleftrightarrow H_1:\ \mu_1>\mu_2. \tag{4.36}$$

类似的讨论也可得到不否定 H_0，即可以容忍吃药的效果不如不吃药的假定.

可见，从各种角度来分析这组数据，都得不到强有力的结论. 究其原因，数据质量太差. 在实际问题中会经常遇到这样的情况，这时既不能只看表面现象下结论，也不能乱套统计公式，必须对实际情况做进一步考查. 解决实际问题，不能像解决数学问题那样有唯一解，这就是统计学的特点.

5. 检验的 p 值

在假设检验中有两类不同的应用问题：一类是所谓决策性检验问

题，例如某采购员在确定是否接收一批产品的时候，需要考虑的假设检验问题. 具体地，如采购员在决定接受一批小包装的散装产品的时候，需要对包装的重量做的假设检验是决策性检验. 设一批产品的重量 $X_1,\cdots,X_n$ 的测量值为 $x_1,\cdots,x_n$，假定 $X_1,\cdots,X_n\sim \mathrm{iid}N(\mu,\sigma^2)$，相应的假设检验问题为

$$H_0: \mu\leqslant\mu_0 \longleftrightarrow H_1: \mu>\mu_0. \tag{4.37}$$

此处 $\mu\leqslant\mu_0$ 表示包装重量不合格. 现在假定假设检验的否定域已经确定，为

$$\mathscr{W}=\left\{\boldsymbol{x}: \frac{\sqrt{n}(\overline{x}-\mu_0)}{\hat{\sigma}}>c\right\},$$

其中 $\hat{\sigma}=\sqrt{\dfrac{1}{n-1}\sum\limits_{i=1}^{n}(x_1-\overline{x})^2}$，$c$ 是一个待定的常数. 作为采购员，他必须事先确定 c 的值，或显著性水平 α 的值. 因此，对于这类决策性检验问题，只需给定 α 的值，就可以进行检验了.

另一类是所谓的显著性检验问题，主要应用于科研领域中的数据分析. 设数据 $x_1,\cdots,x_n$ 是 $X_1,\cdots,X_n\sim \mathrm{iid}N(\mu,\sigma^2)$的一组观察值，相应的假设检验问题也是(4.37)，但是现在的目的不是像采购员那样，必须做出抉择. 现在的问题是：如果拒绝 H_0 的话，证据有多充分？这就是显著性检验问题.

通常，对一个假设检验问题，我们可以找到一系列不同水平的否定域 $\mathscr{W}_\alpha$(其中 α 可取一系列值). 为了解决显著性检验问题，我们需借助 $\mathscr{W}_\alpha$ 引入检验的 p 值概念.

定义 4.3　设 $\mathscr{W}_\alpha$ 是一个假设检验问题的一系列不同水平的否定域，又设$(x_1,\cdots,x_n)$是样本值. 使得样本值落入否定域 $\mathscr{W}_\alpha$ 的最小 α 称为检验的 **p 值**，记为 $p(x_1,\cdots,x_n)$.

此处需要说明的是：

(1) 只有给定检验方法以后，才能讨论检验的 p 值，即只有给定否定域系列 $\mathscr{W}_\alpha$ 以后，才能讨论检验的 p 值.

(2) 在 α 没有给定的时候，无法讨论犯第一类错误的概率. 在某些科研问题中，事先无法给出 α 的值. 当获得数据以后，计算这一个样本值的 p 值，根据这个 p 值，可以知道否定 H_0 的把握. 因此可以说，p 值

就是得到样本值以后否定 H_0 时犯第一类错误的概率.

在本小节开头所提到的采购员的例子中,α 是事先确定的,因此他否定 H_0 后犯第一类错误的概率是确定的. 现在假定样本值是 $x_1,\cdots,x_n$,并且否定了 H_0,接受了这一批产品(H_0 表示产品不合格),此时 p 值为

$$p(x_1,\cdots,x_n)$$
$$=P_{(\mu_0,\sigma^2)}\left(\frac{\sqrt{n}(\overline{X}-\mu_0)}{\sqrt{\dfrac{1}{n-1}\sum_{i=1}^{n}(X_i-\overline{X})^2}}>\frac{\sqrt{n}(\overline{x}-\mu_0)}{\sqrt{\dfrac{1}{n-1}\sum_{i=1}^{n}(x_i-\overline{x})^2}}\right).$$

若 p 值(当接受产品以后,p 值一定比 α 小)很小,采购员一定很高兴,因为即使事先设定的 α 等于 p,也会否定 H_0,这样他犯第一类错误的概率更小.

§8.5 关于比率的检验

比率问题是在实用问题中广泛存在的问题. 某药品对某种疾病的治愈率、发射导弹的成功率、武器击中目标的概率甚至登山运动成功的概率等都是涉及比率的问题. 关于比率的检验问题,我们也分单个总体和两个总体两种情况进行讨论.

1. 单总体比率的假设检验问题

设 $A_1,\cdots,A_n$ 是一独立重复事件序列. 我们要讨论的问题就是关于事件 A_i 的概率 $p=P(A_i)(i=1,\cdots,n)$的假设检验问题,也就是单总体**比率**的假设检验问题. 一般分为下列三个问题:

$$H_0:\ p\leqslant p_0\leftrightarrow H_1:\ p>p_0;\tag{5.1}$$
$$H_0:\ p\geqslant p_0\leftrightarrow H_1:\ p<p_0;\tag{5.2}$$
$$H_0:\ p=p_0\leftrightarrow H_1:\ p\neq p_0,\tag{5.3}$$

其中 p_0 是固定的常数.

在比率的假设检验中,我们首先要介绍的是**大样本方法**. 对于大样本方法,上述三个问题的处理方式都是类似的,我们只选择其中一种情况的实例,说明问题的解法. 关于其他两种情况的处理,可参照正态分布均值参数的单边假设检验和双边假设检验的处理方式做适当调整.

例 5.1　设调查对象是其母亲曾患有乳腺癌的年龄段为 50～54 岁的美国妇女. 已知在 10000 名被调查妇女中发现有 400 名患有乳腺癌，这一组数据是否跟美国全国相同年龄段的妇女乳腺癌发病率为 2%的结论相符合?

解　这是一个单总体比率的假设检验问题. 设一个个体患病的概率为 p. 已知观察了 $n=10000$ 个个体，发现患病人数 X 的值为 $x=400$. 相应的检验问题为

$$H_0: p = p_0 \longleftrightarrow H_1: p \neq p_0, \tag{5.4}$$

其中 $p_0=2\%$. X 可以看成 10000 次独立观察后得到患病人数的总和，利用中心极限定理可得

$$\frac{\sqrt{n}(X/n-p)}{\sqrt{p(1-p)}} \overset{\text{近似}}{\sim} N(0,1).$$

于是，在 H_0 的假定之下，有

$$\frac{\sqrt{n}(X/n-p_0)}{\sqrt{p_0(1-p_0)}} \overset{\text{近似}}{\sim} N(0,1). \tag{5.5}$$

因此，假设检验问题(5.4)的水平近似为 α 的否定域为

$$\left\{x: \left|\frac{\sqrt{n}(x/n-p_0)}{\sqrt{p_0(1-p_0)}}\right| > z_{1-\alpha/2}\right\}.$$

取 $\alpha=0.05$，查标准正态分布数值表得 $z_{1-\alpha/2}=1.96$. 经计算，得

$$\frac{\sqrt{n}(x/n-p_0)}{\sqrt{p_0(1-p_0)}} = \frac{100(0.04-0.02)}{\sqrt{0.02(1-0.02)}} = 14.28 > 1.96.$$

这个检验的结果属于高度显著，从而这组数据与美国全国相同年龄段的妇女乳腺癌发病率 2%极不匹配. 这说明，母亲患乳腺癌会对女儿患乳腺癌有影响.

例 5.1 中的方法是以正态逼近为基础的方法，它要求样本量比较大，并且在满足 $np_0 \geqslant 5$ 的条件之下才会有较好的效果.

当样本量较小的时候就应该用小样本方法. 现在介绍小样本方法. 设 $X \sim B(n,p)$，我们就假设检验问题

$$H_0: p \leqslant p_0 \longleftrightarrow H_1: p > p_0 \tag{5.6}$$

来讨论. 利用广义似然比方法可得到假设检验问题(5.6)的广义似然比

否定域具有形式$\{x: x\geqslant c\}$(见习题八的第 15 题). 这个否定域也符合统计直观. 当 p 比较小的时候, X 的值 x 相应地取小的值. 若把 p 比做工厂生产一个产品是不合格品的概率, X 就是工厂生产 n 个产品中的不合格品数, p 和 X 的这种关系是比较明显的. 因此, $\{x: x\geqslant c\}$作为否定零假设 $H_0: p\leqslant p_0$ 的否定域是很有道理的. 对于固定的显著性水平 α, 常数 c 必须满足

$$\sup_{p\leqslant p_0} P_p(X\geqslant c)\leqslant \alpha. \tag{5.7}$$

由于 $P_p(X\geqslant c)$是 p 的连续增函数(见习题八第 13 题), 因此条件(5.7)等价于

$$P_{p_0}(X\geqslant c)\leqslant \alpha. \tag{5.8}$$

常数 c 满足(5.8)式只说明似然比否定域$\{x: x\geqslant c\}$的水平为 α, 为了使假设检验犯第二类错误的概率尽可能小, 我们必须选择满足(5.8)式的最小的 c. 要在满足(5.8)式的 c 中选到最小的是不容易的事. 现在换一个角度来讨论此问题. 我们的目的是要确定一个否定域. 假设满足(5.8) 式的最小的 c 已经找到, 为 c_0, 即 c_0 满足

$$c_0=\inf\{c: P_{p_0}(X\geqslant c)\leqslant \alpha\}. \tag{5.9}$$

此时假设检验问题很容易解决. 记 x_0 为 X 的观察值. 我们只需考虑下面的判断"$x_0\geqslant c_0$".

当 $x_0\geqslant c_0$ 时, 表示 x_0 进入否定域. 可惜的是, c_0 的值很难确定[①], 我们无法通过这种方法进行检验. 但是, 若能够计算 $P_{p_0}(X\geqslant x_0)$的值, 那么我们可以通过下式是否成立来判断 x_0 是否不小于 c_0:

$$P_{p_0}(X\geqslant x_0)\leqslant \alpha. \tag{5.10}$$

事实上, 若 x_0 满足(5.10)式, 则 $x_0\geqslant c_0$ 必定成立; 反之, 若 x_0 不满足(5.10)式, 显然 x_0 必定比 c_0 小. 因此, 判断 x_0 是否在否定域中的问题, 转化为检验(5.10)式是否成立. 但是, $P_{p_0}(X\geqslant x_0)$的计算也是一个困难的任务, 这等于把一个难题转化为另一个难题. 现在来考虑下列关于 p 的方程的解:

---

① 今后, 读者在工作中利用统计软件, 可以很容易确定 c_0 的值. 此处介绍的方法是为了训练读者掌握统计思想. 正好像在中学中教学生掌握 $\sqrt{2}$ 的计算一样, 在实用中已经没有人利用手算方法计算开平方了.

$$P_p(X \geqslant x_0) = \alpha. \tag{5.11}$$

对于固定的 $x_0(x_0 \neq 0)$，作为 p 的函数 $P_p(X \geqslant x_0)$ 是 p 的连续增函数，并且当 p 趋于 0 时，这个函数的值也趋于 0；当 p 趋于 1 时，函数的值也趋于 1. 因此，这个关于 p 的方程必定有唯一解，记为 $p(x_0)$. 由于 $P_p(X \geqslant x_0)$ 为 p 的连续增函数，因此解 $p(x_0)$ 与 $P_{p_0}(X \geqslant x_0)$ 之间有如下关系：$P_{p_0}(X \geqslant x_0) \leqslant \alpha$ 可推知 $p(x_0) \geqslant p_0$，而 $P_{p_0}(X \geqslant x_0) > \alpha$ 可推知 $p(x_0) < p_0$. 这样，我们又可以把判断(5.10)式转化为下列等价的判断：

$$p(x_0) \geqslant p_0, \tag{5.12}$$

其中 $p(x_0)$ 是方程(5.11)的解. 而方程(5.11)的解具有下列形式的表达式(推导见文献[23]的第 130 页)：

$$p(x_0) = \left[1 + \frac{n - x_0 + 1}{x_0} F_{1-\alpha}(2(n - x_0 + 1), 2x_0)\right]^{-1}, \tag{5.13}$$

式中 $F_{1-\alpha}(2(n-x_0+1),2x_0)$ 是自由度为 $(2(n-x_0+1),2x_0)$ 的 F 分布的 $1-\alpha$ 分位数. 得到样本值 x_0 以后，要判断 x_0 是否落入否定域，只需利用(5.13)式计算 $p(x_0)$ 的值，并作判断“$p(x_0) \geqslant p_0$”. 若判断成立，就否定 H_0.

例 5.2 在对学生的一次调查中，调查的问题是学生在某课程的学习中是否在听课后进行课后复习. 记 p 为学生在课后用 1∶1 以上的时间进行复习的概率. 若 $p > p_0 = 0.9$，则认为这个班的学生对该课程是重视的. 已知在 132 份调查问卷中发现有 127 人在课后用 1∶1 以上时间进行复习，问：学生对该课程的学习是否重视？

解 这个问题是一个假设检验问题. 记 X 为 n 份学生问卷调查中在课后用 1∶1 以上的时间进行复习的人数，则 $X \sim B(n,p)$. 相应的假设检验问题为

$$H_0: p \leqslant p_0 \longleftrightarrow H_1: p > p_0.$$

现在 $n=132$，X 的观察值 $x_0=127$. 取 $\alpha=0.05$，利用(5.13)式，得

$$\begin{aligned} p(x_0) &= \left[1 + \frac{n - x_0 + 1}{x_0} F_{1-\alpha}(2(n - x_0 + 1), 2x_0)\right]^{-1} \\ &= \left[1 + \frac{132 - 127 + 1}{127} F_{0.95}(12, 254)\right]^{-1} = 0.9220. \end{aligned}$$

由于 $p(x_0)=0.9220>0.9=p_0$,因此否定了零假设 H_0: $p\leqslant 0.9$,即可以认为学生对该课程是重视的. 因犯第一类错误的概率控制在 $\alpha=0.05$ 内,故这个结论是很强的.

2. 两总体比较的假设检验问题

两个总体的比较问题在实际问题中是常见的. 例如,在教学工作中有两个班,一个是实验班,另一个是普通班,由同一个教员施教. 在某次教学检查中,需要比较两个班的优秀率. 设实验班的人数为 n_1,普通班的人数为 n_2,他们的优秀率分别为 p_1 和 p_2. 以 X 和 Y 分别表示两个班的优秀人数,则 $X\sim B(n_1,p_1)$,$Y\sim B(n_2,p_2)$. 这时可将比较两个总体的问题提成如下三种形式:

$$H_0:\ p_1\leqslant p_2\longleftrightarrow H_1:\ p_1>p_2, \tag{5.14}$$

$$H_0:\ p_1\geqslant p_2\longleftrightarrow H_1:\ p_1<p_2, \tag{5.15}$$

$$H_0:\ p_1=p_2\longleftrightarrow H_1:\ p_1\neq p_2. \tag{5.16}$$

在比较两个班的问题中,若问实验班的优秀率是否比普通班的高,此时应该用假设检验问题(5.14),即零假设为 $p_1\leqslant p_2$,因为一旦推翻了零假设,我们就会有很大的把握说实验班的优秀率比普通班高.

现在从基于正态逼近的大样本方法入手讨论假设检验问题(5.14). 设 X 和 Y 为两个相互独立的总体,$X\sim B(n_1,p_1)$,$Y\sim B(n_2,p_2)$. 考虑随机变量

$$\xi=\frac{\hat{p}_1-\hat{p}_2-(p_1-p_2)}{\sqrt{\hat{p}_1(1-\hat{p}_1)/n_1+\hat{p}_2(1-\hat{p}_2)/n_2}},$$

$$\eta=\frac{\hat{p}_1-\hat{p}_2}{\sqrt{\hat{p}_1(1-\hat{p}_1)/n_1+\hat{p}_2(1-\hat{p}_2)/n_2}},$$

式中 $\hat{p}_1=X/n_1$,$\hat{p}_2=Y/n_2$. 可以证明,当 n_1 和 n_2 很大时,ξ 的分布近似为 $N(0,1)$. 故对于给定的水平 $\alpha\in(0,1)$,下式成立:

$$P(\xi\geqslant z_{1-\alpha})\approx\alpha.$$

而在 H_0 的假定之下,$\eta\leqslant\xi$,因此 $P(\eta\geqslant z_{1-\alpha})\leqslant P(\xi\geqslant z_{1-\alpha})\approx\alpha$. 由此可知,$\{(x,y):\ \eta\geqslant z_{1-\alpha}\}$ 是假设检验问题(5.14)的水平近似为 α 的否定域.

假设检验问题(5.15)与(5.14)是类似的.事实上,只需把 Y 与 X 的位置对调以后,就可以把假设检验问题(5.15)化成假设检验问题(5.14) 来处理.可求得假设检验问题(5.15)的水平近似为 α 的否定域是$\{(x,y):-\eta\geqslant z_{1-\alpha}\}$,即

$$\{(x,y):\eta\leqslant z_{\alpha}\}.$$

现在讨论假设检验问题(5.16).此时考虑统计量

$$\zeta=\frac{\hat{p}_1-\hat{p}_2}{\sqrt{(1/n_1+1/n_2)\hat{p}(1-\hat{p})}},\tag{5.17}$$

其中 $\hat{p}=(n_1\hat{p}_1+n_2\hat{p}_2)/(n_1+n_2)$.可以证明,在 H_0 的假定之下,ζ 的分布当 n_1 和 n_2 很大时近似为 $N(0,1)$.因此,可用$\{(x,y):|\zeta|>z_{1-\alpha/2}\}$作为假设检验问题(5.16)的水平近似为 α 的否定域.

例 5.3　为了研究口服避孕药对 40～44 岁年龄段妇女心脏的影响,经调查显示在 5000 位使用口服避孕药的妇女中三年内出现心肌梗死的有 13 人,而在 10000 位不使用口服避孕药的妇女中三年内出现心肌梗死的有 7 人.试问:在显著性水平 $\alpha=0.01$ 下,口服避孕药是否对该年龄段妇女心脏有显著的影响?

解　用 p_1 表示该年龄段妇女服用口服避孕药导致三年内出现心肌梗死的概率,而用 p_2 表示不服口服避孕药的该年龄段妇女三年内出现心肌梗死的概率.考虑假设检验问题(5.16).使用(5.17)式给出的检验统计量 ζ,则对给定的显著性水平 α,否定域为$\{(x,y):|\zeta|>z_{1-\alpha/2}\}$.由

$$\hat{p}_1=13/5000=0.0026,\quad \hat{p}_2=7/10000=0.0007,$$
$$\hat{p}=(13+7)/15000=0.00133,$$

经计算得 $\zeta=3.01$.已知 $\alpha=0.01$,查标准正态分布数值表得 $z_{1-\alpha/2}=2.58$.由于 $\zeta=3.01>2.58$,可知服用口服避孕药对 40～44 岁年龄段妇女的心脏有显著影响.

现在介绍**两总体比较假设检验的 Fisher 精确法**.设 X 和 Y 为两个独立的总体,$X\sim B(n_1,p_1)$,$Y\sim B(n_2,p_2)$.我们还是以假设检验问题(5.14)为例来说明其方法.Fisher 精确法的思想是:在 $X+Y=t$ 固定的条件下,讨论 X 的分布(此时 $Y=t-X$ 不再起作用),寻找 X 的取值集合 $\mathscr{W}_t$ 作为假设检验问题的否定域.从直观上看,在 $X+Y=t$ 的条件下,p_2 的值保持固定,当 p_1 的值增大时,X 的值也随着

“增大”. 在 $X+Y=t$ 的条件下,X 的值只可能取 $0,1,\cdots,t$,共 $t+1$ 个值,因此否定域应取 $\mathscr{W}_t=\{x: x\geqslant x_0\}$ 的形式. 为了保证否定域的水平为 α,我们要寻找最小的 x_0,使得

$$\sup_{p_1\leqslant p_2} P(X\geqslant x_0\,|\,X+Y=t)\leqslant\alpha, \tag{5.18}$$

式中记号 P 表示在 X 的分布参数为 p_1,Y 的分布参数为 p_2 之下的概率(此处为了记号方便,参数(p_1,p_2)没有明显写出来,下同). 可以证明,对于固定的参数 p_2,$P(X\geqslant x_0\,|\,X+Y=t)$是 p_1 的增函数,因此(5.18)式等价于

$$\sup_{p_1=p_2} P(X\geqslant x_0\,|\,X+Y=t)\leqslant\alpha. \tag{5.19}$$

经计算,对于 $p_1=p_2=p$,有

$$\begin{aligned}P(X=x\,|\,X+Y=t)&=\frac{P(X=x,X+Y=t)}{P(X+Y=t)}=\frac{P(X=x,Y=t-x)}{P(X+Y=t)}\\&=\frac{\mathrm{C}_{n_1}^x p^x(1-p)^{n_1-x}\mathrm{C}_{n_2}^{t-x}p^{t-x}(1-p)^{n_2-(t-x)}}{\mathrm{C}_{n_1+n_2}^t p^t(1-p)^{n_1+n_2-t}}=\frac{\mathrm{C}_{n_1}^x\mathrm{C}_{n_2}^{t-x}}{\mathrm{C}_{n_1+n_2}^t}.\end{aligned}$$

由此可知

$$P(X\geqslant x_0\,|\,X+Y=t)=\sum_{x\geqslant x_0}\mathrm{C}_{n_1}^x\mathrm{C}_{n_2}^{t-x}\Big/\mathrm{C}_{n_1+n_2}^t.$$

又由于上式右边与 p 无关,可得

$$\sup_{p_1=p_2} P(X\geqslant x_0\,|\,X+Y=t)=\sum_{x\geqslant x_0}\mathrm{C}_{n_1}^x\mathrm{C}_{n_2}^{t-x}\Big/\mathrm{C}_{n_1+n_2}^t.$$

综上可知,水平为 α 的否定域具有形式$\{x: x\geqslant x_0\}$,其中 x_0 是满足下式的最小值:

$$\sum_{x\geqslant x_0}\mathrm{C}_{n_1}^x\mathrm{C}_{n_2}^{t-x}\Big/\mathrm{C}_{n_1+n_2}^t\leqslant\alpha. \tag{5.20}$$

当(5.20)式中的 x_0 已经求得,否定域就是$\{x: x\geqslant x_0\}$. 我们可以利用否定域$\{x: x\geqslant x_0\}$进行检验. 当样本观察值 x 大于或等于 x_0 时,就否定 H_0. 这样的操作有一个前提,就是事先必须通过(5.20)式把 x_0 解出来. 但是,求解 x_0 的计算量较大,在实际计算时很不方便. 现在换一个角度来解决这个问题. 我们的目的是要判断一个样本点是否落入否定域. 不难验证,X 的观察值 x 落入否定域$\{x: x\geqslant x_0\}$的充分必要条件是

$$\sum_{i\geqslant x}\mathrm{C}_{n_1}^i\mathrm{C}_{n_2}^{t-i}\Big/\mathrm{C}_{n_1+n_2}^t\leqslant\alpha. \tag{5.21}$$

这样,检查 x 是否落入否定域的问题变成验证 x 是否满足条件(5.21). 注意,X 的值不能超过 n_1,也不能超过 t,上式中分子的求和项数一共只有 $\min\{n_1,t\}-x+1$ 项. 在实际计算的时候,通常令

$$p(i)=\mathrm{C}_{n_1}^i\mathrm{C}_{n_2}^{t-i}/\mathrm{C}_{n_1+n_2}^t,$$

并利用下面的递推公式计算出所有的 $p(i)$：

$$p(i+1) = p(i)\,\frac{(n_1-i)(t-i)}{(i+1)(n_2-t+i+1)}.$$

当得到 x 的值以后，首先计算 $p(x)$；然后利用递推公式计算 $p(x+1)$，直到 $i=\min\{n_1,t\}$ 为止；最后把这些数相加，得到 $\sum_{i\geqslant x} \mathrm{C}_{n_1}^i\mathrm{C}_{n_2}^{t-i}\Big/\mathrm{C}_{n_1+n_2}^t$ 的值. 若这个值比 α 小，则否定 H_0；否则接受 H_0.

不难验证，若对每一个 t 的值，相应否定域的水平为 α，则总起来得到的否定域的水平也是 α.

例 5.4 某公安局有两个专案组，在过去的一年内，专案组甲接手了 25 个案子，结果破了 23 个；专案组乙接手了 35 个案子，破了 30 个. 从数据看，专案组甲的破案率 23/25＞专案组乙的破案率 30/35. 事情果真如此吗？（显著性水平 $\alpha=0.05$）

解 设专案组甲的破案率为 p_1，专案组乙的破案率为 p_2，以 X 表示专案组甲接手 n_1 个案子中破获的案子个数，以 Y 表示专案组乙接手 n_2 个案子中破获的案子个数，则 $X\sim B(n_1,p_1)$，$Y\sim B(n_2,p_2)$. 我们要检验的假设是(5.14)式.

已知 $n_1=25$，$n_2=35$，$t=23+30=53$，$x=23$. 我们利用(5.21)式作为否定 H_0 的判别准则. 判断(5.21)式是否成立的关键是计算

$$\sum_{i\geqslant x} p(i), \tag{5.22}$$

其中

$$p(i)=\mathrm{C}_{n_1}^i\mathrm{C}_{n_2}^{t-i}\Big/\mathrm{C}_{n_1+n_2}^t.$$

$p(i)$是超几何分布列，利用计算机软件直接计算得到

$$p(23) = 0.2522,\quad p(24) = 0.1051,\quad p(25) = 0.0174.$$

已知 $\alpha=0.05$，则 $\sum_{i=23}^{25} p(i) > \alpha$. 故不应否定假设 H_0：$p_1\leqslant p_2$，即不能由 23/25＞30/35 就断定专案组甲的破案率高于专案组乙的破案率.

在计算 $p(i)$的时候，也可以利用递推方法进行手工计算，但这是在不得已的情况下才使用的方法.

§8.6 拟合优度检验

在前面讨论的假设检验问题中，总是假定总体真分布属于某种类型的分布族（如正态分布族），然后对未知参数提出相应的假设检验问题，并且讨论的问题主要限于指数族分布. 现在讨论的问题就是关于这些总体分布假定的假设检验问题. 例如，一般情况下，我们假定总体为

正态分布，这些假定是根据以前的经验做出的. 现在的情况是，或者我们没有过去的经验，或者我们对过去的经验采取怀疑的态度，对过去的经验能否适用于目前的总体没有把握. 此时，我们需要利用数据验证我们的假定. 这类问题的任务是验证数据与假定是否拟合得很好，因此我们称这类问题为**拟合优度检验问题**.

拟合优度检验问题是一个假设检验问题，不过它有一个特点：它可以由一个零假设所确定. 设零假设为 H_0，它的对立假设就是 H_0 的对立面，非 H_0. 例如假设检验问题

$$H_0：总体分布为正态分布 \longleftrightarrow H_1：总体分布不是正态分布 \tag{6.1}$$

就是一个典型的拟合优度检验问题. 因此，拟合优度检验问题(6.1)也可以写成

$$H_0：总体分布为正态分布， \tag{6.2}$$

而 H_1 是不言自明的.

拟合优度检验问题的另一个特点是：由 H_0 所确定的分布集合总是比较小的，而 H_1 的范围则比较大. 也就是说，若分布 F 属于 H_0 所确定的分布集合，当其分布函数稍加变动后就进入 H_1 的范围，而 H_1 中的分布则不能，H_1 中的分布与 H_0 中的分布可能相差很远. 因此，下面的问题是不能提的：

$$H_0：总体分布不是正态分布 \longleftrightarrow H_1：总体分布是正态分布.$$

以上是关于拟合优度检验的概念介绍. 下面重点介绍拟合优度检验中常用的几种方法.

1. χ^2 检验

在拟合优度检验问题中也分简单假设检验问题和复杂假设检验问题. 不过此处的简单假设检验问题是指 H_0 中的分布是完全确定的，即 H_0 中只含有一个分布函数，其他的情况都称为复杂假设检验问题. 我们首先考虑简单假设检验问题. 设总体 X 的分布函数为 F（X 是取值于实数轴的非离散随机变量），$X_1,\cdots,X_n$ 为来自总体 X 的一个样本，F_0 为已知的分布函数. 考虑假设检验问题

$$H_0：F\equiv F_0 \longleftrightarrow H_1：F\neq F_0. \tag{6.3}$$

检验方法如下：在实数轴上选 m 个点，记为 $t_1<\cdots<t_m$. 这 m 个点将实

数轴分成 $m+1$ 个区间：

$$I_1=(-\infty,t_1],\quad I_2=(t_1,t_2],\quad \cdots,\quad I_{m+1}=(t_m,+\infty).$$

当然分割点 $t_1,\cdots,t_m$ 的选取要尽可能遵循可实际操作的两个原则：一是易于计算，例如 t_i 之间等间距；二是必须保证每个分割区间内有足够多的观察数据. 以 V_i 表示 $X_1,\cdots,X_n$ 落入第 i 个区间 I_i 的样本点数，以 p_i 表示在 H_0 成立的情况下 X 落入第 i 个区间的概率，于是

$$p_1=P_{H_0}(X\leqslant t_1)=F_0(t_1),$$

$$p_i=P_{H_0}(t_{i-1}<X\leqslant t_i)=F_0(t_i)-F_0(t_{i-1})\quad(i=2,\cdots,m),$$

$$p_{m+1}=P_{H_0}(X>t_m)=1-F_0(t_m).$$

由概率和频率的关系可知，当 H_0 成立且 n 很大时，$V_i/n-p_i$ 的值会很小，而且统计量

$$V=\sum_{i=1}^{m+1}\left(\frac{V_i}{n}-p_i\right)^2\frac{n}{p_i}$$

的值不应太大. 当 H_0 不成立时，就会有某一个指标 i，使得 V_i/n 的值与 p_i 的差别保持在一个大于 0 的值，此时 V 中的相应的项 $\left(\frac{V_i}{n}-p_i\right)^2\frac{n}{p_i}$ 当 n 很大时就取很大的值. 因此，可取 $\{\boldsymbol{x}:\ v>c\}$ 作为拟合优度检验问题(6.3)的否定域，其中 v 为统计量 V 的值. 否定域中的待定常数 c 应怎么确定呢？现在设显著性水平 α 为确定的值，我们希望找到 c 的值，使得

$$P_{H_0}(V>c)=\alpha.$$

可以证明，在 H_0 成立的条件下，当 n 充分大时，V 的分布近似地为 m 个自由度的 χ^2 **分布**. 取 $c=\chi^2_{1-\alpha}(m)$，就可以使 $P_{H_0}(V>c)\approx\alpha$. 为了便于计算，$V$ 的值 v 可以写成下列的形式：

$$v=\sum_{i=1}^{m+1}\frac{(v_i-np_i)^2}{np_i},\tag{6.4}$$

其中 v_i 为 V_i 的观察值.

由于 V 的渐近分布为 χ^2 分布，上述求解假设检验问题(6.3)的方法也称为 χ^2 **检验**.

例 6.1　某工厂 5 年来共发生了 63 次事故，按星期几(假定工厂

实行一周 6 日工作制)分类如表 8.6.1 所示.问:发生事故与星期几有没有关系?

表 8.6.1 工厂事故统计表

星期几	一	二	三	四	五	六
次数	9	10	11	8	13	12

解析 一般认为事故有周期现象,特别像交通事故,周末由于休闲等原因会影响事故的发生率.因此,工厂领导特别关心事故与星期几有没有关系.记 X 为一次事故发生的日子,用星期几来表示.如若事故发生于星期一,则 $X=1$;若事故发生在星期六,则 $X=6$.于是,X 是一个离散型随机变量,取值范围为 $1,\cdots,6$.若工厂的事故的发生与星期几无关,则 X 的分布应该是在 $1,\cdots,6$ 上均匀分布.记 F_0 为在 $1,\cdots,6$ 上的均匀分布.为了解决工厂领导关心的问题,我们提出下列假设检验问题:

$$H_0: F\equiv F_0 \longleftrightarrow H_1: F\not\equiv F_0,$$

此处 F 为 X 的分布.取 V_i 为星期 i 发生的事故数,$p_i=P_{H_0}(X=i)=\frac{1}{6}(i=1,\cdots,6)$.在 H_0 成立的条件之下,$V=\sum_{i=1}^{6}\frac{(V_i-np_i)^2}{np_i}$ 近似地服从自由度为 6−1 的 χ^2 分布,其中 n 是该工厂 5 年来的事故总数($n=63$).于是,选 V 作为检验统计量,对应的水平为 α 的否定域为

$$\mathscr{W}=\{\boldsymbol{x}: v>\chi^2_{1-\alpha}(5)\}.$$

经计算,V 的值为 $v=\sum_{i=1}^{6}\left(\frac{v_i}{n}-\frac{1}{6}\right)^2\times 6n=1.67$.若取 $\alpha=0.05$,查 χ^2 分布临界值表得 $\chi^2_{1-\alpha}(5)=11.07$.因 $v=1.67<11.07=\chi^2_{1-\alpha}(5)$,故没有否定零假设.因此,没有理由认为工厂的事故与星期几有关.

例 6.2 下面是由某计算机产生的一组标准正态随机数:

−0.24626, −0.14574, −1.169, −0.022011, 0.61828, 1.8659, 0.081875, 1.608, −0.38067, −1.2996, −0.72396, −0.56498, 0.62166, −1.3355, −0.12311, −1.1028, −2.7532, 0.25202, −0.85815, 1.1354, 0.29791, 1.1543, 1.0461, 2.1269, −0.65577,

$-1.1424, 0.94904, -0.40461, -0.38433, 0.48202.$

检验这组数据是否来自标准正态分布.

解　设上述数据是总体 X 的样本 $X_1, \cdots, X_n (n=30)$ 的观察值,并记 X 的分布为 F,则要检验的问题是:

$$H_0: F \equiv N(0,1) \longleftrightarrow H_1: F \not\equiv N(0,1).$$

这批数据不像上一例中那样有自然的分割区间,只能自由地确定分割点.不过也要遵循一些规则,例如每个分割的区间内应至少含有 4 或 5 个样本点.现在情况下可将 $-1.6, -0.8, 0, 0.8, 1.6$ 作为分割点,分割点个数 $m=5$.由这些分割点可构造 $m+1=6$ 个区间 $I_i (i=1, \cdots, 6)$,取 v_i 表示观察值 $x_1, \cdots, x_n$ 落入区间 I_i 的个数,p_i 表示按标准正态分布计算 X 落入区间 I_i 的概率,$i=1, \cdots, 6$.得到所有 v_i 和 p_i 之后,按公式(6.4)求 V 的值,其中有关的计算见表 8.6.2.最后经计算得到 $v=7.43$,而对于 $\alpha=0.05$,查 χ^2 分布临界值表得 $\chi^2_{1-\alpha}(5)=11.07$,故 V 的值 v 并没有进入否定域 $\{\boldsymbol{x}: v>\chi^2_{1-\alpha}(5)\}$,即可认为这组数与标准正态分布拟合得不错,从而可认为数据来自标准正态分布.

表 8.6.2　例 6.2 有关的计算结果

i	1	2	3	4	5	6
I_i	$(-\infty, -1.6]$	$(-1.6, -0.8]$	$(-0.8, 0]$	$(0, 0.8]$	$(-0.8, 1.6]$	$(1.6, +\infty)$
v_i	4	3	11	5	4	3
p_i	0.0548	0.1571	0.2881	0.2881	0.1571	0.0548
np_i	1.644	4.713	8.643	8.643	4.713	1.644
v_i-np_i	2.356	-1.713	2.357	-3.643	-0.713	1.356

上面讨论的问题中的零假设都是简单假设,即 H_0 完全确定了总体的分布.通常的拟合问题都不是这种简单的情况.拟合问题的一般提法是:总体 X 的分布 F 是否属于分布族 $\mathscr{F}_0=\{F(x,\theta): \theta\in\Theta\}$? 将这个问题提成假设检验问题,就是

$$H_0: X \text{ 的分布 } F\in\mathscr{F}_0 \longleftrightarrow H_1: X \text{ 的分布 } F\overline{\in}\mathscr{F}_0. \qquad (6.5)$$

例如,"这一组数据是否来自正态总体?"就是这样的问题.对于这样的问题,我们也可用 χ^2 检验法解决.通常采取以下步骤(设 $(x_1, \cdots, x_n)$ 为总体 X 的一组观察值):

(1) 在 H_0 的假定之下,求出参数 θ 的 ML 估计 $\hat{\theta}(x_1,\cdots,x_n)$.

(2) 和简单假设检验的情况一样,先在$(-\infty,+\infty)$上取 m 个点 $t_1<\cdots<t_m$,这些点形成 $m+1$ 个区间: $I_1,\cdots,I_{m+1}$;然后计算 v_i 和 $\hat{p}_i$,其中 v_i 的计算公式和简单假设检验时的公式完全一样,$\hat{p}_i$ 的计算公式的形式也与简单假设检验时 p_i 的公式一样:

$$\hat{p}_1 = F(t_1,\hat{\theta}),$$
$$\hat{p}_i = F(t_i,\hat{\theta}) - F(t_{i-1},\hat{\theta}) \quad (i=2,\cdots,m),$$
$$\hat{p}_{m+1} = 1 - F(t_m,\hat{\theta});$$

最后选用的检验统计量 V 的形式也和简单假设检验时一样:

$$V = \sum_{i=1}^{m+1} \frac{(V_i - n\hat{p}_i)^2}{n\hat{p}_i}.$$

(3) 不过水平为 α 的否定域$\{\boldsymbol{x}: v>c\}$中常数 c 稍有变化,原来是取 c 为 m 个自由度的 χ^2 分布的 $1-\alpha$ 分位数 $\chi^2_{1-\alpha}(m)$,现在要取 c 为 $m-k$ 个自由度的 χ^2 分布的 $1-\alpha$ 分位数 $\chi^2_{1-\alpha}(m-k)$,其中 k 是参数 θ 的维数. 例如,在正态分布的拟合优度检验时,参数为 $\theta=(\mu,\sigma^2)$,此时 $k=2$. 当计算得到 $v>\chi^2_{1-\alpha}(m-k)$时,拒绝 H_0;当 $v\leqslant\chi^2_{1-\alpha}(m-k)$时,接受 H_0.

例 6.3 设某人对一块放射性物质进行观察,记录每 20 秒所放射出的 α 粒子的数目. 表 8.6.3 是 500 次独立观察的记录. 根据理论,在一个单位时间内,放射性物质所放射出的粒子数目的分布为泊松分布. 试问: 在显著性水平 $\alpha=0.05$ 下,上述一组观察数据是否支持这个理论?

表 8.6.3 放射性物质观察记录

放射出粒子数 i	0	1	2	3	4	5	6	7	8	9	10	12
观察到的次数 v_i	14	35	70	105	102	81	52	23	8	5	4	1

解 为回答这个问题我们把它提成一个拟合优度检验问题. 记 X 为 20 秒内放射的粒子数. 令 $p(x)$为 X 的分布列,即

$$P(X=x) = p(x) \quad (x=0,1,\cdots).$$

记

$$p_0(x,\lambda)=\frac{\lambda^x}{x!}\exp\{-\lambda\}\quad(x=0,1,\cdots),$$

则$\{p_0(x,\lambda),\lambda>0\}$为泊松分布族. 拟合优度检验问题为

$$H_0: p(x)\in\{p_0(x,\lambda),\lambda>0\}\longleftrightarrow H_1: p(x)\text{不是泊松分布}. \quad (6.6)$$

这个拟合优度检验问题是一个复杂拟合优度检验问题,我们分三步对其进行讨论:

(1) 在 H_0 的假定之下,求 λ 的 ML 估计. 设 X 的观察值为 x_i, $i=1,\cdots,n(n=500)$,则似然函数为

$$L(\lambda)=\frac{1}{x_1!\cdots x_n!}\lambda^{\sum\limits_{i=1}^{n}x_i}\exp\{-n\lambda\}.$$

求似然函数的最大值点,得 $\hat{\lambda}=\frac{1}{n}\sum\limits_{i=1}^{n}x_i$. 利用表 8.6.3 中的数据,得

$$\hat{\lambda}=\frac{1}{n}\sum_{i=1}^{12}iv_i=3.874.$$

注意,表 8.6.3 中的 v_i 是观察值中为 i 的个数,是事件$\{X=i\}$出现的频数. 对于离散型随机变量,通常在整理数据时,不会把所有观察到的 X 的值都列出,而是把 X 所有取值的频数列出. 由似然函数求得的 λ 的 ML 估计 $\hat{\lambda}=\frac{1}{n}\sum\limits_{i=1}^{n}x_i$,而$\sum\limits_{i=1}^{n}x_i=\sum\limits_{j=1}^{12}jv_j$.

我们将由 $\hat{\lambda}=3.874$ 计算得到的 X 的概率分布估计与这组样本观察值的频率作比较,见图 8.6.1(以 X 的取值 x 为横坐标,以 X 取值的概率 p 和频率 ν 为纵坐标. 图中横轴上 $X=i$ 处左边的条形图的高度是 $X=i$ 的概率,右边是 $X=i$ 的频率). 由图形看出,用泊松分布拟合数据是很好的. 但是我们还要进行拟合优度检验.

(2) 由于 X 的分布为离散分布,我们很自然地把 X 的每个取值作为一个类. 又由于 $X=10$ 和 $X=12$ 出现的频数很小,我们把 X 取值大于或等于 10 的归成一类. 利用公式

$$\hat{p}_i=\frac{\hat{\lambda}^i}{i!}\exp\{-\hat{\lambda}\}\quad(i=0,1,\cdots,9),$$

$$\hat{p}_{10}=1-\sum_{i=0}^{9}\hat{p}_i,$$

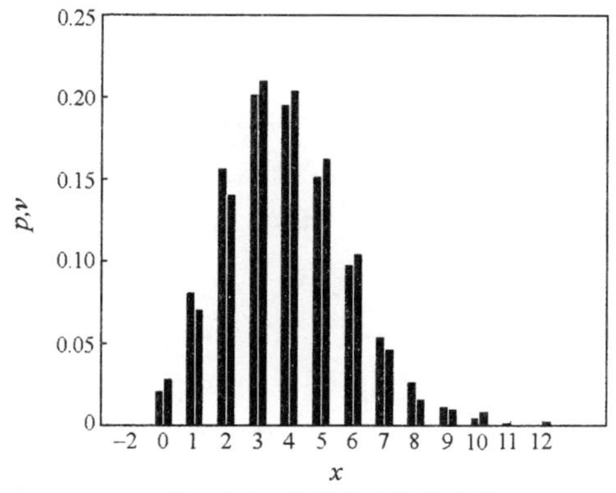

图 8.6.1 泊松分布的拟合图

计算出所有 $\hat{p}_i$ 的值. 再计算检验统计量

$$V=\sum_{i=0}^{10}\frac{(V_i-n\hat{p}_i)^2}{n\hat{p}_i}$$

的值,得 $v=7.275$.

(3) 已知 $\alpha=0.05$,查 χ^2 分布临界值表(附表 3)得 $\chi^2_{1-\alpha}(9)=\chi^2_{0.95}(9)=16.9$(自由度 9 是这样算得的: 类总数 $-k-1=11-1-1=9$). 由于 $v<16.9$,v 没有落入否定域,故不能否定零假设,即可以认为放射粒子数的分布为泊松分布.

下面讨论的问题是一个实际问题.

例 6.4 某车间生产一批滚珠,从中随机地抽取 50 个产品,测得它们的直径的数据如表 8.6.4 所示. 问: 在显著性水平 $\alpha=0.05$ 下,这组数据是否服从正态分布?

表 8.6.4 滚珠直径的观察记录 (单位: mm)

15.0	15.8	15.2	15.1	15.9	14.7	14.8	15.5	15.6	15.3
15.1	15.3	15.0	15.6	15.7	15.8	14.5	14.2	14.9	14.9
15.2	15.0	15.3	15.6	15.1	14.9	14.2	14.6	15.8	15.2
15.9	15.2	15.0	14.9	14.8	14.5	15.1	15.5	15.5	15.1
15.1	15.0	15.3	14.7	14.5	15.5	15.0	14.7	14.6	14.2

解析 这个问题是典型的拟合优度检验问题. 在正态分布的假定

之下，经计算，这组数据的均值和标准差 σ 的估计为

$$\hat{\mu}=15.098,\quad \hat{\sigma}=0.4379.$$

为了直观地了解数据与正态分布拟合的情况，可以将正态分布 $N(\hat{\mu},\hat{\sigma})$ 的分布密度与上述数据对应的直方图画在一张图上（图 8.6.2）. 50 个数据的最小值是 14.2，最大值是 15.9. 为了画出直方图，取 $[a,b]=[14.05,16.15]$，并将其 7 等分，得到 $[a,b]$ 的 6 个分点，它们是 $t_1=14.35$，$t_2=14.65$，$t_3=14.95$，$t_4=15.25$，$t_5=15.55$，$t_6=15.85$. 这 6 个分点又将实数轴分割成 7 个区间，计算出样本点（观察值）落入各区间的频数 v_i，最后画出直方图（图 8.6.2，其中第 i 个直方图条块的宽度为 Δ_i，高度为 $v_i/(n\Delta_i)$）. 由图看出，正态曲线与数据拟合得还不错. 但直方图比较粗糙，与正态曲线不是很像，造成这种粗糙近似的主要原因是数据不够多.

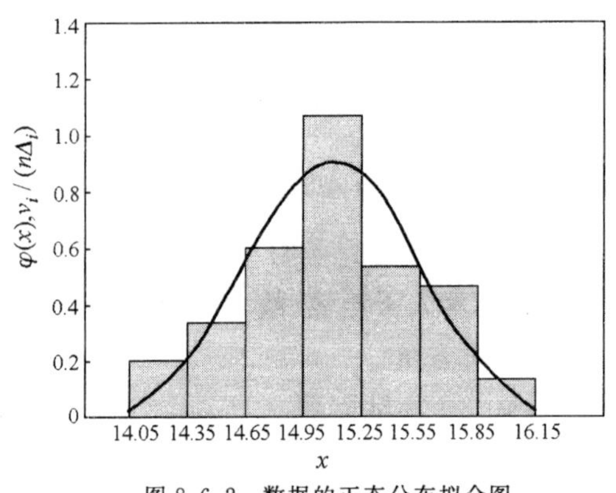

图 8.6.2 数据的正态分布拟合图

为了在数量上刻画拟合程度，我们对正态分布的假设进行检验. 拟合优度检验问题是

H_0：滚珠直径的分布是正态分布 $\longleftrightarrow$ H_1：滚珠直径的分布不是正态分布.

检验的有关数据列于表 8.6.5，其中的 $\hat{p}_i$ 是拟合的正态变量落入 7 个区间的概率.

由表 8.6.5 计算检验统计量的值得

$$v=\sum_{i=0}^{6}\frac{(n\hat{p}_i-v_i)^2}{n\hat{p}_i}=2.2686.$$

已知 $\alpha=0.05$，查 χ^2 分布临界值表得 $\chi^2_{1-\alpha}(6-2)=\chi^2_{0.95}(4)=9.49$. 因 $v=2.2686<9.49=\chi^2_{0.95}(4)$，故不能否定 H_0，即可以认为这组数据来自正态分布.

表 8.6.5 滚珠直径数据的 χ^2 检验计算表

i	1	2	3	4	5	6	7
$\hat{p}_i$	0.044	0.109	0.215	0.268	0.213	0.108	0.043
$n\hat{p}_i$	2.191	5.467	10.73	13.40	10.66	5.402	2.149
v_i	3	5	9	16	8	7	2
$n\hat{p}_i-v_i$	−0.81	0.467	1.727	−2.6	2.663	−1.6	0.149
$\frac{(n\hat{p}_i-v_i)^2}{n\hat{p}_i}$	0.299	0.040	0.278	0.504	0.665	0.473	0.010

χ^2 检验是拟合优度检验中十分有效并且使用广泛的方法，它是基于多项分布的检验. 通常我们称 $F(x,\hat{\theta})$ 为拟合分布. 在进行 χ^2 检验时，首先将横轴划分成 $m+1$ 个区间 $I_i(i=1,\cdots,m+1)$，再计算拟合分布 $F(x,\hat{\theta})$ 在各个区间 I_i 的概率 $\hat{p}_i=F(t_i,\hat{\theta})-F(t_{i-1},\hat{\theta}),i=1,\cdots,m+1$. 同时计算样本点落入各个区间 I_i 的频数 v_i. 若频数 v_i 与拟合概率 $\hat{p}_i$ 匹配得很好，相应的检验统计量 V 的值就很小，就越不容易否定 H_0. 这种方法也有缺点，当分点确定以后，若总体 X 的 v_i 与 $\hat{p}_i$ 匹配得好，不管总体是否在 H_0 中，χ^2 检验是检查不出来的. 下面介绍一种柯氏检验法. 对于连续分布，柯氏检验法比 χ^2 检验更好些.

2. 柯氏检验法

设总体 X 的分布是未知的 $F(x)$，$X_1,\cdots,X_n$ 是来自 X 的一个样本，$F_0(x)$ 是一个已知的分布函数. 我们讨论假设检验问题：

$$H_0: F(x)\equiv F_0(x)\longleftrightarrow H_1: F(x)\not\equiv F_0(x). \tag{6.7}$$

下面我们用求解置信区间中的枢轴量方法来解决这个问题. 枢轴量是指一个含参数的随机变量，它的分布与参数无关. 例如，对于方差已知情况下的正态总体 $N(\mu,1)$，$\mu\in(-\infty,+\infty)$，设 $X_1,\cdots,X_n$ 是总体的样本，则随机变量 $\overline{X}-\mu$ 是一个枢轴量. 现在的情况下，只能把分布函

数 $F(x)$ 本身看成参数. 为了构造枢轴量,我们需找一个 $F(x)$ 的估计量. 对于固定的 x,由 $F(x)$ 的定义知,$F(x)=P(X\leqslant x)$,即 $F(x)$ 是事件 $\{X\leqslant x\}$ 的概率,从而 $F(x)$ 的一个自然的估计是 $\frac{1}{n}\sum_{i=1}^{n}I_{(X_i\leqslant x)}$,它是随机事件 $\{X\leqslant x\}$ 出现的频率. 为此,先引入经验分布函数的概念.

定义 6.1　设 $X_1,\cdots,X_n\sim \mathrm{iid}F(x)$,称

$$F_n(x)=\frac{1}{n}\sum_{i=1}^{n}I_{(X_i\leqslant x)}$$

为**经验分布函数**.

经验分布函数是统计学中十分重要的统计量. $F_n(x)$ 有一个直观的表达式

$$F_n(x)=\begin{cases}0, & x<X_{(1)},\\ \dfrac{k}{n}, & X_{(k)}\leqslant x<X_{(k+1)},\ k=1,\cdots,n-1,\\ 1, & x\geqslant X_{(n)},\end{cases}$$

式中 $X_{(1)}\leqslant X_{(2)}\leqslant\cdots\leqslant X_{(n)}$ 是样本 $X_1,\cdots,X_n$ 经过排序后的统计量(称为**次序统计量**). $F_n(x)$ 的上述分段表达式说明,$X_{(1)}\leqslant X_{(2)}\leqslant\cdots\leqslant X_{(n)}$ 将实数轴分成 $n+1$ 个区间,在每个区间上 $F_n(x)$ 是常数,并且 $F_n(x)$ 在实数轴上是非减右连续函数. 由表达式还可以看出,$x=X_{(i)}$ 是 $F_n(x)$ 的跳跃间断点,在跳跃点 $X_{(i)}$ 上的跳跃度为 $1/n$.

经验分布函数有许多重要的性质,现在我们介绍它的主要性质.

对于 $X_1,\cdots,X_n$ 的给定值,$F_n(x)$ 是一个分布函数,分布函数的质量都均匀地放在样本点 $X_{(1)},\cdots,X_{(n)}$ 上,分布 $F_n(x)$ 在 X 的每个观察点 $x_{(i)}$ 上的质量为 $1/n$. 因此,$F_n(x)$ 是一个依赖于样本的分布函数. 由于总体的分布未知,$F_n(x)$ 可以看成未知分布函数 $F(x)$ 的估计量. 实际上,通常的参数估计中对未知参数 θ 的估计 $\hat{\theta}$ 也是对总体分布的估计.

从最大似然估计的角度看,经验分布函数 $F_n(x)$ 作为 $F(x)$ 的估计还符合最大似然估计的定义. 对于每一个固定的样本,计算在不同总体分布的假定之下取这组样本点的概率,这个概率的值就是似然函数的值. 当总体分布为 $F_n(x)$ 时,这个似然值达到最大. 因此,按最大似然估计的定义,未知分布 $F(x)$ 的最大似然估计是经验分布函数 $F_n(x)$.

现在考虑随机变量

$$D_n = \sup_{-\infty<x<+\infty} |F_n(x) - F(x)|. \tag{6.8}$$

D_n 的表达式中具有两个部分：一部分为 $F(x)$，这是未知的参数部分；另一部分为 $F_n(x)$，它只依赖于样本. 在这种意义下，D_n 就像枢轴量. 对于 D_n，下列引理成立：

引理 6.1 设 $X_1,\cdots,X_n \sim \text{iid} F(x)$，则由(6.8)式给出的 D_n 满足

$$D_n \xrightarrow{P} 0 \quad (n\to\infty).$$

我们在此省略了引理的证明. 现在考虑假设检验问题(6.7)，并且考虑统计量

$$D_n = \sup_{-\infty<x<+\infty} |F_n(x) - F_0(x)|. \tag{6.9}$$

注意(6.9)式和(6.8)式在概念上有本质的区别，但此处用同一个记号 D_n 表示，希望不要把不同的概念混淆了. 在(6.8)式中，$F(x)$是总体分布(未知)，因此其中的 D_n 不是统计量而是一个含参数的随机变量；在(6.9)式中，F_0 是固定的已知分布函数，因此这时 D_n 是一个统计量，这个统计量称为**柯尔莫哥洛夫检验统计量**. 有些统计工作者也称 D_n 为**分歧度**，因为它刻画了 F_n 与 F_0 的差异程度. 在 H_0 成立的条件下，利用引理 6.1 可得 $D_n \xrightarrow{P} 0(n\to\infty)$；在 H_1 成立的条件下，结论 $D_n \xrightarrow{P} 0(n\to\infty)$不成立. 由此引导我们使用下列形式的否定域：

$$\{\boldsymbol{x}:\ D_n > \lambda\}, \tag{6.10}$$

其中 λ 为待定的临界值，D_n 是由(6.9)式给出的统计量而不是(6.8)式给出的随机变量.

现在的问题是如何得到临界值 λ. 对于固定的水平 α，需要找 λ，使得在零假设 H_0 之下，下式成立：

$$P(D_n > \lambda) = \alpha. \tag{6.11}$$

若 D_n 的分布与 F_0 有关的话，求解方程(6.11)就变得十分困难. 好在在连续总体的条件之下，由下面的引理可保证 D_n 的分布是与 F_0 无关的.

引理 6.2 设 D_n 是由(6.8)式给出的随机变量，若总体的分布函数为连续函数，则 D_n 的分布是与总体分布无关的.(证明略)

这个结论给我们提供了很大的方便，对于不同的 F_0($F_0(x)$为连续函数)，进行拟合优度检验时，只需构造一个临界值表即可. 本书末附有

临界值表备查,至于 D_n 服从什么分布,在此不作讨论.当样本量很大时,1933 年柯尔莫哥洛夫得到了下面著名的定理.

定理 6.1 设 X 的分布函数为连续函数,则

$$\lim_{n\to\infty}P(\sqrt{n}D_n\leqslant x)=Q(x),$$

其中

$$Q(x)=\begin{cases}\displaystyle\sum_{k=-\infty}^{\infty}(-1)^k\exp\{-2k^2x^2\}, & x>0,\\ 0, & x\leqslant 0.\end{cases}$$

由于这个定理,上述的拟合优度检验方法命名为**柯尔莫哥洛夫检验法**(简称**柯氏检验法**).在本书的柯氏检验临界值表(附表 5)中,$n\geqslant 40$ 时的值就是借助于定理 6.1 的结论得到的.

为了应用否定域(6.10),我们还要指出统计量 D_n 的值的计算公式.事实上,D_n 的值可由下列公式计算:

$$D_n=\max_{1\leqslant k\leqslant n}\max\left\{\frac{k}{n}-F_0(x_{(k)}),F_0(x_{(k)}-)-\frac{k-1}{n}\right\}^{①}. \quad (6.12)$$

下面我们用例子说明柯氏检验法的实施过程.

例 6.5 设表 8.6.6 的数据是一组病人的血糖值记录,问:在显著性水平 $\alpha=0.05$ 下,这组数据是否来自正态分布 $N(104,21^2)$?

表 8.6.6 病人血糖值的观察记录 (单位:mg/dL)

194.8	101.4	101.5	98.1	98.6	98.2	109.3	127.0
87.6	108.7	117.4	98.7	113.5	105.6	78.6	104.0
132.3	86.0	94.8	82.9	85.4	111.0	97.0	105.0
107.5	124.6	96.1	89.2	95.8	86.0	83.5	

解 设这组数据来自总体 X,则我们要检验的问题是

$$H_0: X\sim N(104,21^2)\longleftrightarrow H_1: X\text{ 的分布不是 }N(104,21^2).$$

考虑用柯氏检验法进行检验.关于柯氏检验计算的过程见表 8.6.7,表中最后两行分别为 $k/n-F_0(x_{(k)})$ 和 $F_0(x_{(k)})-(k-1)/n$ 的值.由这两行看出绝对值最大者为0.176(实际上更精确一点的数值是 0.1759).由公式(6.12)知,这个值就是 D_n 的值.已知 $\alpha=0.05$,查柯氏检验临界值表得 $\lambda=0.238$. D_n 的值没有超过 λ 的值,即不能否定 H_0,

① 记号 $F_0(x-)$ 表示函数 F_0 在 x 处的左极限.当 F_0 为连续函数时,$F_0(x-)$ 就是 $F_0(x)$.

因此可以认为病人组的血糖值来自正态分布$N(104,21^2)$.由计算过程可以看出,现代统计计算已经不适合于人工手工操作,需依赖于计算机或统计软件.

表 8.6.7 柯氏检验计算过程的数据表

k	1	2	3	4	5	6
$x_{(k)}$	78.6	82.9	83.5	85.4	86	86
$F_0(x_{(k)})$	0.113	0.158	0.164	0.188	0.196	0.196
$k/n-F_0$	−0.08	−0.09	−0.07	−0.06	−0.03	−0.00
$F_0-(k-1)/n$	0.113	0.125	0.100	0.091	0.067	0.034
k	7	8	9	10	11	12
$x_{(k)}$	87.6	89.2	94.8	95.8	96.1	97
$F_0(x_{(k)})$	0.217	0.240	0.331	0.348	0.353	0.369
$k/n-F_0$	−0.04	0.008	0.018	−0.03	0.002	0.018
$F_0-(k-1)/n$	0.024	0.015	0.073	0.058	0.031	0.015
k	13	14	15	16	17	18
$x_{(k)}$	98.1	98.2	98.6	98.7	101.4	101.5
$F_0(x_{(k)})$	0.389	0.391	0.399	0.400	0.451	0.453
$k/n-F_0$	0.030	0.060	0.085	0.116	0.098	0.128
$F_0-(k-1)/n$	0.002	−0.03	−0.05	−0.08	−0.07	−0.09
k	19	20	21	22	23	24
$x_{(k)}$	104	105	105.6	107.5	108.7	109.3
$F_0(x_{(k)})$	0.5	0.519	0.530	0.566	0.589	0.6
$k/n-F_0$	0.113	0.126	0.147	0.144	0.153	0.175
$F_0-(k-1)/n$	−0.08	−0.09	−0.11	−0.11	−0.12	−0.14
k	25	26	27	28	29	30
$x_{(k)}$	111	113.5	117.4	124.6	127	132.3
$F_0(x_{(k)})$	0.631	0.675	0.738	0.837	0.863	0.911
$k/n-F_0$	0.176	0.164	0.133	0.067	0.072	0.057
$F_0-(k-1)/n$	−0.14	−0.13	−0.10	−0.03	−0.04	−0.02
k	31					
$x_{(k)}$	194.8					
$F_0(x_{(k)})$	0.999					
$k/n-F_0$	0.000					
$F_0-(k-1)/n$	0.032					

我们知道,实际的拟合优度检验往往不是拟合一个分布,而是拟合一个分布族的问题.例如,在处理一组数据时,人们希望用正态分布去处理.但是,这个分布是不是正态总体?这就是一个拟合优度检验问题,且其零假设是一个"复杂假设".对于这样的假设检验问题,除了可用前面提到的 χ^2 检验外,也可用柯氏检验法.我们以正态总体的假设为例说明该检验方法.设零假设为 H_0:X 的分布为正态总体 $N(\mu,\sigma^2)$,$\mu\in(-\infty,+\infty)$,$\sigma^2>0$.检验的步骤是:首先,在 H_0 的假定之下,求出参数 μ 和 σ^2 的 ML 估计 $\hat{\mu}$ 和 $\widehat{\sigma^2}$;然后,以 $(\hat{\mu},\widehat{\sigma^2})$ 为参数,确定一个正态分布 F_0;最后,计算数据和分布 F_0 的分歧度 D_n,并仍然采用前面介绍的柯氏检验法进行检验.但要说明的是,这只是一种近似的方法,因为在零假设 H_0 之下,D_n 的分布很难求得,而且 D_n 的分布还依赖于零假设分布集合中的参数,我们只能在将总体的真分布看作 $N(\hat{\mu},\widehat{\sigma^2})$ 的情况下求出 D_n 的分布,同时 $\sqrt{n}D_n$ 的极限分布存在与否也不得而知.不过这种检验方法,可以检查数据与分布 $N(\hat{\mu},\widehat{\sigma^2})$ 的拟合程度.数据与 $N(\hat{\mu},\widehat{\sigma^2})$ 拟合得好,也可使人安心地认为数据是来自正态分布的.

习　题　八

1. 设 $X_1,\cdots,X_n\sim \mathrm{iid}N(\mu,\sigma_0^2)$,$\sigma_0^2$ 为已知,假设检验问题为

$$H_0:\mu\geqslant\mu_0\longleftrightarrow H_1:\mu<\mu_0,$$

求出它的水平为 α 的 UMP 否定域.

*2. 设某接收站收到的信号为 X,当对方发信号时,X 的分布为 $U(0,2)$;当对方不发信号时,X 的分布为 $U(-1,1)$.考虑如下的假设检验问题:

$$H_0:X\sim U(-1,1)\longleftrightarrow H_1:X\sim U(0,2).$$

求出此假设检验问题依赖于观察值 $X=x$ 的水平为 α 的 UMP 否定域.

3. 设 X 可能来自两个不同的总体,它们的分布密度分别为 $f_0(x)$ 和 $f_1(x)$,其中 $f_0(x)$ 为区间 $(0,1)$ 上均匀分布 $U(0,1)$ 的分布密度,$f_1(x)=3x^2$,$x\in(0,1)$.相应的假设检验问题为

$$H_0:f=f_0(x)\longleftrightarrow H_0:f=f_1(x).$$

求出相应的依赖于观察值 $X=x$ 的水平为 α 的 UMP 否定域.

4. 设 $X_1,\cdots,X_n\sim \text{iid} f(x,\theta),\theta\in\Theta$,其中$\{f(x,\theta),\theta\in\Theta\}$为一个单参数指数族(见(3.6)式),证明:假设检验问题($\theta\geqslant\theta_0,\theta<\theta_0$)的水平为 α 的 UMP 否定域具有形式 $\mathscr{W}=\left\{\boldsymbol{x}:\sum_{i=1}^{n}T(x_i)<c\right\}$,其中 $T(x)$为(3.6)式中指数肩膀上的统计量.

5. 设下面一组数据是对某一群体血糖值的检测记录(单位:mg/dL):

101.40,101.50,98.10,98.60,98.20,109.30,

127.00,87.60,108.70,117.40,98.70.

已知正常群体血糖值的分布为 $N(\mu_0,\sigma_0^2)$,其中 $\mu_0=95$ mg/dL,$\sigma_0^2=100(\text{mg/dL})^2$,问:这一群体的血糖值是否正常($\alpha=0.05$.这里假定 $\sigma^2=\sigma_0^2$ 为已知)?这组数据在检验中的 p 值是多少?

6. 已知矿井中瓦斯的含量(浓度)为随机变量,其分布为 $N(\mu,\sigma^2)$,$\sigma^2>0$.按规定,$\mu>\mu_0$ 为危险浓度.为了保证安全,矿里决定设立 10 个监测点.为了通过监测值监测矿上的安全状况,采用假设检验的方法.假设检验问题有两种提法:(1) $H_0:\mu\geqslant\mu_0\longleftrightarrow H_1:\mu<\mu_0$;(2) $H_0:\mu\leqslant\mu_0\longleftrightarrow H_1:\mu>\mu_0$.你认为应采用哪一种提法?并说明理由.

7. 某种导线要求其单位长度电阻值的标准差不超过 0.005 Ω.今在生产的一批导线中抽取一个样本,共 7 根,测得其样本标准差为 0.007 Ω$\left(\text{样本标准差的公式为}\sqrt{\sum_{i=1}^{n}(x_i-\bar{x})^2\Big/(n-1)}\right)$.设总体为正态分布,问:在 $\alpha=0.05$的水平之下,能否认为导线的标准差偏大?得到的数据的 p 值是多少?(p 值与你所设立的假设检验问题有关.若没有计算机软件的支持,只需写出计算 p 值的公式即可)

8. 设有 10 个患者,每个人服过两种安眠药,他们的疗效如下表所示.问:这两种安眠药的疗效有没有差异?(可以认为两种安眠药所延长的睡眠时间的差的分布为正态分布.$\alpha=0.05$)

安眠药的疗效数据(延长的睡眠小时数)表

患者编号	1	2	3	4	5
安眠药甲	1.9	0.8	1.1	0.1	−0.1
安眠药乙	0.7	−0.1	−0.2	−1.2	−0.1
患者编号	6	7	8	9	10
安眠药甲	4.4	5.5	1.6	4.6	3.4
安眠药乙	3.4	3.7	0.8	0.0	2.0

*9. 设 $X_1,\cdots,X_n$ 独立同分布，其共同分布为指数分布：

$$P(X_i \leqslant x)=\begin{cases}1-\exp\{-x\}, & x>0,\\ 0, & x\leqslant 0\end{cases}\quad (i=1,\cdots,n), \tag{7.1}$$

证明：$Y=\sum_{i=1}^{n}X_i$ 的分布为 Γ 分布，其分布密度为

$$f(y)=\begin{cases}\dfrac{y^{n-1}}{\Gamma(n)}\exp\{-y\}, & y>0,\\ 0, & y\leqslant 0.\end{cases} \tag{7.2}$$

10. 设总体 $X\sim N(\mu_0,\sigma^2)$，μ_0 为已知，$\boldsymbol{X}=(X_1,\cdots,X_n)$为来自 X 的一个样本，假设检验问题为

$$H_0:\sigma^2\leqslant\sigma_0^2\longleftrightarrow H_1:\sigma^2>\sigma_0^2.$$

(1) 利用单参数指数族中的方法求出该假设检验问题的水平为 α 的否定域，并证明它是水平为 α 的 UMP 否定域；

(2) 利用广义似然比方法求出该假设检验问题的水平为 α 的否定域.

11. 设总体 $X\sim N(\mu,\sigma_0^2)$，σ_0^2 为已知，$\boldsymbol{X}=(X_1,\cdots,X_n)$为来自 X 的一个样本，假设检验问题为

$$H_0:\mu\leqslant\mu_0\longleftrightarrow H_1:\mu>\mu_0,$$

利用广义似然比方法求出该假设检验问题的水平为 α 的否定域.

12. 设总体 $X\sim N(\mu,\sigma^2)$，$\boldsymbol{X}=(X_1,\cdots,X_n)$为来自 X 的一个样本. 令

$$T=\frac{\sqrt{n}\,\overline{X}}{\sqrt{\dfrac{1}{n-1}\sum_{i=1}^{n}(X_i-\overline{X})^2}},$$

证明：对于固定的 c，$P_\mu(T>c)$是 μ 的单调递增函数.

13. 设 $X\sim B(n,p)$，$p\in(0,1)$为统计模型，证明：对于固定的 $c(c=1,\cdots,n)$，概率 $P_p(X\geqslant c)$作为参数 p 的函数，是(0,1)上的连续增函数.

14. 在习题七的第 33 题中，某统计工作者对某纸币的长度进行测量，其数据(单位：mm)如下：

156.2，155.3，155.5，155.1，155.3，154.5，154.9，155.1，154.7，154.7.

你是否认为该纸币的设计长度为 155 mm？这组数据在检验中的 p 值是多少？($\alpha=0.05$)

15. 设 $X\sim B(n,p)$，求出假设检验问题 $H_0:p\leqslant p_0\longleftrightarrow H_1:p>p_0$ 的水平为 α 的广义似然比否定域.

16. 证明恒等式：

$$\mathrm{C}_{n_1+n_2}^{t}=\sum_{x=0}^{n_1}\mathrm{C}_{n_1}^{x}\mathrm{C}_{n_2}^{t-x}.$$

17. 证明公式(4.8)中的第一个等式.

18. 设 X 和 Y 来自两个独立的总体,$X\sim B(n_1,p_1)$,$Y\sim B(n_2,p_2)$,证明:对于固定的 p_2,$P(X\geqslant x_0\mid X+Y=t)$是 p_1 的增函数.

19. 已知20世纪70年代“心肌梗死”发病者24 h内死亡率为25%.在80年代,对50例“心肌梗死”患者进行了调查,发现24 h内死亡率为20%.问:80年代的医疗条件是否比70年代有显著改进?($\alpha=0.05$)

第九章 回归分析

§9.1 引 言

回归分析是统计学中一个十分庞大的分支,当它限于线性回归的时候,它和方差分析又是线性统计模型的一部分.本节我们主要介绍回归分析的背景和意义.

1. 变量之间的关系

在实际问题中,两个变量之间往往有某种依赖关系.例如,汽车的耗油量 y 与汽车所行走的路程 x 具有这种关系,x 越大,y 相应地就越大,y 与 x 之间有近似的关系 $y\approx f(x)$.由经验知,y 和 x 之间不会有数学意义下的函数关系,它们之间可以有这样的关系:

$$y = f(x) + e, \tag{1.1}$$

其中 e 是误差项,它是一个随机变量.y 与 x 的这种关系称为**回归关系**(或**相关关系**).关于耗油量 y 与路程 x 的关系,可有两种不同的情形:一种情形,x 是受到控制的.例如,某工程师希望了解耗油量 y 与路程 x 的关系,他设计了若干路程 $x_i(i=1,\cdots,n)$,同时让汽车司机去完成所规定的任务(即第 i 次跑的路程为 x_i),再观察相应的 y_i.在这个研究中,x_i 是指定的值,不能认为是随机变量的观察值,而 y_i 是一个随机变量的观察值.因此,x 是通常的变量,不能认为是随机变量,而 y 则是一个随机变量.另一种情形,x 的值是观察所得的.例如,某运输公司老板为了解公司汽车的用油情况,他查阅了所有的运行记录$(x_i,y_i)(i=1,\cdots,n)$,其中 x_i 为客户所要求运输任务的路程数,y_i 为相应的用油量.这时,可把(x,y)看成一个二维随机变量,而这组纪录(x_i,y_i)可以认为是随机变量(x,y)的一组观察值.现在再看另一个例子.在研究父子身高关系的时候,记父亲的身高为 x,儿子的身高为 y,同样可发现 x 与 y 有如(1.1)式的依赖关系.在这个问题中不能控制父亲的身高 x

的值(不像汽车完成任务前,x 的值可以任意设定),只能将(x,y)看成随机变量.无论 x 是受到控制的情况也好,或(x,y)为随机变量也好,刻画两变量之间关系的(1.1)式都是回归关系.在研究回归问题时,我们一般把(1.1)式中的 x 看成通常的变量,而 y 是随机变量.同时,称方程(1.1)为**回归模型**或**回归方程**,有时也称相应的 $y=f(x)$为回归方程,而称 $f(x)$为**回归函数**,称 y 为**因变量**或**响应变量**,称 x 为**自变量**或**解释变量**.

"回归"这个名词来源于遗传学研究.在遗传学中,父代和子代的生理特性是保持稳定的.在研究父子之间身高关系的问题中,两者身高之间具有很大的相关性.但是,儿子的身高并不是父亲的身高加上一个随机误差,若这样的话,子代的方差比父代的方差大,种群就不能保持稳定.统计学家发现,高个子的儿子的身高平均值比他们的父亲的身高平均值偏低,矮个子的儿子的身高平均值比他们的父亲的身高平均值偏高.这就是生物学中的回归现象.由于生物学中的这种回归现象,统计学家把因变量 y 的期望值依赖于自变量 x 的这种关系称为回归,对于这种关系的研究称为**回归分析**.在数学上,通常假定回归模型(1.1)中 e 的分布与 x 的值无关,但要求满足

$$\mathrm{E}(e) = 0. \tag{1.2}$$

在实际问题中,y 也可以与多个变量发生关系.例如,锅炉每分钟生产的蒸汽量可与两个因素有关:每分钟燃料的投入量和鼓风机的风量.若把 y 记为锅炉每分钟生产的蒸汽量,x_1 和 x_2 分别为每分钟燃料的投入量和鼓风机的风量,则 y 与 x_1,x_2 具有如下关系:

$$y = f(x_1,x_2) + e. \tag{1.3}$$

我们称(1.3)为**二元回归模型**,相应地称(1.1)为**一元回归模型**.根据实际问题,也可以有**多元回归模型**:

$$y = f(x_1,\cdots,x_p) + e. \tag{1.4}$$

通常函数 $f(x_1,\cdots,x_p)$称为回归函数.由于 $x_1,\cdots,x_p$ 是通常的变量,在(1.2)式的限制下,回归函数的取值就是随机变量 y 的期望值.因此,回归分析就是研究 y 的期望如何依赖于 x 的.若对回归函数 f 不加任何限制,f 就在一个很大的范围内变动,这种回归模型就是**非参数回归模型**.通常回归函数取特殊的形式:

$$y = b_0 + b_1 x_1 + \cdots + b_p x_p + e, \tag{1.5}$$

其中 $b_i(i=1,\cdots,p)$称为**回归系数**,b_0 称为回归方程的**截距**,这时称相应的回归分析为**线性回归分析**.此时,当自变量只有一个时,称为**一元线性回归分析**;当自变量个数为$p(p\geqslant 2)$时,称为**多元线性回归分析**.

在回归分析中误差项 e 也具有重要的意义.一般说来,随机变量 e 的变动范围愈小,y 与 x 的关系愈密切.误差项 e 的分布可以与 x 有关,但是在本书所讨论的模型中,e 的分布与 x 无关.关于 e 的分布,常常有两种假定:一种假定是 e 的分布满足

$$\mathrm{E}(e) = 0, \quad \mathrm{var}(e) = \sigma^2. \tag{1.6}$$

在这种假定之下,e 的分布的范围很广.本章中,采用记号 $e\sim(0,\sigma^2)$表示 e 的分布满足(1.6)式.另一种假定是

$$e \sim N(0,\sigma^2). \tag{1.7}$$

这种假定基于实际问题中的误差分布为正态分布的认识.在这种假定之下,分布比较具体,其结论也比较具体.这种假定下的回归模型就称为**正态模型**.正态模型的结论虽然很好,但也有遭到质疑的时候.一般当数据的模型与正态模型相近时,所得到的结论很好;而当数据的模型与正态模型的差距大时,所得到的结论与实际差距就大.回归模型的种类繁多,对于具体的问题,选择合适的模型就成为统计学研究的重要内容.但是,这不仅是统计理论的问题,也是统计工作者的经验问题.在这种意义下,回归分析不仅是科学研究问题,也是一个技巧问题.

2. 回归方程的建立

下面我们用例子来说明建立回归方程的过程.

例 1.1　设 x 和 y 分别代表某个体的两个特征,已知观察两特征的一组数据$(x_i,y_i)(i=1,\cdots,50)$,问:x 和 y 之间有什么依赖关系?

分析　为解决这个问题,首先将这些点(x_i,y_i)画在坐标纸上,组成一个**散点图**,设其图如图 9.1.1 所示.由图形初步判断,y 与 x 之间可能有线性回归关系:

$$y = b_0 + bx + e, \tag{1.8}$$

其中 e 为误差项.在此模型中,b_0,b 是未知的参数,故需要确定 b_0,b 的

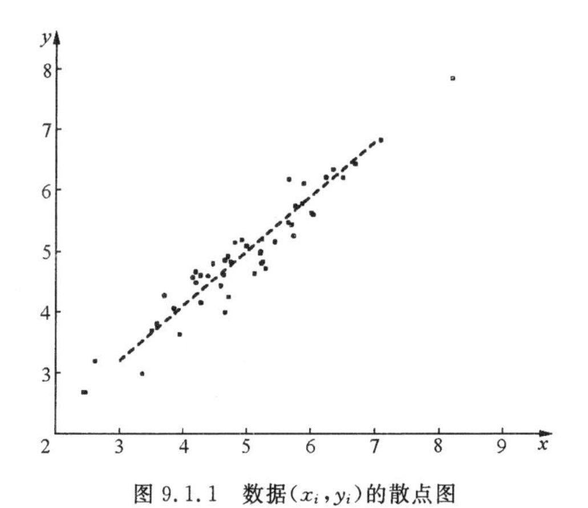

图 9.1.1 数据(x_i,y_i)的散点图

值.有时候我们还要获得关于误差 e 的分布的信息.除此之外,还需要检验 y 与 x 之间有没有线性依赖关系.具体地说,需要检验模型中参数 b 是否为 0.经过这样的步骤以后,我们就可以建立一个比较具体且可靠的模型,并且对所建立的模型有一个完整的认识.

在例 1.1 中,对于观察点 x_i,y_i 是依赖于 x_i 的变量.根据(1.8)式,这些观察变量之间具有下列关系:

$$y_i = b_0 + bx_i + e_i \quad (i = 1,\cdots,n), \tag{1.9}$$

式中 e_i 是误差项.通常由数据(x_i,y_i)刻画的关系式(1.9)也称为回归模型.在回归模型(1.9)中,可将 $y_i(i=1,\cdots,n)$看成随机变量 Y_i 的观察值,其中 Y_i 是(1.8)式中自变量取 x_i 时 y_i 对应的随机变量.因此,与以前讨论的统计模型不一样,此处的 Y_i 不是 iid 随机变量,Y_i 的期望值依赖于 x_i.

由于回归分析中的记号比较繁多,依惯例,我们不再将随机变量与它的观察值在记号上加以区分.例如,在(1.9)中,可直接把 y_i 与 e_i 看成随机变量.

关于模型中的参数估计和假设检验问题以及其他相关的问题,尚需在后面的几节中细述.若涉及的自变量有多个,则可对同一组数据建立若干个多元线性回归模型,此时还有一个模型选择的问题.这些细节都将在以后介绍.

3. 回归方程的应用

当得到回归方程以后,就可以进行**预测**和**控制**. 下面用例子来说明这两种应用.

例 1.2 根据物理学原理,大气压与海拔高度有一定的函数关系,因此人们希望利用大气压来预报海拔的高度. 可是怎样得到当地大气压的数据呢? 19 世纪英国物理学家 Forbes 知道大气压与当地水的沸点温度有关系,而按当时的技术条件,在野地或山区得到大气压的数据是不可能的,因此他希望利用当地水的沸点温度来预报当地的大气压. Forbes 在苏格兰和阿尔卑斯山的 17 个地点测得大气压和水的沸点温度(见文献[36]). 通过这些实测数据,利用回归分析方法,得到回归方程

$$y = -42.131 + 0.895x + e,$$

此处 y 代表当地的大气压(原数据的单位: $100 \times \log$(水银柱英寸读数),此处 log 是以 10 为底的对数),x 代表当地水的沸点温度(单位: °F). 这时称 $y = -42.131 + 0.895x$ 为**预测公式**(或**经验公式**),利用该公式可以预测当地的大气压. 例如,若当地水的沸点温度为 212 °F,根据预测公式得到大气压的预测值为 760.19 mmHg.

例 1.2 是回归分析的早期应用. 随着社会经济和科学的发展,今天回归分析已经得到广泛的应用. 例如,居民小区的用水量与小区的人口规模之间具有回归关系,利用这个关系可对用水量进行预报;城市的道路长度与汽车的拥有量之间具有回归关系,利用这个关系可以规划城市的道路.

在建立预测公式的时候,必须注意如下的事实: 我们手头具有的全部信息是一组观察值$(x_i, y_i)(i=1,\cdots,n)$. 对于这一组数据,经过分析发现它们之间具有相关关系,然后以建立的回归方程 $y = b_0 + b_1 x + e$ 为基础,利用 $\hat{y} = \hat{b}_0 + \hat{b}_1 x$ 作为自变量 x 处的预测值,其中 $\hat{b}_0$ 和 $\hat{b}_1$ 是根据数据得到的回归方程中系数 b_0 和 b_1 的估计值.

为了精确地刻画预测,我们必须明确预测的目标量(待测量). 它不是观察值 $y_i(i=1,\cdots,n)$中的任意一个值. 拿例 1.2 来说,设某一个人在某一高度测得当地水的沸点为 x_0,现在希望预测当地的大气压,记

这个大气压的值为 y_0(y_0 的测量单位不是 mmHg),则 y_0 就是目标量,且 y_0 的确是一个未知的常量.但是,我们无法度量未知常量 y_0 与它的预测值之间的误差.事实上,可以将 y_0 看成随机变量 Y_0 的观察值,而将 Y_0 作为目标量:

$$Y_0 = b_0 + bx_0 + e_0.$$

由于 $\hat{y}=\hat{b}_0+\hat{b}x_0$ 是预测值,从而预测误差是 $Y_0-\hat{y}$,因此可以将 $\mathrm{var}(Y_0-\hat{y})$作为刻画预测误差大小的度量.此处需要指出,由水的沸点预测大气压与天气预报有一点差别.天气预报经过一定时间以后可以验证,而若没有精确仪器测量大气压,预测大气压是无法验证的,即无法知道误差的具体值.但误差的总体特性是可以知道的.例如,若知道误差的方差 $\mathrm{var}(Y_0-\hat{y})$很小,那么 $Y_0-\hat{y}$ 的一次实现 $y_0-\hat{y}$ 就很小.这就给出一个预测误差的度量.

前面介绍了回归分析在预测问题中的应用,下面我们举一个例子,它同时包含预测问题和控制问题.

例 1.3 记某居民小区的人口数为 x,冬季用煤量为 y,y 与 x 之间具有回归关系 $y=a+bx+e$.由这个回归关系可对该小区的冬季用煤量进行预测.但冬季的用煤量又与居民小区的室温有关系.记 z 为小区的室温,并设 z 与 y 有回归关系为 $z=d+fy+\varepsilon$.利用这个回归关系,可以解决居民家中温度的控制问题.例如,为了控制居民家中的温度在 17℃到 18℃之间,锅炉房储备的冬季用煤量 y 应该控制在什么样的范围之内?这是一个控制问题.注意,这里讨论的两个问题虽然是相互紧密地联系在一起的,但是它们是在完全不同的数据背景之下的问题.关于小区用煤量的预测问题,是在这样的背景之下提出的:在预测小区的用煤量的时候,规划者从许多其他小区的资料中得到一组数据$(x_i,y_i)(i=1,\cdots,n)$,利用这组数据,建立回归方程.现设小区的人口为 x_0,利用已经建立起来的回归方程,得到小区用煤量的预报值.至于控制温度问题是另一个问题.锅炉房在确定了居民室内温度的固定范围之后,为了达到这个目的,必须选择合适的用煤量.为此,锅炉房必须收集有关温度和用煤量之间关系的数据,找出相互关系,并对用煤量进行控制.

预测和控制是回归分析的两个主要应用.但是,这两个应用具有完全不同的适用范围. 在预测问题中, 回归方程中自变量 x 的值是无法控制的. 我们是根据观测得到的 x 的值, 利用回归关系对因变量 y 的值进行预测. 而在控制问题中, 回归方程中自变量 x 的值是可以人为地控制的, 同时自变量 x 与因变量 y 之间还必须有因果关系. 例如, 在文献[23]中提到, 国外有人发现喝咖啡量与冠心病的发病率有很高的相关性, 于是有人提出用减少喝咖啡的办法去降低冠心病的发病率. 但是, 仔细研究发现, 喝咖啡量与冠心病的发病率之间没有因果关系, 不过吃糖量和抽烟量与冠心病的发病率有因果关系, 而喝咖啡量又与吃糖量和抽烟量有较高的相关性, 因而造成了喝咖啡量与冠心病的发病率有相关性. 因此, 不能用喝咖啡量去控制冠心病的发病率, 尽管喝咖啡量是可控制的变量. 另外, 在喝咖啡这个例子中, 只有对于没有被控制的观察变量(某人的喝咖啡量), 才能利用回归函数进行预测(他的冠心病的发病率). 若某人的喝咖啡量是被控制的, 这个人已经脱离了被调查的总体, 不能用他的喝咖啡量去预测他的冠心病发病率.

§9.2 一元线性回归

现在假设我们已经从散点图知道变量 y 与 x 之间具有线性回归关系(1.8), 其中 b 和 b_0 是未知参数. 怎样从数据 $(x_i, y_i)(i=1,\cdots,n)$ 求得未知参数 b 和 b_0 的估计呢? 此处, 我们要介绍一个应用广泛的最小二乘法.

定义 2.1 设 $(x_i, y_i)(i=1,\cdots,n)$ 为一组数据. 为了用线性函数 $y=b_0+bx$ 拟合这一组数据, 系数 $\hat{b}_0$ 和 $\hat{b}$ 称为**最小二乘拟合系数**, 如果它们满足

$$\sum_{i=1}^{n}[y_i-(\hat{b}_0+\hat{b}x_i)]^2=\min_{b,b_0}\sum_{i=1}^{n}[y_i-(b_0+bx_i)]^2,$$

即 $\hat{b}_0, \hat{b}$ 是使拟合误差的平方和 $\sum\limits_{i=1}^{n}[y_i-(b_0+bx_i)]^2$ 达到最小值的 b_0 和 b. 这种确定拟合系数的方法称为**最小二乘法**.

定义 2.1 是在一元线性函数情况下给出的, 但很容易推广到更一般的情况. 这种最小二乘意义下的拟合的思想很直观. 最小二乘拟合系

数依赖于数据 $y_1,\cdots,y_n$ 和 $x_1,\cdots,x_n$. 若把 $y_1,\cdots,y_n$ 看成一元线性回归模型中的样本($x_1,\cdots,x_n$ 在回归分析中被认为是不变的已知量),则利用最小二乘法拟合得到的拟合系数 $\hat{b}_0$ 和 $\hat{b}$ 就是依赖于样本的统计量. 它们可以作为回归函数的系数 b_0 和 b 的估计,称为**最小二乘估计**. 利用上述最小二乘法的思想,下面的定理导出了 b_0 和 b 的最小二乘估计.

定理 2.1 设$(x_i,y_i)(i=1,\cdots,n)$为回归方程(1.8)的一组观察值,只要 $x_1,\cdots,x_n(n\geqslant 2)$不全相同,则未知参数 b_0,b 的最小二乘估计由下式给出:

$$\hat{b}_0=\bar{y}-\hat{b}\bar{x}, \tag{2.1}$$

$$\hat{b}=\frac{\sum_{i=1}^{n}(x_i-\bar{x})(y_i-\bar{y})}{\sum_{i=1}^{n}(x_i-\bar{x})^2}, \tag{2.2}$$

其中 $\bar{x}=\frac{1}{n}\sum_{i=1}^{n}x_i$ 是 $x_1,\cdots,x_n$ 的平均值, $\bar{y}=\frac{1}{n}\sum_{i=1}^{n}y_i$ 是 $y_1,\cdots,y_n$ 的平均值.

证明 记

$$Q(b_0,b)=\sum_{i=1}^{n}[y_i-(b_0+bx_i)]^2. \tag{2.3}$$

利用恒等式

$$\sum_{i=1}^{n}w_i^2=\sum_{i=1}^{n}(w_i-\bar{w})^2+n\bar{w}^2,$$

其中 $\bar{w}=\frac{1}{n}\sum_{i=1}^{n}w_i$,将(2.3)式右边的$[y_i-(b_0+bx_i)]$看成 w_i,得到

$$Q(b_0,b)=\sum_{i=1}^{n}[y_i-\bar{y}-b(x_i-\bar{x})]^2+n(\bar{y}-b_0-b\bar{x})^2. \tag{2.4}$$

为了求 $Q(b_0,b)$ 的最小值,先固定 b 的值. 由(2.4)式看出,当 $b_0=\bar{y}-b\bar{x}\overset{\text{记为}}{=\!=}b_0(b)$时,$Q(b_0,b)$达到最小值 $Q(b_0(b),b)$,即

$$Q(b_0,b)\geqslant Q(b_0(b),b)=\sum_{i=1}^{n}[y_i-\bar{y}-b(x_i-\bar{x})]^2. \tag{2.5}$$

我们采用记号

$$l_{xx}=\sum_{i=1}^{n}(x_i-\bar{x})^2,\quad l_{yy}=\sum_{i=1}^{n}(y_i-\bar{y})^2,$$
$$l_{xy}=\sum_{i=1}^{n}(x_i-\bar{x})(y_i-\bar{y}),\tag{2.6}$$

则 $Q(b_0(b),b)$ 变成

$$Q(b_0(b),b)=l_{yy}-2bl_{xy}+b^2l_{xx}=l_{yy}-\frac{l_{xy}^2}{l_{xx}}+l_{xx}\left(b-\frac{l_{xy}}{l_{xx}}\right)^2.\tag{2.7}$$

由上式可以看出,$Q(b_0(b),b)$ 是 b 的二次多项式,在 $b=l_{xy}/l_{xx}\xlongequal{\text{记为}}\hat{b}$ 处达到最小值 $l_{yy}-l_{xy}^2/l_{xx}$. 这样不等式(2.5)进一步变成

$$Q(b_0,b)\geqslant Q(b_0(b),b)\geqslant Q(b_0(\hat{b}),\hat{b})=l_{yy}-l_{xy}^2/l_{xx}.\tag{2.8}$$

上式中 b 和 b_0 是任意常数. 这说明,$\hat{b}=l_{xy}/l_{xx}$ 和 $\hat{b}_0=\bar{y}-\hat{b}\bar{x}$ 分别为 b, b_0 的最小二乘估计. □

最小二乘法最早由法国大数学家勒让德(Legendre)提出(见文献[26]). 现在简单介绍该方法的主要思想和特点. 最早提出这个方法的时候,也没有要求数据有什么统计模型. 这个方法非常直观,对于一元回归来说,只要在散点图上发现 y 与 x 可能有这种线性关系,很自然地想到可利用最小二乘法求出参数 b_0 和 b 的估计,并利用线性关系去刻画变量 y 和 x 之间的关系. 估计公式的推导也十分简单. 从统计理论来看,对变量 y 和 x 建立了一个一元线性回归模型

$$y=b_0+bx+e,$$

其中对于误差项 e,只要求它满足条件(1.6). 由此看出,最小二乘法的适用范围是很广的,它较少受模型分布的限制.

德国大数学家高斯对最小二乘法的理论也作出了重大的贡献. 下面介绍著名的高斯-马尔可夫定理.

定理 2.2 设 $(x_1,y_1),\cdots,(x_n,y_n)$ 为回归模型(1.9)的一个样本,假定 e_i 满足条件(1.6),并且 $\mathrm{E}(e_ie_j)=0\,(i\neq j)$. 只要 $x_1,\cdots,x_n$ 不全相同,则未知参数 b_0,b 的最小二乘估计具有下列性质:

(1) 最小二乘估计 $\hat{b}_0$ 和 $\hat{b}$(见(2.1)式和(2.2)式)是 b_0 和 b 的**线性无偏估计**,即 $\hat{b}_0$ 和 $\hat{b}$ 为 $\boldsymbol{y}=(y_1,\cdots,y_n)^{\mathrm{T}}$ 的 n 个分量的线性函数,同时

又是 b_0 和 b 的无偏估计;

(2) 最小二乘估计 $\hat{b}_0$ 和 $\hat{b}$ 分别是 b_0 和 b 的**最优线性无偏估计**(**最小方差线性无偏估计**),即对任何 b_0 和 b 的其他的线性无偏估计 $\hat{b}_0^*$ 和 $\hat{b}^*$,均有

$$\operatorname{var}(\hat{b}_0) \leqslant \operatorname{var}(\hat{b}_0^*) \quad \text{和} \quad \operatorname{var}(\hat{b}) \leqslant \operatorname{var}(\hat{b}^*).$$

定理 2.2 的证明涉及较多的代数知识,我们将在 §9.3 中给出. 此处我们介绍定理中的最小方差线性无偏估计的意义. 在回归模型中,参数有 b_0,b 和误差 e 的方差 σ^2,当然进一步还有误差 e 的分布. 但是,最直观的参数是 b_0 和 b,因为 b_0 和 b 确定了回归方程,它们也是我们最关心的. 这个定理讨论了回归直线的截距 b_0 和回归系数 b 的估计问题(此时回归方程的图像是一条直线,我们称之为**回归直线**). 现在我们拿回归系数 b 的估计问题来解释此定理的意义. 在估计理论中,我们已经知道,参数 b 的估计是一个样本的函数,或者说是数据的函数. 在回归模型中的数据为 $\boldsymbol{y}=(y_1,\cdots,y_n)^{\mathrm{T}}$ 和 $\boldsymbol{x}=(x_1,\cdots,x_n)^{\mathrm{T}}$. 由关系式(1.9),$\boldsymbol{y}=(y_1,\cdots,y_n)^{\mathrm{T}}$可看成随机向量,而 $\boldsymbol{x}=(x_1,\cdots,x_n)^{\mathrm{T}}$ 是模型中固定的常向量. 因此,我们可以说 b 的估计是样本 $\boldsymbol{y}$ 的函数. 定理 2.2 说明了 b 的最小二乘估计 $\hat{b}$ 的优良性质: 首先,它是一个 $\boldsymbol{y}$ 的线性函数,即 $\hat{b}$ 是 $\boldsymbol{y}$ 的 n 个分量的线性函数,这一类估计称为线性估计;其次,它是 b 的无偏估计;再次,它在 b 的线性无偏估计类内具有最小方差.

现在讨论线性关系的检验问题. 最小二乘估计的前提假定是"数据确实来自线性回归模型". 当数据中 y 和 x 没有线性关系的时候,上面讨论的最小二乘估计就没有优良性能,也没有意义. 现在假定 y 和 x 之间的确有线性回归关系

$$y = b_0 + bx + e.$$

但是,y 与 x 之间的线性关系有强弱之分. 影响线性关系强弱的量有两个: 一个是回归直线的斜率 b;另一个是误差项 e. 通常用 b^2 来刻画斜率的大小,用 $\sigma^2=\operatorname{var}(e)$来刻画误差程度的大小. 由经验可知,$b^2$ 越大,y 线性地依赖于 x 的程度就越大;当 $b^2=0$ 时,y 就不再线性依赖于 x. 同样,σ^2 越小,y 和 x 之间的线性依赖关系就越容易显现出来.

为了刻画 y 与 x 之间的线性关系,统计上做下述处理. 由于 b 与 σ^2 都是模型的参数,是不可观察的量,通常用直线

$$\hat{y}=\hat{b}_0+\hat{b}x \tag{2.9}$$

作为回归直线 $y=b_0+bx$ 的估计,其中 $\hat{b}_0$ 和 $\hat{b}$ 分别由(2.1)式和(2.2)式给出.量

$$y_i-\hat{y}_i \quad (\text{其中 } \hat{y}_i \triangleq \hat{b}_0+\hat{b}x_i)$$

称为**残差**.记

$$Q=\sum_{i=1}^{n}(y_i-\hat{y}_i)^2, \tag{2.10}$$

$$U=\sum_{i=1}^{n}(\hat{y}_i-\bar{y})^2. \tag{2.11}$$

Q 称为**残差平方和**,它刻画了误差 e 的方差的大小;U 称为**回归平方和**,它刻画了回归方程中参数 b^2 的大小.关于 Q 和 U,我们有下列引理所述的**平方和分解公式**:

引理 2.1 设$(x_i,y_i)(i=1,\cdots,n)$为一元线性回归模型(1.9)的一个样本,则刻画数据波动的 $l_{yy}=\sum_{i=1}^{n}(y_i-\bar{y})^2$ 具有分解式

$$l_{yy}=U+Q, \tag{2.12}$$

其中 Q 和 U 分别由(2.10)式和(2.11)式给出.

证明 将 l_{yy} 表达式中和号的平方项展开:

$$\begin{aligned} l_{yy} &= \sum_{i=1}^{n}(y_i-\bar{y})^2=\sum_{i=1}^{n}[(y_i-\hat{y}_i)+(\hat{y}_i-\bar{y})]^2 \\ &= Q+U+2\sum_{i=1}^{n}(y_i-\hat{y}_i)(\hat{y}_i-\bar{y}), \end{aligned}$$

其中交叉项为

$$\begin{aligned} \sum_{i=1}^{n}(y_i-\hat{y}_i)(\hat{y}_i-\bar{y}) &= \sum_{i=1}^{n}(y_i-\hat{b}_0-\hat{b}x_i)(\hat{b}_0+\hat{b}x_i-\bar{y}) \\ &= \sum_{i=1}^{n}[(y_i-\bar{y})-\hat{b}(x_i-\bar{x})]\hat{b}(x_i-\bar{x}) \\ &= \hat{b}(l_{xy}-\hat{b}l_{xx})=\hat{b}l_{xx}(l_{xy}/l_{xx}-\hat{b})=0. \end{aligned}$$

可知分解式(2.12)成立. □

引理 2.1 说明,数据波动 l_{yy} 可以分解成两部分: Q 和 U,其中 Q 是残差平方和,反映了误差 e 的大小;U 是回归平方和,它与 b 的大小

有关.通常 y 与 x 之间线性依赖关系的强弱可用 U/Q 来刻画,U/Q 的值越大,y 对 x 的线性依赖关系就越显著.

但是,U 和 Q 的比值大到什么程度才可以认为 y 与 x 之间有明显的线性依赖关系呢?其实,这是一个假设检验问题.我们已经指出,回归系数 b 的大小是 y 对 x 线性依赖关系的重要标识.但是,当 $b=0$ 时,y 不线性依赖于 x.另外,b 是否等于 0 具有重要的实际意义.例如,农学家十分关心在饲料中增加某种微量元素 x 会不会影响牲畜的增重量 y.若 y 与 x 满足一元线性回归关系,则回归系数 $b=0$ 表示饲料中增加的某种微量元素 x 对牲畜的增重量 y 没有影响.因此,为判断 y 对 x 是否有显著的线性依赖关系,我们需考虑 b 是否等于 0 的假设检验问题.为了解决假设检验问题,我们必须把回归模型的分布刻画清楚.本节中,我们讨论回归模型系数的最小二乘估计时假定误差分布由(1.6)式确定,并且各个观察值的误差是互不相关的.由于在这个假定之下,e 的分布范围很广泛,对于假设检验问题,无法获得具体的结果.现在我们转向更具体的(1.7)式,并且假定各次观察是相互独立的.在这个假定之下,回归模型的参数有三个:b_0,b 和 σ^2.当这三个参数给定以后,回归模型的分布完全确定.现在设 (x_i,y_i) $(i=1,\cdots,n)$ 具有下列结构:

$$y_i = b_0 + bx_i + e_i \quad (i = 1,\cdots,n), \tag{2.13}$$

其中 $e_1,\cdots,e_n \sim \text{iid} N(0,\sigma^2)$.我们来讨论假设检验问题

$$H_0: b = 0 \longleftrightarrow H_1: b \neq 0. \tag{2.14}$$

零假设 H_0 表示 y 与 x 没有线性依赖关系(y 与 x 分别表示 y_i 与 x_i $(i=1,\cdots,n)$ 对应的变量,以下同).令

$$F = \frac{U}{Q/(n-2)}.$$

可以证明,在 H_0 的假定之下,F 服从自由度为 $(1,n-2)$ 的 F 分布.取否定域

$$\mathscr{W} = \{(\boldsymbol{x},\boldsymbol{y}): F > \lambda\},$$

其中 λ 是自由度为 $(1,n-2)$ 的 F 分布的 $1-\alpha$ 分位数,α 为事先确定的显著性水平.显然,$\mathscr{W}$ 是假设检验问题(2.14)的一个水平为 α 的否定域.$\mathscr{W}$ 这个水平为 α 的否定域正好解释了前面的直观说明.当 U/Q 的

值越大时,F 的值越大,说明 y 对 x 的线性依赖关系越显著,从而否定了零假设“$b=0$”.

下面我们说明一下假设检验的意义. 当拿到一组数据(y_i,x_i) $(i=1,\cdots,n)$时,我们要考查 y 是否线性地依赖于 x 的变化. 首先考虑的工具是回归分析. 我们观察数据的散点图,如果发现具有近似的线性关系,此时假定 y,x 满足关系式(1.8). 注意,若(1.8)中的系数 $b=0$,则 y 并不线性地依赖于 x,虽然它也符合模型(1.8). 还有,一般说来,$|b|$ 的值越大,y 就愈依赖于 x. 为了在数量上确定 y 对 x 的线性依赖关系,我们需要进行假设检验. 若通过假设检验,否定了零假设“$b=0$”,我们就可以下结论“y 的确线性地依赖于 x”. 不过我们还要提醒一点,在进行假设检验的时候,我们对数据做了模型(1.8)的假定以及误差分布由(1.7)式确定的假定,这些假定是比较脆弱的(若对这些假定没有把握,则要进一步进行残差分析).

前面我们也提过,在回归分析中,还有一种看法是把 x 也看成随机变量,这样(x,y)就是二维随机向量. 本书中我们不采用这种观点. 若把(x,y)看成随机向量,此时可考虑 x 和 y 之间的相关系数,因相关系数也是刻画变量 y 与 x 之间线性相关性的工具. 与 x,y 之间的相关系数对应的是**样本相关系数**

$$r=\frac{\sum_{i=1}^{n}(x_i-\bar{x})(y_i-\bar{y})}{\sqrt{\sum_{i=1}^{n}(x_i-\bar{x})^2\sum_{i=1}^{n}(y_i-\bar{y})^2}}. \tag{2.15}$$

样本相关系数也是回归分析中常用的统计量.

下面我们介绍一元线性回归中的各个量之间的关系和计算公式. 现在计算机很发达,现成的软件能提供本书提到的所有统计量的计算. 此处介绍一些基本的统计量和它们之间的关系,对于初学者理解统计学的基本概念是有用的. 回归分析中最基本的统计量是 l_{xx},l_{yy},l_{xy}(见(2.6)式),其他统计量可通过这些量计算得到:

$$\hat{b}=l_{xy}/l_{xx}, \tag{2.16}$$

$$\hat{b}_0=\bar{y}-\hat{b}\bar{x}, \tag{2.17}$$

$$U=\hat{b}l_{xy}, \tag{2.18}$$

$$Q = l_{yy} - U, \tag{2.19}$$

$$r^2 = U/l_{yy} = 1 - Q/l_{yy}. \tag{2.20}$$

(2.16)式和(2.17)式就是定理 2.2 的结论,(2.18)式,(2.19)式和(2.20)式的证明见习题.

到现在为止,我们介绍的一元线性回归都是考查 y 与 x 之间的线性依赖关系. 但是,有些变量之间的关系,从物理背景上看明显地不呈线性依赖关系,例如某些药物在人体内的残留量与时间的关系. 下面看一个实际例子.

例 2.1 放射性金(^{195}Au)在医疗中作为示踪元素. 表 9.2.1 中的一组数据是注射 x 天后放射性金元素在血液中的残留百分比.

表 9.2.1 示踪放射性金元素残留量数据表

注射后天数 x	1	1	2	2	2	3	5	6	6	7
金元素残留百分数 y	94.5	86.4	71	80.5	81.4	63.4	49.3	46.8	42.3	38.4

从数据的物理背景来看,对 y 和 x 直接建立线性回归关系是不合适的,因为某一天单位时间内放射性金元素的衰减量与当天放射性金元素残留量有关. 因此,从物理背景看 y 与 x 之间应该有指数的衰减规律,也就是说 y 与 x 之间应该有 $y = a\exp\{bx\}$ 即 $\ln y = \ln a + bx$ 这样的关系,其中 $a>0, b<0$. 将 $\ln y$ 作为新的因变量,建立回归关系

$$\ln y = \ln a + bx + e. \tag{2.21}$$

利用最小二乘估计得到回归方程的估计

$$\widehat{\ln y} = 4.6457 - 0.14572x \quad \text{或} \quad \hat{y} = 104.14\exp\{-0.14572x\}.$$

如果对回归方程(2.21)的参数 b 进行假设检验(其零假设为 $b=0$),得到 F 值(当检验统计量服从 F 分布时,检验统计量的值称 F 值)为 344.82,它对于显著性水平 $\alpha=0.05$,是高度显著的.

若直接对 y 与 x 求相应的线性回归方程,并对相应的回归系数 b 进行检验,得到的 F 值为191.94,对于 $\alpha=0.05$ 也是高度显著的. 但是直接用 y 和 x 进行线性拟合,不符合实际. 因为线性拟合假定每天排除的放射性金元素量是一个常数,这违背了物理事实. 因此,在建立模型的时候,还要考虑实际问题的背景. 在图 9.2.1 中,实线是 $y=a\exp\{bx\}$ 的拟合曲线,虚线是拟合的回归直线.

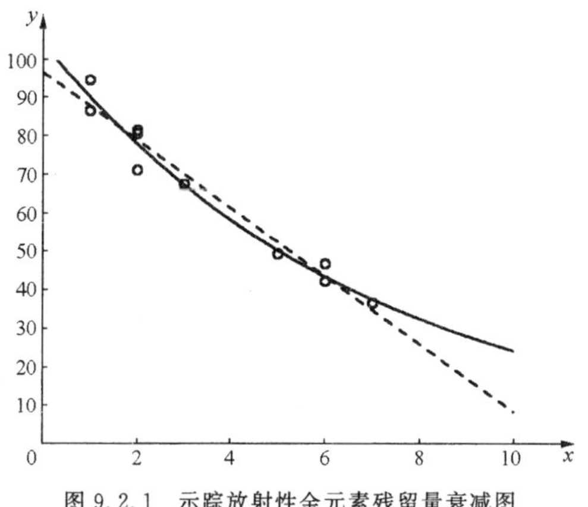

图 9.2.1　示踪放射性金元素残留量衰减图

由上述例子可以看出，利用变换可以将一元线性回归的应用范围扩大. 现在提出的问题是：怎样利用变换找到合适的回归模型？这需要综合的素质和能力，包括物理背景的知识、逻辑推理能力和经验判断能力. 现在从两个方面做简单介绍：一方面，要注意问题的物理背景. 例如，讨论在地震灾害或水火灾害死伤关系的问题中，由于死和伤的人数都是通过累计方式统计出来的，它具有某种程度的可加性，所以在灾害中死亡人数和受伤人数的关系应该是线性的. 因此，在死亡人数和受伤人数的统计问题中，可利用一元线性模型进行分析. 又例如，讨论地震的震级和死亡人数的关系时，就不能用线性关系来刻画，因为地震的震级不是通过累计方式统计出来的. 另一方面，要通过数据分布确定变量之间的可能关系. 比如震源深度与地震死亡人数的关系. 由经验知道，相同震级的地震，震源深度越深，破坏程度越小. 死亡人数与震源深度以什么样的规律变化，首先可从物理规律来研究. 但由于涉及的因素太复杂，死亡人数随深度按指数速度锐减，或按深度的平方锐减，很难从理论上说明，从而考虑通过数据分析来实现.

通过数据分析方法确定变量之间的关系，用数学的术语就是通过数据分析确定 $y=f(x)+e$. 不过，我们首先需要确定的不是回归函数 $f(x)$，而是回归函数 $f(x)$的类型. 通常，只要画出数据的散点图便可确定回归函数的类型. 当确定了回归函数的类型后，就可根据具体的情况，利用变换转化为一元线性回归模型来讨论. 图 9.2.2～9.2.5 的函数类型是在实际问题中常用的回归函数类型. 其中,对于图 9.2.2 中的函数关系,只需将 $\ln y$ 和 $\ln x$ 作为新的因变量和自变量,就可以将回归函数 $y=ax^b$ 化成一元线性函数,从而把问题转为一元线性回归问题来处理;对于图 9.2.3 中的回归函数,其相应的变换是自变量变换:$z=\ln x$;对于图 9.2.4 中的回归函数,其相应的变换是因变量变换:$z=\ln y$;对于图 9.2.5 中的回归函数,只需将 $\ln y$ 与 $\dfrac{1}{x}$ 作为新的因变量与自变量即可.

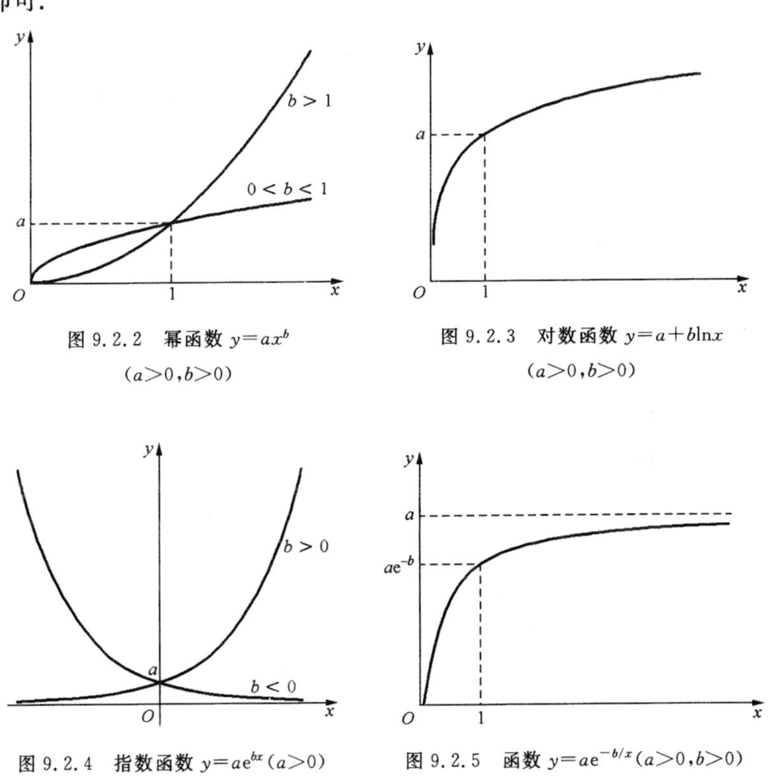

图 9.2.2 幂函数 $y=ax^b$ $(a>0,b>0)$

图 9.2.3 对数函数 $y=a+b\ln x$ $(a>0,b>0)$

图 9.2.4 指数函数 $y=a\mathrm{e}^{bx}\,(a>0)$

图 9.2.5 函数 $y=a\mathrm{e}^{-b/x}\,(a>0,b>0)$

§9.3 多元线性回归

在§9.2 中讨论了一元线性回归分析问题. 但是,实际问题往往是十分复杂的，在讨论某一目标量与其他变量的关系时，往往涉及多个解释变量. 例如，前面提到的锅炉每分钟产生的蒸汽产量与投入燃料量有关，但同时与送风量也有关系. 这样就必须讨论二元回归问题. 实际工作中发现，一元回归问题比较简单，只要将数据的散点图画出来，变量之间的关系就变得一目了然，但是涉及多个自变量的情况下，散点图的方法就失效了. 下面介绍多元线性回归中数据的处理方法.

在多元线性回归分析中，我们要利用必要的线性代数的知识. 为此，我们做必要的准备，介绍一些这方面的知识. 设 $y, x_1, \cdots, x_p$ 是一组变量，y 为**目标变量**(或**因变量**)，$x_1, \cdots, x_p$ 为**解释变量**(或**自变量**). 统计工作者力图找到 y 与 $x_1, \cdots, x_p$ 之间存在的各种可能关系. 在本节中，我们研究这些变量之间的多元线性回归关系. 设 $y, x_1, \cdots, x_p$ 有一组观察值 (y_i, x_{ij}) $(i=1, \cdots, n; j=1, \cdots, p)$. 考虑如下的多元线性回归模型：

$$\begin{aligned} y_1 &= b_0 + b_1 x_{11} + \cdots + b_p x_{1p} + e_1, \\ y_2 &= b_0 + b_1 x_{21} + \cdots + b_p x_{2p} + e_2, \\ &\cdots\cdots \\ y_n &= b_0 + b_1 x_{n1} + \cdots + b_p x_{np} + e_n. \end{aligned} \tag{3.1}$$

为了记号方便，我们利用 n 维空间中的向量和矩阵来表示线性回归模型(3.1). 为此，我们先用列向量 $\boldsymbol{Y}$ 来表示数据 $y_1, \cdots, y_n$，而用 $\boldsymbol{X}_j$ 代表数据 $x_{1j}, \cdots, x_{nj}$ $(j=1, \cdots, p)$，用 $\boldsymbol{E}$ 表示误差 $e_1, \cdots, e_n$，用 $\mathbf{1}$ 表示分量都是 1 的 n 维向量，即

$$\boldsymbol{Y} = \begin{bmatrix} y_1 \\ y_2 \\ \vdots \\ y_n \end{bmatrix}, \quad \boldsymbol{X}_j = \begin{bmatrix} x_{1j} \\ x_{2j} \\ \vdots \\ x_{nj} \end{bmatrix} \ (j = 1, \cdots, p), \quad \boldsymbol{E} = \begin{bmatrix} e_1 \\ e_2 \\ \vdots \\ e_n \end{bmatrix}, \quad \mathbf{1} = \begin{bmatrix} 1 \\ 1 \\ \vdots \\ 1 \end{bmatrix}.$$

利用这套记号以后，线性回归模型(3.1)可以写成

$$\boldsymbol{Y} = \mathbf{1} b_0 + \boldsymbol{X}_1 b_1 + \cdots + \boldsymbol{X}_p b_p + \boldsymbol{E}. \tag{3.2}$$

为了利用矩阵工具，记

$$\boldsymbol{X}=(\boldsymbol{X}_1,\cdots,\boldsymbol{X}_p),\quad \boldsymbol{b}=\begin{bmatrix}b_1\\ \vdots\\ b_p\end{bmatrix},$$

其中 $\boldsymbol{X}$ 是一个 $n\times p$ 矩阵,它的各列就是 $\boldsymbol{X}_j$;$\boldsymbol{b}$ 是 p 维向量. 于是,线性回归模型(3.2)又可以写成

$$\boldsymbol{Y}=\boldsymbol{1}b_0+\boldsymbol{X}\boldsymbol{b}+\boldsymbol{E}.\tag{3.3}$$

当 $p=1$ 的时候,多元线性回归模型变成一元线性回归模型. 因此,下面得到的结论都可以适用于一元线性回归模型.

为了研究多元线性回归模型(3.3),我们还要介绍 n 维空间中向量的一些基本知识(读者可从一般的线性代数教科书中查到有关知识,也可从文献[29]的附录中查到有关内容). 用 $\mathbf{R}^n$ 表示 n 维列向量空间,$\boldsymbol{Y}$ 为 $\mathbf{R}^n$ 中的向量. 今后,如无特别的申明,引入向量的记号时,都表示列向量,而 $\boldsymbol{Y}^{\mathrm{T}}$ 表示向量 $\boldsymbol{Y}$ 的转置. 对于向量 $\boldsymbol{Y}=(y_1,\cdots,y_n)^{\mathrm{T}}$,记号

$$\|\boldsymbol{Y}\|=(y_1^2+\cdots+y_n^2)^{1/2}=(\boldsymbol{Y}^{\mathrm{T}}\boldsymbol{Y})^{1/2}$$

表示向量 $\boldsymbol{Y}$ 的长度,它是二维空间和三维空间中向量长度的推广. $\mathbf{R}^n$ 的子集 $\mathscr{M}$ 称为子空间,如果 $\mathscr{M}$ 满足下面两个运算的封闭性条件:

$$\boldsymbol{X}\in\mathscr{M}\Longrightarrow a\boldsymbol{X}\in\mathscr{M}\quad(\forall a\in\mathbf{R}),$$

$$\boldsymbol{X}_1,\boldsymbol{X}_2\in\mathscr{M}\Longrightarrow \boldsymbol{X}_1+\boldsymbol{X}_2\in\mathscr{M},$$

其中 $a\boldsymbol{X}$ 表示向量与数量的乘积,$\boldsymbol{X}_1+\boldsymbol{X}_2$ 表示普通的向量加法. 例如,设 $\boldsymbol{A}=(a_1,\cdots,a_n)^{\mathrm{T}}$ 为 $\mathbf{R}^n$ 中的一个向量,则

$$\mathscr{M}=\{\boldsymbol{Y}:\boldsymbol{Y}\in\mathbf{R}^n,\boldsymbol{Y}^{\mathrm{T}}\boldsymbol{A}=0\}$$

形成 $\mathbf{R}^n$ 的一个子空间,式中记号 $\boldsymbol{Y}^{\mathrm{T}}\boldsymbol{A}$ 表示向量 $\boldsymbol{Y}$ 与向量 $\boldsymbol{A}$ 的内积,即 $\boldsymbol{Y}^{\mathrm{T}}\boldsymbol{A}=\sum_{i=1}^{n}y_ia_i$,$\boldsymbol{Y}=(y_1,\cdots,y_n)^{\mathrm{T}}$. 又例如,设 $\boldsymbol{X}_1,\cdots,\boldsymbol{X}_p$ 为 $\mathbf{R}^n$ 中的 p 个向量,则

$$\mathscr{M}=\{\boldsymbol{X}_1b_1+\cdots+\boldsymbol{X}_pb_p:\ b_i\in\mathbf{R},i=1,\cdots,p\}$$

也形成 $\mathbf{R}^n$ 的一个子空间. 令

$$\boldsymbol{X}=(\boldsymbol{X}_1,\cdots,\boldsymbol{X}_p)$$

为一个 $n\times p$ 矩阵. 定义

$$\begin{aligned}\mathscr{M}(\boldsymbol{X})&=\{\boldsymbol{X}_1b_1+\cdots+\boldsymbol{X}_pb_p:\ b_i\in\mathbf{R},i=1,\cdots,p\}\\&=\{\boldsymbol{X}\boldsymbol{b}:\ \boldsymbol{b}=(b_1,\cdots,b_p)^{\mathrm{T}}\in\mathbf{R}^p\}.\end{aligned}$$

记号 $\mathscr{M}(\boldsymbol{X})$ 称为由矩阵 $\boldsymbol{X}$ 的列向量所张成的子空间. 我们还要用到向量之间互相正交和向量空间的正交分解的概念. 设 $\boldsymbol{X}_1, \boldsymbol{X}_2$ 为 $\mathbf{R}^n$ 中的两个向量, $\boldsymbol{X}_1=(x_{11},\cdots,x_{n1})^{\mathrm{T}}$, $\boldsymbol{X}_2=(x_{12},\cdots,x_{n2})^{\mathrm{T}}$. 我们称 $\boldsymbol{X}_1$ 与 $\boldsymbol{X}_2$ 相互正交, 如果它们满足条件 $\boldsymbol{X}_1^{\mathrm{T}}\boldsymbol{X}_2=\sum_{i=1}^{n}x_{i1}x_{i2}=0$. 在二维空间和三维空间中两个向量相互正交就是直观上的相互垂直. 我们虽然不能用图形来表达多维空间中向量之间的相互正交, 然而在抽象的思维中建立向量之间相互正交的概念, 对于理解数据的结构是十分有利的.

命题 3.1　设 $\boldsymbol{X}_1=(X_{11},\cdots,X_{n1})^{\mathrm{T}}$ 和 $\boldsymbol{X}_2=(X_{12},\cdots,X_{n2})^{\mathrm{T}}$ 是 n 维空间 $\mathbf{R}^n$ 中两个互相正交的两个向量, 则

$$\|\boldsymbol{X}_1+\boldsymbol{X}_2\|^2=\|\boldsymbol{X}_1\|^2+\|\boldsymbol{X}_2\|^2. \tag{3.4}$$

证明作为练习.

在二维空间和三维空间中, 这个结果就是直角三角形斜边边长的平方等于两直角边边长的平方之和. 利用向量正交的概念可定义向量空间中两个子空间相互正交. 设 $\mathscr{M}_1$ 和 $\mathscr{M}_2$ 是 n 维空间 $\mathbf{R}^n$ 的两个子空间. 我们称 $\mathscr{M}_1$ 和 $\mathscr{M}_2$ 相互正交, 指的是 $\mathscr{M}_1$ 中的任何向量与 $\mathscr{M}_2$ 中的任何向量相互正交. 通常用 $\mathscr{M}_1\perp\mathscr{M}_2$ 表示子空间 $\mathscr{M}_1$ 与 $\mathscr{M}_2$ 正交. 现在假定 $\boldsymbol{X}_1$ 和 $\boldsymbol{X}_2$ 是两个矩阵, 它们具有相同的行数. 如果矩阵 $\boldsymbol{X}_1$ 的每一列与 $\boldsymbol{X}_2$ 的每一列相互正交, 则称矩阵 $\boldsymbol{X}_1$ 与 $\boldsymbol{X}_2$ 相互正交, 记为 $\boldsymbol{X}_1\perp\boldsymbol{X}_2$. 显然, 由 $\boldsymbol{X}_1\perp\boldsymbol{X}_2$ 可推知 $\mathscr{M}(\boldsymbol{X}_1)\perp\mathscr{M}(\boldsymbol{X}_2)$. 另外, n 维空间中向量到某子空间的投影也是很重要的概念. 下面给出它的定义.

定义 3.1　设 $\mathscr{M}$ 是空间 $\mathbf{R}^n$ 中的一个子空间, $\boldsymbol{Y}$ 是 $\mathbf{R}^n$ 中的一个向量. $\mathscr{M}$ 中的向量 $\boldsymbol{X}$ 称为**向量 $\boldsymbol{Y}$ 到 $\mathscr{M}$ 的投影向量**, 如果 $\boldsymbol{X}$ 满足下面的条件:

$$\|\boldsymbol{Y}-\boldsymbol{X}\|^2=\min_{\boldsymbol{U}\in\mathscr{M}}\{\|\boldsymbol{Y}-\boldsymbol{U}\|^2\}.$$

我们用记号 $\boldsymbol{Y}_{\mathscr{M}}$ 表示 $\boldsymbol{Y}$ 到 $\mathscr{M}$ 的投影向量. 投影向量的直观意义是很明确的, $\boldsymbol{Y}_{\mathscr{M}}$ 是 $\mathscr{M}$ 中与 $\boldsymbol{Y}$ 距离最短的向量.

例 3.1　考虑向量形式的一元线性回归方程

$$\boldsymbol{Y}=\mathbf{1}b_0+\boldsymbol{X}_1b_1+\boldsymbol{E}, \tag{3.5}$$

其中 $\boldsymbol{X}_1$ 为一已知的向量(假定 $\boldsymbol{X}_1$ 与 $\mathbf{1}$ 不共线). 由向量 $\mathbf{1}$ 和 $\boldsymbol{X}_1$ 所张成的子空间就是 $\mathscr{M}(\mathbf{1},\boldsymbol{X}_1)$, 其中 $\mathscr{M}(\mathbf{1},\boldsymbol{X}_1)$ 中的向量可写成 $\mathbf{1}b_0+\boldsymbol{X}_1b_1$ 的形式, $b_0,b_1\in\mathbf{R}$. 在回归问题中, b_0,b_1 是未知的参数. 如何从数据求

出 b_0 和 b_1 的估计呢？在一元线性回归中，我们引入了最小二乘估计，即 $\hat{b}_0$ 和 $\hat{b}_1$ 为满足下列条件的解：

$$\sum_{i=1}^{n}(y_i-\hat{b}_0-x_{i1}\hat{b}_1)^2=\min_{b_0,b_1}\left\{\sum_{i=1}^{n}(y_i-b_0-x_{i1}b_1)^2\right\}.$$

若用向量的记号，最小二乘估计 $\hat{b}_0$ 和 $\hat{b}_1$ 就满足条件：

$$\begin{aligned}\|\boldsymbol{Y}-\boldsymbol{1}\hat{b}_0-\boldsymbol{X}_1\hat{b}_1\|^2&=\min_{b_0,b_1}\{\|\boldsymbol{Y}-\boldsymbol{1}b_0-\boldsymbol{X}_1b_1\|^2\}\\&=\min_{\boldsymbol{U}\in\mathscr{M}(\boldsymbol{1},\boldsymbol{X}_1)}\{\|\boldsymbol{Y}-\boldsymbol{U}\|^2\}.\end{aligned}$$

这说明，$\boldsymbol{1}\hat{b}_0+\boldsymbol{X}_1\hat{b}_1$ 就是向量 $\boldsymbol{Y}$ 到子空间 $\mathscr{M}(\boldsymbol{1},\boldsymbol{X}_1)$上的投影向量.

将 b_0 和 b_1 的最小二乘估计用投影向量的形式表达很有好处. 首先，建立 n 维向量空间的几何概念以后，最小二乘估计就变得非常直观. $\hat{b}_0$，$\hat{b}_1$ 就是 $\boldsymbol{Y}$ 到子空间 $\mathscr{M}(\boldsymbol{1},\boldsymbol{X}_1)$的投影向量的线性表示的系数. 应该说，最小二乘估计的向量表示是最直观、最简洁明了的. 其次，这种表示方法可以毫无困难地推广到多元线性回归的情况. 只要把一元线性回归模型(3.5)中的向量 $\boldsymbol{X}_1$ 替换成矩阵 $\boldsymbol{X}$，把系数 b_1 换成 p 维向量 $\boldsymbol{b}=(b_1,\cdots,b_p)^{\mathrm{T}}$，一元线性回归模型(3.5)就变成多元线性回归模型(3.3)，两者的形式完全相同. 这样，参数 b_0 和 $\boldsymbol{b}$ 的最小二乘估计的定义就可以完全照搬.

定义 3.2 设数据矩阵 $\boldsymbol{Y}$，$\boldsymbol{X}$ 满足多元线性回归方程(3.3). 若参数 b_0 和 $\boldsymbol{b}$ 的估计 $\hat{b}_0$ 和 $\hat{\boldsymbol{b}}$ 满足

$$\|\boldsymbol{Y}-\boldsymbol{1}\hat{b}_0-\boldsymbol{X}\hat{\boldsymbol{b}}\|^2=\min_{b_0,\boldsymbol{b}}\{\|\boldsymbol{Y}-\boldsymbol{1}b_0-\boldsymbol{X}\boldsymbol{b}\|^2\},\tag{3.6}$$

则分别称 $\hat{b}_0$ 和 $\hat{\boldsymbol{b}}$ 为参数 b_0 和 $\boldsymbol{b}$ 的**最小二乘估计**.

由(3.6)式和投影向量之定义知，$\boldsymbol{1}\hat{b}_0+\boldsymbol{X}\hat{\boldsymbol{b}}=\boldsymbol{Y}_{\mathscr{M}(\boldsymbol{1},\boldsymbol{X})}$，即 $\boldsymbol{1}\hat{b}_0+\boldsymbol{X}\hat{\boldsymbol{b}}_1$ 是向量 $\boldsymbol{Y}$ 到子空间 $\mathscr{M}(\boldsymbol{1},\boldsymbol{X})$上的投影向量.

为了求解问题(3.6)，我们引入一些回归分析中特有的记号. 令

$$\begin{aligned}\bar{\boldsymbol{X}}&=(\boldsymbol{1}^{\mathrm{T}}\boldsymbol{1})^{-1}\boldsymbol{1}^{\mathrm{T}}\boldsymbol{X}=\left(\frac{1}{n}\sum_{i=1}^{n}x_{i1},\cdots,\frac{1}{n}\sum_{i=1}^{n}x_{ip}\right)\\&=(\bar{\boldsymbol{X}}_1,\cdots,\bar{\boldsymbol{X}}_p),\end{aligned}$$

$$\bar{\boldsymbol{Y}}=\frac{1}{n}\sum_{i=1}^{n}y_i,\quad \bar{\boldsymbol{E}}=\frac{1}{n}\sum_{i=1}^{n}e_i,$$

$$\tilde{\boldsymbol{X}}=\boldsymbol{X}-\boldsymbol{1}\bar{\boldsymbol{X}}=[\boldsymbol{I}-\boldsymbol{1}(\boldsymbol{1}^{\mathrm{T}}\boldsymbol{1})^{-1}\boldsymbol{1}^{\mathrm{T}}]\boldsymbol{X},$$

$$\tilde{\boldsymbol{Y}} = \boldsymbol{Y} - \boldsymbol{1}\bar{\boldsymbol{Y}} = [\boldsymbol{I} - \boldsymbol{1}(\boldsymbol{1}^{\mathrm{T}}\boldsymbol{1})^{-1}\boldsymbol{1}^{\mathrm{T}}]\boldsymbol{Y},$$

$$\hat{\boldsymbol{b}} = (\tilde{\boldsymbol{X}}^{\mathrm{T}}\tilde{\boldsymbol{X}})^{-1}\tilde{\boldsymbol{X}}^{\mathrm{T}}\boldsymbol{Y}. \tag{3.7}$$

利用这些记号,可以得到如下的向量恒等式:

$$\boldsymbol{Y} - \boldsymbol{1}b_0 - \boldsymbol{X}\boldsymbol{b} = (\tilde{\boldsymbol{Y}} - \tilde{\boldsymbol{X}}\hat{\boldsymbol{b}}) + \tilde{\boldsymbol{X}}(\hat{\boldsymbol{b}} - \boldsymbol{b}) + \boldsymbol{1}(\bar{\boldsymbol{Y}} - \bar{\boldsymbol{X}}\boldsymbol{b} - b_0). \tag{3.8}$$

下面我们证明(3.8)式右边的三个加项是相互正交的向量.这可从下面的等式看出:

$$\begin{aligned}
[\tilde{\boldsymbol{X}}(\hat{\boldsymbol{b}} - \boldsymbol{b})]^{\mathrm{T}}(\tilde{\boldsymbol{Y}} - \tilde{\boldsymbol{X}}\hat{\boldsymbol{b}}) &= (\hat{\boldsymbol{b}} - \boldsymbol{b})^{\mathrm{T}}\tilde{\boldsymbol{X}}^{\mathrm{T}}(\tilde{\boldsymbol{Y}} - \tilde{\boldsymbol{X}}\hat{\boldsymbol{b}}) \\
&= (\hat{\boldsymbol{b}} - \boldsymbol{b})^{\mathrm{T}}(\tilde{\boldsymbol{X}}^{\mathrm{T}}\tilde{\boldsymbol{Y}} - \tilde{\boldsymbol{X}}^{\mathrm{T}}\tilde{\boldsymbol{X}}\hat{\boldsymbol{b}}) = (\hat{\boldsymbol{b}} - \boldsymbol{b})^{\mathrm{T}}(\tilde{\boldsymbol{X}}^{\mathrm{T}}\tilde{\boldsymbol{Y}} - \tilde{\boldsymbol{X}}^{\mathrm{T}}\boldsymbol{Y}) \\
&= -(\hat{\boldsymbol{b}} - \boldsymbol{b})^{\mathrm{T}}(\tilde{\boldsymbol{X}}^{\mathrm{T}}\boldsymbol{1})\bar{\boldsymbol{Y}} = 0,
\end{aligned}$$

$$[\tilde{\boldsymbol{X}}(\hat{\boldsymbol{b}} - \boldsymbol{b})]^{\mathrm{T}}\boldsymbol{1}(\bar{\boldsymbol{Y}} - \bar{\boldsymbol{X}}\boldsymbol{b} - b_0) = (\hat{\boldsymbol{b}} - \boldsymbol{b})^{\mathrm{T}}(\tilde{\boldsymbol{X}}^{\mathrm{T}}\boldsymbol{1})(\bar{\boldsymbol{Y}} - \tilde{\boldsymbol{X}}\boldsymbol{b} - b_0) = 0,$$

$$(\tilde{\boldsymbol{Y}} - \tilde{\boldsymbol{X}}\hat{\boldsymbol{b}})^{\mathrm{T}}\boldsymbol{1}(\bar{\boldsymbol{Y}} - \bar{\boldsymbol{X}}\boldsymbol{b} - b_0) = [\tilde{\boldsymbol{Y}}^{\mathrm{T}}\boldsymbol{1} - \hat{\boldsymbol{b}}^{\mathrm{T}}(\tilde{\boldsymbol{X}}^{\mathrm{T}}\boldsymbol{1})](\bar{\boldsymbol{Y}} - \bar{\boldsymbol{X}}\boldsymbol{b} - b_0) = 0$$

(上述三式中出现了因子 $\tilde{\boldsymbol{X}}^{\mathrm{T}}\boldsymbol{1}$ 和 $\tilde{\boldsymbol{Y}}^{\mathrm{T}}\boldsymbol{1}$,而很容易验证它们等于 0,这样上述三式均为 0).上述三式说明,向量 $\boldsymbol{Y} - \boldsymbol{1}b_0 - \boldsymbol{X}\boldsymbol{b}$ 可以写成相互正交的三个向量之和.利用相互正交的向量长度的公式,可以得到

$$\|\boldsymbol{Y} - \boldsymbol{1}b_0 - \boldsymbol{X}\boldsymbol{b}\|^2 = \|\tilde{\boldsymbol{Y}} - \tilde{\boldsymbol{X}}\hat{\boldsymbol{b}}\|^2 + \|\tilde{\boldsymbol{X}}(\hat{\boldsymbol{b}} - \boldsymbol{b})\|^2 + \|\boldsymbol{1}(\bar{\boldsymbol{Y}} - \bar{\boldsymbol{X}}\boldsymbol{b} - b_0)\|^2. \tag{3.9}$$

利用上式,可得下面的定理.

定理 3.1　设线性回归模型(3.3)中矩阵$(\boldsymbol{1},\boldsymbol{X})$的秩为 $p+1$,即矩阵$(\boldsymbol{1},\boldsymbol{X})$的各列是线性无关的,则该模型的参数 b_0 和 $\boldsymbol{b}$ 的最小二乘估计 $\hat{b}_0$ 和 $\hat{\boldsymbol{b}}$ 由下式给出:

$$\hat{b}_0 = \bar{\boldsymbol{Y}} - \bar{\boldsymbol{X}}\hat{\boldsymbol{b}}, \quad \hat{\boldsymbol{b}} = (\tilde{\boldsymbol{X}}^{\mathrm{T}}\tilde{\boldsymbol{X}})^{-1}\tilde{\boldsymbol{X}}^{\mathrm{T}}\boldsymbol{Y}. \tag{3.10}$$

证明　利用等式(3.9),可知

$$\|\boldsymbol{Y} - \boldsymbol{1}b_0 - \boldsymbol{X}\boldsymbol{b}\|^2 \geqslant \|\tilde{\boldsymbol{Y}} - \tilde{\boldsymbol{X}}\hat{\boldsymbol{b}}\|^2,$$

并且当 $b_0 = \hat{b}_0$ 和 $\boldsymbol{b} = \hat{\boldsymbol{b}}$ 时,$\|\boldsymbol{Y} - \boldsymbol{1}b_0 - \boldsymbol{X}\boldsymbol{b}\|^2$ 达到最小值$\|\boldsymbol{Y} - \boldsymbol{1}\hat{b}_0 - \boldsymbol{X}\hat{\boldsymbol{b}}\|^2 = \|\tilde{\boldsymbol{Y}} - \tilde{\boldsymbol{X}}\hat{\boldsymbol{b}}\|^2$.根据定义 3.2,$b_0$ 和 $\boldsymbol{b}$ 的最小二乘估计就是

$$\hat{b}_0 = \bar{\boldsymbol{Y}} - \bar{\boldsymbol{X}}\hat{\boldsymbol{b}} \quad 和 \quad \hat{\boldsymbol{b}} = (\tilde{\boldsymbol{X}}^{\mathrm{T}}\tilde{\boldsymbol{X}})^{-1}\tilde{\boldsymbol{X}}^{\mathrm{T}}\boldsymbol{Y}. \qquad \square$$

在讨论回归系数的最小二乘估计计算公式时,我们只要求矩阵 $\boldsymbol{X}$ 满足条件"矩阵$(\boldsymbol{1},\boldsymbol{X})$的秩为 $p+1$",或者说"矩阵$(\boldsymbol{1},\boldsymbol{X})$的各列之间线性无关".这个条件是对模型的最低要求.若矩阵$(\boldsymbol{1},\boldsymbol{X})$的各列之间线

性相关,则矩阵$(\widetilde{\boldsymbol{X}}^{\mathrm{T}}\widetilde{\boldsymbol{X}})$不可求逆,表达式(3.10)没有意义(事实上,若矩阵$(\boldsymbol{1},\boldsymbol{X})$的各列之间线性相关,$b_0,\boldsymbol{b}$的最小二乘估计不唯一.涉及的数学内容已经超出本书的范围,我们在此处不细述).

下面讨论多元线性回归中最小二乘估计的性质.为此,我们还要对模型(3.3)中的误差向量$\boldsymbol{E}$有一些要求:误差向量$\boldsymbol{E}$满足

$$\mathrm{E}(\boldsymbol{E})=\boldsymbol{0},\quad \mathrm{cov}(\boldsymbol{E},\boldsymbol{E})=\sigma^2\boldsymbol{I}. \tag{3.11}$$

式中的记号$\mathrm{E}(\boldsymbol{E})$表示随机向量$\boldsymbol{E}$的期望向量.上式中第一个等式表示对每一个$i$,$\mathrm{E}(\boldsymbol{E})$的第$i$个分量(即$\boldsymbol{E}$的分量$e_i$的期望)为0,即$\mathrm{E}(e_i)=0(i=1,\cdots,n)$,而第二个等式表示$\mathrm{var}(e_i)=\sigma^2$,$\mathrm{cov}(e_i,e_j)=0$ $(i,j=1,\cdots,n;i\neq j)$.在模型(3.3)中,参数b_0和$\boldsymbol{b}$的意义已经交代清楚,而σ^2也是很重要的参数,它刻画了误差的大小.我们已经知道,用最小二乘估计$\hat{b}_0$和$\hat{\boldsymbol{b}}$来估计参数b_0和$\boldsymbol{b}$.那么,用什么估计量去估计σ^2呢?我们通常用

$$\widehat{\sigma^2}=\|\boldsymbol{Y}-\boldsymbol{1}\hat{b}_0-\boldsymbol{X}\hat{\boldsymbol{b}}\|^2/(n-p-1) \tag{3.12}$$

作为σ^2的估计.下面就是关于$\hat{b}_0,\hat{\boldsymbol{b}}$和$\widehat{\sigma^2}$无偏性的一个定理.

定理 3.2 设线性回归模型(3.3)中矩阵$(\boldsymbol{1},\boldsymbol{X})$的秩为$p+1$,并且误差向量$\boldsymbol{E}$满足(3.11)式,则由(3.10)式和(3.12)式给出的估计量$\hat{b}_0,\hat{\boldsymbol{b}}$和$\widehat{\sigma^2}$分别为参数$b_0,\boldsymbol{b}$和$\sigma^2$的无偏估计.

证明 利用(3.11)式中的条件$\mathrm{E}(\boldsymbol{E})=\boldsymbol{0}$,可得

$$\mathrm{E}(\boldsymbol{Y})=\mathrm{E}(\boldsymbol{1}b_0+\boldsymbol{X}\boldsymbol{b}+\boldsymbol{E})=\boldsymbol{1}b_0+\boldsymbol{X}\boldsymbol{b}.$$

再利用$\hat{\boldsymbol{b}}$的公式(3.10),可得

$$\begin{aligned}\mathrm{E}(\hat{\boldsymbol{b}})&=\mathrm{E}[(\widetilde{\boldsymbol{X}}^{\mathrm{T}}\widetilde{\boldsymbol{X}})^{-1}\widetilde{\boldsymbol{X}}^{\mathrm{T}}\boldsymbol{Y}]=(\widetilde{\boldsymbol{X}}^{\mathrm{T}}\widetilde{\boldsymbol{X}})^{-1}\widetilde{\boldsymbol{X}}^{\mathrm{T}}\mathrm{E}(\boldsymbol{Y})\\&=(\widetilde{\boldsymbol{X}}^{\mathrm{T}}\widetilde{\boldsymbol{X}})^{-1}\widetilde{\boldsymbol{X}}^{\mathrm{T}}(\boldsymbol{1}b_0+\boldsymbol{X}\boldsymbol{b})\\&=(\widetilde{\boldsymbol{X}}^{\mathrm{T}}\widetilde{\boldsymbol{X}})^{-1}(\widetilde{\boldsymbol{X}}^{\mathrm{T}}\boldsymbol{1})b_0+(\widetilde{\boldsymbol{X}}^{\mathrm{T}}\widetilde{\boldsymbol{X}})^{-1}\widetilde{\boldsymbol{X}}^{\mathrm{T}}\boldsymbol{X}\boldsymbol{b}\\&\quad\text{(第一项中因子}(\widetilde{\boldsymbol{X}}^{\mathrm{T}}\boldsymbol{1})=0)\\&=(\widetilde{\boldsymbol{X}}^{\mathrm{T}}\widetilde{\boldsymbol{X}})^{-1}\widetilde{\boldsymbol{X}}^{\mathrm{T}}\boldsymbol{X}\boldsymbol{b}=(\widetilde{\boldsymbol{X}}^{\mathrm{T}}\widetilde{\boldsymbol{X}})^{-1}\widetilde{\boldsymbol{X}}^{\mathrm{T}}(\widetilde{\boldsymbol{X}}+\boldsymbol{1}\overline{\boldsymbol{X}})\boldsymbol{b}\\&=(\widetilde{\boldsymbol{X}}^{\mathrm{T}}\widetilde{\boldsymbol{X}})^{-1}\widetilde{\boldsymbol{X}}^{\mathrm{T}}\widetilde{\boldsymbol{X}}\boldsymbol{b}+(\widetilde{\boldsymbol{X}}^{\mathrm{T}}\widetilde{\boldsymbol{X}})^{-1}(\widetilde{\boldsymbol{X}}^{\mathrm{T}}\boldsymbol{1})\overline{\boldsymbol{X}}\boldsymbol{b}\\&=(\widetilde{\boldsymbol{X}}^{\mathrm{T}}\widetilde{\boldsymbol{X}})^{-1}(\widetilde{\boldsymbol{X}}^{\mathrm{T}}\widetilde{\boldsymbol{X}})\boldsymbol{b}=\boldsymbol{b},\end{aligned}$$

即$\hat{\boldsymbol{b}}$是$\boldsymbol{b}$的无偏估计.

对于估计量$\hat{b}_0$,利用公式(3.10),有

$$\begin{aligned}\mathrm{E}(\hat{b}_0) &= \mathrm{E}(\bar{Y} - \bar{\boldsymbol{X}}\hat{\boldsymbol{b}}) = \mathrm{E}(\bar{Y}) - \bar{\boldsymbol{X}}\mathrm{E}(\hat{\boldsymbol{b}}) \\ &= (\mathbf{1}^{\mathrm{T}}\mathbf{1})^{-1}\mathbf{1}^{\mathrm{T}}\mathrm{E}(\boldsymbol{Y}) - \bar{\boldsymbol{X}}\boldsymbol{b} \\ &= (\mathbf{1}^{\mathrm{T}}\mathbf{1})^{-1}\mathbf{1}^{\mathrm{T}}(\mathbf{1}b_0 + \boldsymbol{X}\boldsymbol{b}) - \bar{\boldsymbol{X}}\boldsymbol{b} \\ &= b_0 + \bar{\boldsymbol{X}}\boldsymbol{b} - \bar{\boldsymbol{X}}\boldsymbol{b} = b_0,\end{aligned}$$

即 $\hat{b}_0$ 是 b_0 的无偏估计.

现在证明估计 $\hat{\sigma^2}$ 的无偏性.经过验算,有

$$\tilde{\boldsymbol{Y}} - \tilde{\boldsymbol{X}}\hat{\boldsymbol{b}} = \boldsymbol{Y} - \mathbf{1}\hat{b}_0 - \boldsymbol{X}\hat{\boldsymbol{b}}$$

(向量 $\boldsymbol{Y}-\mathbf{1}\hat{b}_0-\boldsymbol{X}\hat{\boldsymbol{b}}$ 称为**残差向量**).为了证明 $\hat{\sigma^2}$ 的无偏性,我们要利用(3.9)式并分别求出(3.9)式中四项的期望.但我们只需要求出其中三项的期望即可.先看(3.9)式中左边的项.由于 $\boldsymbol{Y}-\mathbf{1}b_0-\boldsymbol{X}\boldsymbol{b}=\boldsymbol{E}$,利用(3.11)式可得

$$\mathrm{E}(\|\boldsymbol{Y} - \mathbf{1}b_0 - \boldsymbol{X}\boldsymbol{b}\|^2) = \mathrm{E}(\|\boldsymbol{E}\|^2) = \mathrm{E}\left(\sum_{i=1}^{n} e_i^2\right) = n\sigma^2. \quad (3.13)$$

再次计算(3.9)式中右边第三项的期望 $\mathrm{E}(\|\mathbf{1}(\bar{Y}-\bar{\boldsymbol{X}}\boldsymbol{b}-b_0\|^2)$.利用 $\bar{Y}$ 和 $\bar{\boldsymbol{X}}$ 之定义,得到

$$\mathbf{1}(\bar{Y} - \bar{\boldsymbol{X}}\boldsymbol{b} - b_0) = \mathbf{1}(\mathbf{1}^{\mathrm{T}}\mathbf{1})^{-1}\mathbf{1}^{\mathrm{T}}(\boldsymbol{Y} - \boldsymbol{X}\boldsymbol{b} - \mathbf{1}b_0) = \mathbf{1}(\mathbf{1}^{\mathrm{T}}\mathbf{1})^{-1}\mathbf{1}^{\mathrm{T}}\boldsymbol{E},$$

进一步可得

$$\begin{aligned}&\mathrm{E}(\|\mathbf{1}(\bar{Y} - \bar{\boldsymbol{X}}\boldsymbol{b} - b_0)\|^2) = \mathrm{E}(\|\mathbf{1}(\mathbf{1}^{\mathrm{T}}\mathbf{1})^{-1}\mathbf{1}^{\mathrm{T}}\boldsymbol{E}\|^2) \\ &\quad = \mathrm{E}(\|\mathbf{1}\bar{\boldsymbol{E}}\|^2) = \mathrm{E}(\|\mathbf{1}\|^2\bar{\boldsymbol{E}}^2) = n(\sigma^2/n) = \sigma^2. \quad (3.14)\end{aligned}$$

现在计算(3.9)式中右边第二项的期望 $\mathrm{E}(\|\tilde{\boldsymbol{X}}(\hat{\boldsymbol{b}}-\boldsymbol{b})\|^2)$.为此,先证明公式

$$\begin{aligned}(\tilde{\boldsymbol{X}}^{\mathrm{T}}\tilde{\boldsymbol{X}})^{-1}\tilde{\boldsymbol{X}}^{\mathrm{T}}\boldsymbol{E} &= (\tilde{\boldsymbol{X}}^{\mathrm{T}}\tilde{\boldsymbol{X}})^{-1}\tilde{\boldsymbol{X}}^{\mathrm{T}}(\boldsymbol{Y} - \mathbf{1}b_0 - \boldsymbol{X}\boldsymbol{b}) \\ &= (\tilde{\boldsymbol{X}}^{\mathrm{T}}\tilde{\boldsymbol{X}})^{-1}\tilde{\boldsymbol{X}}^{\mathrm{T}}\boldsymbol{Y} - (\tilde{\boldsymbol{X}}^{\mathrm{T}}\tilde{\boldsymbol{X}})^{-1}(\tilde{\boldsymbol{X}}^{\mathrm{T}}\mathbf{1})b_0 - (\tilde{\boldsymbol{X}}^{\mathrm{T}}\tilde{\boldsymbol{X}})^{-1}\tilde{\boldsymbol{X}}^{\mathrm{T}}\boldsymbol{X}\boldsymbol{b} \\ &= \hat{\boldsymbol{b}} - \mathbf{0} - (\tilde{\boldsymbol{X}}^{\mathrm{T}}\tilde{\boldsymbol{X}})^{-1}\tilde{\boldsymbol{X}}^{\mathrm{T}}(\tilde{\boldsymbol{X}} + \mathbf{1}\bar{\boldsymbol{X}})\boldsymbol{b} \\ &= \hat{\boldsymbol{b}} - \boldsymbol{b}.\end{aligned}$$

这样,有

$$\begin{aligned}&\mathrm{E}(\|\tilde{\boldsymbol{X}}(\hat{\boldsymbol{b}} - \boldsymbol{b})\|^2) = \mathrm{E}(\|\tilde{\boldsymbol{X}}(\tilde{\boldsymbol{X}}^{\mathrm{T}}\tilde{\boldsymbol{X}})^{-1}\tilde{\boldsymbol{X}}^{\mathrm{T}}\boldsymbol{E}\|^2) \\ &\quad = \mathrm{E}[\boldsymbol{E}^{\mathrm{T}}\tilde{\boldsymbol{X}}(\tilde{\boldsymbol{X}}^{\mathrm{T}}\tilde{\boldsymbol{X}})^{-1}\tilde{\boldsymbol{X}}^{\mathrm{T}}\boldsymbol{E}] = \mathrm{E}\{\mathrm{tr}[\boldsymbol{E}^{\mathrm{T}}\tilde{\boldsymbol{X}}(\tilde{\boldsymbol{X}}^{\mathrm{T}}\tilde{\boldsymbol{X}})^{-1}\tilde{\boldsymbol{X}}^{\mathrm{T}}\boldsymbol{E}]\}\end{aligned}$$

$$= \mathrm{E}\{\mathrm{tr}[\widetilde{\boldsymbol{X}}(\widetilde{\boldsymbol{X}}^{\mathrm{T}}\widetilde{\boldsymbol{X}})^{-1}\widetilde{\boldsymbol{X}}^{\mathrm{T}}\boldsymbol{E}\boldsymbol{E}^{\mathrm{T}}]\} = \mathrm{tr}\{\mathrm{E}[\widetilde{\boldsymbol{X}}(\widetilde{\boldsymbol{X}}^{\mathrm{T}}\widetilde{\boldsymbol{X}})^{-1}\widetilde{\boldsymbol{X}}^{\mathrm{T}}\boldsymbol{E}\boldsymbol{E}^{\mathrm{T}}]\}$$
$$= \mathrm{tr}[\widetilde{\boldsymbol{X}}(\widetilde{\boldsymbol{X}}^{\mathrm{T}}\widetilde{\boldsymbol{X}})^{-1}\widetilde{\boldsymbol{X}}^{\mathrm{T}}\mathrm{E}(\boldsymbol{E}\boldsymbol{E}^{\mathrm{T}})] = \mathrm{tr}[\widetilde{\boldsymbol{X}}(\widetilde{\boldsymbol{X}}^{\mathrm{T}}\widetilde{\boldsymbol{X}})^{-1}\widetilde{\boldsymbol{X}}^{\mathrm{T}}\sigma^2\boldsymbol{I}_n]$$
$$= \sigma^2\mathrm{tr}[(\widetilde{\boldsymbol{X}}^{\mathrm{T}}\widetilde{\boldsymbol{X}})^{-1}\widetilde{\boldsymbol{X}}^{\mathrm{T}}\widetilde{\boldsymbol{X}}] = \sigma^2\mathrm{tr}(\boldsymbol{I}_p) = \sigma^2 p \tag{3.15}$$

(这里一系列等式中我们利用了方阵 $\boldsymbol{A}=(a_{ij})_{n\times n}$ 的迹的定义和运算性质. 方阵的迹就是方阵的对角线上的元素之和,即 $\mathrm{tr}(\boldsymbol{A})=\sum_{i=1}^{n}a_{ii}$. 迹的运算有下列重要的性质:设 $\boldsymbol{A}=(a_{ij})$ 和 $\boldsymbol{B}=(b_{ij})$ 为两个矩阵. 若 $\boldsymbol{AB},\boldsymbol{BA}$ 均为方阵,则 $\mathrm{tr}(\boldsymbol{AB})=\mathrm{tr}(\boldsymbol{BA})=\sum_{i,j}a_{ij}b_{ji}$;若 c 为常数,$\boldsymbol{A}$ 为方阵,则 $\mathrm{tr}(c\boldsymbol{A})=c\,\mathrm{tr}(\boldsymbol{A})$;设 $\boldsymbol{A}$ 为随机矩阵,即 $\boldsymbol{A}$ 的元素都是随机变量,则 $\mathrm{E}[\mathrm{tr}(\boldsymbol{A})]=\mathrm{tr}[\mathrm{E}(\boldsymbol{A})]$,其中 $\mathrm{E}(\boldsymbol{A})$ 表示将 $\boldsymbol{A}$ 中的元素(随机变量)求期望以后得到的矩阵. 有了这些性质后,上述一系列等式就可以顺利地证明了). 利用(3.9)式,(3.13)式,(3.14)式和(3.15)式,可以得到

$$\begin{aligned}\mathrm{E}(\|\widetilde{\boldsymbol{Y}}-\widetilde{\boldsymbol{X}}\hat{\boldsymbol{b}}\|^2) &= \mathrm{E}(\|\boldsymbol{Y}-\boldsymbol{1}b_0-\boldsymbol{X}\boldsymbol{b}\|^2)-\mathrm{E}[\|\widetilde{\boldsymbol{X}}(\hat{\boldsymbol{b}}-\boldsymbol{b})\|^2]\\ &\quad -\mathrm{E}[\|\boldsymbol{1}(\bar{Y}-\bar{\boldsymbol{X}}\boldsymbol{b}-b_0)\|^2]\\ &= n\sigma^2-p\sigma^2-\sigma^2=(n-p-1)\sigma^2.\end{aligned}$$

由上式可知

$$\mathrm{E}(\widehat{\sigma^2}) = \mathrm{E}\left(\frac{\|\boldsymbol{Y}-\boldsymbol{1}\hat{b}_0-\boldsymbol{X}\hat{\boldsymbol{b}}\|^2}{n-p-1}\right) = \frac{\mathrm{E}(\|\widetilde{\boldsymbol{Y}}-\widetilde{\boldsymbol{X}}\hat{\boldsymbol{b}}\,|^2)}{n-p-1} = \sigma^2, \tag{3.16}$$

即 $\widehat{\sigma^2}$ 是 σ^2 的无偏估计. □

定理 3.2 已经证明了最小二乘估计 $\hat{\boldsymbol{b}}$ 是 $\boldsymbol{b}$ 的无偏估计. 另一方面,$\hat{\boldsymbol{b}}=(\widetilde{\boldsymbol{X}}^{\mathrm{T}}\widetilde{\boldsymbol{X}})^{-1}\widetilde{\boldsymbol{X}}^{\mathrm{T}}\boldsymbol{Y}$ 是 $\boldsymbol{Y}$ 的线性函数,即 $\hat{\boldsymbol{b}}$ 的每一个分量都是形如 $\boldsymbol{l}^{\mathrm{T}}\boldsymbol{Y}$ 的线性函数,其中 $\boldsymbol{l}$ 是一个与 $\boldsymbol{Y}$ 无关的常数向量. 与一元线性回归时一样,这种估计也称为线性估计. 这样 $\hat{\boldsymbol{b}}$ 就是 $\boldsymbol{b}$ 的一个线性无偏估计.

定义 3.3 设线性回归模型(3.3)中矩阵 $(\boldsymbol{1},\boldsymbol{X})$ 的秩为 $p+1$,并且误差向量满足(3.11)式. 参数向量 $\boldsymbol{b}$ 的一个估计 $\hat{\boldsymbol{b}}$ 称为**最优线性无偏估计**,如果它满足下列两个条件:

(1) $\hat{\boldsymbol{b}}$ 为参数向量 $\boldsymbol{b}$ 的线性无偏估计,即 $\hat{\boldsymbol{b}}$ 的每个分量都是 $\boldsymbol{Y}$ 的线性函数,并且其期望值等于 $\boldsymbol{b}$ 的相应的分量.

(2) 设 $\boldsymbol{L}^{\mathrm{T}}\boldsymbol{Y}$ 为参数向量 $\boldsymbol{b}$ 的任何其他的线性无偏估计,其中 $\boldsymbol{L}$ 为 $n\times p$ 常数矩阵,则 $\boldsymbol{L}^{\mathrm{T}}\boldsymbol{Y}$ 的协方差矩阵 $\mathrm{cov}(\boldsymbol{L}^{\mathrm{T}}\boldsymbol{Y},\boldsymbol{L}^{\mathrm{T}}\boldsymbol{Y})$ 在下列意义下比 $\mathrm{cov}(\hat{\boldsymbol{b}},\hat{\boldsymbol{b}})$ 差:对任何 p 维向量 $\boldsymbol{k}\in\mathbf{R}^p$,有

$$\boldsymbol{k}^{\mathrm{T}}\operatorname{cov}(\hat{\boldsymbol{b}},\hat{\boldsymbol{b}})\boldsymbol{k} \leqslant \boldsymbol{k}^{\mathrm{T}}\operatorname{cov}(\boldsymbol{L}^{\mathrm{T}}\boldsymbol{Y},\boldsymbol{L}^{\mathrm{T}}\boldsymbol{Y})\boldsymbol{k}.$$

现在证明由(3.10)式给出的 $\boldsymbol{b}$ 的最小二乘估计 $\hat{\boldsymbol{b}}$ 具有下列优良性：

定理 3.3　设线性回归模型(3.3)中矩阵$(\mathbf{1},\boldsymbol{X})$的秩为 $p+1$，并且误差向量 $\boldsymbol{E}$ 满足(3.11)式，则估计量 $\hat{\boldsymbol{b}}=(\widetilde{\boldsymbol{X}}^{\mathrm{T}}\widetilde{\boldsymbol{X}})^{-1}\widetilde{\boldsymbol{X}}^{\mathrm{T}}\boldsymbol{Y}$ 具有下列性质：

(1) $\operatorname{cov}(\hat{\boldsymbol{b}},\hat{\boldsymbol{b}})=\sigma^2(\widetilde{\boldsymbol{X}}^{\mathrm{T}}\widetilde{\boldsymbol{X}})^{-1}$；

(2) $\hat{\boldsymbol{b}}$ 为 $\boldsymbol{b}$ 的最优线性无偏估计.

证明　(1) 直接计算验证：

$$\begin{aligned}\operatorname{cov}(\hat{\boldsymbol{b}},\hat{\boldsymbol{b}}) &=\operatorname{cov}((\widetilde{\boldsymbol{X}}^{\mathrm{T}}\widetilde{\boldsymbol{X}})^{-1}\widetilde{\boldsymbol{X}}^{\mathrm{T}}\boldsymbol{Y},(\widetilde{\boldsymbol{X}}^{\mathrm{T}}\widetilde{\boldsymbol{X}})^{-1}\widetilde{\boldsymbol{X}}^{\mathrm{T}}\boldsymbol{Y})\\ &=(\widetilde{\boldsymbol{X}}^{\mathrm{T}}\widetilde{\boldsymbol{X}})^{-1}\widetilde{\boldsymbol{X}}^{\mathrm{T}}\operatorname{cov}(\boldsymbol{Y},\boldsymbol{Y})\widetilde{\boldsymbol{X}}(\widetilde{\boldsymbol{X}}^{\mathrm{T}}\widetilde{\boldsymbol{X}})^{-1}\\ &=\sigma^2(\widetilde{\boldsymbol{X}}^{\mathrm{T}}\widetilde{\boldsymbol{X}})^{-1}\widetilde{\boldsymbol{X}}^{\mathrm{T}}\widetilde{\boldsymbol{X}}(\widetilde{\boldsymbol{X}}^{\mathrm{T}}\widetilde{\boldsymbol{X}})^{-1}\\ &=\sigma^2(\widetilde{\boldsymbol{X}}^{\mathrm{T}}\widetilde{\boldsymbol{X}})^{-1}.\end{aligned}$$

(2) 显然，$\hat{\boldsymbol{b}}=(\widetilde{\boldsymbol{X}}^{\mathrm{T}}\widetilde{\boldsymbol{X}})^{-1}\widetilde{\boldsymbol{X}}^{\mathrm{T}}\boldsymbol{Y}$ 是 $\boldsymbol{b}$ 的线性无偏估计. 现证明其最优性. 记 $\boldsymbol{L}^{\mathrm{T}}\boldsymbol{Y}$ 为 $\boldsymbol{b}$ 的任一线性无偏估计. 令

$$\boldsymbol{D}=\boldsymbol{L}-\widetilde{\boldsymbol{X}}(\widetilde{\boldsymbol{X}}^{\mathrm{T}}\widetilde{\boldsymbol{X}})^{-1}.$$

一方面，易知

$$\begin{aligned}\mathrm{E}(\boldsymbol{D}^{\mathrm{T}}\boldsymbol{Y}) &= \mathrm{E}(\boldsymbol{L}^{\mathrm{T}}\boldsymbol{Y})-\mathrm{E}[(\widetilde{\boldsymbol{X}}^{\mathrm{T}}\widetilde{\boldsymbol{X}})^{-1}\widetilde{\boldsymbol{X}}^{\mathrm{T}}\boldsymbol{Y}]\\ &=\boldsymbol{b}-\boldsymbol{b}=\mathbf{0}.\end{aligned}$$

另一方面，有

$$\mathrm{E}(\boldsymbol{D}^{\mathrm{T}}\boldsymbol{Y})=\boldsymbol{D}^{\mathrm{T}}\mathrm{E}(\boldsymbol{Y})=\boldsymbol{D}^{\mathrm{T}}(\mathbf{1}b_0+\boldsymbol{X}\boldsymbol{b}).$$

由于上式中 b_0 和向量 $\boldsymbol{b}$ 可取任意值，可知

$$\boldsymbol{D}^{\mathrm{T}}\mathbf{1}=\mathbf{0},\quad \boldsymbol{D}^{\mathrm{T}}\boldsymbol{X}=\mathbf{0},$$

进一步有

$$\boldsymbol{D}^{\mathrm{T}}\widetilde{\boldsymbol{X}}=\boldsymbol{D}^{\mathrm{T}}(\boldsymbol{X}-\mathbf{1}\overline{\boldsymbol{X}})=\boldsymbol{D}^{\mathrm{T}}\boldsymbol{X}-\boldsymbol{D}^{\mathrm{T}}\mathbf{1}\overline{\boldsymbol{X}}=\mathbf{0}.$$

现在来计算 $\boldsymbol{L}^{\mathrm{T}}\boldsymbol{Y}$ 的协方差阵. 我们有

$$\begin{aligned}\operatorname{cov}(\boldsymbol{L}^{\mathrm{T}}\boldsymbol{Y},\boldsymbol{L}^{\mathrm{T}}\boldsymbol{Y}) &=\boldsymbol{L}^{\mathrm{T}}\operatorname{cov}(\boldsymbol{Y},\boldsymbol{Y})\boldsymbol{L}=\boldsymbol{L}^{\mathrm{T}}\sigma^2\boldsymbol{I}_n\boldsymbol{L}\\ &=\sigma^2\boldsymbol{L}^{\mathrm{T}}\boldsymbol{L}=\sigma^2[\widetilde{\boldsymbol{X}}(\widetilde{\boldsymbol{X}}^{\mathrm{T}}\widetilde{\boldsymbol{X}})^{-1}+\boldsymbol{D}]^{\mathrm{T}}[\widetilde{\boldsymbol{X}}(\widetilde{\boldsymbol{X}}^{\mathrm{T}}\widetilde{\boldsymbol{X}})^{-1}+\boldsymbol{D}]\\ &=\sigma^2(\widetilde{\boldsymbol{X}}^{\mathrm{T}}\widetilde{\boldsymbol{X}})^{-1}+\sigma^2\boldsymbol{D}^{\mathrm{T}}\boldsymbol{D}\quad(\text{由于 }\boldsymbol{D}^{\mathrm{T}}\widetilde{\boldsymbol{X}}=\mathbf{0})\\ &=\operatorname{cov}(\hat{\boldsymbol{b}},\hat{\boldsymbol{b}})+\sigma^2\boldsymbol{D}^{\mathrm{T}}\boldsymbol{D}.\end{aligned}$$

由上式看出，$\hat{\boldsymbol{b}}$ 是 $\boldsymbol{b}$ 的最优线性无偏估计.　□

§9.4 多元线性回归中的参数检验

无论是一元线性回归或多元线性回归分析,都存在参数检验问题.我们知道,回归分析探讨变量之间相互依赖的关系.但是,实际问题中存在大量的变量及其数据,应如何通过数据确定哪些变量与我们关心的变量有回归关系?这是十分重要的问题.例如,在调查居住地区的舒适度时,我们需要找到与舒适度关系密切的环境变量.环境变量有很多,如气温、湿度、风速、海拔高度、水质等,其中一定有一些变量与居住舒适度没有关系或关系微小的.又比如,检查某些慢性病时,医生总是检查病人某些特殊的指标,而其他无关的指标则不予关注.现在设想有一组变量 $y,x_1,\cdots,x_p$,它们之间具有回归关系

$$y=b_0+b_1x_1+\cdots+b_px_p+e,$$

其中 e 为误差项,满足 $\mathrm{E}(e)=0,\mathrm{var}(e)=\sigma^2>0$,$e$ 的分布与$(x_1,\cdots,x_p)$的取值无关.在这种多元线性回归模型中,回归系数 $\boldsymbol{b}=(b_1,\cdots,b_p)^{\mathrm{T}}$ 的取值不同,会导致对这些变量之间关系的不同解释.当 $\boldsymbol{b}=\boldsymbol{0}$ 时,$(x_1,\cdots,x_p)$的值的变化不会影响 y 的分布,所以 y 与$(x_1,\cdots,x_p)$之间没有线性依赖关系.但是,当 $\boldsymbol{b}\neq\boldsymbol{0}$ 的时候,$(x_1,\cdots,x_p)$的值的变化就会影响 y 的分布,此时我们称 y 与$(x_1,\cdots,x_p)$之间具有线性依赖关系.这样,我们可以把$(x_1,\cdots,x_p)$与 y 之间有没有线性依赖关系的问题化为回归方程的回归系数 $\boldsymbol{b}$ 是否为 $\boldsymbol{0}$ 的问题.因此,回归方程中回归系数 $\boldsymbol{b}$ 是否为 $\boldsymbol{0}$ 成为我们关心的问题.而这样的问题恰好导致下列的假设检验问题:

$$H_0:\boldsymbol{b}=\boldsymbol{0}\longleftrightarrow H_1:\boldsymbol{b}\neq\boldsymbol{0}. \tag{4.1}$$

通常称假设检验问题(4.1)为**相关性检验问题**,或称回归方程的**显著性检验问题**.此外,我们还会提出这样的问题:在多元线性回归中,某一自变量 x_i 会不会对回归关系有贡献?即 x_i 的值变化时,y 的分布会不会相应地变化?这个问题可以转化为下列的假设检验问题:

$$H_0:b_i=0\longleftrightarrow H_1:b_i\neq 0. \tag{4.2}$$

在本节中,我们重点解决(4.1)式和(4.2)式这两类假设检验问题.

现在设数据矩阵 $\boldsymbol{Y},\boldsymbol{X}$ 满足回归模型(3.3).对于这个回归模型,我

们假定矩阵$(\mathbf{1},\boldsymbol{X})$的秩为 $p+1$. 在假设检验问题中,我们尚需进一步假定误差向量 $\boldsymbol{E}$ 满足

$$\boldsymbol{E} \sim N(\mathbf{0},\sigma^2\boldsymbol{I}_n). \tag{4.3}$$

在(4.3)式的假定之下,$\boldsymbol{Y}$ 的分布变得很具体:$\boldsymbol{Y}\sim N(\mathbf{1}b_0+\boldsymbol{X}\boldsymbol{b},\sigma^2\boldsymbol{I}_n)$. 为了讨论方便,我们将 $\boldsymbol{Y}$ 分布中的参数归结成两个参数:一个是**位置参数** $\boldsymbol{\xi}=\mathbf{1}b_0+\boldsymbol{X}\boldsymbol{b}$,它刻画了多元正态分布对称中心的位置,是 $\boldsymbol{Y}$ 的期望向量;另一个是参数 σ^2,它反映随机变量分布的散布程度,称为**刻度参数**. 于是,可以把 $\boldsymbol{Y}$ 的分布族写成

$$\boldsymbol{Y} \sim N(\boldsymbol{\xi},\sigma^2\boldsymbol{I}_n), \tag{4.4}$$

其中 $\boldsymbol{\xi}\in \mathscr{M}(\mathbf{1},\boldsymbol{X})$,即 $\boldsymbol{\xi}$ 是矩阵$(\mathbf{1},\boldsymbol{X})$的各列向量的线性组合. 现在我们提出一个一般的假设检验问题. 设 $\mathscr{M}_0$ 是 $\mathscr{M}(\mathbf{1},\boldsymbol{X})$的一个线性子空间,对于满足(4.4)式的 $\boldsymbol{Y}$,考虑假设检验问题

$$\begin{aligned} &H_0:(\boldsymbol{\xi},\sigma^2)\in\Theta_0=\{\theta=(\boldsymbol{\xi},\sigma^2),\boldsymbol{\xi}\in\mathscr{M}_0,\sigma^2>0\}\\ &\longleftrightarrow H_1:(\boldsymbol{\xi},\sigma^2)\in\Theta_1=\Theta\backslash\Theta_0, \end{aligned} \tag{4.5}$$

其中 $\Theta=\{(\boldsymbol{\xi},\sigma^2),\boldsymbol{\xi}\in\mathscr{M}\{\mathbf{1},\boldsymbol{X}\},\sigma^2>0\}$. 假设检验问题(4.1)和(4.2)都是假设检验问题(4.5)的特殊情况,当取 $\mathscr{M}_0=\{\mathbf{1}b_0:\ b_0\in\mathbf{R}\}$时,假设检验问题(4.5)就是假设检验问题(4.1);当取 $\mathscr{M}_0=\{\mathbf{1}b_0+\boldsymbol{X}_1b_1+\cdots+\boldsymbol{X}_{i-1}b_{i-1}+\boldsymbol{X}_{i+1}b_{i+1}+\cdots+\boldsymbol{X}_pb_p:\ b_j\in\mathbf{R},j=0,\cdots,i-1,i+1,\cdots,p\}$时,假设检验问题(4.5)就是假设检验问题(4.2). 关于假设检验问题(4.5),我们有下面的定理.

定理 4.1 设线性回归模型(3.3)中矩阵$(\mathbf{1},\boldsymbol{X})$的秩为 $p+1$,并且误差向量 $\boldsymbol{E}$ 满足(4.3)式,则假设检验问题(4.5)的广义似然比否定域由下式给出:

$$\mathscr{W}=\left\{\boldsymbol{Y}:\ \frac{\|\boldsymbol{Y}-\hat{\boldsymbol{\xi}}_0\|^2}{\|\boldsymbol{Y}-\hat{\boldsymbol{\xi}}\|^2}\geqslant c\right\}, \tag{4.6}$$

式中 c 为待定常数;$\hat{\boldsymbol{\xi}}$为 $\boldsymbol{Y}$ 到 $\mathscr{M}(\mathbf{1},\boldsymbol{X})$的投影向量,它由下式确定:

$$\|\boldsymbol{Y}-\hat{\boldsymbol{\xi}}\|^2=\min_{\boldsymbol{\xi}\in\mathscr{M}(\mathbf{1},\boldsymbol{X})}\{\|\boldsymbol{Y}-\boldsymbol{\xi}\|^2\}; \tag{4.7}$$

$\hat{\boldsymbol{\xi}}_0=\boldsymbol{Y}_{\mathscr{M}_0}$ 为 $\boldsymbol{Y}$ 到子空间 $\mathscr{M}_0$ 的投影向量,它由下式确定

$$\|\boldsymbol{Y}-\hat{\boldsymbol{\xi}}_0\|^2=\min_{\boldsymbol{\xi}\in\mathscr{M}_0}\{\|\boldsymbol{Y}-\boldsymbol{\xi}\|^2\}. \tag{4.8}$$

证明 我们只需求出广义似然比的公式. 按广义似然比的定义,有

$$\lambda(\boldsymbol{Y})=\frac{\sup\limits_{\Theta}\left(\frac{1}{\sqrt{2\pi}\sigma}\right)^n\exp\left\{-\frac{1}{2\sigma^2}\|\boldsymbol{Y}-\boldsymbol{\xi}\|^2\right\}}{\sup\limits_{\Theta_0}\left(\frac{1}{\sqrt{2\pi}\sigma}\right)^n\exp\left\{-\frac{1}{2\sigma^2}\|\boldsymbol{Y}-\boldsymbol{\xi}\|^2\right\}}, \tag{4.9}$$

式中 $\sup\limits_{\Theta}$ 和 $\sup\limits_{\Theta_0}$ 分别指对一切 $\theta\in\Theta$ 和 $\theta\in\Theta_0$ 求上确界，而记号 Θ 和 Θ_0 的定义已在(4.5)式中给出. $\boldsymbol{Y}$ 的分布中的参数为 $\theta=(\boldsymbol{\xi},\sigma^2)$，其中 $\boldsymbol{\xi}=\mathbf{1}b_0+\boldsymbol{X}\boldsymbol{b}$，$\sigma^2>0$. 令

$$L(\theta)=\left(\frac{1}{\sqrt{2\pi}\sigma}\right)^n\exp\left\{-\frac{\|\boldsymbol{Y}-\boldsymbol{\xi}\|^2}{2\sigma^2}\right\}.$$

和通常的求最大似然估计一样，为了求似然函数 $L(\theta)$ 的 Θ 上的最大值点，我们先固定 σ^2，求 $L(\theta)=L(\boldsymbol{\xi},\sigma^2)$ 作为 $\boldsymbol{\xi}$ 的函数的最大值点. 由 L 的表达式可知，对于固定的 σ^2，最大值点 $\hat{\boldsymbol{\xi}}$ 满足

$$\|\boldsymbol{Y}-\hat{\boldsymbol{\xi}}\|^2=\min_{\boldsymbol{\xi}\in\mathscr{M}(\mathbf{1},\boldsymbol{X})}\{\|\boldsymbol{Y}-\boldsymbol{\xi}\|^2\}.$$

由上式看出，$\hat{\boldsymbol{\xi}}$ 就是 $\boldsymbol{Y}$ 到 $\mathscr{M}(\mathbf{1},\boldsymbol{X})$ 的投影向量. 将 $\hat{\boldsymbol{\xi}}$ 代入 $L(\theta)$ 的表达式，可知当 $\sigma^2=\|\boldsymbol{Y}-\hat{\boldsymbol{\xi}}\|^2/n$ 时，$L(\theta)$ 达到最大值. 这样，在 $\theta\in\Theta$ 的假定之下，参数 $\boldsymbol{\xi},\sigma^2$ 的 ML 估计分别为 $\hat{\boldsymbol{\xi}}=\boldsymbol{Y}_{\mathscr{M}(\mathbf{1},\boldsymbol{X})}$ 和 $\widehat{\sigma^2}=\|\boldsymbol{Y}-\hat{\boldsymbol{\xi}}\|^2/n$. 类似办法，可求得 $L(\theta)$ 在 $\theta\in\Theta_0$ 之下的 ML 估计为 $\hat{\boldsymbol{\xi}}_0=\boldsymbol{Y}_{\mathscr{M}_0}$，$\widehat{\sigma_0^2}=\|\boldsymbol{Y}-\hat{\boldsymbol{\xi}}_0\|^2/n$. 将这些最大似然估计代入(4.9)式，可得

$$\lambda(\boldsymbol{Y})=\frac{\left(\frac{1}{\sqrt{2\pi}\hat{\sigma}}\right)^n\exp\left\{-\frac{n}{2}\right\}}{\left(\frac{1}{\sqrt{2\pi}\hat{\sigma}_0}\right)^n\exp\left\{-\frac{n}{2}\right\}}=\left(\frac{\widehat{\sigma_0^2}}{\widehat{\sigma^2}}\right)^{n/2}=\left(\frac{\|\boldsymbol{Y}-\hat{\boldsymbol{\xi}}_0\|^2}{\|\boldsymbol{Y}-\hat{\boldsymbol{\xi}}\|^2}\right)^{n/2}.$$

这样，广义似然比否定域具有形式(4.6). □

下面先研究假设检验问题(4.1)的广义似然比否定域. 利用定理4.1，我们需要计算 $\|\boldsymbol{Y}-\hat{\boldsymbol{\xi}}\|^2$ 和 $\|\boldsymbol{Y}-\hat{\boldsymbol{\xi}}_0\|^2$. 由 $\hat{\boldsymbol{\xi}}$ 和最小二乘估计的定义可知 $\hat{\boldsymbol{\xi}}=\mathbf{1}\hat{b}_0+\boldsymbol{X}\hat{\boldsymbol{b}}$，其中 $\hat{b}_0$ 和 $\hat{\boldsymbol{b}}$ 分别为参数 b_0 和 $\boldsymbol{b}$ 的最小二乘估计. 这样我们得到

$$\begin{aligned}\|\boldsymbol{Y}-\hat{\boldsymbol{\xi}}\|^2&=\|\boldsymbol{Y}-\mathbf{1}\hat{b}_0-\boldsymbol{X}\hat{\boldsymbol{b}}\|^2=\|\boldsymbol{Y}-\mathbf{1}(\bar{Y}-\bar{\boldsymbol{X}}\hat{\boldsymbol{b}})-\boldsymbol{X}\hat{\boldsymbol{b}}\|^2\\&=\|\widetilde{\boldsymbol{Y}}-\widetilde{\boldsymbol{X}}\hat{\boldsymbol{b}}\|^2\end{aligned} \tag{4.10}$$

(见(3.6)式和关于 $\widetilde{\boldsymbol{Y}}$ 等记号的定义(3.7)式). 由(4.8)式不难看出

$\hat{\boldsymbol{\xi}}_0=\mathbf{1}\widetilde{\boldsymbol{Y}}$,因此

$$\|\boldsymbol{Y}-\hat{\boldsymbol{\xi}}_0\|^2=\|\widetilde{\boldsymbol{Y}}\|^2.$$

现在把 $\widetilde{\boldsymbol{Y}}$ 进行分解:

$$\widetilde{\boldsymbol{Y}}=\widetilde{\boldsymbol{Y}}-\widetilde{\boldsymbol{X}}\hat{\boldsymbol{b}}+\widetilde{\boldsymbol{X}}\hat{\boldsymbol{b}},$$

其中 $\hat{\boldsymbol{b}}=(\widetilde{\boldsymbol{X}}^{\mathrm{T}}\widetilde{\boldsymbol{X}})^{-1}\widetilde{\boldsymbol{X}}^{\mathrm{T}}\widetilde{\boldsymbol{Y}}$. 不难验证

$$(\widetilde{\boldsymbol{X}}\hat{\boldsymbol{b}})^{\mathrm{T}}(\widetilde{\boldsymbol{Y}}-\widetilde{\boldsymbol{X}}\hat{\boldsymbol{b}})=\hat{\boldsymbol{b}}^{\mathrm{T}}\widetilde{\boldsymbol{X}}^{\mathrm{T}}\widetilde{\boldsymbol{Y}}-\hat{\boldsymbol{b}}^{\mathrm{T}}(\widetilde{\boldsymbol{X}}^{\mathrm{T}}\widetilde{\boldsymbol{X}})(\widetilde{\boldsymbol{X}}^{\mathrm{T}}\widetilde{\boldsymbol{X}})^{-1}(\widetilde{\boldsymbol{X}}^{\mathrm{T}}\widetilde{\boldsymbol{Y}})=0,$$

即向量 $\widetilde{\boldsymbol{X}}\hat{\boldsymbol{b}}$ 与 $\widetilde{\boldsymbol{Y}}-\widetilde{\boldsymbol{X}}\hat{\boldsymbol{b}}$ 相互垂直,故 $\|\widetilde{\boldsymbol{Y}}\|^2=\|\widetilde{\boldsymbol{Y}}-\widetilde{\boldsymbol{X}}\hat{\boldsymbol{b}}\|^2+\|\widetilde{\boldsymbol{X}}\hat{\boldsymbol{b}}\|^2$. 将这个等式代入广义似然比的表达式,可知广义似然比否定域 $\mathscr{W}$ 具有形式

$$\mathscr{W}=\left\{\boldsymbol{Y}:\frac{\|\widetilde{\boldsymbol{Y}}\|^2}{\|\widetilde{\boldsymbol{Y}}-\widetilde{\boldsymbol{X}}\hat{\boldsymbol{b}}\|^2}\geqslant c\right\}=\left\{\boldsymbol{Y}:1+\frac{\|\widetilde{\boldsymbol{X}}\hat{\boldsymbol{b}}\|^2}{\|\widetilde{\boldsymbol{Y}}-\widetilde{\boldsymbol{X}}\hat{\boldsymbol{b}}\|^2}\geqslant c\right\}$$

或

$$\mathscr{W}=\left\{\boldsymbol{Y}:\frac{\|\widetilde{\boldsymbol{X}}\hat{\boldsymbol{b}}\|^2/p}{\|\widetilde{\boldsymbol{Y}}-\widetilde{\boldsymbol{X}}\hat{\boldsymbol{b}}\|^2/(n-p-1)}\geqslant c\right\} \tag{4.11}$$

(写成此形式是为了便于确定常数 c).

综合上述,可得下面的定理:

定理 4.2 设线性回归模型(3.3)中矩阵$(\mathbf{1},\boldsymbol{X})$的秩为 $p+1$,并且误差向量 $\boldsymbol{E}$ 满足(4.3)式,则假设检验问题(4.1)的广义似然比否定域由(4.11)式给出,其中常数 c 由假设检验的显著性水平 α 所确定,记号 $\widetilde{\boldsymbol{Y}},\widetilde{\boldsymbol{X}}$ 由(3.7)式给出,$\hat{\boldsymbol{b}}$ 是 $\boldsymbol{b}$ 的最小二乘估计.

为了确定否定域(4.11)中的常数 c,我们需要下面的命题:

命题 4.1 设 $\boldsymbol{Y}\sim N(\boldsymbol{\xi},\sigma^2\boldsymbol{I}_n)$,即 $\boldsymbol{Y}$ 为 n 元正态随机变量,又设 $\mathscr{M}_1$ 和 $\mathscr{M}_2$ 为 $\mathbf{R}^n$ 中的两个相互正交的子空间,它们的维数分别为 k_1 和 k_2. 用 $\boldsymbol{Y}_{\mathscr{M}_i}$ 表示向量 $\boldsymbol{Y}$ 到子空间 $\mathscr{M}_i(i=1,2)$上的投影向量. 若 $\boldsymbol{\xi}_{\mathscr{M}_i}=\mathbf{0}$,即向量 $\boldsymbol{\xi}$ 到线性子空间 $\mathscr{M}_i(i=1,2)$上的投影向量为 $\mathbf{0}$,则

$$\|\boldsymbol{Y}_{\mathscr{M}_i}\|^2\sim\sigma^2\chi^2(k_i)\quad(i=1,2), \tag{4.12}$$

$$\|\boldsymbol{Y}_{\mathscr{M}_1}\|^2 \text{ 与 } \|\boldsymbol{Y}_{\mathscr{M}_2}\|^2 \text{ 相互独立}, \tag{4.13}$$

其中 $\chi^2(k_i)$表示自由度为 k_i 的 χ^2 分布.

证明 在 $\mathscr{M}_1$ 中取一组标准正交的向量 $\boldsymbol{d}_1,\cdots,\boldsymbol{d}_{k_1}$,其中

$$\boldsymbol{d}_i = (d_{1i},\cdots,d_{ni})^{\mathrm{T}} \quad (i=1,\cdots,k_1).$$

由向量组标准正交的定义可知

$$\boldsymbol{d}_i^{\mathrm{T}}\boldsymbol{d}_j = \begin{cases}1, & i=j,\\ 0, & i\neq j\end{cases} \quad (i,j=1,\cdots,k_1).$$

同样,在 $\mathscr{M}_2$ 内也取一组标准正交的向量 $\boldsymbol{d}_{k_1+1},\cdots,\boldsymbol{d}_{k_1+k_2}$. 同时,在 n 维空间 $\mathbf{R}^n$ 中补上 $n-k_1-k_2$ 个标准正交的向量 $\boldsymbol{d}_{k_1+k_2+1},\cdots,\boldsymbol{d}_n$,使得 $\boldsymbol{d}_1,\cdots,\boldsymbol{d}_n$ 形成 $\mathbf{R}^n$ 中的一个标准正交基. 记

$$\boldsymbol{D} = (\boldsymbol{D}_1,\boldsymbol{D}_2,\boldsymbol{D}_3),$$

其中

$$\boldsymbol{D}_1 = (\boldsymbol{d}_1,\cdots,\boldsymbol{d}_{k_1}), \quad \boldsymbol{D}_2 = (\boldsymbol{d}_{k_1+1},\cdots,\boldsymbol{d}_{k_1+k_2}), \quad \boldsymbol{D}_3 = (\boldsymbol{d}_{k_1+k_2+1},\cdots,\boldsymbol{d}_n).$$

显然,$\boldsymbol{D}$ 为正交矩阵,即 $\boldsymbol{D}$ 满足

$$\boldsymbol{D}^{\mathrm{T}}\boldsymbol{D} = \boldsymbol{D}\boldsymbol{D}^{\mathrm{T}} = \boldsymbol{I}_n.$$

现在利用坐标向量 $\boldsymbol{d}_1,\cdots,\boldsymbol{d}_n$ 建立新的坐标系,$\boldsymbol{Y}$ 在这个新的坐标系里可写成下列形式:

$$\boldsymbol{Y} = \boldsymbol{d}_1 Z_1 + \cdots + \boldsymbol{d}_n Z_n = \boldsymbol{D}\boldsymbol{Z}, \tag{4.14}$$

其中

$$\boldsymbol{Z} = (Z_1,\cdots,Z_n)^{\mathrm{T}}.$$

由(4.14)式知

$$\boldsymbol{Z} = \boldsymbol{D}^{\mathrm{T}}\boldsymbol{Y}.$$

再利用多元正态分布的理论,可知

$$\boldsymbol{Z} \sim N(\boldsymbol{D}^{\mathrm{T}}\boldsymbol{\xi},\boldsymbol{D}^{\mathrm{T}}\sigma^2\boldsymbol{I}_n\boldsymbol{D}) = N(\boldsymbol{D}^{\mathrm{T}}\boldsymbol{\xi},\sigma^2\boldsymbol{I}_n),$$

故 $\boldsymbol{Z}$ 的各个分量 Z_i 是相互独立的正态随机变量. 又由命题的条件 $\boldsymbol{\xi}_{\mathscr{M}_i}=\boldsymbol{0}(i=1,2)$ 得到 $\boldsymbol{D}_i^{\mathrm{T}}\boldsymbol{\xi}=\boldsymbol{0}(i=1,2)$,从而可知 $Z_1,\cdots,Z_{k_1+k_2}$ 是独立同分布的正态随机变量,其共同方差为 σ^2,共同期望为 0. 由(4.14)式还可以看出

$$\|\boldsymbol{Y}_{\mathscr{M}_1}\|^2 = Z_1^2+\cdots+Z_{k_1}^2, \quad \|\boldsymbol{Y}_{\mathscr{M}_2}\|^2 = Z_{k_1+1}^2+\cdots+Z_{k_1+k_2}^2.$$

由此知(4.12)式和结论(4.13)是成立的. □

定理 4.3 设线性回归模型(3.3)中矩阵$(\boldsymbol{1},\boldsymbol{X})$的秩为 $p+1$,并且误差向量 $\boldsymbol{E}$ 满足(4.3)式,则对给定的显著性水平 α,假设检验问题(4.1)的广义似然比否定域(4.11)中的常数 c 由自由度为$(p,n-p-1)$的 F 分布的 $1-\alpha$ 分位数 $F_{1-\alpha}(p,n-p-1)$给出.

证明 注意到最小二乘估计的定义,知 $\boldsymbol{1}\hat{b}_0+\boldsymbol{X}\hat{\boldsymbol{b}}=\boldsymbol{1}\bar{Y}+\widetilde{\boldsymbol{X}}\hat{\boldsymbol{b}}$ 是 $\boldsymbol{Y}$ 到子空间 $\mathscr{M}(\boldsymbol{1},\boldsymbol{X})$上的投影向量. 而 $\mathscr{M}(\boldsymbol{1},\boldsymbol{X})$又可以分解成两个互相垂直的子空间 $\mathscr{M}(\boldsymbol{1})$和$\mathscr{M}(\widetilde{\boldsymbol{X}})$,这说明 $\widetilde{\boldsymbol{X}}\hat{\boldsymbol{b}}$ 是 $\boldsymbol{Y}$ 到 $\mathscr{M}(\widetilde{\boldsymbol{X}})$的投影向量. 另外,$\boldsymbol{Y}-\boldsymbol{1}\hat{b}_0-\boldsymbol{X}\hat{\boldsymbol{b}}=\widetilde{\boldsymbol{Y}}-\widetilde{\boldsymbol{X}}\hat{\boldsymbol{b}}$ 是 $\boldsymbol{Y}$ 到 $\mathscr{M}(\boldsymbol{1},\boldsymbol{X})$的正交补空间(记为 $\mathscr{M}(\boldsymbol{1},\boldsymbol{X})^{\perp}$)

上的投影向量. 显然，子空间 $\mathscr{M}(\widetilde{\boldsymbol{X}})$ 和子空间 $\mathscr{M}(\boldsymbol{1},\boldsymbol{X})^{\perp}$ 是相互垂直的. 在假设检验问题(4.1)中 H_0 的假定之下，随机向量 $\boldsymbol{Y}$ 的期望向量 $\boldsymbol{\xi}$ 具有形式 $\boldsymbol{\xi}=\boldsymbol{1}b_0$，显然它与子空间 $\mathscr{M}(\widetilde{\boldsymbol{X}})$ 和 $\mathscr{M}(\boldsymbol{1},\boldsymbol{X})^{\perp}$ 都相互垂直. 再利用命题 4.1，可知

$$\frac{\|\widetilde{\boldsymbol{X}}\hat{\boldsymbol{b}}\|^2/p}{\|\widetilde{\boldsymbol{Y}}-\widetilde{\boldsymbol{X}}\hat{\boldsymbol{b}}\|^2/(n-p-1)}$$

在 H_0 假定之下的分布为 F 分布，其自由度为 $(p,n-p-1)$，从而定理的结论成立. □

现在研究假设检验问题(4.2)的广义似然比否定域. 首先从统计的直观的观点来看应如何解决此问题. 由定理 3.3 和本节中的假定(4.3)可知

$$\hat{\boldsymbol{b}}\sim N(\boldsymbol{b},\sigma^2(\widetilde{\boldsymbol{X}}^{\mathrm{T}}\widetilde{\boldsymbol{X}})^{-1}).$$

若记 $\boldsymbol{L}_{xx}=\widetilde{\boldsymbol{X}}^{\mathrm{T}}\widetilde{\boldsymbol{X}}$，则 $\hat{b}_i\sim N(b_i,\sigma^2 l^{i,i})$，其中 $l^{i,i}$ 为矩阵 $\boldsymbol{L}_{xx}^{-1}$ 中第 i 行第 i 列的元素. 在 $b_i=0$ 的假定之下，$\hat{b}_i^2/l^{i,i}\sim\sigma^2\chi^2(1)$. 由于 $\hat{b}_1^2$ 与 $\|\widetilde{\boldsymbol{Y}}-\widetilde{\boldsymbol{X}}\hat{\boldsymbol{b}}\|^2$ 相互独立(关于独立性见习题九的第 15 题)，对给定的显著性水平 α，假设检验问题(4.2)的否定域应该采用

$$\mathscr{W}=\left\{\boldsymbol{Y}:\ \frac{\hat{b}_i^2/1}{l^{i,i}\ \|\widetilde{\boldsymbol{Y}}-\widetilde{\boldsymbol{X}}\hat{\boldsymbol{b}}\|^2/(n-p-1)}\geqslant F_{1-\alpha}(1,n-p-1)\right\}. \tag{4.15}$$

这是一个直观的推想. 下面我们将从理论上证明(4.15)式是假设检验问题(4.2)的水平为 α 的广义似然比否定域.

由定理 4.1 知，假设检验问题(4.2)的广义似然比否定域由(4.6)式给出. 现在我们首先将(4.6)式化简，并确定否定域中的待定常数 c. 前面的分析已经指出，$\|\boldsymbol{Y}-\hat{\boldsymbol{\xi}}\|^2$ 由(4.10)式给出，现在只需将 $\|\boldsymbol{Y}-\hat{\boldsymbol{\xi}}_0\|^2$ 化简. 由 $\hat{\boldsymbol{\xi}}_0$ 之定义可知，$\hat{\boldsymbol{\xi}}_0$ 是向量 $\boldsymbol{Y}$ 到子空间 $\mathscr{M}_0$ 上的投影向量，$\mathscr{M}_0$ 就是由矩阵 $(\boldsymbol{1},\boldsymbol{X}_{-i})$ 的列向量所张成的子空间 $\mathscr{M}(\boldsymbol{1},\boldsymbol{X}_{-i})$，其中 $\boldsymbol{X}_{-i}$ 表示矩阵 $\boldsymbol{X}$ 去掉第 i 列以后的矩阵. 我们将子空间 $\mathscr{M}(\boldsymbol{1},\boldsymbol{X}_{-i})$ 进一步分解：$\mathscr{M}(\boldsymbol{1},\boldsymbol{X}_{-i})=\mathscr{M}(\boldsymbol{1})\oplus\mathscr{M}(\widetilde{\boldsymbol{X}}_{-i})$，此处记号 $\mathscr{M}_1\oplus\mathscr{M}_2$ 表示两个相互正交的子空间的直和，即 $\mathscr{M}_1\oplus\mathscr{M}_2=\{\boldsymbol{v}_1+\boldsymbol{v}_2:\ \boldsymbol{v}_1\in\mathscr{M}_1,\boldsymbol{v}_2\in\mathscr{M}_2\}$，其中 $\widetilde{\boldsymbol{X}}_{-i}$

表示矩阵 $\widetilde{\boldsymbol{X}}$ 去掉第 i 列以后的矩阵. 显然,$\mathscr{M}(\mathbf{1})\oplus\mathscr{M}(\widetilde{\boldsymbol{X}}_{-i})\subset\mathscr{M}(\mathbf{1})\oplus\mathscr{M}(\widetilde{\boldsymbol{X}})=\mathscr{M}(\mathbf{1},\boldsymbol{X})$,而 $\mathscr{M}(\mathbf{1})\oplus\mathscr{M}(\widetilde{\boldsymbol{X}}_{-i})$ 的维数是 p,$\mathscr{M}(\mathbf{1},\boldsymbol{X})$ 的维数为 $p+1$,从而在 $\mathscr{M}(\mathbf{1},\boldsymbol{X})$ 中可找一个与 $\mathscr{M}(\mathbf{1})\oplus\mathscr{M}(\widetilde{\boldsymbol{X}}_{-i})$ 垂直的向量,记为 $\boldsymbol{u}$. 这样,$\mathscr{M}(\mathbf{1},\boldsymbol{X})$ 和 $\mathbf{R}^n$ 具有下列分解:

$$\mathscr{M}(\mathbf{1},\boldsymbol{X}) = \mathscr{M}(\mathbf{1}) \oplus \mathscr{M}(\widetilde{\boldsymbol{X}}_{-1}) \oplus \mathscr{M}(\boldsymbol{u}),$$

$$\mathbf{R}^n = \mathscr{M}(\mathbf{1}) \oplus \mathscr{M}(\widetilde{\boldsymbol{X}}_{-1}) \oplus \mathscr{M}(\boldsymbol{u}) \oplus \mathscr{M}(\mathbf{1},\boldsymbol{X})^{\perp}.$$

显然

$$\boldsymbol{Y} = \boldsymbol{Y}_{\mathscr{M}(\mathbf{1})} + \boldsymbol{Y}_{\mathscr{M}(\widetilde{\boldsymbol{X}}_{-1})} + \boldsymbol{Y}_{\mathscr{M}(\boldsymbol{u})} + \boldsymbol{Y}_{\mathscr{M}(\mathbf{1},\boldsymbol{X})^{\perp}},$$

$$\hat{\boldsymbol{\xi}}_0 = \boldsymbol{Y}_{\mathscr{M}(\mathbf{1})} + \boldsymbol{Y}_{\mathscr{M}(\widetilde{\boldsymbol{X}}_{-1})}.$$

由上两式可知

$$\boldsymbol{Y} - \hat{\boldsymbol{\xi}}_0 = \boldsymbol{Y}_{\mathscr{M}(\boldsymbol{u})} + \boldsymbol{Y}_{\mathscr{M}(\mathbf{1},\boldsymbol{X})^{\perp}},$$

从而

$$\|\boldsymbol{Y} - \hat{\boldsymbol{\xi}}_0\|^2 = \|\boldsymbol{Y}_{\mathscr{M}(\boldsymbol{u})}\|^2 + \|\boldsymbol{Y}_{\mathscr{M}(\mathbf{1},\boldsymbol{X})^{\perp}}\|^2.$$

另外,$\|\boldsymbol{Y}-\hat{\boldsymbol{\xi}}\|^2=\|\boldsymbol{Y}_{\mathscr{M}(\mathbf{1},\boldsymbol{X})^{\perp}}\|^2$. 这样,在定理 4.1 中的广义似然比否定域 (4.6)变成

$$\mathscr{W} = \left\{\boldsymbol{Y}:\ \frac{\|\boldsymbol{Y}_{\mathscr{M}(\boldsymbol{u})}\|^2 + \|\boldsymbol{Y}_{\mathscr{M}(\mathbf{1},\boldsymbol{X})^{\perp}}\|^2}{\|\boldsymbol{Y}_{\mathscr{M}(\mathbf{1},\boldsymbol{X})^{\perp}}\|^2} \geqslant c\right\},$$

或等价地

$$\mathscr{W} = \left\{\boldsymbol{Y}:\ \frac{\|\boldsymbol{Y}_{\mathscr{M}(\boldsymbol{u})}\|^2/1}{\|\boldsymbol{Y}_{\mathscr{M}(\mathbf{1},\boldsymbol{X})^{\perp}}\|^2/(n-p-1)} \geqslant c\right\}. \tag{4.16}$$

在假设检验问题(4.2)中 H_0 的假定之下,$\boldsymbol{Y}$ 的期望为

$$\boldsymbol{\xi} = \mathbf{1}b_0 + \boldsymbol{X}_1 b_1 + \cdots + \boldsymbol{X}_{i-1}b_{i-1} + \boldsymbol{X}_{i+1}b_{i+1} + \cdots + \boldsymbol{X}_p b_p \in \mathscr{M}(\mathbf{1},\boldsymbol{X}_{-i}).$$

显然,$\boldsymbol{\xi}\perp\mathscr{M}(\boldsymbol{u})$ 和 $\boldsymbol{\xi}\perp\mathscr{M}(\mathbf{1},\boldsymbol{X})^{\perp}$ 成立. 利用命题 4.1 之结论,可得

$$\frac{\|\boldsymbol{Y}_{\mathscr{M}(\boldsymbol{u})}\|^2/1}{\|\boldsymbol{Y}_{\mathscr{M}(\mathbf{1},\boldsymbol{X})^{\perp}}\|^2/(n-p-1)} \sim F(1,n-p-1).$$

这样,对于给定的显著性水平 α,广义似然比否定域(4.16)可确定为

$$\mathscr{W} = \left\{\boldsymbol{Y}:\ \frac{\|\boldsymbol{Y}_{\mathscr{M}(\boldsymbol{u})}\|^2/1}{\|\boldsymbol{Y}_{\mathscr{M}(\mathbf{1},\boldsymbol{X})^{\perp}}\|^2/(n-p-1)} \geqslant F_{1-\alpha}(1,n-p-1)\right\}. \tag{4.17}$$

公式(4.17)中统计量$\|\boldsymbol{Y}_{\mathscr{M}(\boldsymbol{u})}\|^2$和$\|\boldsymbol{Y}_{\mathscr{M}(1,\boldsymbol{X})^{\perp}}\|^2$不够具体,计算起来有一些困难.现在需要进一步化简,其中主要的困难是将$\|\boldsymbol{Y}_{\mathscr{M}(\boldsymbol{u})}\|^2$化简.考虑子空间$\mathscr{M}(\boldsymbol{u})$,$\mathscr{M}(\widetilde{\boldsymbol{X}})$和$\mathscr{M}(\widetilde{\boldsymbol{X}}_{-i})$之间的关系.由$\mathscr{M}(\boldsymbol{u})$的构造可知,$\mathscr{M}(\boldsymbol{u})$与$\mathscr{M}(\widetilde{\boldsymbol{X}}_{-i})$相互垂直,并且

$$\mathscr{M}(\widetilde{\boldsymbol{X}}) = \mathscr{M}(\boldsymbol{u}) \oplus \mathscr{M}(\widetilde{\boldsymbol{X}}_{-i}).$$

由此可得

$$\|\boldsymbol{Y}_{\mathscr{M}(\widetilde{\boldsymbol{X}})}\|^2 = \|\boldsymbol{Y}_{\mathscr{M}(\boldsymbol{u})}\|^2 + \|\boldsymbol{Y}_{\mathscr{M}(\widetilde{\boldsymbol{X}}_{-i})}\|^2,$$

或等价地

$$\|\boldsymbol{Y}_{\mathscr{M}(\boldsymbol{u})}\|^2 = \|\boldsymbol{Y}_{\mathscr{M}(\widetilde{\boldsymbol{X}})}\|^2 - \|\boldsymbol{Y}_{\mathscr{M}(\widetilde{\boldsymbol{X}}_{-i})}\|^2.$$

利用最小二乘估计的定义知

$$\|\boldsymbol{Y}_{\mathscr{M}(\widetilde{\boldsymbol{X}})}\|^2 = \|\widetilde{\boldsymbol{X}}\hat{\boldsymbol{b}}\|^2, \quad \|\boldsymbol{Y}_{\mathscr{M}(\widetilde{\boldsymbol{X}}_{-i})}\|^2 = \|\widetilde{\boldsymbol{X}}_{-i}\tilde{\boldsymbol{b}}_{-i}\|^2,$$

其中$\tilde{\boldsymbol{b}}_{-i}=(\widetilde{\boldsymbol{X}}_{-i}^{\mathrm{T}}\widetilde{\boldsymbol{X}}_{-i})^{-1}\widetilde{\boldsymbol{X}}_{-i}^{\mathrm{T}}\widetilde{\boldsymbol{Y}}$(量$\tilde{\boldsymbol{b}}_{-i}$是这样计算得到的:在回归方程(3.3)中将回归系数向量$\boldsymbol{b}$中第i个分量设为0,此时回归方程相应的矩阵$\boldsymbol{X}$变成$\boldsymbol{X}_{-i}$,即将$\boldsymbol{X}$的第i列划掉,成为$n\times(p-1)$矩阵.对于这样的回归方程,其相应的回归系数$\boldsymbol{b}_{-i}$的最小二乘估计就是$\tilde{\boldsymbol{b}}_{-i}$).于是

$$\|Y_{\mathscr{M}(\boldsymbol{u})}\|^2=\|\widetilde{\boldsymbol{X}}\hat{\boldsymbol{b}}\|^2-\|\widetilde{\boldsymbol{X}}_{-i}\tilde{\boldsymbol{b}}_{-i}\|^2.$$

下面为了计算简便,我们令$i=1$,对于i为其他指标的情况,类似可得到.将矩阵$\boldsymbol{L}_{xx}\triangleq\widetilde{\boldsymbol{X}}^{\mathrm{T}}\widetilde{\boldsymbol{X}}$和$\boldsymbol{L}_{xy}\triangleq\widetilde{\boldsymbol{X}}^{\mathrm{T}}\widetilde{\boldsymbol{Y}}$写成下列分块矩阵的形式:

$$\boldsymbol{L}_{xx} = \begin{bmatrix}\boldsymbol{L}_{1,1} & \boldsymbol{L}_{1,2}\\ \boldsymbol{L}_{2,1} & \boldsymbol{L}_{2,2}\end{bmatrix}, \quad \boldsymbol{L}_{xy} = \begin{bmatrix}\boldsymbol{L}_{1,y}\\ \boldsymbol{L}_{2,y}\end{bmatrix},$$

其中$\boldsymbol{L}_{1,1}=\widetilde{\boldsymbol{X}}_1^{\mathrm{T}}\widetilde{\boldsymbol{X}}_1$是$1\times1$矩阵,$\boldsymbol{L}_{1,2}=\widetilde{\boldsymbol{X}}_1^{\mathrm{T}}\widetilde{\boldsymbol{X}}_{-1}$是$1\times(p-1)$矩阵,$\boldsymbol{L}_{2,1}$和$\boldsymbol{L}_{2,2}$的意义类似;$\boldsymbol{L}_{1,y}=\widetilde{\boldsymbol{X}}_1^{\mathrm{T}}\widetilde{\boldsymbol{Y}}$是$1\times1$矩阵,$\boldsymbol{L}_{2,y}=\widetilde{\boldsymbol{X}}_{-1}^{\mathrm{T}}\widetilde{\boldsymbol{Y}}$是$(p-1)\times1$矩阵.于是,$\|\widetilde{\boldsymbol{X}}\hat{\boldsymbol{b}}\|^2$和$\|\widetilde{\boldsymbol{X}}_{-1}\tilde{\boldsymbol{b}}_{-1}\|^2$可写成如下的矩阵形式:

$$\|\widetilde{\boldsymbol{X}}\hat{\boldsymbol{b}}\|^2 = [\boldsymbol{L}_{1,y}^{\mathrm{T}} \quad \boldsymbol{L}_{2,y}^{\mathrm{T}}]\begin{bmatrix}\boldsymbol{L}_{1,1} & \boldsymbol{L}_{1,2}\\ \boldsymbol{L}_{2,1} & \boldsymbol{L}_{2,2}\end{bmatrix}^{-1}\begin{bmatrix}\boldsymbol{L}_{1,y}\\ \boldsymbol{L}_{2,y}\end{bmatrix}, \tag{4.18}$$

$$\|\widetilde{\boldsymbol{X}}_{-1}\tilde{\boldsymbol{b}}_{-1}\|^2 = \boldsymbol{L}_{2,y}^{\mathrm{T}}(\boldsymbol{L}_{2,2})^{-1}\boldsymbol{L}_{2,y}. \tag{4.19}$$

为了证明假设检验问题(4.2)的广义似然比否定域具有(4.15)式的形式,我们需要证明等式

$$\|\boldsymbol{Y}_{\mathscr{M}(\boldsymbol{u})}\|^2=\|\widetilde{\boldsymbol{X}}\hat{\boldsymbol{b}}\|^2-\|\widetilde{\boldsymbol{X}}_{-1}\widetilde{\boldsymbol{b}}_{-1}\|^2=\frac{\hat{b}_1^2}{\boldsymbol{L}^{1,1}},\tag{4.20}$$

式中 $\hat{b}_1^2$ 是向量 $\hat{\boldsymbol{b}}$ 的第一个分量,$\boldsymbol{L}^{1,1}$ 是矩阵 $\boldsymbol{L}_{xx}^{-1}$ 中相应的分块阵,即

$$\begin{bmatrix}\boldsymbol{L}_{1,1} & \boldsymbol{L}_{1,2}\\ \boldsymbol{L}_{2,1} & \boldsymbol{L}_{2,2}\end{bmatrix}^{-1}=\begin{bmatrix}\boldsymbol{L}^{1,1} & \boldsymbol{L}^{1,2}\\ \boldsymbol{L}^{2,1} & \boldsymbol{L}^{2,2}\end{bmatrix}.$$

由分块矩阵求逆公式(参考文献[29]的附录或习题九第 21 题)可得

$$\begin{bmatrix}\boldsymbol{L}_{1,1} & \boldsymbol{L}_{1,2}\\ \boldsymbol{L}_{2,1} & \boldsymbol{L}_{2,2}\end{bmatrix}^{-1}=\begin{bmatrix}\boldsymbol{L}_{11.2}^{-1} & -\boldsymbol{L}_{11.2}^{-1}\boldsymbol{L}_{1,2}\boldsymbol{L}_{2,2}^{-1}\\ -\boldsymbol{L}_{2,2}^{-1}\boldsymbol{L}_{2,1}\boldsymbol{L}_{11.2}^{-1} & \boldsymbol{L}_{2,2}^{-1}+\boldsymbol{L}_{2,2}^{-1}\boldsymbol{L}_{2,1}\boldsymbol{L}_{11.2}^{-1}\boldsymbol{L}_{1,2}\boldsymbol{L}_{2,2}^{-1}\end{bmatrix},$$

式中 $\boldsymbol{L}_{11.2}=\boldsymbol{L}_{1,1}-\boldsymbol{L}_{1,2}\boldsymbol{L}_{2,2}^{-1}\boldsymbol{L}_{2,1}$. 于是

$$\begin{aligned}\|\widetilde{\boldsymbol{X}}\hat{\boldsymbol{b}}\|^2&=[\boldsymbol{L}_{1,y}^{\mathrm{T}}\quad \boldsymbol{L}_{2,y}^{\mathrm{T}}]\begin{bmatrix}\boldsymbol{L}_{1,1} & \boldsymbol{L}_{1,2}\\ \boldsymbol{L}_{2,1} & \boldsymbol{L}_{2,2}\end{bmatrix}^{-1}\begin{bmatrix}\boldsymbol{L}_{1,y}\\ \boldsymbol{L}_{2,y}\end{bmatrix}\\ &=[\boldsymbol{L}_{1,y}^{\mathrm{T}}\quad \boldsymbol{L}_{2,y}^{\mathrm{T}}]\\ &\quad\cdot\begin{bmatrix}\boldsymbol{L}_{11.2}^{-1} & -\boldsymbol{L}_{11.2}^{-1}\boldsymbol{L}_{1,2}\boldsymbol{L}_{2,2}^{-1}\\ -\boldsymbol{L}_{2,2}^{-1}\boldsymbol{L}_{2,1}\boldsymbol{L}_{11.2}^{-1} & \boldsymbol{L}_{2,2}^{-1}+\boldsymbol{L}_{2,2}^{-1}\boldsymbol{L}_{2,1}\boldsymbol{L}_{11.2}^{-1}\boldsymbol{L}_{1,2}\boldsymbol{L}_{2,2}^{-1}\end{bmatrix}\begin{bmatrix}\boldsymbol{L}_{1,y}\\ \boldsymbol{L}_{2,y}\end{bmatrix}\\ &=\frac{1}{\boldsymbol{L}_{11.2}^{-1}}|\hat{b}_1|^2+\|\widetilde{\boldsymbol{X}}_{-1}\widetilde{\boldsymbol{b}}_{-1}\|^2=\frac{\hat{b}_1^2}{\boldsymbol{L}^{1,1}}+\|\widetilde{\boldsymbol{X}}_{-1}\widetilde{\boldsymbol{b}}_{-1}\|^2\end{aligned}$$

($\hat{b}_1$ 是 $\hat{\boldsymbol{b}}=\boldsymbol{L}_{xx}^{-1}\boldsymbol{L}_{xy}$ 的第一个分量,因此 $\hat{b}_1=\boldsymbol{L}_{11.2}^{-1}\boldsymbol{L}_{1,y}-\boldsymbol{L}_{11.2}^{-1}\boldsymbol{L}_{1,2}\boldsymbol{L}_{2,2}^{-1}\boldsymbol{L}_{2,y}$). 由上式可知(4.20)式成立. 利用刚才得到的公式,我们可将(4.17)式改写成(4.15)式的形式:

$$\mathscr{W}=\left\{\boldsymbol{Y}:\ \frac{\hat{b}_i^2/1}{l^{i,i}\ \|\widetilde{\boldsymbol{Y}}-\widetilde{\boldsymbol{X}}\hat{\boldsymbol{b}}\|^2/(n-p-1)}\geqslant F_{1-\alpha}(1,n-p-1)\right\},$$

式中 $\hat{b}_i$ 是向量 $\hat{\boldsymbol{b}}$ 的 i 个分量,$l^{i,i}$ 是矩阵 $\boldsymbol{L}_{xx}^{-1}$ 中第 i 行第 i 列上的元素(在前面的讨论中,i 假定为 1,此处的记号 $l^{i,i}$ 就是前面讨论的分块矩阵中的记号 $\boldsymbol{L}^{1,1}$). 现在我们可将所得到的结论总结成下列定理:

定理 4.4 设线性回归模型(3.3)中矩阵$(\mathbf{1},\boldsymbol{X})$的秩为 $p+1$,并且它的误差向量 $\boldsymbol{E}$ 满足(4.3)式,则假设检验问题(4.2)的水平为 α 的广义似然比否定域由(4.15)式给出,其中 $F_{1-\alpha}(1,n-p-1)$是自由度为$(1,n-p-1)$的 F 分布的 $1-\alpha$ 分位数.

现在我们将多元线性回归估计和检验的计算中所用的记号做一个小结. 在回归的计算中,所有的统计量的计算是以(3.7)式中的记号及

下列记号作为起点的：

$$\left.\begin{aligned} \boldsymbol{L}_{xx} &= \widetilde{\boldsymbol{X}}^{\mathrm{T}}\widetilde{\boldsymbol{X}} = \begin{bmatrix} l_{11} & \cdots & l_{1p} \\ \vdots & & \vdots \\ l_{p1} & \cdots & l_{pp} \end{bmatrix}, \\ \boldsymbol{L}_{xy} &= \widetilde{\boldsymbol{X}}^{\mathrm{T}}\widetilde{\boldsymbol{Y}}, \quad \boldsymbol{L}_{yy} = \widetilde{\boldsymbol{Y}}^{\mathrm{T}}\widetilde{\boldsymbol{Y}}\left(= l_{yy} = \sum_{i=1}^{n}(y_i - \bar{y})^2\right). \end{aligned}\right\} \tag{4.21}$$

利用(4.21)式，可得到 b_0 和 $\boldsymbol{b}$ 的最小二乘估计：

$$\hat{\boldsymbol{b}} = \boldsymbol{L}_{xx}^{-1}\boldsymbol{L}_{xy}, \quad \hat{b}_0 = \bar{\boldsymbol{Y}} - \overline{\boldsymbol{X}}\hat{\boldsymbol{b}}.$$

在前面的讨论中，我们已经证得向量 $\widetilde{\boldsymbol{X}}\hat{\boldsymbol{b}}$ 与向量 $\widetilde{\boldsymbol{Y}} - \widetilde{\boldsymbol{X}}\hat{\boldsymbol{b}}$ 是相互垂直的向量，因此有

$$\|\widetilde{\boldsymbol{Y}}\|^2 = \|\widetilde{\boldsymbol{X}}\hat{\boldsymbol{b}}\|^2 + \|\widetilde{\boldsymbol{Y}} - \widetilde{\boldsymbol{X}}\hat{\boldsymbol{b}}\|^2.$$

再利用(4.21)式和 $\hat{\boldsymbol{b}}$ 的表达式，上式变成

$$\begin{aligned} l_{yy} &= \boldsymbol{L}_{xy}^{\mathrm{T}}\boldsymbol{L}_{xx}^{-1}\boldsymbol{L}_{xy} + (l_{yy} - \boldsymbol{L}_{xy}^{\mathrm{T}}\boldsymbol{L}_{xx}^{-1}\boldsymbol{L}_{xy}) \\ &\xlongequal{\text{记为}} U + Q. \end{aligned} \tag{4.22}$$

公式(4.22)是著名的平方和分解公式，其中 l_{yy} 称为**总平方和**；U 称为**回归平方和**，代表回归项对 l_{yy} 的贡献；Q 称为**残差平方和**，是误差项对 l_{yy} 的贡献. 通常采用

$$\hat{\sigma}^2 = \frac{Q}{n-p-1}$$

作为模型参数 σ^2 的无偏估计(见定理 3.2). 在回归方程的相关性检验中，利用 U 和 Q 的比较，当 U/Q 较大时，就否定零假设“$\boldsymbol{b}=\boldsymbol{0}$”，即认为回归方程有意义，或 y 与 $\boldsymbol{x}$ 有线性依赖关系(见定理 4.3). 此外，人们还利用复相关系数 r 来刻画 y 对 $\boldsymbol{x}$ 的依赖关系. **复相关系数** r 由下式定义：

$$r = \frac{\sum_{i=1}^{n}(\hat{y}_i - \bar{y})(y_i - \bar{y})}{\sqrt{\sum_{i=1}^{n}(\hat{y}_i - \bar{y})^2}\sqrt{\sum_{i=1}^{n}(y_i - \bar{y})^2}}. \tag{4.23}$$

可以证明

$$r^2 = \frac{U}{l_{yy}}, \tag{4.24}$$

即 r^2 就是 U 在 l_{yy} 中的占比例.

在讨论回归方程的系数 b_i 是否为 0 的时候，我们利用统计量 $U-U_{-i}$，其中 U 是回归平方和，而 U_{-i} 是将回归方程的变量 x_i 去掉以后的回归平方和. $U-U_{-i}$ 是由于去掉 x_i 以后所减少的 U 的值，可以说是 x_i 对回归的贡献. 这个量也称为**偏回归平方和**. 统计学工作者将比值 $(U-U_{-i})/Q$ 作为推导假设检验问题(4.2)的否定域的基础. 当 $(U-U_{-i})/Q$ 取较大值的时候，就否定假设检验问题(4.2)的零假设. 这个结果就是广义似然比否定域的结论(见定理 4.4). 顺便指出，在推导假设检验问题(4.2)的广义似然比否定域的时候，我们证明了(4.20)式. 而(4.20)式正好说明

$$U-U_{-i}=\hat{b}_i^2/l^{i,i}.$$

这说明，在假设检验问题(4.2)的否定域中，统计量都可以(4.21)式中的数据为基础进行计算.

附带说明，利用记号 U 和 Q，假设检验问题(4.1)和(4.2)的水平为 α 的否定域，可分别写成如下形式：

$$\mathscr{W}=\left\{\boldsymbol{Y}:\frac{U/p}{Q/(n-p-1)}\geqslant F_{1-\alpha}(p,n-p-1)\right\},$$

$$\mathscr{W}=\left\{\boldsymbol{Y}:\frac{\hat{b}_i^2}{l^{i,i}Q/(n-p-1)}\geqslant F_{1-\alpha}(1,n-p-1)\right\}.$$

例 4.1 根据表 9.4.1 给出的数据(数据来自文献[37])研究水泥凝固时所放出的热量 y(单位：cal/g)与水泥的 4 种化学成分的关系：

x_1：$3CaO \cdot Al_2O_3$ 的含量(单位：%)；

x_2：$3CaO \cdot SiO_2$ 的含量(单位：%)；

x_3：$4CaO \cdot Al_2O_3 \cdot Fe_2O_3$ 的含量(单位：%)；

x_4：$2CaO \cdot SiO_2$ 的含量(单位：%).

表 9.4.1 水泥数据表

序号	x_1	x_2	x_3	x_4	y
1	7	26	6	60	78.5
2	1	29	15	52	74.3
3	11	56	8	20	104.3
4	11	31	8	47	87.6
5	7	52	6	33	95.9

(续表)

序号	x_1	x_2	x_3	x_4	y
6	11	55	9	22	109.2
7	3	71	17	6	102.7
8	1	31	22	44	72.5
9	2	54	18	22	93.1
10	21	47	4	26	115.9
11	1	40	23	34	83.8
12	11	66	9	12	113.3
13	10	68	8	12	109.4

解 将各自变量 x_1,x_2,x_3,x_4 的数据放在一起形成一个 13×4 的数据矩阵 $\boldsymbol{X}$,因变量 y 的数据形成一个向量 $\boldsymbol{Y}$. 假设 $\boldsymbol{X}$ 与 $\boldsymbol{Y}$ 满足回归方程(3.3). 下面先求 b_0 与 $\boldsymbol{b}$ 的最小二乘估计. 经过计算得到下列数据:

$$\bar{\boldsymbol{X}} = (7.4615, 48.1538, 11.7692, 30), \quad \bar{\boldsymbol{Y}} = 95.4231,$$

$$\boldsymbol{L}_{xx} = \widetilde{\boldsymbol{X}}^{\mathrm{T}}\widetilde{\boldsymbol{X}} = \begin{bmatrix} 415.23 & 251.08 & -372.62 & -290 \\ 251.08 & 2095.29 & -166.54 & -3041 \\ -372.62 & -166.54 & 492.31 & 38 \\ -290 & -3041 & 38 & 3362 \end{bmatrix},$$

$$\boldsymbol{L}_{xy} = \widetilde{\boldsymbol{X}}^{\mathrm{T}}\widetilde{\boldsymbol{X}} = (775.96, 2292.95, -618.23, -2481.70)^{\mathrm{T}},$$

$$\boldsymbol{L}_{yy} = \widetilde{\boldsymbol{Y}}^{\mathrm{T}}\widetilde{\boldsymbol{X}} = 2175.76.$$

利用上述数据进一步计算,得到多元线性回归方程中的 $b_0,\boldsymbol{b}$ 的最小二乘估计为 $\hat{b}_0=62.4054$, $\hat{\boldsymbol{b}}=(1.5511, 0.5102, 0.1019, -0.1441)^{\mathrm{T}}$. 因此,回归函数的估计式(或 y 的预测公式)为

$$\hat{y} = 62.4054 + 1.5511x_1 + 0.5102x_2 + 0.1019x_3 - 0.1441x_4.$$

计算得相应的回归平方和为 $U=2667.90$,残差平方和为 $Q=47.86$,误差方差的估计为 $\hat{\sigma}^2=Q/(n-p-1)=Q/8=5.98$(这里 $n=13, p=4$).

下面考虑假设检验问题:

$$H_0: \boldsymbol{b}=\boldsymbol{0} \longleftrightarrow H_1: \boldsymbol{b}\neq\boldsymbol{0}.$$

此假设检验问题的水平为 α 的广义似然比否定域为

$$\mathscr{W} = \left\{\boldsymbol{Y}: \frac{U/p}{Q/(n-p-1)} \geqslant F_{1-\alpha}(p, n-p-1)\right\}.$$

经计算,检验统计量 $\dfrac{U/p}{Q/(n-p-1)}$ 的值为 111.479. 取 $\alpha=0.01$,查 F 分布临界值表得 $F_{1-\alpha}(p,n-p-1)=7.01$. $\boldsymbol{Y}$ 进入否定域,因此否定了 H_0,可以认为统计上 y 与诸 x_i 之间具有回归关系. 此时,称回归方程是显著的.

另外,还可以讨论各回归系数的显著性检验,即对每一个 $i(i=1,\cdots,p)$,讨论假设检验问题

$$H_0: b_i=0 \longleftrightarrow H_1: b_i \neq 0.$$

这时,相应的否定域为

$$\mathscr{W}=\left\{\boldsymbol{Y}: \frac{\hat{b}_i^2}{l^{i,i}Q/(n-p-1)} \geqslant F_{1-\alpha}(1,n-p-1)\right\}.$$

经计算,检验统计量 $\hat{b}_i^2/(l^{i,i}Q/(n-p-1))$ 的值分别为 4.33,0.5,0.02,0.04. 取 $\alpha=0.05$,查 F 分布临界值表得 $F_{1-\alpha}(1,n-p-1)=5.32$. 由计算结果看出,每一个回归系数都不太显著. 而综合起来,回归方程是十分显著的. 这并不奇怪,若各自变量之间有很大的相关性,去掉一个自变量对于回归方程并没有多大影响. 当遇到这种情况的时候,通常的做法是将四个变量中最不显著的变量去掉,结合实际背景,讨论剩下的三个变量是否能够很好地刻画自变量和因变量的关系. 一切都满意以后,回归关系就可定下来了.

注 在文献[29]中对例 4.1 利用 SAS 软件进行计算,得到相同的结果. 感兴趣的读者可参看相应的文献.

§ 9.5 预测和控制

先讨论线性回归模型的预测问题. 我们按回归模型中自变量的性质将回归问题分成三大类: 第一类问题,其自变量 x 是不能控制的,它的值只能是随机变量的观察值. 例如,前面提到的在考查父亲身高 x 与儿子身高 y 的关系问题中,x 是不能控制的,即我们不能让父亲的身高变化,而观察其儿子身高的变化. 对于此种情况,可以对父亲身高的观察值,预测他的儿子的身高. 第二类问题,其自变量 x 的值是观察值,但是也是可以控制的. 例如,在研究汽车发动机加油档次 x 和汽车速

度 y 的关系中，可以将 x 的值看成随机变量的观察值，但是 x 也是可以控制的量，并且当 x 调成某个值 x_0 以后，汽车速度 y 的分布就是调查得到的总体在 x_0 之下的条件分布. 这一类问题可能是实际中的主要问题. 第三类问题比较复杂，x 的值是观察值，同时 x 又是可控制的变量，但是当 x 控制在某个值 x_0 的时候，相应的 y 的分布与调查总体的条件分布不一样. 例如，设调查某种疾病的过程中病人吃止疼剂的剂量 x 与疼痛程度 y 的关系，x 与 y 具有很强的相关性，但是若把 x 看作控制变量，如让病人减少服药量，并不能预测病人的疼痛程度. 不过，若把 x,y 看成随机变量，那么利用 x 和 y 的相关关系还是可以进行预测的.

现在讨论上述第一类问题中的预测问题. 在线性回归模型(3.3)

$$\boldsymbol{Y}=\boldsymbol{1}b_0+\boldsymbol{X}\boldsymbol{b}+\boldsymbol{E}$$

中，假定误差 $\boldsymbol{E}$ 满足(3.11)式，即

$$\mathrm{E}(\boldsymbol{E})=\boldsymbol{0},\quad \mathrm{cov}(\boldsymbol{E},\boldsymbol{E})=\sigma^2\boldsymbol{I}.$$

我们知道，模型(3.3)中的 $\boldsymbol{Y}$ 和 $\boldsymbol{X}$ 是由 n 个观察值构成的矩阵. 现在用 $(\boldsymbol{x}_i,y_i)(i=1,\cdots,n)$ 表示这 n 个观察值，此处 $\boldsymbol{x}_i$ 是 p 维(列)向量，它是第 i 个个体的自变量的观察值. 此外，设 $\boldsymbol{x}_0$ 也是总体中一个个体自变量的观察值. 我们希望预测相应的 y_0. 由于要利用回归这一工具，我们将 $\boldsymbol{x}_i$ 看成常量，此时 y_i 的分布是条件分布. 所谓**预测**，是指用 $(\boldsymbol{x}_i,y_i)$ $(i=1,\cdots,n)$ 和 $\boldsymbol{x}_0$ 的某个函数作为 y_0 的预测值. 记这个函数为 ϕ. 量 $\phi-y_0$ 称为**预测误差**.

定义 5.1　在回归模型中，对 y_0 的预测 $\phi=\phi((\boldsymbol{x}_i,y_i),i=1,\cdots,n;\boldsymbol{x}_0)$ 称为**无偏**的，如果 $\mathrm{E}(\phi-y_0)=0$. 预测 ϕ 称为**线性预测**，如果 ϕ 相对于 y_i $(i=1,\cdots,n)$ 是线性函数. 量 $\mathrm{E}[(\phi-y_0)^2]$ 称为**预测的均方误差**. 预测 ϕ 称为**线性无偏预测**，如果 ϕ 既是线性预测又是无偏预测. 线性无偏预测 ϕ 称为**最优线性无偏预测**，如果 ϕ 在 y_0 的线性无偏预测类内具有最小的均方误差.

引理 5.1　在回归模型(3.3)中，ϕ 为 y_0 的无偏预测的充分必要条件是 ϕ 为回归函数 $b_0+\boldsymbol{x}_0^{\mathrm{T}}\boldsymbol{b}$ 的无偏估计.

证明　设 ϕ 为 y_0 的无偏预测，由无偏预测的定义知

$$\mathrm{E}(\phi)=\mathrm{E}(y_0)=b_0+\boldsymbol{x}_0^{\mathrm{T}}\boldsymbol{b},$$

故 ϕ 为 $b_0+\boldsymbol{x}_0^{\mathrm{T}}\boldsymbol{b}$ 的无偏估计. 反之，设 $\phi=\phi((\boldsymbol{x}_i,y_i),i=1,\cdots,n;\boldsymbol{x}_0)$ 为

$b_0+\boldsymbol{x}_0^{\mathrm{T}}\boldsymbol{b}$ 的无偏估计,即

$$\mathrm{E}(\phi)=b_0+\boldsymbol{x}_0^{\mathrm{T}}\boldsymbol{b}=\mathrm{E}(y_0),$$

显然,按无偏预测的定义,ϕ 是 y_0 的无偏预测. □

注 这个引理的结论对于一般的非参数回归模型都是成立的.

引理 5.2 设$(\boldsymbol{x}_i,y_i)(i=1,\cdots,n)$是在回归模型(3.3)中组成 $\boldsymbol{X},\boldsymbol{Y}$ 的 n 个个体的数据,又设 $\boldsymbol{x}_0$ 为另一个个体的自变量的观察值,ϕ 是对这个个体的因变量 $y_0=b_0+\boldsymbol{x}_0^{\mathrm{T}}\boldsymbol{b}+e$ 的线性无偏预测,则预测 ϕ 的均方误差为 $\mathrm{var}(\phi)+\sigma^2$,其中 $\sigma^2=\mathrm{var}(e)$.

证明 由预测的均方误差的定义知,它等于 $\mathrm{E}[(\phi-y_0)^2]$. 由于 y_0 与 ϕ 不相关(见习题九第 22 题),故

$$\mathrm{E}[(\phi-y_0)^2]=\mathrm{var}(\phi)+\mathrm{var}(y_0)=\mathrm{var}(\phi)+\sigma^2. \qquad \square$$

由引理 5.2 可知,在多元线性回归模型中,ϕ 为 y_0 的最优线性无偏预测的充分必要条件是 ϕ 为回归函数 $b_0+\boldsymbol{b}^{\mathrm{T}}\boldsymbol{x}_0$ 的最小方差线性无偏估计. 根据线性模型中的高斯-马尔可夫定理(见文献[23]),回归函数 $b_0+\boldsymbol{b}^{\mathrm{T}}\boldsymbol{x}_0$ 的最小方差线性无偏估计为 $\phi=\hat{y}_0=\hat{b}_0+\hat{\boldsymbol{b}}^{\mathrm{T}}\boldsymbol{x}_0$(其中 $\hat{b}_0$ 与 $\hat{\boldsymbol{b}}$ 分别为 b_0 与 $\hat{\boldsymbol{b}}$ 的最小二乘估计),并且估计的方差为(见习题九的第 23 题)

$$\mathrm{var}(\hat{b}_0+\hat{\boldsymbol{b}}^{\mathrm{T}}\boldsymbol{x}_0)=\sigma^2\left[\frac{1}{n}+(\boldsymbol{x}_0-\bar{\boldsymbol{x}})^{\mathrm{T}}\boldsymbol{L}_{xx}^{-1}(\boldsymbol{x}_0-\bar{\boldsymbol{x}})\right], \tag{5.1}$$

式中 $\bar{\boldsymbol{x}}$ 是列向量,$\bar{\boldsymbol{x}}=\overline{\boldsymbol{X}}^{\mathrm{T}}$(关于记号 $\overline{\boldsymbol{X}}$ 和 $\boldsymbol{L}_{xx}$ 的定义见(3.7)式和(4.21)式,$\overline{\boldsymbol{X}}$ 是一个行向量). 现在可将得到的结论写成如下的定理:

定理 5.1 设$(\boldsymbol{x}_i,y_i)(i=1,\cdots,n)$是在回归模型(3.3)中组成 $\boldsymbol{X},\boldsymbol{Y}$ 的 n 个个体的数据,又设 $\boldsymbol{x}_0$ 是另一个个体的自变量的观察值,则与 $\boldsymbol{x}_0$ 对应的因变量 y_0 的最优线性无偏预测为 $\hat{y}_0=\hat{b}_0+\boldsymbol{x}_0^{\mathrm{T}}\hat{\boldsymbol{b}}$,其相应的预测均方误差为

$$\mathrm{var}(\hat{y}_0-y_0)=\sigma^2\left[1+\frac{1}{n}+(\boldsymbol{x}_0-\bar{\boldsymbol{x}})^{\mathrm{T}}\boldsymbol{L}_{xx}^{-1}(\boldsymbol{x}_0-\bar{\boldsymbol{x}})\right]. \tag{5.2}$$

由定理 5.1 可知,$\hat{y}_0=\hat{b}_0+\boldsymbol{x}_0^{\mathrm{T}}\hat{\boldsymbol{b}}$ 是 y_0 的最优线性无偏预测. 这一预测是用一个随机变量($\hat{y}_0$)作为 y_0 的估计,这好像是参数估计中的点估计,因此称为**点预测**. 在讨论 y_0 的点预测的时候,对于模型的误差 e 的要求是:它只需满足条件(3.11). 对于 y_0,我们也希望得到 y_0 的区间

预测.在讨论区间预测的时候,我们一般假定在回归模型(3.3)中的误差向量 $\boldsymbol{E}$ 满足条件(4.3),即满足条件

$$\boldsymbol{E} \sim N(\boldsymbol{0}, \sigma^2 \boldsymbol{I}_n).$$

定义 5.2　设$(\boldsymbol{x}_i, y_i)(i=1,\cdots,n)$是在回归模型(3.3)中组成 $\boldsymbol{X},\boldsymbol{Y}$ 的 n 个个体的数据,又设 $\boldsymbol{x}_0$ 是另一个个体自变量的观察值.由依赖于 n 个个体的数据$(\boldsymbol{x}_i, y_i)(i=1,\cdots,n)$和 $\boldsymbol{x}_0$ 的两个统计量 $\underline{\phi},\overline{\phi}$ 构成的区间$[\underline{\phi},\overline{\phi}]$称为与 $\boldsymbol{x}_0$ 相对应的 y_0 值的置信度为 $1-\alpha$ 的**区间预测**,如果 $\underline{\phi},\overline{\phi}$ 满足:

(1) $\underline{\phi}<\overline{\phi}$;

(2) $P(\underline{\phi}<y_0<\overline{\phi})\geqslant 1-\alpha$.

由于回归模型(3.3)中的误差向量 $\boldsymbol{E}$ 满足(4.3)式,对应于 $\boldsymbol{x}_0$ 的观察值 y_0 也应该与 $Q=\sum\limits_{i=1}^{n}(y_i-\hat{y}_i)^2$ 相互独立.而 $\hat{y}_0=\hat{b}_0+\boldsymbol{x}_0^{\mathrm{T}}\hat{\boldsymbol{b}}$ 与 Q 是相互独立的(见习题九第15题),这样 $y_0-\hat{y}_0$ 与 Q 也是相互独立的.又由于 $y_0-\hat{y}_0$ 是 $y_0, y_1, \cdots, y_n$ 的线性组合,因此 $y_0-\hat{y}_0$ 是正态随机变量.利用定理5.1的结论和预测 $\hat{y}_0$ 的无偏性,可知

$$y_0-\hat{y}_0 \sim N\left(0, \sigma^2\left(1+\frac{1}{n}+(\boldsymbol{x}_0-\overline{\boldsymbol{x}})^{\mathrm{T}}\boldsymbol{L}_{xx}^{-1}(\boldsymbol{x}_0-\overline{\boldsymbol{x}})\right)\right), \tag{5.3}$$

进一步可得

$$\frac{y_0-\hat{y}_0}{\hat{\sigma}\sqrt{1+\frac{1}{n}+(\boldsymbol{x}_0-\overline{\boldsymbol{x}})^{\mathrm{T}}\boldsymbol{L}_{xx}^{-1}(\boldsymbol{x}_0-\overline{\boldsymbol{x}})}} \sim t(n-p-1), \tag{5.4}$$

式中 $\hat{\sigma^2}=Q/(n-p-1)$.取自由度为 $n-p-1$ 的 t 分布的 $1-\alpha/2$ 分位数 $t_{1-\alpha/2}(n-p-1)$,可得 y_0 的置信度为 $1-\alpha$ 的预测区间

$$\left[\hat{y}_0 \mp t_{1-\alpha/2}(n-p-1)\hat{\sigma}\sqrt{1+\frac{1}{n}+(\boldsymbol{x}_0-\overline{\boldsymbol{x}})^{\mathrm{T}}\boldsymbol{L}_{xx}^{-1}(\boldsymbol{x}_0-\overline{\boldsymbol{x}})}\right]^{①}.$$

现将所得到的结论写成定理.

定理 5.2　设在线性回归模型(3.3)中,误差向量 $\boldsymbol{E}$ 满足(4.3)式,$(\boldsymbol{x}_i, y_i)(i=1,\cdots,n)$是组成 $\boldsymbol{X}$ 和 $\boldsymbol{Y}$ 的 n 个个体的数据,$\boldsymbol{x}_0$ 为另一个个

① 如下两种区间的表示法是等同的:$[a\mp b]=[a-b, a+b]$.

体的自变量的观察值,则与 $\boldsymbol{x}_0$ 对应的因变量 y_0 的置信度为 $1-\alpha$ 的区间预测为

$$\left[\hat{y}_0 \mp t_{1-\alpha/2}(n-p-1)\hat{\sigma}\sqrt{1+\frac{1}{n}+(\boldsymbol{x}_0-\bar{\boldsymbol{x}})^{\mathrm{T}}\boldsymbol{L}_{xx}^{-1}(\boldsymbol{x}_0-\bar{\boldsymbol{x}})}\right]. \tag{5.5}$$

前面我们将回归问题分成三个大类,并且在第一类中讨论了预测问题,得到了点预测和区间预测的公式. 第二类中自变量的值可以是观察值,也可以是控制的量,不过在 x 被控制的条件之下,y 的条件分布与 x 为观察值的情况下的条件分布是相同的. 因此,在这种情况下,点预测和预测区间的公式与第一类的一样,即可以将调查得到的数据和控制得到的数据混在一起,把它们看成调查得到的观察数据,并且利用预测点和预测区间的公式. 注意,x 是控制变量与 x 是观察变量,在实际中有很大的差别: 在 x 被控制的情况下,x 不是随机变量,x 可以影响 y,但两者没有互动关系;在 x 是观察变量的情况下,(x,y)可以看成二维随机变量,两者有互动关系. 第三类中情况非常特殊,由于在 x 是控制变量情况下 y 的条件分布与在 x 是观察变量情况下不一样,因此利用调查得到的观察数据不能用于控制自变量之下 y 值的预测. 这一点在应用的时候要特别注意.

下面讨论**控制**问题. 首先指出,在多元线性回归的控制问题中,要求自变量 $\boldsymbol{x}$ 是可以控制的. 现在设 y 与 $\boldsymbol{x}$ 具有回归关系. 我们希望将 y 的值控制在(A,B)之间,其中 $A,B(A<B)$是两个事先确定的常数. 现在的问题是: $\boldsymbol{x}$ 取什么值,才能满足这个要求? 由于 y 是一个随机变量,当然不能要求 $P(y\in(A,B)\,|\,\boldsymbol{x})=1$. 因此,希望找到 $\boldsymbol{x}=\boldsymbol{x}_0$,满足

$$P(y_0\in(A,B)\,|\,\boldsymbol{x}_0)=1-\alpha, \tag{5.6}$$

其中 α 是事先给定的很小的正数,y_0 表示与自变量 $\boldsymbol{x}_0$ 相对应的因变量(称 $\boldsymbol{x}_0$ 为**控制点**). 要找到满足(5.6)式的 $\boldsymbol{x}_0$ 是很困难的. 实用中采取如下方法: 设在回归模型(3.3)中的误差项 $\boldsymbol{E}\sim N(\boldsymbol{0},\sigma^2\boldsymbol{I}_n)$,$(\boldsymbol{x}_i,y_i)$ $(i=1,\cdots,n)$是组成 $\boldsymbol{X},\boldsymbol{Y}$ 的 n 个个体的数据,并且各个体之间的数据相互独立,又设 $\boldsymbol{x}_0$ 是另一个个体自变量的值. 利用定理 5.2,可以得到 y_0 的置信度为 $1-\alpha$ 的区间预测(5.5). 若能找到 $\boldsymbol{x}_0$,使得

$$A \leqslant \hat{y}_0 - t_{1-\alpha/2}(n-p-1)\hat{\sigma}\sqrt{1+\frac{1}{n}+(\boldsymbol{x}_0-\bar{\boldsymbol{x}})^{\mathrm{T}}\boldsymbol{L}_{xx}^{-1}(\boldsymbol{x}_0-\bar{\boldsymbol{x}})},$$

$$\hat{y}_0 + t_{1-\alpha/2}(n-p-1)\hat{\sigma}\sqrt{1+\frac{1}{n}+(\boldsymbol{x}_0-\bar{\boldsymbol{x}})^{\mathrm{T}}\boldsymbol{L}_{xx}^{-1}(\boldsymbol{x}_0-\bar{\boldsymbol{x}})} \leqslant B, \tag{5.7}$$

则 $\boldsymbol{x}_0$ 就是所找的控制点. 由于(5.7)式并不永远成立,从而不能保证一定有(5.6)式成立. 那么,怎样解释(5.7)式的结果呢? 我们用置信限的例子来说明. 在考查成败型产品的成功率 p 的时候,需要得到 p 的置信下限 $\underline{p}$. $\underline{p}$ 受到各种因素的影响,包括成功率 p,置信度 $1-\alpha$,统计方法和运气($\underline{p}$ 是随机变量). 但是,实际工作者事先确定一个数,比如0.999,若 $\underline{p}\geqslant 0.999$,则认为成功率 p 达到了标准. 对于控制问题,也是一样的. A,B 是事先给定的两个数,若找到 $\boldsymbol{x}_0$,使得相应的 y_0 的区间预测包含在(A,B)之内,实际工作者就认为达到了控制的目的. 我们的公式就是根据实际工作者的要求得出的. 正好像 p 的置信下限一样,当 $\underline{p}<0.999$ 时,实际工作者就不满意. 在控制问题中,有时候找不到 $\boldsymbol{x}_0$,使得相应的 y_0 的区间预测包含在预先给定的区间(A,B)内,即控制问题没有满意的解.

当 $\boldsymbol{x}$ 不是可控制的变量的时候,就没有严格意义下的控制问题,因为人们不能在实际问题中设定 $\boldsymbol{x}$ 的值. 但是,这时可以提成预测问题的反问题: 对于事先确定的区间(A,B),当自变量 $\boldsymbol{x}$ 处于什么范围时,y 的值以 $1-\alpha$ 的概率处于(A,B)内. 我们也只能这样地回答问题: 找出 $\boldsymbol{x}$ 的范围 $\mathscr{D}$,当 $\boldsymbol{x}\in\mathscr{D}$ 时,相应的 y 的区间预测(置信度 $1-\alpha$)包含于(A,B). 例如,在习题九的第 31 题中讨论炼钢平炉精炼时间的预测问题中,影响精炼时间的一个变量是熔毕碳含量. 根据熔毕碳含量估计精炼的时间,这是预测问题. 但也可以这样提问题: 若想要精炼时间限制在 250 min 以内(置信度 $1-\alpha$),熔毕碳含量应处于什么范围? 这是预测问题的反问题. 对于预测问题的反问题,$\boldsymbol{x}$ 与 y 应该具有因果关系,若没有因果关系,相应问题的实际意义将大为逊色.

例 5.1　间隙泉是隔一定时间喷发的喷泉. 我们考虑间隙泉喷发时间的预测问题. 通常在一次喷发以后,公园当局会公布下一次喷发的时间. 他们是怎样预测的呢? 公园的记录中有喷发的时间长度 x 和到下一次喷发的时间间隔长度 y 的数据. 本例数据是美国黄石公园老忠实间隙泉的数据(见文献[33]). x 和 y 之间没有因果关系,可能是它们受共同的其他因素的影响导致两者有相关性. 利用这种关系建立了回归模型

$$y = b_0 + bx + e.$$

利用数据得到回归系数的估计为 $\hat{b}_0 = 33.8, \hat{b} = 10.7$. 由定理 5.1 知,在 x_0 处的最优线性预测为 $\hat{y}_0 = 33.8 + 10.7x_0$. 设某次喷发的时间长度为 4.5 min,经计算得 $\hat{y}_0 = (33.8 + 10.7 \times 4.5)\,\text{min} = 82.2\,\text{min}$. 这就是下次喷发时间的预报值. 再利用定理 5.2,得到 y_0 的置信度为 $1-\alpha = 0.95$ 的区间预测为

$$68.7 \leqslant y_0 \leqslant 95.7.$$

这样,公园当局就在喷发结束时出示预告,68 min 以后回来就可以看到间隙泉的下次喷发. 可见,公园是利用回归分析工具,进行喷发时间预报而服务游客的.

下面的例子是应用统计的一个实例,例中灵活地应用统计方法对教师的作文评分进行监控. 它与本节介绍的回归分析的控制问题有所不同,陈述于此供读者体会用统计学解决实际问题的特色.

例 5.2 考虑学生高考语文试卷评分中的问题. 高考语文试卷中有两种题:一种是知识题,考核学生的知识范围,判断能力等,答案是已知的,评分也是客观的. 另一种是作文题,除考查思想内容外,还需要考查表达能力、艺术品位等方面,没有标准答案,评分标准不是绝对的,受评分员的影响较大. 因此,在高考语文的阅卷工作中如何对评分员的评分偏差进行监督和控制,及时纠正或防止较大的偏差,这是广泛关注的重要问题. 北京大学概率统计系对此问题进行了深入研究(参考文献[24]). 他们从 1992 年起对北京地区高考语文试卷的评分进行了实地考查,针对作文评分提出了有效的监控方法. 这种方法连续使用多年,效果很好. 此监控方法是基于**“群体相关”**和“回归分析”提出的. 设 X 为考生的知识题得分,Y 为该考生的作文题得分. X 和 Y 之间的确有相关性,但这种相关不足以控制评分员的偏差,它只能用于对个别考生的分数偏差进行监控,而且这还是非常吃力的事.

仔细研究发现,评分员的偏差是一种群体的偏差,它施用于评分员所评的所有考生. 因此,我们必须考查 X 与 Y 的(边缘)分布之间的相关,而不是随机变量 X 与 Y 之间的相关. 为了解决这个问题,假定 X 和 Y 的分布属于同一类型. 由于作文题分数和知识题分数各不相同,例如前者满分为 60 分,后者满分为 40 分,这样

X 的分布与 Y 的分布不相同，但类型相同. 现在假定 X 的分布函数为 $F(x)$. 利用分布类型相同的假定，可知 Y 的分布函数为 $F((x-b_0)/b)$，其中 b_0 和 b 为待定的参数. 我们称 X 与 Y 的这种关系为“群体相关性”. 由群体相关性可知，Y 的分布函数与 b_0+bX 的分布函数相同，从而可以推得 Y 的分布的 p 分位数 η_p 与 X 的分布的 p 分位数 $\xi_p(0<p<1)$ 之间有如下关系：

$$\eta_p = b_0 + b\xi_p. \tag{5.8}$$

怎样确定方程(5.8)中的系数 b_0 和 b? 我们可以利用回归分析方法. 先从评分员中确定一些人组成核心组(由评分水平较高、经验丰富者组成)；再从考生的答卷中抽取 n 份，由核心组成员共同确定其分数. 这些分数可以认为是没有偏差的给分. 记这些分数为 $(x_i, y_i)(i=1,\cdots,n)$，其中 x_i 和 y_i 分别是第 i 位考生的知识题和作文题得分. 分别记 $x_{(1)}\leqslant x_{(2)}\leqslant\cdots\leqslant x_{(n)}$ 和 $y_{(1)}\leqslant y_{(2)}\leqslant\cdots\leqslant y_{(n)}$ 为 x_i 和 $y_i(i=1,\cdots,n)$ 的次序统计量. 因 $x_{(i)}$ 与 $y_{(i)}$ 分别是 X 和 Y 的分布的 i/n 分位数，由(5.8)式可知这些 $x_{(i)}$ 和 $y_{(i)}$ 之间有下列关系：

$$\begin{aligned} y_{(1)} &= b_0 + bx_{(1)} + \varepsilon_1, \\ y_{(2)} &= b_0 + bx_{(2)} + \varepsilon_2, \\ &\cdots\cdots\cdots\cdots \\ y_{(n)} &= b_0 + bx_{(n)} + \varepsilon_n, \end{aligned} \tag{5.9}$$

其中 $\varepsilon_1,\cdots,\varepsilon_n$ 为取值很小的随机误差. (5.9)式可看作一元线性回归模型. 利用回归分析方法，求出系数 b 和 b_0 的最小二乘估计 $\hat{b}$ 和 $\hat{b}_0$ 如下：

$$\hat{b} = \frac{\sum_{i=1}^{n}(x_{(i)}-\bar{x})(y_{(i)}-\bar{y})}{\sum_{i=1}^{n}(x_{(i)}-\bar{x})^2}, \quad \hat{b}_0 = \bar{y} - \hat{b}\bar{x},$$

其中 $\bar{x}=\dfrac{1}{n}\sum_{i=1}^{n}x_i$，$\bar{y}=\dfrac{1}{n}\sum_{i=1}^{n}y_i$. 误差 ε (把 $\varepsilon_1,\cdots,\varepsilon_n$ 看作来自总体 ε 的样本)的标准差 $\sigma=\sqrt{\mathrm{var}(\varepsilon)}$ 的估计为

$$\hat{\sigma} = \left[\frac{1}{n-2}\sum_{i=1}^{n}(y_{(i)}-\hat{b}_0-\hat{b}x_{(i)})^2\right]^{1/2}.$$

有了这些估计量，可画出如图 9.5.1 所示的 **EQQ 图**(经验的分位数-分位数图). 在直角坐标系中画三条直线：回归直线 $y=\hat{b}_0+\hat{b}x$(图 9.5.1 中的实线)和两条平行的直线 $y=\hat{b}_0+\hat{b}x\pm3\hat{\sigma}$(图 9.5.1 中的两条虚线，称为**控制线**). 这就是 **EQQ 图**. 有了这个图，就可以对评分员的评分进行监控. 办法如下：设某评分员对 n 个考生的试卷进行了评分，给出的分数为 $\tilde{x}_1,\cdots,\tilde{x}_n,\tilde{y}_1,\cdots,\tilde{y}_n$，其中 $\tilde{x}_i$ 和 $\tilde{y}_i$ $(i=1,\cdots,n)$ 分别是第 i 个考生的知识题和作文题得分. 我们假定 x_i 和 $y_i(i=1,\cdots,n)$

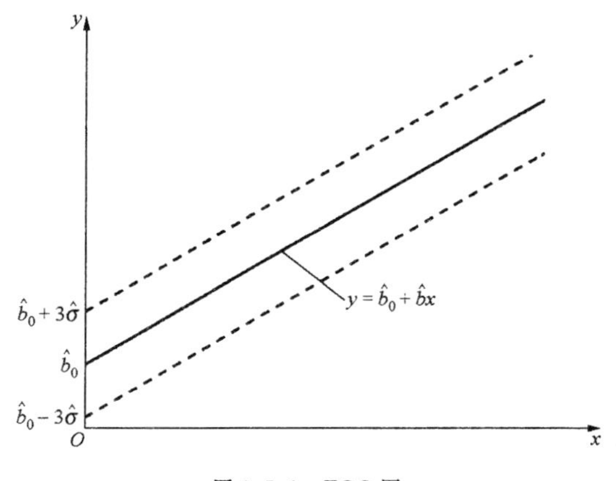

图 9.5.1 EQQ 图

分别是学生 i 的应得分数.由假定知,x_i 与 $\tilde{x}_i$ 应该是相同的,而 y_i 与 $\tilde{y}_i(i=1,\cdots,n)$之间通常有偏差.一种是位置偏差,即

$$\tilde{y}_i = y_i + c \quad (i = 1,\cdots,n).$$

当 $c>0$ 时,表明这个评分员的作文题评分偏松;当 $c<0$ 时,表明这个评分员的作文题评分偏紧.另一种是当 y_i 的值偏低的时候给予加分而产生的偏差,这时得分是所谓的“保险分”.实际上,若记 $\tilde{x}_{(1)}\leqslant\cdots\leqslant\tilde{x}_{(n)}$ 为 $\tilde{x}_1,\cdots,\tilde{x}_n$ 的由小到大而排列成的次序统计量,记 $\tilde{y}_{(1)}\leqslant\cdots\leqslant\tilde{y}_{(n)}$ 为 $\tilde{y}_1,\cdots,\tilde{y}_n$ 的由小到大而排列成的次序统计量,将 n 个点$(\tilde{x}_{(1)},\tilde{y}_{(1)}),\cdots,(\tilde{x}_{(n)},\tilde{y}_{(n)})$画在 EQQ 图上,则通常可以得到如图 9.5.2 的样式:图 9.5.2(a)中 n 个点都在 EQQ 图的两条控制线内,说明评分员的评分属于正常评分;若某评分员的评分数据在 EQQ 图中呈图 9.5.2(b)的样式,即大部分作文题得分在控制线 $y=\hat{b}_0+\hat{b}x+3\hat{\sigma}$ 的上方,则说明评分员的评分偏松,需要让评分员修改他本人的作文题评分标准;相反,若某评分员的评分数据在 EQQ 图中呈图 9.5.2(c)的样式,即大部分作文题得分在控制线 $y=\hat{b}_0+\hat{b}x-3\hat{\sigma}$ 的下方,则说明评分员的评分偏紧;而图 9.5.2(d)的样式又是一种典型的情况,在作文题低分处明显偏高,这说明评分员给的是保险分,即当作文题得分偏低的时候,该评分员给了一个保险.在监控作文题评分的时候,还会有其他的 EQQ 图的样式出现.监控者可根据 EQQ 图的特殊样式,做出相应的解释和改进措施.总之,可以根据给分的 EQQ 图类型,找出评分员的评分特征.若属于非正常的评分,则不仅可以提醒评分员以后的评分中在掌握标准上要进行调整,而且可以针对那些跑出控制线的那些点$(\tilde{x}_{(i)},\tilde{y}_{(i)})$,找出相应的作文题卷子进行核查(对于同一个 i,相应的知识题卷子与作文题卷子不是配对的).

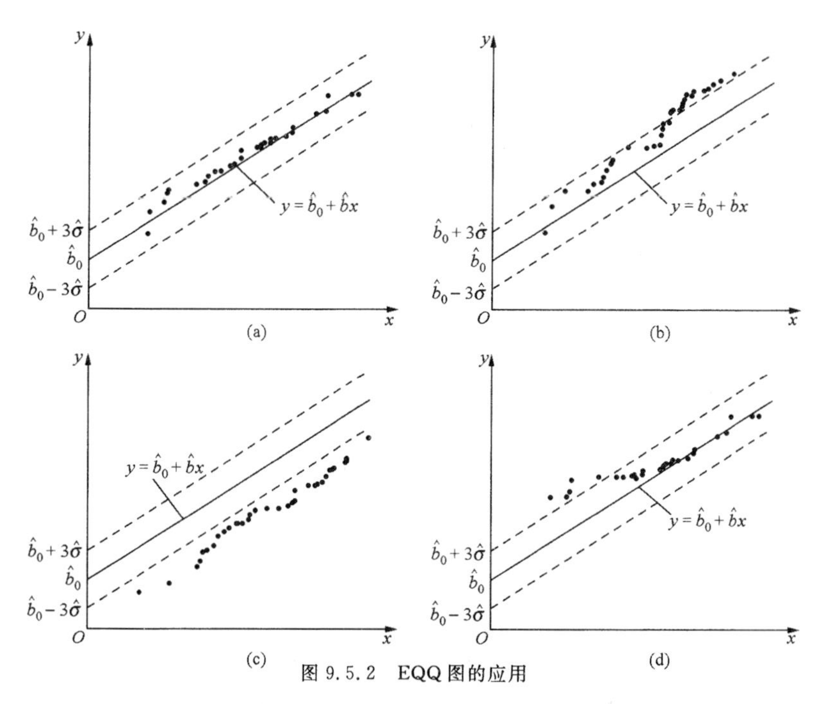

图 9.5.2　EQQ 图的应用

综上所述,EQQ 图可用于评分的监控工作.这个例子不是本节中介绍的回归的控制问题,在控制问题中 x 与 y 有某种因果关系,希望控制 x 的值,使得相应的 y 值处于事先规定的范围.本例中 $x_{(i)}$ 与 $y_{(i)}$ 不是来自同一个个体,控制的是评分员的评分标准和倾向,而不是控制考生的分数.本例是回归分析的灵活应用.

*§ 9.6　模型检验

在前面的回归分析中,我们主要讨论下列线性回归模型中参数的估计和检验问题:

$$\boldsymbol{Y}=\boldsymbol{1}b_0+\boldsymbol{X}\boldsymbol{b}+\boldsymbol{E}, \tag{6.1}$$

其中 $\boldsymbol{E}\sim(\boldsymbol{0},\sigma^2\boldsymbol{I}_n)$.当我们在处理数据时,很自然地要问:数据是不是来自模型(6.1)?这是模型检验问题,它既是非常实际的问题,又是令统计学家十分感兴趣的理论问题.从逻辑上来看,这是一个在一开始进行回归分析的时候就应该讨论的问题.若发现数据并非来自线性回归模型,就不能利用模型(6.1)进行分析.但从回归分析发展的历史看来,关于回归模型的检验问题是后来才提出来的.又由于讨论模型检验问题需要一些回归分析的基本知识,所以我们将这一部分内容放在此处讨论.从广义的角度看来,这个问题就是一个拟合优度检验问题,它所要回答的问题是:$\boldsymbol{Y}$ 的联合分布是否属于某个分布族?但是,涉及回归问题,相应的分布族非常复杂，而且当数据的模型偏离线性回归模型(6.1)时，情况也十分复杂. 例如，回归函数可能不是线性的；误差部分 $\boldsymbol{E}$ 的分布也会偏离模型，它的各分量的方差可能会依赖于 $\boldsymbol{X}$ 或其他参数；等等. 另外，在数据中还可能出现个别异常值. 当数据或模型出现这些偏差时，若还是按原来的线性回归模型处理，所得到的结论会发生偏差. 因此，当我们对数据集$\{(\boldsymbol{x}_i, y_i), i=1,\cdots,n\}$进行分析的时候，首先要考虑的问题是：检验数据集$\{(\boldsymbol{x}_i, y_i), i=1,\cdots,n\}$是否来自线性回归模型(6.1)？在进行回归分析的时候，除了考虑线性回归模型(6.1)的检验问题外，当检验没有通过时，还需要对病态的数据进行修正. 例如，将数据中的异常值进行剔除或修正，将变量进行变换等，使得加工后的数据更符合模型(6.1). 这类问题好像医学中的诊断问题，医生不但要检查患者身体，在查出身体的疾病以后还要提出治疗方案. 因此，统计学家把这类问题称为**回归诊断问题**. 回归诊断问题已经超出了本书要求的范围，不过由于模型检验很重要，我们需在此介绍模型检验中的一些初步的方法. 为了使符号简便，我们将模型(6.1)写成

$$\boldsymbol{Y} = \boldsymbol{X}\boldsymbol{b} + \boldsymbol{E} \tag{6.2}$$

的形式. 当 $\boldsymbol{X}$ 中包含 $\mathbf{1}$ 这个列的时候，模型(6.2)就是模型(6.1)，不过记号的含义有相应的改变. 当我们得到数据$(\boldsymbol{x}_i, y_i)(i=1,\cdots,n)$时，不管它的模型是什么，首先求出向量 $\boldsymbol{b}$ 的 LS 估计，即最小二乘估计. 前面已经讨论过，$\boldsymbol{b}$ 的 LS 估计 $\hat{\boldsymbol{b}}$ 是下面最小化问题的解：

$$\|\boldsymbol{Y} - \boldsymbol{X}\hat{\boldsymbol{b}}\| = \min_{\boldsymbol{b}\in\mathbf{R}^p}\{\|\boldsymbol{Y} - \boldsymbol{X}\boldsymbol{b}\|\},$$

其中 p 是满秩矩阵 $\boldsymbol{X}$ 的列数. 由此看出，LS 估计并不依赖于模型(6.2)是否成立. $\hat{\boldsymbol{b}}$ 具有表达式

$$\hat{\boldsymbol{b}} = (\boldsymbol{X}^{\mathrm{T}}\boldsymbol{X})^{-1}\boldsymbol{X}^{\mathrm{T}}\boldsymbol{Y}.$$

当得到 $\hat{\boldsymbol{b}}$ 以后，通常用 $\hat{\boldsymbol{Y}}=\boldsymbol{X}\hat{\boldsymbol{b}}=\boldsymbol{X}(\boldsymbol{X}^{\mathrm{T}}\boldsymbol{X})^{-1}\boldsymbol{X}^{\mathrm{T}}\boldsymbol{Y}$ 作为 $\boldsymbol{Y}$ 的预报值. 统计量 $\hat{\boldsymbol{E}}=\boldsymbol{Y}-\hat{\boldsymbol{Y}}$ 称为**残差向量**. 我们希望通过统计量 $\hat{\boldsymbol{Y}}$ 和 $\hat{\boldsymbol{E}}$ 得到关于模型的信息. 为此，我们要研究 $\hat{\boldsymbol{Y}}$ 和 $\hat{\boldsymbol{E}}$ 的分布特性. 记

$$\boldsymbol{H} = \boldsymbol{X}(\boldsymbol{X}^{\mathrm{T}}\boldsymbol{X})^{-1}\boldsymbol{X}^{\mathrm{T}}.$$

通常称 $\boldsymbol{H}$ 为**帽子矩阵**(这个名称的来源是公式 $\hat{\boldsymbol{Y}}=\boldsymbol{H}\boldsymbol{Y}$，将 $\boldsymbol{H}$ 乘上 $\boldsymbol{Y}$ 等于 $\hat{\boldsymbol{Y}}$，即 $\boldsymbol{Y}$ 戴上帽子). 实际上，$\boldsymbol{H}$ 是一个投影矩阵，$\hat{\boldsymbol{Y}}$ 就是向量 $\boldsymbol{Y}$ 到 $\boldsymbol{X}$ 的列向量所生成的子空间 $\mathscr{M}(\boldsymbol{X})$上的投影向量. 残差向量 $\hat{\boldsymbol{E}}=\boldsymbol{Y}-\hat{\boldsymbol{Y}}$ 具有表达式 $\hat{\boldsymbol{E}}=(\boldsymbol{I}_n-\boldsymbol{H})\boldsymbol{Y}$. 投影矩阵 $\boldsymbol{H}$ 具有一个重要的性质：

$$\boldsymbol{H}^2 = \boldsymbol{X}(\boldsymbol{X}^{\mathrm{T}}\boldsymbol{X})^{-1}\boldsymbol{X}^{\mathrm{T}}\boldsymbol{X}(\boldsymbol{X}^{\mathrm{T}}\boldsymbol{X})^{-1}\boldsymbol{X}^{\mathrm{T}} = \boldsymbol{H}.$$

利用 $\boldsymbol{H}$ 的这个性质，可以得到下面的引理.

引理 6.1 在模型(6.2)中，若相应的因变量 $\boldsymbol{Y}$ 只满足条件

$$\mathrm{cov}(\boldsymbol{Y},\boldsymbol{Y}) = \sigma^2\boldsymbol{I}_n$$

(即 $\boldsymbol{E}$ 满足条件 $\mathrm{cov}(\boldsymbol{E},\boldsymbol{E})=\sigma^2\boldsymbol{I}_n$)，则下式成立：

$$\mathrm{cov}(\hat{\boldsymbol{E}},\hat{\boldsymbol{Y}}) = \boldsymbol{0}. \tag{6.3}$$

证明 注意到 $\hat{\boldsymbol{Y}}=\boldsymbol{H}\boldsymbol{Y}$ 和 $\hat{\boldsymbol{E}}=(\boldsymbol{I}_n-\boldsymbol{H})\boldsymbol{Y}$，再利用投影矩阵的性质可得

$$\mathrm{cov}(\hat{\boldsymbol{E}},\hat{\boldsymbol{Y}}) = \mathrm{cov}((\boldsymbol{I}_n-\boldsymbol{H})\boldsymbol{Y},\boldsymbol{H}\boldsymbol{Y}) = \sigma^2(\boldsymbol{I}_n-\boldsymbol{H})\boldsymbol{H} = \boldsymbol{0}.$$ □

引理 6.2 在模型(6.2)中，若因变量 $\boldsymbol{Y}$ 只满足 $\mathrm{E}(\boldsymbol{Y})=\boldsymbol{X}\boldsymbol{b}$(即 $\mathrm{E}(\boldsymbol{E})=\boldsymbol{0}$)，则对残差向量 $\hat{\boldsymbol{E}}=(\boldsymbol{I}_n-\boldsymbol{H})\boldsymbol{Y}$，有下式成立：

$$\mathrm{E}(\hat{\boldsymbol{E}}) = \boldsymbol{0}. \tag{6.4}$$

证明 $\mathrm{E}(\hat{\boldsymbol{E}}) = (\boldsymbol{I}_n-\boldsymbol{H})\mathrm{E}(\boldsymbol{Y}) = \boldsymbol{X}\boldsymbol{b}-\boldsymbol{H}\boldsymbol{X}\boldsymbol{b} = \boldsymbol{X}\boldsymbol{b}-\boldsymbol{X}\boldsymbol{b} = \boldsymbol{0}.$ □

显然线性回归模型(6.2)同时满足引理 6.1 和引理 6.2 的条件. 因此，为了检验数据 $(\boldsymbol{x}_i,y_i)(i=1,\cdots,n)$ 是否来自模型(6.2)，应先检验数据 $(\boldsymbol{x}_i,y_i)(i=1,\cdots,n)$ 是否符合条件(6.3)和(6.4). 什么样的数据符合条件(6.3)和(6.4)呢？我们用例子说明问题.

例 6.1 已知表 9.6.1 中的数据是来自一元线性回归模型的一组模拟数据.

表 9.6.1 模拟数据表

i	1	2	3	4	5	6	7
x_i	0.73265	0.42223	0.96137	0.072059	0.55341	0.29198	0.85796
y_i	3.8427	3.2544	4.2029	3.3183	3.3931	3.091	3.9325
i	8	9	10	11	12	13	14
x_i	0.33576	0.6802	0.053444	0.35666	0.4983	0.43444	0.56246
y_i	3.3816	3.6217	2.9741	3.3881	3.3616	3.5878	3.6276
i	15	16	17	18	19	20	
x_i	0.61662	0.11334	0.89825	0.75455	0.79112	0.81495	
y_i	3.7007	3.3641	3.8715	4.0625	4.0285	3.8714	

将数据 $(x_i,y_i)(i=1,\cdots,n)$ 画在平面上形成散点图，同时我们将拟合的回归直线 $\hat{y}=\hat{b}_0+\hat{b}x$ 也画在同一坐标系上(图 9.6.1). 由图看出，数据与一元线性模型拟合得很好.

现在画出这组数据的残差图(图 9.6.2). 所谓**残差图**，就是由点列 $(\hat{y}_i,\hat{e}_i)(i=1,\cdots,n)$ 所生成的散点图. 由图可以看出，残差图刻画了引理 6.1 和引理 6.2 所描画的特点，$(\hat{y}_i,\hat{e}_i)$ 对称地分布在横轴(坐标 $\hat{y}_i$ 所在的轴)的两边，同时 $\hat{e}_i$ 和 $\hat{y}_i$ 也没有显著的相关性. 因此，残差图 9.6.2 成为数据符合线性回归模型的典型图谱. 有的书称这种图为**零图**. 读者也许会发出疑问：为什么不用散点图 9.6.1 来判断数据是否来自模型(6.2)？若我们所考虑的模型是一元线性回归模型，那么用数据散点图是最好的判别模型的方法. 但是，对于 x 是多元的情况，就没有相应的多元散点图，因此只好用残差图进行判别.

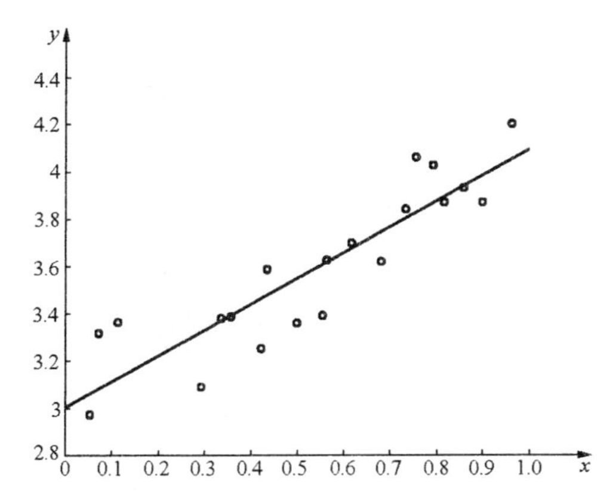

图 9.6.1 表 9.6.1 所对应数据(x_i, y_i)的散点图

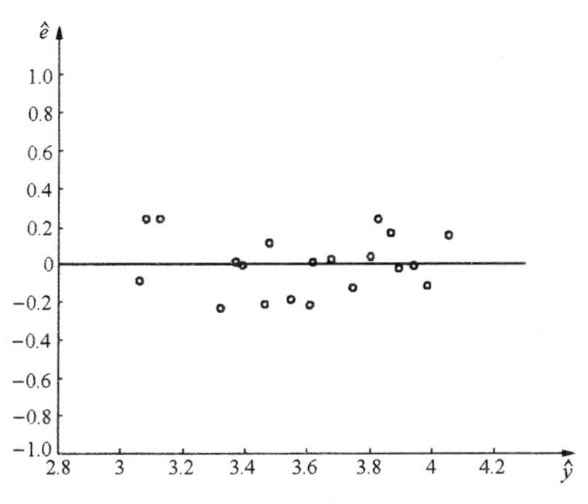

图 9.6.2 表 9.6.1 所对应数据(x_i, y_i)的残差图

下面的例子中数据并不来自线性回归模型(6.2),从残差图上也看不出与引理 6.1 和引理 6.2 的结论有什么矛盾之处,但数据的残差图的类型与线性回归模型的残差图类型有很大的不同.

例 6.2 已知表 9.6.2 中的数据是来自回归模型 $y=x^2+e$ (非线性)的一组模拟数据. 现在看它的残差图(图 9.6.3). 从图上看不出 $\hat{e}_i$ 与 $\hat{y}_i$ 之间有线性相关的迹象,也看不出与 $E(\hat{e}_i)=0$ 有什么相违背之处,但是残差图的类型与图 9.6.2 很不相同. 因此,在进行回归分析的模型检验时,重要的是要看残差图的类型. 当残差图偏离横轴,并有某种趋势(像图 9.6.3 那样)时,说明回归模型不是线性的.

表 9.6.2 模拟数据表

i	1	2	3	4	5	6	7
x_i	0.057891	0.35287	0.81317	0.0098613	0.13889	0.20277	0.19872
y_i	0.010355	0.13369	0.61161	0.028097	0.036366	0.099308	0.019082
i	8	9	10	11	12	13	14
x_i	0.60379	0.27219	0.19881	0.015274	0.74679	0.4451	0.93181
y_i	0.3643	0.053068	0.068233	0.043768	0.57772	0.30899	0.86186
i	15	16	17	18	19	20	
x_i	0.46599	0.41865	0.84622	0.52515	0.20265	0.67214	
y_i	0.23433	0.096595	0.69425	0.20025	0.036749	0.39913	

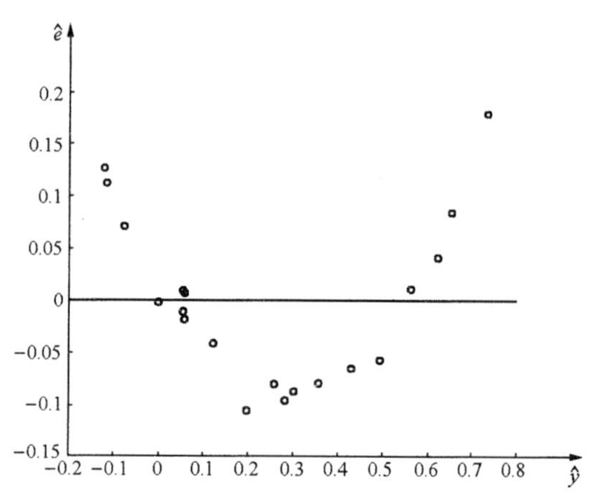

图 9.6.3 表 9.6.2 所对应数据(x_i,y_i)的残差图

下面再看一个例子.

例 6.3 已知表 9.6.3 中的数据是来自回归模型 $y=b_0+b_1x+xe$(其中 $e\sim N(0,\sigma^2)$)的一组模拟数据. 这个模型的误差随 x 的增大而增大,故不是线性模型. 利用线性回归模型拟合以后得到的残差图如图 9.6.4 所示. 这个图形有点像喇叭形,它表示误差的方差依赖于自变量的值. 但是,从 $\hat{e}_i$ 与 $\hat{y}_i$ 的关系看,看不出有明显的线性关系,也看不出这个图与 $E(\hat{e}_i)=0$ 有什么矛盾之处. 而残差图的类型与线性回归模型残差图的类型明显不相同.

以上介绍了数据是否符合线性回归模型(6.2)的检验方法. 当得到一组数据以后,首要的任务是检验数据是否符合线性回归模型(6.2),其方法是检查残差图的类型. 当残差图符合线性回归模型(6.2)的残差图的类型时,可以认为该数据来自线性回归模型(6.2).

表 9.6.3 模拟数据表

i	1	2	3	4	5	6	7
x_i	0.057891	0.35287	0.81317	0.0098613	0.13889	0.20277	0.19872
y_i	0.064501	0.40763	0.92568	0.0091137	0.14504	0.22124	0.17738
i	8	9	10	11	12	13	14
x_i	0.60379	0.27219	0.19881	0.015274	0.74679	0.4451	0.93181
y_i	0.61597	0.29295	0.1732	0.013818	0.8049	0.44482	0.98068
i	15	16	17	18	19	20	
x_i	0.46599	0.41865	0.84622	0.52515	0.20265	0.67214	
y_i	0.52956	0.43883	0.77962	0.56464	0.19927	0.61728	

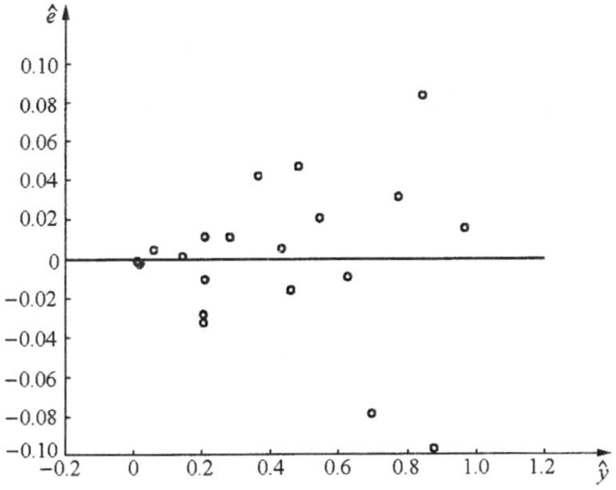

图 9.6.4 表 9.6.3 所对应数据(x_i, y_i)的残差图

例 6.4(引自文献[25]) 某公司调查了 53 户家庭,研究家庭对其生产的产品的人均消费量 y(单位:元)与家庭的人均收入 x(单位:元)的关系.设 x_i 为第 i 个家庭的人均收入,y_i($i=1,\cdots,53$)为第 i 个家庭对此公司生产的产品的人均消费量,得到数据如表 9.6.4 所示.研究 y 与 x 之间有没有线性回归关系

$$y = b_0 + xb + e. \tag{6.5}$$

表 9.6.4 家庭收入与消费调查表

i	x_i	y_i	$\hat{y}_i$	$\hat{e}_i$	i	x_i	y_i	$\hat{y}_i$	$\hat{e}_i$
1	679	0.79	1.6693	−0.87935	28	1748	4.88	5.6063	−0.72631
2	292	0.44	0.2441	0.19591	29	1381	3.48	4.2547	−0.77470
3	1012	0.56	2.8957	−2.33570	30	1428	7.58	4.4278	3.15220

（续表）

i	x_i	y_i	$\hat{y}_i$	$\hat{e}_i$	i	x_i	y_i	$\hat{y}_i$	$\hat{e}_i$
4	493	0.79	0.9843	−0.19434	31	1255	2.63	3.7907	−1.16070
5	582	2.70	1.3121	1.38790	32	1777	4.99	5.7131	−0.72311
6	1156	3.64	3.4261	0.21394	33	370	0.59	0.5314	0.05865
7	997	4.73	2.8405	1.88950	34	2316	8.19	7.6982	0.49184
8	2189	9.50	7.2304	2.26960	35	1130	4.79	3.3303	1.45970
9	1097	5.34	3.2088	2.13120	36	463	0.51	0.8739	−0.36385
10	2078	6.85	6.8216	0.02836	37	770	1.74	2.0045	−0.26449
11	1818	5.84	5.8641	−0.02411	38	724	4.10	1.8351	2.26490
12	1700	5.21	5.4295	−0.21953	39	808	3.94	2.1444	1.79560
13	747	3.25	1.9198	1.33020	40	790	0.96	2.0781	−1.11810
14	2030	4.43	6.6449	−2.21490	41	783	3.29	2.0524	1.23760
15	1643	3.16	5.2196	−2.05960	42	406	0.44	0.6639	−0.22393
16	414	0.50	0.6934	−0.19339	43	1242	3.24	3.7428	−0.50279
17	354	0.17	0.4724	−0.30242	44	658	2.14	1.5920	0.54799
18	1276	1.88	3.8680	−1.98800	45	1746	5.71	5.5989	0.11106
19	745	0.77	1.9124	−1.14240	46	468	0.64	0.8923	−0.25227
20	435	1.39	0.7707	0.61927	47	1114	1.90	3.2714	−1.37140
21	540	0.56	1.1574	−0.59743	48	413	0.51	0.6897	−0.17971
22	874	1.56	2.3875	−0.82750	49	1787	8.33	5.7499	2.58010
23	1543	5.28	4.8513	0.42868	50	3560	14.94	12.2800	2.66040
24	1029	0.64	2.9583	−2.31830	51	1495	5.11	4.6745	0.43545
25	710	4.00	1.7835	2.21650	52	2221	3.85	7.3483	−3.49830
26	1434	0.31	4.4499	−4.13990	53	1526	3.93	4.7887	−0.85871
27	837	4.20	2.2512	1.94880					

解析 从经济学的角度看，人均收入高的家庭，其对于某商品的人均消费也应该高，但是高收入家庭人均消费的方差也随之增加，正像动物在刚出生的时候的重量的方差小于长大以后的方差. 由此推出，模型中误差的分布会依赖于 x 的变化. 另外，回归函数也不一定是线性函数. 由于自变量是一维的变量，我们可以画出数据$(x_i, y_i)(i=1,\cdots,53)$的散点图(图 9.6.5). 由图看出，$y$ 与 x 之间似乎有线性关系. 经计算，假设检验问题$(b=0, b\neq 0)$的检验统计量

$$F = (U/p)/(Q/(n-p-1))$$

的值为 121.66，而

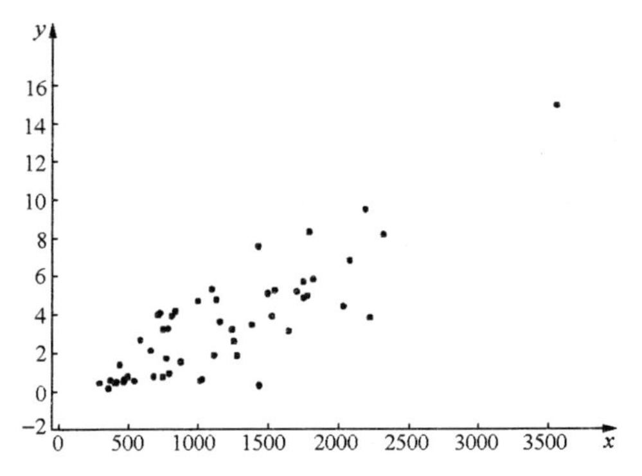

图 9.6.5 表 9.6.4 所对应数据(x_i, y_i)的散点图

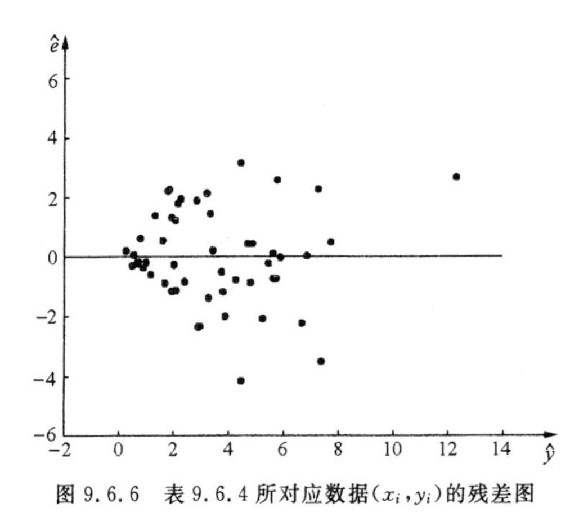

图 9.6.6 表 9.6.4 所对应数据(x_i, y_i)的残差图

$$P(F > 121.66) = 4.1078 \times 10^{-15},$$

可见 y 与 x 的线性关系是高度显著的.但是,这种高度的显著性受到第 50 个样本点(3560,14.94)很大的影响.现在我们进行模型检验,将点($\hat{e}_i$, $\hat{y}_i$)($i=1,\cdots,53$)画在直角坐标系中,形成 $\hat{e}$ 相对于 $\hat{y}$ 的残差图(图 9.6.6).这个图像与例 6.3 中的残差图一样,具有喇叭形.这说明误差的方差依赖于 x 的值.为了了解误差与 x 之间的关系,也可以画出残差 $\hat{e}_i$ 与 x 的散点图(图 9.6.7,这种图也叫残差图,是 $\hat{e}_i$ 相对于 x 的残差图).由 $\hat{e}_i$ 相对于 x 的残差图看出,误差的方差的确与 x 有关.这样,我们否定了消费量与人均收入数据的线性回归假定(在我们的线性回归模型的假定中,误差的方差是不依赖自变量 x 的).

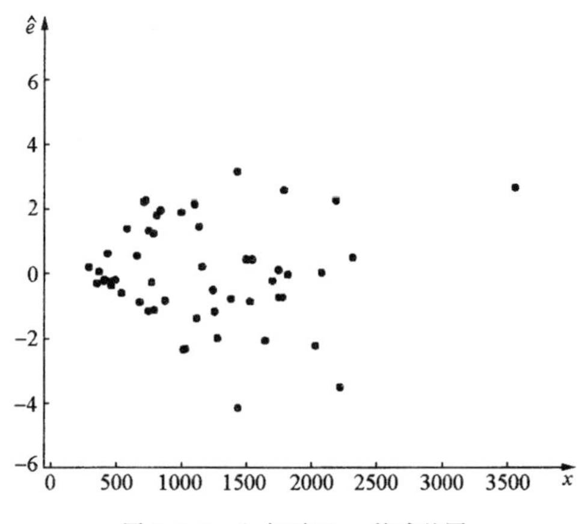

图 9.6.7 $\hat{e}_i$ 相对于 x_i 的残差图

*§9.7 变量选择

在线性回归分析中，通常的做法是：首先将可能收集到的影响因变量 y 的自变量 x_i 全部收集起来；把有关的变量收集到以后，下一步的工作是要对所收集到的变量进行筛选，使得对 y 值的变化贡献大的变量得以保留，将没有影响的或影响很小的变量删除. 设所收集的自变量集合为$\{x_1,\cdots,x_p\}$，并假定它们与 y 具有如下回归关系：

$$y = b_0 + b_1x_1 + \cdots + b_px_p + e, \tag{7.1}$$

其中 $b_1,\cdots,b_p$ 为参数的真值，e 为误差项，$\mathrm{E}(e)=0$，$\mathrm{var}(e)=\sigma^2$. 现在的问题是：应该选择哪些变量作为我们所要模型中的变量？设想第 p 个变量 x_p 的回归系数 $b_p=0$，此时变量 x_p 对 y 值的变化没有任何贡献，因此我们将会毫不迟疑地将 x_p 删去. 现在假定，经过初步筛选，那些回归系数为 0 的变量已经删去. 经过初步筛选后的变量集合仍记为$\{x_1,\cdots,x_p\}$，此时模型(7.1)中的回归系数 $b_i(i=1,\cdots,p)$ 已经全部不为 0. 初学回归的人一定会认为现在已经找到真正所要的回归方程，因为若加入若干变量，这些变量的回归系数为 0，所对应的变量对回归方程毫无作用；若减少一些变量，模型又将变成错误的模型. 但是问题并不是这么简单. 例如，设在 $x_1,\cdots,x_p$ 中只有一个变量对 y 有影响，并设这个变量为 x_1，其他的变量对 y 没有影响，它们在回归方程中的回归系数为 0，则真的模型成为

$$y = b_0 + b_1x_1 + e. \tag{7.2}$$

但是，我们还可以为了某种目的，考虑更简单的模型

$$y = b_0 + e. \tag{7.3}$$

模型(7.3)是一个错误的模型,因为它没有将 x_1 包含进去,但它也有它的优点,那就是模型简单.现在设$(x_{i1}, y_i)(i=1,\cdots,n)$为一组来自模型(7.2)的数据,其对应的数据矩阵为 $\boldsymbol{X},\boldsymbol{Y}$.我们想估计真模型的参数 b_1,利用模型(7.2),得到 b_1 的最小二乘估计为

$$\hat{b}_1 = \sum_{i=1}^{n}[(y_i - \bar{y})(x_{i1} - \bar{x}_1)] \Big/ \sum_{i=1}^{n}(x_{i1} - \bar{x}_1)^2 = (\widetilde{\boldsymbol{X}}^{\mathrm{T}}\widetilde{\boldsymbol{X}})^{-1}(\widetilde{\boldsymbol{X}}^{\mathrm{T}}\widetilde{\boldsymbol{Y}}).$$

若利用模型(7.3),在这个模型中,参数 b_1 假定为 0,因此 b_1 的估计应为 $\widetilde{b}_1=0$.现在比较 b_1 的两个估计 $\hat{b}_1$ 和 $\widetilde{b}_1$ 的均方误差.经计算,得

$$\mathrm{E}[(\hat{b}_1 - b_1)^2] = \sigma^2(\widetilde{\boldsymbol{X}}^{\mathrm{T}}\widetilde{\boldsymbol{X}})^{-1}, \quad \mathrm{E}[(\widetilde{b}_1 - b_1)^2] = b_1^2.$$

由上式可以看出,当

$$b_1^2 < \sigma^2(\widetilde{\boldsymbol{X}}^{\mathrm{T}}\widetilde{\boldsymbol{X}})^{-1}$$

时,用模型(7.3)得到的估计比用模型(7.2)得到的估计具有更小的均方误差.由这个例子看出,对于回归模型(7.1),存在变量的选择问题,而且选择模型的时候,并不是以找出"真模型"为目标.

现在我们叙述自变量选择问题.设 y 与 $x_1,\cdots,x_p$ 具有回归关系(7.1).令 A 为$\{1,\cdots,p\}$的一个子集.子集 A 可代表对于自变量子集的一种选择,于是 A 对应一个待选回归模型:

$$y = b_0 + \sum_{i\in A} b_i x_i + e. \tag{7.4}$$

对于这个回归模型,设相应的数据矩阵为 $\boldsymbol{Y}$ 和 $\boldsymbol{X}(A)$,其中 $\boldsymbol{X}(A)$是矩阵 $\boldsymbol{X}$ 中与 A 相对应的那些列所组成的矩阵($\boldsymbol{X}$ 为模型(7.1)中自变量的数据矩阵).用 $\boldsymbol{b}(A)=\{b_i: i\in A\}$表示模型(7.4)相应的回归系数向量.用 $\hat{b}_0(A)$和 $\hat{\boldsymbol{b}}(A)$表示截距 b_0 和回归系数向量 $\boldsymbol{b}(A)$在回归方程(7.4)中的最小二乘估计.集合$\{1,\cdots,p\}$的子集一共有 2^p 个,即一共有 2^p 种自变量集合可供选择.怎样选择子集,按什么标准选择?通常对每一个待选模型,计算一个统计量作为选择的标准.这种统计量是两种度量的综合,其中一个度量刻画模型和数据的拟合程度,另一个是模型复杂程度(模型复杂程度是以惩罚量的形式出现的,模型中自变量的个数越多,惩罚量就越大).由于目标上的差异,统计学家提出了不同的标准.现在简介如下:对应于子集 A,其相应的待选模型中的残差平方和、回归平方和分别为

$$\begin{aligned} Q(A) &= \|\boldsymbol{Y} - \boldsymbol{1}\hat{b}_0(A) - \boldsymbol{X}(A)\hat{\boldsymbol{b}}(A)\|^2 \\ &= \|\widetilde{\boldsymbol{Y}} - \widetilde{\boldsymbol{X}}(A)\hat{\boldsymbol{b}}(A)\|^2, \end{aligned} \tag{7.5}$$

$$U(A) = l_{yy} - Q(A). \tag{7.6}$$

为了选择优良的自变量足标集 A,通常有以下标准:

(1) **平均残差平方和**最小准则：找子集 A,使得

$$\frac{Q(A)}{n-p(A)-1}$$

最小,式中 $p(A)$表示待选模型的自变量个数,即集合 A 中元素的个数,它代表模型的复杂度,n 是数据的组数(样本量).

(2) **平均预测均方误差**最小准则：找子集 A,使得

$$\frac{n+p(A)+1}{n-p(A)-1}Q(A)$$

最小.

(3) C_p **统计量**最小准则,其中 $C_p=C_p(A)$由下式定义：

$$C_p(A)=\frac{Q(A)}{Q(I)/(n-p-1)}+2p(A)+2-n,$$

式中 $Q(I)$表示全模型的残差平方和,即 A 取作 $I=\{1,\cdots,p\}$的时候模型的残差平方和.

(4) AIC **准则**：找子集 A,使得

$$\mathrm{AIC}(A)=\ln Q(A)+2p(A)/n$$

最小.

(5) BIC **准则**：找子集 A,使得

$$\mathrm{BIC}(A)=\ln Q(A)+p(A)\ln n/n$$

最小.

根据以上的各种准则,可以求出使准则函数达到最小值的子集 A 和相应的回归方程,这样求得的回归方程称为**最优回归方程**,而子集 A 称为**最优回归子集**,其对应的自变量集合称为**最优回归变量子集**.但是,这种求最优回归方程的方法在 p 很大的时候,其计算量是很大的.$\{1,\cdots,p\}$的子集 A 一共有 2^p 个,当 $p=40$ 的时候,为了求得最优回归方程,需要处理 10^{10} 个以上的回归方程组,这是一个无法完成的任务.下面介绍一种逐步回归方法.我们考虑某准则函数 $C(B)$,其中 B 是自变量指标集 $I=\{1,\cdots,p\}$的任一子集.例如,当 $C(B)$取成 $C_p(B)$的时候,相应的准则就是 C_p 统计量最小准则.所谓最优回归子集 A 就是使 $C(B)$在 $B=A$ 处达到最小值的指标集,与这个指标集 A 相应的回归方程就是最优回归方程.由此看出,求最优回归方程的问题转化为求准则函数 $C(B)$在 I 的全部子集所生成的子集类上的最小值问题.实际上,最优回归子集 A 是准则函数 $C(B)$的全局极小值点.现在,在指标集 $I=\{1,\cdots,p\}$的所有子集类内建立子集的"邻居"的概念.指标集合的一个类 $\mathscr{D}(A)$称为指标**集合 A 的邻居**,若 $\mathscr{D}(A)=\{B\colon B$ 与 A 相差一个指标$\}$.可见,$\mathscr{D}(A)$中的指标集 B 或者比 A 多一个指标,或者比 A 少一个指标.例如,设全部指标的集合为$\{1,2,3,4,5\}$,则 $A=\{1,3\}$的邻居 $\mathscr{D}(A)$是由$\{1\}$,$\{3\}$,$\{1,2,3\}$,

$\{1,4,3\}$和$\{1,5,3\}$所组成的指标集类.

定义 7.1 设$C(B)$为某准则函数,它的定义域为$I=\{1,\cdots,p\}$的全部子集,又设A为I的某子集.若子集A满足条件

$$C(A)\leqslant C(B) \quad (\forall B\in\mathscr{D}(A)),$$

则称准则函数$C(B)$在A处**局部最优.**

对于准则函数$C(B)$,若找到**全局最优的回归子集**很困难,找到**局部最优的回归子集**A也是一个好的选择回归子集的方法.由此导出逐步回归方法.现在介绍该方法.对于一个足标集A,考虑A的邻居$\mathscr{D}(A)$,将它分解成两个子集类$\mathscr{D}_+(A)$和$\mathscr{D}_-(A)$,其中

$$\mathscr{D}_+(A)=\{B: B\in\mathscr{D}(A), p(B)=p(A)+1\},$$
$$\mathscr{D}_-(A)=\{B: B\in\mathscr{D}(A), p(B)=p(A)-1\}.$$

换句话说,$\mathscr{D}_+(A)$中的子集具有形式$A\cup\{i\}$,其中$i\notin A$;$\mathscr{D}_-(A)$中的子集具有形式$A\backslash\{i\}$,其中$i\in A$.现在考虑下面的**逐步回归方法**:

(1) 取定$k=1$和一个自变量足标集的子集$A=\varnothing$.

(2) 对于准则函数$C(\cdot)$,计算$C(A)$和$C(B)$,$B\in\mathscr{D}_+(A)$,并找到$A\cup\{i\}\in\mathscr{D}_+(A)$,使得

$$C(A\cup\{i\}) = \min_{B\in\mathscr{D}_+(A)}\{C(B)\}.$$

(3) 若$C(A\cup i)<C(A)$,则$k\triangleq k+1$,$A\triangleq A\cup\{i\}$,并且转向(4);否则,转向(6).这里记号$A\triangleq A\cup\{i\}$表示将自变量足标集A加进i(在下一步计算中,将集合$A\cup\{i\}$记作A),$k\triangleq k+1$表示将计数器中的值加1.

(4) 对于准则函数$C(\cdot)$,计算$C(A)$和$C(B)$,$B\in\mathscr{D}_-(A)$,并找到$A\backslash\{i\}\in\mathscr{D}_-(A)$,使得

$$C(A\backslash\{i\}) = \min_{B\in\mathscr{D}_-(A)}\{C(B)\}.$$

(5) 若$C(A\backslash\{i\})\leqslant C(A)$,则$A\triangleq A\backslash\{i\}$,并且转向(4);否则,转向(2).这里记号$A\triangleq A\backslash\{i\}$表示将自变量足标集$A$中的$i$删除(在下一步计算中,足标集$A$中已经没有$i$).

(6) 逐步回归结束,计数器中的数k表示逐步回归的步数,最后的A就是局部最优的自变量集合的足标集.

刚才介绍的逐步回归方法是找到准则函数$C(\cdot)$的局部最优回归子集的方法.下面介绍通常的逐步回归方法.逐步回归方法最早是由Esso研究工程公司的Efroymson在文献[32]中提出的,该论文发表以前得到统计学家J. W. Tukey的技术咨询.论文发表以后这个方法很快在统计界流行,北京大学孙山泽教授在1962—1963年已经开始将逐步回归方法编制计算程序,应用于天气预报.当时的方法中有两个固定的参数f_{in}和f_{out},用于控制自变量的进出.Efroymson要求

$f_{in} \geqslant f_{out}$，并建议 $f_{in}=f_{out}=4$. 现在考虑回归模型(7.4). 先不管模型(7.4)是不是相应数据的真模型，计算相应的由(7.5)式给出的 $Q(A)$ 和由(7.6)式给出的 $U(A)$. 选定一组临界值 $f_{in\{n,p(A)\}}$ 和 $f_{out\{n,p(A)\}}$，满足下列条件

$$0 < f_{out\{n,p(A)\}} \leqslant f_{in\{n,p(A)\}}. \tag{7.7}$$

在逐步回归的计算中，最关键的是找出剔除变量和加入新变量的方法. 设 i 是足标集 A 中的一个足标. 若

$$\frac{U(A)-U(A\backslash\{i\})}{Q(A)/[n-p(A)-1]} \leqslant f_{out\{n,p(A)\}},$$

则足标 i 所对应的自变量应从自变量集合中剔除，式中 $U(A\backslash\{i\})$ 表示自变量足标集为 $A\backslash\{i\}$ 时，相应的 U 的值. 统计量 $[U(A)-U(A\backslash\{i\})]/[Q(A)/(n-p(A)-1)]$ 刻画了自变量 x_i 对回归方程的贡献，当这个数小于临界值 $f_{out\{n,p(A)\}}$ 的时候，就要把 x_i 从自变量集合中删除. 若

$$\frac{U(A\cup\{i\})-U(A)}{Q(A\cup\{i\})/[n-p(A)-2]} > f_{in\{n,p(A)\}},$$

则 x_i 应该加入到自变量集合中来，式中 $U(A\cup\{i\})$ 表示自变量集合的足标集为 $A\cup\{i\}$ 时，相应的 U 的值. 有了剔除和添加变量的计算公式以后，逐步回归的计算可按下列程序进行：

(1) 取定 $k=1$ 和一个足标子集 $A=\varnothing$.

(2) 对于 $I\backslash A$ 中的每一个足标 i，计算 $\dfrac{U(A\cup\{i\})-U(A)}{Q(A\cup\{i\})/[n-p(A)-2]}$ 的值，并在 $I\backslash A$ 中找到足标 i_0，使得

$$f=\frac{U(A\cup\{i_0\})-U(A)}{Q(A\cup\{i_0\})/[n-p(A)-2]}=\max_{i\in I\backslash A}\left\{\frac{U(A\cup\{i\})-U(A)}{Q(A\cup\{i\})/[n-p(A)-2]}\right\}.$$

(3) 若 $f>f_{in\{n,p(A)\}}$，则 $k \triangleq k+1$，$A \triangleq A\cup\{i_0\}$，并且转向(4)；否则，转向(6).

(4) 对于 A 中的每一个足标 i，计算 $\dfrac{U(A)-U(A\backslash\{i\})}{Q(A)/[n-p(A)-1]}$ 的值，并在 A 中找到足标 i_0，使得

$$f=\frac{U(A)-U(A\backslash\{i_0\})}{Q(A)/[n-p(A)-1)]}=\min_{i\in A}\left\{\frac{U(A)-U(A\backslash\{i\})}{Q(A)/[n-p(A)-1]}\right\}.$$

(5) 若 $f\leqslant f_{out\{n,p(A)\}}$，则 $A \triangleq A\backslash\{i_0\}$，并且转向(4)；否则，转向(2).

(6) 逐步回归结束，计数器的数 k 表示逐步回归的步数，最后的 A 就是逐步回归程序所选择的自变量集合的足标集.

下面的定理说明局部最优回归子集可借助通常的逐步回归程序求得.

定理 7.1 设 $\boldsymbol{Y},\boldsymbol{X}$ 为回归模型(7.1)的数据矩阵，则表 9.7.1 中准则函数的局部最优回归子集可以借助于逐步回归程序得到，并且对于不同的准则函数，只需

选取相应的 $f_{\text{in}\{n,p(A)\}}$ 和 $f_{\text{out}\{n,p(A)\}}$ 作为临界值.

表 9.7.1　局部最优回归子集的计算表

序号	准则函数	表达式
1	平均残差平方和	$Q(A)/[n-p(A)-1]$
2	平均预测均方误差	$Q(A)[n+p(A)+1]/[n-p(A)-1]$
3	AIC 准则函数	$\ln Q(A)+2p(A)/n$
4	BIC 准则函数	$\ln Q(A)+p(A)\ln n/n$
序号	$f_{\text{in}\{n,p(A)\}}$	$f_{\text{out}\{n,p(A)\}}$
1	1	1
2	$2n/[n+p(A)+1]$	$2n/[n+p(A)]$
3	$(\exp\{2/n\}-1)[n-p(A)-2]$	$(\exp\{2/n\}-1)[n-p(A)-1]$
4	$(\exp\{\ln n/n\}-1)[n-p(A)-2]$	$(\exp\{\ln n/n\}-1)[n-p(A)-1]$

证明　我们选取一个准则函数进行证明,其余的准则函数的证明都是类似的. 设选定的准则为 BIC 准则. 设 A 为已经选定的自变量指标集合,对于任意不在 A 中的足标 i, i 能够补充进入 A 的充分必要条件是

$$\ln Q(A\cup\{i\})+p(A\cup\{i\})\ln n/n<\ln Q(A)+p(A)\ln n/n.$$

将这个不等式化简,变成

$$\frac{Q(A)-Q(A\cup\{i\})}{Q(A\cup\{i\})/[n-p(A\cup\{i\})-1]}>(\exp\{\ln n/n\}-1)[n-p(A)-2]. \tag{7.8}$$

若令 $f_{\text{in}\{n,p(A)\}}=(\exp\{\ln n/n\}-1)[n-p(A)-2]$,则条件(7.8)就是在逐步回归的计算中变量 x_i 进入变量集 $\{x_j: j\in A\}$ 的判别条件.

现在考虑 A 中任意的足标 i. 自变量 x_i 能够被剔除的充分必要条件是

$$\ln Q(A\setminus\{i\})+p(A\setminus\{i\})\ln n/n\geqslant\ln Q(A)+p(A)\ln n/n.$$

将这个不等式化简,变成

$$\frac{Q(A\setminus\{i\})-Q(A)}{Q(A)/[n-p(A)-1]}\leqslant(\exp\{\ln n/n\}-1)[n-p(A)-1]. \tag{7.9}$$

若令 $f_{\text{out}\{n,p(A)\}}=(\exp\{\ln n/n\}-1)[n-p(A)-1]$,则条件(7.9)就是在逐步回归的计算中变量 x_i 从变量集 $\{x_j: j\in A\}$ 被剔除的判别条件.　□

在定理 7.1 中,我们没有提及与 C_p 统计量最小准则相应的逐步回归的计算公式. 在计算 C_p 统计量最小准则的局部最优回归子集的时候,所使用的逐步回归计算公式要适当修正. 在通常的逐步回归方法中,从足标集 A 中剔除足标 i 的判

别式为

$$\frac{Q(A\backslash\{i\})-Q(A)}{Q(A)/[n-p(A)-1]}\leqslant f_{\text{out}(n,p(A))};$$

将足标 i 添加到足标集 A 的判别式为

$$\frac{Q(A)-Q(A\cup\{i\})}{Q(A\cup\{i\})/[n-p(A)]}>f_{\text{in}(n,p(A))}$$

(这里利用了 $Q(A)=l_{yy}-U(A)$, $Q(A\backslash\{i\})=l_{yy}-U(A\backslash\{i\})$,见公式(7.6)). 在做适当修正后的逐步回归方法中,从足标集 A 中剔除足标 i 的判别式为

$$\frac{Q(A\backslash\{i\})-Q(A)}{Q(I)/(n-p-1)}\leqslant f_{\text{out}(n,p(A))}, \tag{7.10}$$

此处 p 表示全体自变量的个数,即全足标集 I 中元素的个数;同时,将足标 i 添加到足标集 A 的判别式改为

$$\frac{Q(A)-Q(A\cup\{i\})}{Q(I)/(n-p-1)}>f_{\text{in}(n,p(A))}. \tag{7.11}$$

称这种逐步回归的计算方法为**修正的逐步回归方法**.

定理 7.2　设 $\boldsymbol{Y},\boldsymbol{X}$ 为回归模型(7.1)的数据矩阵,则关于 C_p 准则函数的局部最优回归子集可以借助修正的逐步回归方法计算程序得到,并且只需选取 $f_{\text{in}(n,p(A))}=f_{\text{out}(n,p(A))}=2$ 作为临界值.

证明　设 A 为已经选定的自变量足标集合. 对于任意不在 A 中的足标 i, i 能够补充进入 A 的充分必要条件是

$$\frac{Q(A\cup\{i\})}{Q(I)/(n-p-1)}+2p(A\cup\{i\})+2-n<\frac{Q(A)}{Q(I)/(n-p-1)}+2p(A)+2-n,$$

此处 $Q(I)$表示全部自变量参加到回归方程以后的残差平方和. 将这个不等式化简,变成

$$\frac{Q(A)-Q(A\cup\{i\})}{Q(I)/(n-p-1)}>2. \tag{7.12}$$

若令 $f_{\text{in}(n,p(A))}=2$,则条件(7.12)就是在修正的逐步回归计算中变量 x_i 进入变量集$\{x_j, j\in A\}$的判别条件.

现在考虑 A 中任意的足标 i. 自变量 x_i 能够被剔除的充分必要条件是

$$\frac{Q(A\backslash\{i\})}{Q(I)/(n-p-1)}+2p(A\backslash\{i\})+2-n\geqslant\frac{Q(A)}{Q(I)/(n-p-1)}+2p(A)+2-n.$$

将这个不等式化简,变成

$$\frac{Q(A\backslash\{i\})-Q(A)}{Q(I)/(n-p-1)}\leqslant 2. \tag{7.13}$$

若令 $f_{\text{out}(n,p(A))}=2$,则条件(7.13)就是在修正的逐步回归计算中变量 x_i 从变量集$\{x_j: j\in A\}$被剔除的判别条件.　□

例 7.1① 在例 4.1 中分析了水泥数据. 在水泥数据中一共有 4 个自变量，试对它们进行选择.

解 我们采用 5 种准则函数求其最优回归子集. 这 5 个准则函数是：

(1) 平均残差平方和；

(2) 平均预测均方误差；

(3) AIC 准则函数；

(4) BIC 准则函数；

(5) C_p 统计量.

由于求全局最优回归子集的计算量很大，根据定理 7.1 和定理 7.2，可以利用逐步回归的计算方法，求出各个准则之下的局部最优回归子集. 关于准则函数 (1)～(4)，其相应的逐步回归中的 $f_{\text{in}\{n,p(A)\}}$ 和 $f_{\text{out}\{n,p(A)\}}$ 已经在表 9.7.1 中列出. 关于 C_p 统计量，采用(7.12)式和(7.13)式作为变量进出回归方程的条件. 本例的计算结果列于表 9.7.2.

表 9.7.2 水泥数据局部最优回归变量子集的计算结果

序号	准则函数	局部最优回归变量子集	是否全局最优	准则函数值
1	平均残差平方和	$\{x_1, x_2, x_4\}$	是	5.3303
2	平均预测均方误差	$\{x_1, x_2, x_4\}$	是	90.6152
3	AIC 准则函数	$\{x_1, x_2, x_4\}$	是	4.3322
4	BIC 准则函数	$\{x_1, x_2\}$	是	4.4534
5	C_p 统计量	$\{x_1, x_2\}$	是	2.6782

关于表 9.7.2 的计算结果，此处做若干解释：

(1) 此处给出的准则函数值，与某些统计软件的计算结果不同(例如 SAS 软件的计算结果)，这是由于准则函数的定义有差异，彼此相差一个常数或常数因子. 但是所选择的局部最优回归变量子集是一样的.

(2) 表 9.7.2 中列出的是利用逐步回归程序计算得到的在各种准则函数意义下的局部最优回归变量子集. 同时我们计算了全局最优回归变量子集，发现两者相互重合. 这一点结论是非常鼓舞人的，因为当变量多的时候，全局最优回归变量子集的计算量是很大的，而逐步回归的计算是十分快捷的. 为了验证逐步回归方法的有效性，特地就 BIC 准则进行模拟，其模拟结果列于表 9.7.3，表中 p 表示自变量的个数，n 表示样本量. 每次模拟，数据矩阵 $\boldsymbol{X}$ 为取自 p 维正态总体的一个样本，计算 BIC 准则的最优回归变量子集，同时利用逐步回归得到局部最优回归变

---

① 本例的计算由北京大学的李东风老师完成.

量子集，然后看两者是否相同. 表 9.7.3 中第一行说明，在 $p=3, n=50$ 的情况下，利用逐步回归方法求得的局部最优回归变量子集和相应的最优回归变量子集作比较，在 4000 次模拟中只有 5 次两者是不相同的.

表 9.7.3　BIC 准则的局部最优回归变量子集与全局最优回归变量子集比较的模拟结果

p	n	模拟次数	非全局最优次数
3	50	4000	5
	300	4000	0
6	50	4000	16
	300	4000	0
10	50	4000	34
	300	1000	3

(3) 利用通常的逐步回归($f_{\text{in}}=f_{\text{out}}=4$)和 SAS 软件的逐步回归程序(SAS 软件的程序中利用 α 的值控制变量的进出，这是另一种逐步回归方式，我们在此不介绍该算法. 我们计算的时候，利用 $\alpha=0.15$ 进行控制)，都得到回归方程

$$y = 52.5774 + 1.4683x_1 + 0.6623x_2.$$

对此方程检验，其 $F\left(=\dfrac{U/p}{Q/(n-p-1)}\right)$ 的值为 229.5，相应的 p 值为 4.407×10^{-9}. 至于回归变量为 x_1, x_2, x_4 的情况，回归方程为

$$y = 71.6483 + 1.44519x_1 + 0.4161x_2 - 0.2365x_4,$$

对方程检验的 $F\left(=\dfrac{U/p}{Q/(n-p-1)}\right)$ 的值为 166.8，相应的 p 值为 3.323×10^{-9}. 从上述比较结果可看出，自变量 x_1, x_2 对 y 有显著的影响，而 x_4 的影响不够显著.

本节最后我们要讨论逐步回归的收敛性问题. 所谓逐步回归收敛，是指删除和添加变量的过程一定会在有限步停止. 1996 年 J. Miller 在文献[34]中讨论这个问题时，引入了目标函数，并指出若目标函数在逐步回归的每一步只会递减，则逐步回归一定会在有限步停止. 在此文献中，Miller 还证明只要在逐步回归中控制变量进出的参数满足条件 $f_{\text{in}}\geqslant f_{\text{out}}$，逐步回归就会在有限步内停止. 另外，Miller 指出，自 Efroymson 在 1960 年提出逐步回归方法时就指出 f_{in} 应该不小于 f_{out}，此后一直没有人提供理论依据. 事实并非如此，北京大学江泽培教授证明了在 $f_{\text{in}}\geqslant f_{\text{out}}$ 的条件下，逐步回归会在有限步停止. 他的结果列在文献[23]中(文献[23]的第 1 版发表于 1993 年). 当然 Miller 的方法比较简洁. 此处，我们将逐步回归的收敛性写成一个定理而不给出证明，有兴趣的读者可参考文献[23]和[34].

定理 7.3　设 $\boldsymbol{Y}, \boldsymbol{X}$ 为回归模型(7.1)的数据矩阵. 若控制变量进出的 f_{in} 和

f_{out}满足条件 $f_{\text{in}} \geqslant f_{\text{out}}$,则逐步回归是收敛的,即逐步回归变量删添的过程将在有限步停止. □

线性回归分析的变量选择,无论对于理论工作者或者是实际工作者,都是十分重要而感兴趣的工作. 从纷繁的数据中找到了简单的回归方程,这意味着找到影响因变量变化的主要自变量. 大量的实际例子显示,对于现有常见的准则,利用逐步回归方法,得到的变量子集常常是有意义的结果,但是无论是理论上,或者应用上,现有的方法并不是完美的. 因此,当今理论界或应用界仍然努力寻找着变量选择的新方法. 20 世纪 90 年代起出现了一些新的变量选择方法,其中最引人注目的是 **Lasso 估计**和**适应的 Lasso 估计**. 现简介如下:

设有线性模型

$$\boldsymbol{Y} = \boldsymbol{X\beta} + \boldsymbol{E}$$

其中 $\boldsymbol{X}$ 为已知的 $n \times p$ 矩阵,$\boldsymbol{\beta}=(\beta_1, \cdots, \beta_p)^{\mathrm{T}}$ 是未知参数向量,$\boldsymbol{Y}$ 是因变量观察值向量,$\boldsymbol{E}$ 为误差向量. 给定正数 t,考虑参数的约束条件

$$\sum_{j=1}^{P} |\beta_i| \leqslant t. \tag{7.14}$$

在此约束条件下 $\| \boldsymbol{Y}-\boldsymbol{X\beta} \|^2$ 的最小值点为 $\tilde{\boldsymbol{\beta}}$. $\tilde{\boldsymbol{\beta}}$ 就称为参数 $\boldsymbol{\beta}$ 的 Lasso 估计. 由于约束条件形成 p 维空间的有界闭集,而目标函数又是连续函数,Lasso 估计的存在性是不成问题的,加之涉及的函数都是 $\boldsymbol{\beta}$ 的凸函数,求约束条件下极小值问题有简单有效的算法. 不难看出,当 t 足够大的时候,$\boldsymbol{\beta}$ 的 Lasso 估计就是通常的最小二乘估计. 当 t 较小的时候,Lasso 估计 $\tilde{\boldsymbol{\beta}}=(\tilde{\beta}_1, \cdots, \tilde{\beta}_p)^{\mathrm{T}}$ 的某些分量为 0,这就缩减了自变量的个数,实现了变量选择的目标.

现在介绍另一种估计,称为广义的 Lasso 估计. 考虑目标变量

$$L(\boldsymbol{\beta}) = \| \boldsymbol{Y} - \boldsymbol{X\beta} \|^2 + \lambda \sum_{j=1}^{p} W_j |\beta_j|,$$

其中 $\lambda \geqslant 0, W_1, \cdots, W_p$ 为已知正数. $L(\boldsymbol{\beta})$在 $\mathbf{R}^p$ 上的最小值点 $\boldsymbol{\beta}^* = (\beta_1^*, \cdots, \beta_p^*)$称为**广义的 Lasso 估计**. 上式中的 λ 称为调整参数. 广义的 Lasso 估计与 Lasso 估计有什么关系呢? 下面的结果说明了问题. 对给定的 $t>0$,取 $W_j \equiv 1 (j=1, \cdots, p)$,必有 λ,使得广义的 Lasso 估计就是满足(7.14)式的 Lasso 估计. 这说明,Lasso 估计类就是广义的 Lasso 估计类的一个子类. 这就是广义的 Lasso 估计这个名称的来由.

广义的 Lasso 估计是怎样实现变量选择的呢? 下面是一个理论结果. 设 $\hat{\boldsymbol{\beta}}=(\hat{\beta}_1, \cdots, \hat{\beta}_p)$是线性回归模型中参数 $\boldsymbol{\beta}$ 的最小二乘估计. 取 $W_j = 1/|\hat{\beta}_j| (j=1, \cdots, p)$,这时相应的广义的 Lasso 估计叫作**适应的 Lasso 估计**. 可以证明,当 n 很大时,有很多 λ 的值可使相应适应的 Lasso 估计 $\boldsymbol{\beta}^* = (\beta_1^*, \cdots, \beta_p^*)^{\mathrm{T}}$ 的一些分量为 0. 因而用 $\boldsymbol{\beta}^*$ 建立的回归方程实现了变量选择.

从现有研究成果来说，当样本量 n 很大时，Lasso 估计和适应的 Lasso 估计都有较好的性质. 但是，在固定样本量的情况下，它们的性能还是不太清楚. 例如其中的参数 t 或 λ 应如何选择？我们找出来的 Lasso 估计或适应的 Lasso 估计，与原来的准则选出来的估计如何比较？

作为本节结尾，我们指出变量选择仍然是极具挑战性的问题. 从实用角度看来，多一种方法，就多一种选择. 在采用变量选择方法的同时，特别注意对实际问题的背景，这样进行考查才能得出合适的结论.

§9.8 方差分析

回归分析的任务是探讨变量之间的依赖关系. 回归分析所处理的数据通常是调查数据或观察数据. 例如，观察某一种病人的数据如下：设 y 为病人疼痛程度，x 为病人服用止疼药的剂量. 观察 n 位病人可得一组数据 (x_i, y_i) $(i=1,\cdots,n)$. 根据经验，x 与 y 具有很强的相关性. 通过这组数据，可建立如下的回归模型：

$$y = b_0 + b_1 x + e. \tag{8.1}$$

我们注意到回归模型具有以下特点：建立回归模型的数据是调查数据或观察数据，样本量比较大；目标变量 y 和解释变量 x 的选定比较灵活. 本例中，将病人疼痛程度设定成目标变量，这种设定对于要了解剂量疗效的药剂师来说是合适的. 本例的疼痛程度和剂量这两个变量中，疼痛程度是因果关系的原因一方. 对于主治医师来说，似乎将剂量设成目标变量更合适.

实际问题中有一类问题与回归分析所处理的问题具有不同的特点，尽管它们都是处理变量之间的依赖关系. 这类问题就是方差分析所处理的问题. 这类问题的特点是：目标变量和解释变量之间界线十分清楚，两者之间具有因果关系，位置不能颠倒. 这类问题的另一特点是没有现成的数据，通常需要通过做实验得到数据. 获得实验数据十分困难，成本非常高. 20 世纪 80 年代，北京大学数学系教员曾协助某研究所解决某合金材料的研制问题. 为此，必须了解合金的性能与合金的各金属成分的配比以及冶炼工艺的关系. 对于各种金属成分的一个比例配方，冶炼成合金是十分困难的. 为了获得一个样品，虽然只有几克，制作难度胜过炼一炉钢. 那个年代，取得一个合金样品，成本高达两万元，而当时建几间平房只需几千元！既然取得数据那么困难，成本那么高，为了提高效率，还需专门对实验进行设计，这是统计学的一个专门学科,称为**实验设计**(**或试验设计**).当实验数据得到以后,剩下的任务就是方差分析的事情了.下面我们用例子说明方差分析的特点.

例 8.1 某研究所为了废物利用,研究用工业废物烟灰造砖.设烟灰砖的质量指标为折断力 y,影响折断力的可能因素有三个:x_1——成型的含水量;x_2——碾压时间;x_3——一次碾压料重.我们希望了解 y 与 $x_i(i=1,2,3)$ 的关系.这个问题有以下的特点:首先,y 与 $x_i(i=1,2,3)$ 之间应该有一个回归关系.其次,它没有观察意义下的样本,因为烟灰砖还没有生产出来.为了研制烟灰砖,必须制定若干方案进行实验获得数据.同时,由于得到的数据是实验数据,由实验数据得到的 x 与 y 的关系应该具有因果关系的特性,即若确定因素 x_1,x_2,x_3 的值以后,按照这个工艺生产出来的烟灰砖的 y 值的分布与 x_1,x_2,x_3 的取值有关.由于数据必须通过实验获得,由成本和时间的原因,x_1,x_2,x_3 取值的范围受到限制,它不可能连续地取值.通常 $x_i(i=1,2,3)$ 的取值只有几个.在进行实验之前,要把 $x_i(i=1,2,3)$ 的取值确定下来.另外,实验总次数和各次实验中 $x_i(i=1,2,3)$ 取值的相互搭配也要确定下来.这就是**实验设计**的问题.当得到实验数据以后,需要对数据进行分析,这就是**方差分析**的内容.在实验设计和方差分析中,通常把自变量说成**因子**.因此,我们把自变量 x_1,x_2,x_3 说成因子 A,B,C.例如,因子 A,即成型的含水量,取三个值 9%,10%,11%,在实验设计中称它们为**因子水平**,简称**水平** 9%,10%,11%;因子 B,即碾压时间长短,有三个水平,即 8 min,10 min 和 12 min;因子 C,即一次碾压的料重,也有三个水平,即 330 kg,360 kg 和 400 kg.现将所述实验的因子水平列成表 9.8.1.每个实验中,各个因子都有三个水平参与搭配,一共有 3^3 种不同的**水平搭配**.如何安排实验?在一组实验中一共安排多少种不同的实验水平搭配,多少次重复?这些都是实验设计所要处理的问题.一个实验方案中,若各种因子的水平搭配都进行实验,这种实验方案称为**全面实验**.对于一个实验方案,我们的目的是了解三个因子中哪些因子对于烟灰砖的质量是重要的,哪些因子对于烟灰砖的质量是不重要的,而这些则是方差分析要解决的问题.我们试把方差分析与线性回归分析进行对比.在本例中,三个因子就是回归分析中的三个变量.某个因子对于指标不起作用,就对应于相应的变量的回归系数为 0.因此,某个因子起不起作用的问题就归结为某个变量的回归系数为 0 的假设检验问题.寻找因子水平的最优搭配问题就是求出回归函数的最优值问题.以上所述就是烟灰砖问题的简单的统计陈述.

表 9.8.1 烟灰砖实验的因子水平表

水平	成型含水量/(%)	碾压时间/min	一次碾压料重/kg
水平 1	9	8	330
水平 2	10	10	360
水平 3	11	12	400

顺便指出,因子所对应的自变量不一定是连续变量.以后将要讨论的饲料对比实验中的饲料这个因子就是一个所谓的分类变量,它的取值是三种饲料配方之一.这也是在方差分析中将自变量称为因子的原因之一.

1. 单因子方差分析

现在介绍单因子方差分析的一种最简单的情况——**单因子等重复全面实验**的方差分析问题.设在某种实验中,影响指标 y(通常称 y 为**目标变量**)的因子只有一个,设为 A,因子 A 有 s 个水平 $A_1,\cdots,A_s$.每次实验,只需确定因子 A 的一个水平,例如确定为 A_1,实验以后就可以得到一个数据 y_1.所谓单因子等重复全面实验,是对每一个水平 A_i $(i=1,\cdots,s)$都安排了 r 次重复实验.现在假定单因子等重复全面实验所得到的数据为 y_{ij} $(i=1,\cdots,s;j=1,\cdots,r)$,且这组数据的模型为

$$y_{ij}=\mu_i+e_{ij}\quad(i=1,\cdots,s;\ j=1,\cdots,r),\tag{8.2}$$

其中 $e_{ij}\sim\mathrm{iid}N(0,\sigma^2)$,$\sigma^2>0$ 为未知参数,μ_i 是每个水平的理论值.对于这样的模型,我们提出的第一个问题是:因子 A 的 s 个水平的变化对于指标 y 是否有影响?这个问题可以转化成如下的假设检验问题:

$$H_0:\mu_1=\cdots=\mu_s\longleftrightarrow H_1:\mu_i(i=1,\cdots,s)\text{ 不全相同}.\tag{8.3}$$

在给出这个问题的理论解之前,我们先从统计的直观角度介绍这个问题的解.由于随机性和因子的原因造成了实验数据的波动,我们用总离差平方和

$$S_T=\sum_{i,j}(y_{ij}-\bar{y})^2$$

来刻画这种波动,此处 $\bar{y}=\dfrac{1}{rs}\sum\limits_{i,j}y_{ij}$.关于总离差平方和,我们有下面的引理.

引理 8.1 设单因子等重复全面实验中目标变量 y 的实验数据 $y_{ij}(i=1,\cdots,s;j=1,\cdots,r)$ 的模型由(8.2)式给出，则这组数据的总离差平方和 S_T 有下列著名的平方和分解公式：

$$S_T=\sum_{i,j}(y_{ij}-\bar{y})^2=\sum_{i,j}(y_{ij}-\bar{y}_{i\cdot})^2+r\sum_{i}(\bar{y}_{i\cdot}-\bar{y})^2, \quad (8.4)$$

其中

$$\bar{y}_{i\cdot}=\frac{1}{r}\sum_{j=1}^{r}y_{ij}.$$

注 分解式中项 $S_e\triangleq\sum_{i,j}(y_{ij}-\bar{y}_{i\cdot})^2$ 称为由误差引起的离差平方和，项 $S_A\triangleq r\sum_{i}(\bar{y}_{i\cdot}-\bar{y})^2$ 称为由因子引起的离差平方和. 平方和分解公式在方差分析中起着十分重要的作用. 但这个分解公式是一个代数恒等式，它的证明与统计学完全无关.

证明 $S_T=\sum_{i,j}(y_{ij}-\bar{y})^2$ 可写成

$$S_T=\sum_{i,j}[(y_{ij}-\bar{y}_{i\cdot})+(\bar{y}_{i\cdot}-\bar{y})]^2.$$

对和项进行二项展开(以圆括弧括起来的式子为一项)，经过整理，发现交叉项总和为 0，得到分解式，即等式(8.4)成立. □

在分解式(8.4)中，S_A 表示由因子所引起数据波动的部分，S_e 表示由误差所引起数据波动的部分. 对于假设检验问题(8.3)，H_0 表示因子水平的变化对目标变量的分布不起作用. 因此，当比值

$$[S_A/(s-1)]/[S_e/s(r-1)]$$

大的时候，应该否定零假设. 实际工作中通常会建立如表 9.8.2 的**方差分析表**. 当因子的水平变化对目标变量的分布不起作用时，比值

$$[S_A/(s-1)]/[S_e/s(r-1)]$$

服从自由度为$(s-1,s(r-1))$的 F 分布. 在比值超过 F 分布的 1－0.05 分位数的时候，可以否定“因子对目标变量不起作用”的假设，其显著性水平为 $\alpha=0.05$. 此时，通常在方差分析表中显著性的位置上添上一个星号“*”，表示因子的作用是显著的. 在比值超过 F 分布的 1－0.01 分位数的时候，同样否定“因子对目标变量不起作用”的假设，其显著性水平为 $\alpha=0.01$. 此时，在方差分析表中显著性的位置上添上两个星号“**”，表示因子的作用是十分显著的.

表 9.8.2　单因子方差分析表

方差来源	平方和	自由度	F 值	显著性
因子	$S_A = r\sum_i (\bar{y}_{i\cdot} - \bar{y})^2$	$s-1$	$\dfrac{S_A/(s-1)}{S_e/s(r-1)}$	
误差	$S_e = \sum_{i,j} (y_{ij} - \bar{y}_{i\cdot})^2$	$s(r-1)$		
总和	$S_T = \sum_{i,j} (y_{ij} - \bar{y})^2$	$rs-1$		

以上我们从实用的角度阐述了单因子等重复全面实验所得到的数据的方差分析方法，以下我们将论述这种方差分析方法的理论根据. 首先指出，上述的方差分析方法是假设检验问题(8.3)的一个广义似然比检验，同时在 H_0 假定之下统计量$[S_A/(s-1)]/[S_e/s(r-1)]$的分布为 F 分布，其自由度为$(s-1,s(r-1))$.

为了求解假设检验问题(8.3)，将模型(8.2)写成如下一般的**线性模型**形式：

$$\boldsymbol{Y} = \boldsymbol{X\mu} + \boldsymbol{E}, \tag{8.5}$$

式中

$$\boldsymbol{Y} = \begin{bmatrix} \boldsymbol{y}_1 \\ \boldsymbol{y}_2 \\ \vdots \\ \boldsymbol{y}_s \end{bmatrix}, \quad \boldsymbol{X} = \begin{bmatrix} \boldsymbol{1}_r & \boldsymbol{0}_r & \cdots & \boldsymbol{0}_r \\ \boldsymbol{0}_r & \boldsymbol{1}_r & \cdots & \boldsymbol{0}_r \\ \vdots & \vdots & \ddots & \vdots \\ \boldsymbol{0}_r & \boldsymbol{0}_r & \cdots & \boldsymbol{1}_r \end{bmatrix}, \quad \boldsymbol{\mu} = \begin{bmatrix} \mu_1 \\ \mu_2 \\ \vdots \\ \mu_s \end{bmatrix}, \quad \boldsymbol{E} = \begin{bmatrix} \boldsymbol{e}_1 \\ \boldsymbol{e}_2 \\ \vdots \\ \boldsymbol{e}_s \end{bmatrix},$$

其中 $\boldsymbol{1}_r$ 表示分量全是 1 的 r 维列向量，$\boldsymbol{0}_r$ 表示分量全是 0 的 r 维列向量，$\boldsymbol{X}$ 是 $sr\times s$ 矩阵，$\boldsymbol{y}_i$ 表示分量为 $y_{ij}\,(j=1,\cdots,r)$的列向量，$\boldsymbol{e}_i$ 表示分量为 $e_{ij}\,(j=1,\cdots,r)$的列向量. 这个模型与线性回归模型有一点差别，在线性回归模型的矩阵 $\boldsymbol{X}$ 中有一个列向量 $\boldsymbol{1}_{sr}$，此处没有这个向量. 实际上，线性回归模型是线性模型的一种特殊情况. 当 $\boldsymbol{X}$ 中有一列是 1 的时候，线性模型就是以前研究的线性回归模型. 由模型(8.5)可知，$\boldsymbol{Y}$ 的联合分布密度为

$$\left(\frac{1}{\sqrt{2\pi}\sigma}\right)^{sr} \exp\left\{-\frac{\|\boldsymbol{Y}-\boldsymbol{X\mu}\|^2}{2\sigma^2}\right\}, \tag{8.6}$$

即 $\boldsymbol{Y}$ 的分布是多元正态分布，$\boldsymbol{Y}\sim N(\boldsymbol{\xi},\sigma^2\boldsymbol{I}_{sr})$，其中 $\boldsymbol{\xi}=\boldsymbol{X\mu}$. 假设检验问题(8.3)可以改写成下列形式

$$H_0: \boldsymbol{\xi}\in\mathscr{M}(\boldsymbol{1}_{sr}) \longleftrightarrow H_1: \boldsymbol{\xi}\in\mathscr{M}(\boldsymbol{X})\setminus\mathscr{M}(\boldsymbol{1}_{sr}), \tag{8.7}$$

式中 $\mathscr{M}(\boldsymbol{X})$表示 $\mathbf{R}^{sr}$ 中由矩阵 $\boldsymbol{X}$ 的列向量所张成的线性子空间. 注意，在假设检验问题(8.3)或与之等价的假设检验问题(8.7)中，省略了关于参数 σ^2 的陈述. 严格地说，假设检验问题(8.7)中的 H_0 应写成$(\boldsymbol{\xi},\sigma^2)\in\mathscr{M}(\boldsymbol{1}_{sr})\times(0,+\infty)$，$H_1$ 的写法类推. 利用定理 4.1 中的方法，可以证明假设检验问题(8.7)的广义似然比否定域

$\mathscr{W}$具有(4.6)式的形式,即

$$\mathscr{W}=\left\{\boldsymbol{Y}:\ \frac{\|\boldsymbol{Y}-\hat{\boldsymbol{\xi}}_0\|^2}{\|\boldsymbol{Y}-\hat{\boldsymbol{\xi}}\|^2}\geqslant c\right\}, \tag{8.8}$$

式中 $\hat{\boldsymbol{\xi}}$ 为 $\boldsymbol{Y}$ 到 $\mathscr{M}(\boldsymbol{X})$的投影,它由下式确定:

$$\|\boldsymbol{Y}-\hat{\boldsymbol{\xi}}\|^2=\min_{\boldsymbol{\xi}\in\mathscr{M}(\boldsymbol{X})}\{\|\boldsymbol{Y}-\boldsymbol{\xi}\|^2\}; \tag{8.9}$$

$\hat{\boldsymbol{\xi}}_0=\boldsymbol{Y}_{\mathscr{M}(\mathbf{1}_{sr})}$由下式确定:

$$\|\boldsymbol{Y}-\hat{\boldsymbol{\xi}}_0\|^2=\min_{\boldsymbol{\xi}\in\mathscr{M}(\mathbf{1}_{sr})}\{\|\boldsymbol{Y}-\boldsymbol{\xi}\|^2\}. \tag{8.10}$$

注意到事实 $\mathbf{1}_{sr}\in\boldsymbol{X}$,由此可得$(\boldsymbol{Y}-\boldsymbol{Y}_{\mathscr{M}(\boldsymbol{X})})\perp(\boldsymbol{Y}_{\mathscr{M}(\boldsymbol{X})}-\boldsymbol{Y}_{\mathscr{M}(\mathbf{1}_{sr})})$,从而有等式

$$\|\boldsymbol{Y}-\hat{\boldsymbol{\xi}}_0\|^2=\|\boldsymbol{Y}-\hat{\boldsymbol{\xi}}\|^2+\|\hat{\boldsymbol{\xi}}-\hat{\boldsymbol{\xi}}_0\|^2.$$

将上式代入(8.8)式,经过化简,得到(待定常数 c 会有变化)

$$\mathscr{W}=\left\{\boldsymbol{Y}:\ \frac{\|\hat{\boldsymbol{\xi}}-\hat{\boldsymbol{\xi}}_0\|^2}{\|\boldsymbol{Y}-\hat{\boldsymbol{\xi}}\|^2}\geqslant c\right\}. \tag{8.11}$$

现在将 sr 维空间 $\mathbf{R}^{sr}$ 中各子空间进行分解. 由于 $\mathscr{M}(\mathbf{1}_{sr})\subset\mathscr{M}(\boldsymbol{X})$,$\mathscr{M}(\boldsymbol{X})$可以分解成 $\mathscr{M}(\mathbf{1}_{sr})\oplus\mathscr{M}(\widetilde{\boldsymbol{X}})$,其中 $\widetilde{\boldsymbol{X}}=\boldsymbol{X}-\mathbf{1}_{sr}(\mathbf{1}_{sr}\mathbf{1}_{sr})^{-1}\mathbf{1}_{sr}^{\mathrm{T}}\boldsymbol{X}$. 记号 $\mathscr{M}(\mathbf{1}_{sr})\oplus\mathscr{M}(\widetilde{\boldsymbol{X}})$表示两层意思:一是,子空间 $\mathscr{M}(\mathbf{1}_{sr})$中的向量和 $\mathscr{M}(\widetilde{\boldsymbol{X}})$中的向量是相互垂直的;二是,$\mathscr{M}(\mathbf{1}_{sr})\oplus\mathscr{M}(\widetilde{\boldsymbol{X}})$本身是一个子空间,它的向量可写成和的形式,其中一个和项在 $\mathscr{M}(\mathbf{1}_{sr})$中,另一个和项在 $\mathscr{M}(\widetilde{\boldsymbol{X}})$中. 这样,$\mathbf{R}^{sr}$可以分解成

$$\mathbf{R}^{sr}=\mathscr{M}(\mathbf{1}_{sr})\oplus\mathscr{M}(\widetilde{\boldsymbol{X}})\oplus\mathscr{M}(\boldsymbol{X})^{\perp}.$$

在假设检验问题(8.7)中 H_0 的假定之下,$\boldsymbol{Y}$ 的期望向量 $\boldsymbol{\xi}\in\mathscr{M}(\mathbf{1}_{sr})$. 利用命题 4.1(见本章 § 9.4)的结论,可知 $\boldsymbol{Y}_{\mathscr{M}(\widetilde{\boldsymbol{X}})}$ 与 $\boldsymbol{Y}_{\mathscr{M}(\boldsymbol{X})^{\perp}}$ 相互独立,并且 $\|\boldsymbol{Y}_{\mathscr{M}(\widetilde{\boldsymbol{X}})}\|^2\sim\sigma^2\chi^2(s-1)$,$\|\boldsymbol{Y}_{\mathscr{M}(\boldsymbol{X})^{\perp}}\|^2\sim\sigma^2\chi^2(sr-s)$. 由于 $\hat{\boldsymbol{\xi}}-\hat{\boldsymbol{\xi}}_0=\boldsymbol{Y}_{\mathscr{M}(\widetilde{\boldsymbol{X}})}$,$\boldsymbol{Y}-\hat{\boldsymbol{\xi}}=\boldsymbol{Y}_{\mathscr{M}(\boldsymbol{X})^{\perp}}$,因此(8.11)式中的常数 c 可以通过 F 分布的分位数确定,从而对给定的显著性水平 α,(8.11)式可以改写为

$$\mathscr{W}=\left\{\boldsymbol{y}:\ \frac{\|\hat{\boldsymbol{\xi}}-\hat{\boldsymbol{\xi}}_0\|^2/(s-1)}{\|\boldsymbol{Y}-\hat{\boldsymbol{\xi}}\|^2/(sr-s)}\geqslant F_{1-\alpha}(s-1,sr-s)\right\}. \tag{8.12}$$

统计上常用

$$Q=\sum_{i,j}(y_{ij}-\bar{y}_{i\cdot})^2$$

表示残差平方和,实际上它就是公式(8.12)中向量模的平方$\|\boldsymbol{Y}-\hat{\boldsymbol{\xi}}\|^2$ 的坐标表达式. 在方差分析中,称 Q 为由误差引起的平方和,也就是前面提到的 S_e. 在 H_0 假定之下相应的残差平方和为

$$Q_0=\sum_{i,j}(y_{ij}-y)^2.$$

关于平方和我们已经证得平方和分解公式(见引理 8.1)：

$$\sum_{i,j}(y_{ij}-\bar{y})^2=\sum_{i,j}(y_{ij}-\bar{y}_{i\cdot})^2+r\sum_{i}(\bar{y}_{i\cdot}-\bar{y})^2.$$

但是,由于 $\boldsymbol{Y}-\hat{\boldsymbol{\xi}}_0=(\boldsymbol{Y}-\hat{\boldsymbol{\xi}})+(\hat{\boldsymbol{\xi}}-\hat{\boldsymbol{\xi}}_0)$,而向量 $(\boldsymbol{Y}-\hat{\boldsymbol{\xi}})$ 又与 $(\hat{\boldsymbol{\xi}}-\hat{\boldsymbol{\xi}}_0)$ 相互垂直,我们可得

$$\|(\hat{\boldsymbol{\xi}}-\hat{\boldsymbol{\xi}}_0)\|^2=r\sum_{i}(\bar{y}_{i\cdot}-\bar{y})^2.$$

这样,公式(8.12)可以写成如下形式：

$$\mathscr{W}=\left\{\boldsymbol{Y}:\ \frac{\dfrac{r}{s-1}\displaystyle\sum_{i}(\bar{y}_{i\cdot}-\bar{y})^2}{\dfrac{1}{sr-s}\displaystyle\sum_{i,j}(y_{ij}-\bar{y}_{i\cdot})^2}\geqslant F_{1-\alpha}(s-1,sr-s)\right\}. \tag{8.13}$$

下面来看一个例子.

例 8.2(饲料对比实验.数据采自文献[22]) 为了发展机械化养鸡,利用我国的资源,某研究所根据我国的资源情况,设计了两种鸡饲料新配方.另外,为了对比,还有一种原有国外配方.这样,参加实验的一共有三种配方：第一种是以鱼粉为主,这是国外的原有配方;第二种是以槐树粉、苜蓿粉为主加入少些鱼粉;第三种是以槐树粉、苜蓿粉为主加入少量化学药品.现将 30 只雌雏鸡随机地分成 3 组,每个组分别喂其中一种饲料,60 天以后称它们的重量,得数据如表 9.8.3 所示.在这组实验中,指标是饲喂 60 天后鸡的重量,因子是饲料,一共取三个水平.这是一个单因子实验,实验的目的是了解饲料因子水平的变化是否影响小鸡的增重.

表 9.8.3 鸡饲料实验结果数据表

饲料	60 天后鸡的重量/g									
第一种	1073	1058	1071	1087	1066	1026	1053	1049	1065	1051
第二种	1016	1058	1038	1042	1020	1045	1044	1061	1034	1049
第三种	1084	1069	1106	1078	1075	1090	1079	1094	1111	1092

很显然,小鸡的增重量是一个随机变量,因为即使在统一的饲料之下喂养,各小鸡的增重量也会有差异.为了了解各饲料组之间的差异,很自然地比较各组的平均重量.从表 9.8.3 可以计算得到在第一种饲料之下 60 天龄平均鸡重量为 1055 g,在第二种饲料之下 60 天龄平均鸡重量为 1041 g,在第三种饲料之下 60 天龄平均鸡重量为 1088 g.从平均数看第三种饲料效果最好.但是,怎么才能确定这三个平均数之间

的差异是由于随机误差造成的,还是由于饲料这个因子造成的呢？这就需要进行方差分析.将表9.8.3中的数据记为 y_{ij},其中 $i=1,\cdots,s$; $j=1,\cdots,r$; $s=3$; $r=10$.可以用模型(8.2)来刻画这组数据.若模型中 $\mu_1=\mu_2=\mu_3$,则这三个平均数之间的差异是由于随机误差造成的;反之,若 μ_1,μ_2,μ_3 不全相等,则说明饲料这个因子对于小鸡的增重是有影响的.这样,所提出的问题可以化成假设检验问题(8.3).对于这个问题,我们只需按照方差分析表9.8.2进行计算.经计算,得到表9.8.4.由方差分析的结果可知,饲料这个因子的确对小鸡的增重是有影响的.三种饲料中第三种饲料的60天龄平均鸡重量最大,这说明第三种饲料不仅可以代替国外已有配方,而且效果比国外已有配方还好.统计分析的结果支持了研究所的目标,他们研究的适用我国资源情况的新配方是有效的.

表9.8.4 饲料对比实验的方差分析表

方差来源	平方和	自由度	F 值	显著性
因子(饲料)	11675	2	28.34	**
误差	5569	27		
总和	17244	29		

2. 两因子方差分析

与多元回归相对应的是**多因子方差分析**.此处,我们只介绍两因子方差分析.先看一个实际问题.在农业中,研究者认为影响小麦产量的因子主要有两个：小麦的品种和土质.当然,还有气象、水肥条件等.农业专家想要了解小麦品种和土质对产量的影响.如果有观察数据的话,这将是一个回归分析的问题.现在没有数据,只好安排实验.在设计实验的时候,气象、水肥等条件只能看作随机误差.为了减少误差的影响,水肥条件这些可控制的因子尽量安排在同样的水平之下.这样,形成一个两因子的实验设计和方差分析问题.

现在设对于目标变量 y,一共有两个因子：一个因子是 A,它有 s 个水平 $A_1,\cdots,A_s(s\geqslant 2)$;另一个因子是 B,它有 t 个水平 $B_1,\cdots,B_t$ $(t\geqslant 2)$.又设对每一个因子水平的组合都进行 $r(r\geqslant 2)$ 次重复实验;对于因子水平搭配 (A_i,B_j) 的第 k 次实验,相应的目标变量的观察值为 $y_{ijk}(i=1,\cdots,s;j=1,\cdots,t;k=1,\cdots,r)$.假定因子水平搭配 (A_i,B_j) 的理论

值为 μ_{ij} $(i=1,\cdots,s;j=1,\cdots,t)$. 这样，数据 y_{ijk} $(i=1,\cdots,s;j=1,\cdots,t;k=1,\cdots,r)$的模型可写成

$$y_{ijk}=\mu_{ij}+e_{ijk}$$
$$(i=1,\cdots,s;\ j=1,\cdots,t;\ k=1,\cdots,r),\tag{8.14}$$

其中 $e_{ijk}\sim\mathrm{iid}N(0,\sigma^2)$代表模型的随机误差. 令

$$\begin{aligned}\mu&=\frac{1}{st}\sum_{i,j}\mu_{ij},\\ \alpha_i&=\frac{1}{t}\sum_{j=1}^{t}\mu_{ij}-\mu\quad(i=1,\cdots,s),\\ \beta_j&=\frac{1}{s}\sum_{i=1}^{s}\mu_{ij}-\mu\quad(j=1,\cdots,t),\\ \lambda_{ij}&=\mu_{ij}-\mu-\alpha_i-\beta_j\quad(i=1,\cdots,s;\ j=1,\cdots,t).\end{aligned}\tag{8.15}$$

不难看出，这些新定义的参数之间以及与 μ_{ij} 之间有如下的关系：

$$\begin{aligned}&\mu_{ij}=\mu+\alpha_i+\beta_j+\lambda_{ij}\quad(i=1,\cdots,s;\ j=1,\cdots,t),\\ &\sum_{i=1}^{s}\alpha_i=\sum_{j=1}^{t}\beta_j=\sum_{i=1}^{s}\lambda_{ij}=\sum_{j=1}^{t}\lambda_{ij}=0.\end{aligned}\tag{8.16}$$

如果把 $\mu_{ij}-\mu$ 看成水平搭配(A_i,B_j)的效应的话，则可用数

$$\frac{1}{st}\sum_{i,j}\left(\mu_{ij}-\frac{1}{st}\sum_{i,j}\mu_{ij}\right)^2$$

来刻画这个组合因子的效应大小(所谓因子的效应即因子的水平变化对目标变量相应变化大小的一个刻画). 实际上，上式可通过代数恒等式进行分解(见习题九的第 28 题)：

$$\frac{1}{st}\sum_{i,j}\left(\mu_{ij}-\frac{1}{st}\sum_{i,j}\mu_{ij}\right)^2=\frac{1}{s}\sum_{i=1}^{s}\alpha_i^2+\frac{1}{t}\sum_{j=1}^{t}\beta_j^2+\frac{1}{st}\sum_{i,j}\lambda_{ij}^2.\tag{8.17}$$

可以认为 $\frac{1}{s}\sum_{i=1}^{s}\alpha_i^2$ 只与因子 A 有关，而$\frac{1}{t}\sum_{j=1}^{t}\beta_j^2$ 只与因子 B 有关. α_i $(i=1,\cdots,s)$称为 A 的**主效应**，其中 α_i 称为因子水平 A_i 的主效应. 类似地，$\beta_i(i=1,\cdots,t)$称为 B 的**主效应**. λ_{ij} $(i=1,\cdots,s;j=1,\cdots,t)$称为因子 A 和 B 的**交互效应**. 可以这样来解释交互效应：若 λ_{ij} $(i=1,\cdots,s;j=1,\cdots,t)$全部为 0，则

$$\mu_{ij}-\mu=\alpha_i+\beta_j\quad(i=1,\cdots,s;\ j=1,\cdots,t),$$

即对一切 i,j,水平搭配(A_i,B_j)的效应等于 A_i 的主效应 α_i 和 B_j 的主效应 β_j 的直接叠加;若有 $\lambda_{ij}\neq 0$,则由(8.16)式看出,水平搭配(A_i,B_j)的效应中还应加上 λ_{ij},这就是 λ_{ij} 被称为交互效应的原因. 统计学上,将交互效应也看成某个因子的效应,并用 $A\times B$ 表示相应的因子. 方差分析的主要目的是企图将数据模型进行分类. 因此,两因子方差分析中通常要解决的问题是:

(1) 因子 A 的主效应是否为 0?

(2) 因子 B 的主效应是否为 0?

(3) 因子 A,B 的交互效应是否为 0?

而这种类型的问题又可能转化成假设检验问题.

实际工作中常常用方差分析表来表达方差分析的结果. 例如,若要检验因子 B 的主效应是否为 0,就按照表 9.8.5 中计算相应的 F 值,确定其显著性,最后决定因子 B 是否起作用. 对给定的显著性水平 α,若计算结果是

$$\frac{S_B/(t-1)}{S_e/st(r-1)}>F_{1-\alpha}(t-1,st(r-1)),$$

则因子 B 的主效应是显著的;否则,认为因子 B 的主效应为 0. 其他如因子 A 的主效应或 $A\times B$ 的交互效应是否显著的问题,其处理方式完全类似,见表 9.8.5,其中

$$\bar{y}_{i\cdot\cdot}=\frac{1}{tr}\sum_{j,k}y_{ijk},\quad \bar{y}_{\cdot j\cdot}=\frac{1}{sr}\sum_{i,k}y_{ijk},\quad \bar{y}_{ij\cdot}=\frac{1}{r}\sum_{k}y_{ijk},\quad \bar{y}=\frac{1}{srt}\sum_{i,j,k}y_{ijk}.$$

表 9.8.5 两因子方差分析表

方差来源	平方和	自由度	F 值	显著性
因子 A	$S_A=tr\sum_{i=1}^{s}(\bar{y}_{i\cdot\cdot}-\bar{y})^2$	$s-1$	$\frac{S_A/(s-1)}{S_e/st(r-1)}$	
因子 B	$S_B=sr\sum_{j=1}^{t}(\bar{y}_{\cdot j\cdot}-\bar{y})^2$	$t-1$	$\frac{S_B/(t-1)}{S_e/st(r-1)}$	
因子 $A\times B$	$S_{A\times B}=$ $r\sum_{i,j}(\bar{y}_{ij\cdot}-\bar{y}_{i\cdot\cdot}-\bar{y}_{\cdot j\cdot}+\bar{y})^2$	$(s-1)(t-1)$	$\frac{S_{A\times B}/(s-1)(t-1)}{S_e/st(r-1)}$	
误差	$S_e=\sum_{i,j,k}(y_{ijk}-\bar{y}_{ij\cdot})^2$	$st(r-1)$		
总和	$S_T=\sum_{i,j,k}(y_{ijk}-\bar{y})^2$	$str-1$		

下面的内容是两因子方差分析的理论说明，主要论证前面提到的三个问题是假设检验问题，并对于对应的假设检验问题求出相应的广义似然比否定域. 而这些检验方法恰巧是两因子方差分析表 9.8.5 中提供的检验方法.

将数据 y_{ijk} 按照字典排列法写成一个 srt 维向量 $\boldsymbol{Y}$，相应的 e_{ijk} 也写成 str 维向量 $\boldsymbol{E}$. 模型(8.14)可以写成向量的形式：

$$\boldsymbol{Y} = \boldsymbol{\xi} + \boldsymbol{E}, \tag{8.18}$$

其中 $\boldsymbol{E} \sim N(\boldsymbol{0}, \sigma^2 \boldsymbol{I}_{str})$，$\boldsymbol{\xi} = \mathrm{E}(\boldsymbol{Y})$. 向量 $\boldsymbol{\xi}$ 的第 ijk 个分量为 μ_{ij}. 由(8.16)式可以看出，$\boldsymbol{\xi}$ 与新参数 $\mu, \alpha_i, \beta_j, \lambda_{ij}$ $(i=1,\cdots,s; j=1,\cdots,t)$有关. 当这些参数变化时，$\boldsymbol{\xi}$ 在 str 维空间的某个子空间内变化. $\boldsymbol{Y}$ 的联合分布密度为

$$\left(\frac{1}{\sqrt{2\pi}\sigma}\right)^{str} \exp\left\{-\frac{1}{2\sigma^2} \|\boldsymbol{Y} - \boldsymbol{\xi}\|^2\right\},$$

即 Y 服从多元正态分布. 对于这个模型，参数空间可以写成

$$\Theta = \{(\boldsymbol{\xi}, \sigma^2): \sigma^2 > 0, \text{向量 } \boldsymbol{\xi} \text{ 中参数满足约束条件(8.16)}\}. \tag{8.19}$$

为了符号简便，在讨论关于参数 $\boldsymbol{\xi}$ 的假设检验问题的时候，我们省略了另一个参数 σ^2. 例如，用

$$D = \{\boldsymbol{\xi}: \text{向量 } \boldsymbol{\xi} \text{ 中参数满足约束条件(8.16)}\} \tag{8.20}$$

表示分布的参数集合(8.19). 关于因子 A,B 的效应问题，我们提出下列假定：

$$D_A = \{\boldsymbol{\xi}: \boldsymbol{\xi} \text{ 中参数满足约束条件(8.16)，并且 } \alpha_1 = \cdots = \alpha_s = 0\}, \tag{8.21}$$

$$D_B = \{\boldsymbol{\xi}: \boldsymbol{\xi} \text{ 中参数满足约束条件(8.16)，并且 } \beta_1 = \cdots = \beta_t = 0\}, \tag{8.22}$$

$$D_{A\times B} = \{\boldsymbol{\xi}: \boldsymbol{\xi} \text{ 满足约束条件(8.16)，并且 } \lambda_{ij} = 0 (i = 1,\cdots,s;\ j = 1,\cdots,t)\}. \tag{8.23}$$

若交互作用不存在，(8.21)式中因子 A 的主效应为 0 表示因子 A 对于目标变量 y 完全不起作用，(8.22)式中因子 B 也有类似的解释.

现在先讨论假设检验问题

$$H_0: \boldsymbol{\xi} \in D_A \longleftrightarrow H_1: \boldsymbol{\xi} \in D \backslash D_A. \tag{8.24}$$

由于 $\boldsymbol{Y}$ 的分布为多元正态分布，不难推得假设检验问题(8.24)的广义似然比否定域具有形式

$$\mathscr{W} = \left\{\boldsymbol{Y}: \frac{\|\boldsymbol{Y} - \boldsymbol{Y}_{D_A}\|^2}{\|\boldsymbol{Y} - \boldsymbol{Y}_D\|^2} \geqslant c\right\}, \tag{8.25}$$

式中记号 $\boldsymbol{Y}_{D_A}$ 表示向量 $\boldsymbol{Y}$ 到子空间 D_A 上的投影向量. 由于子空间 D_A 是子空间 D 的子集，由投影向量的性质可知

$$\|\boldsymbol{Y} - \boldsymbol{Y}_{D_A}\|^2 = \|\boldsymbol{Y} - \boldsymbol{Y}_D\|^2 + \|\boldsymbol{Y}_{D_A} - \boldsymbol{Y}_D\|^2.$$

这样，否定域(8.25)可写成

$$\mathscr{W}=\left\{\boldsymbol{Y}:\ \frac{\|\boldsymbol{Y}_D-\boldsymbol{Y}_{D_A}\|^2}{\|\boldsymbol{Y}-\boldsymbol{Y}_D\|^2}\geqslant c\right\}\tag{8.26}$$

的形式.为了确定常数 c，下面讨论(8.26)式中的 $\|\boldsymbol{Y}-\boldsymbol{Y}_D\|^2$ 和 $\|\boldsymbol{Y}_D-\boldsymbol{Y}_{D_A}\|^2$. 首先定义 $str\times s$ 矩阵 $\boldsymbol{A}$：矩阵 $\boldsymbol{A}$ 的每一行代表相应实验的因子 A 的水平；若这个实验的水平为 A_i，则这一行的第 i 个分量为 1，其余分量皆为 0. 类似的办法可定义 $str\times t$ 矩阵 $\boldsymbol{B}$. 此外，再定义矩阵 $\boldsymbol{U}$ 和 $\boldsymbol{1}_{str}$：$\boldsymbol{1}_{str}$ 是 str 维列向量，每个元素都是 1，可看成一个 $str\times 1$ 的矩阵；$\boldsymbol{U}$ 是 $str\times st$ 矩阵，每一行对应于一个实验，且若这个实验的因子 A 和 B 的水平搭配是 (A_i,B_j)，则这一行的第 $(i-1)\times s+j$ 个元素为 1，其余各元素为 0. 由这些矩阵可以生成相应的子空间 $\mathscr{M}(\boldsymbol{A})$，$\mathscr{M}(\boldsymbol{B})$，$\mathscr{M}(\boldsymbol{U})$ 和 $\mathscr{M}(\boldsymbol{1}_{str})$. 这些子空间之间具有下列关系：

$$\mathscr{M}(\boldsymbol{1}_{str})\subseteq\mathscr{M}(\boldsymbol{A})\subseteq\mathscr{M}(\boldsymbol{U})=D,$$
$$\mathscr{M}(\boldsymbol{1}_{str})\subseteq\mathscr{M}(\boldsymbol{B})\subseteq\mathscr{M}(\boldsymbol{U})=D.$$

子空间 $\mathscr{M}(\boldsymbol{A})$ 和 $\mathscr{M}(\boldsymbol{B})$ 还可以进行以下分解：

$$\mathscr{M}(\boldsymbol{A})=\mathscr{M}(\boldsymbol{1}_{str})\oplus\mathscr{M}(\widetilde{\boldsymbol{A}}),\tag{8.27}$$

其中 $\widetilde{\boldsymbol{A}}=\boldsymbol{A}-\boldsymbol{1}_{str}(\boldsymbol{1}_{str}^{\mathrm{T}}\boldsymbol{1}_{str})^{-1}\boldsymbol{1}_{str}^{\mathrm{T}}\boldsymbol{A}$；

$$\mathscr{M}(\boldsymbol{B})=\mathscr{M}(\boldsymbol{1}_{str})\oplus\mathscr{M}(\widetilde{\boldsymbol{B}}),\tag{8.28}$$

其中 $\widetilde{\boldsymbol{B}}=\boldsymbol{B}-\boldsymbol{1}_{str}(\boldsymbol{1}_{str}^{\mathrm{T}}\boldsymbol{1}_{str})^{-1}\boldsymbol{1}_{str}^{\mathrm{T}}\boldsymbol{B}$. 不难验证矩阵 $\boldsymbol{1}_{str}$，$\widetilde{\boldsymbol{A}}$ 和 $\widetilde{\boldsymbol{B}}$ 的各列都相互正交，这样子空间 $D=\mathscr{M}(\boldsymbol{U})$ 可以分解成四个相互正交的子空间：

$$D=\mathscr{M}(\boldsymbol{1}_{str})\oplus\mathscr{M}(\widetilde{\boldsymbol{A}})\oplus\mathscr{M}(\widetilde{\boldsymbol{B}})\oplus\mathscr{M}(\Lambda),\tag{8.29}$$

式中 $\mathscr{M}(\Lambda)$ 是 $\mathscr{M}(\boldsymbol{U})=D$ 中与 $\boldsymbol{A}$ 和 $\boldsymbol{B}$ 相互正交的向量所组成的线性子空间，其维数为 $st-s-t+1$. 不难验证，假设条件(8.21)成立的充分必要条件是 $\boldsymbol{\xi}$ 到 $\mathscr{M}(\widetilde{\boldsymbol{A}})$ 的投影向量为 $\boldsymbol{0}$(见习题九第 36 题). 这样

$$D_A=\mathscr{M}(\boldsymbol{1}_{str})\oplus\mathscr{M}(\widetilde{\boldsymbol{B}})\oplus\mathscr{M}(\Lambda).$$

利用投影公式，可知

$$\begin{aligned}\boldsymbol{Y}_D&=\boldsymbol{Y}_{\mathscr{M}(\boldsymbol{1}_{str})}+\boldsymbol{Y}_{\mathscr{M}(\widetilde{\boldsymbol{A}})}+\boldsymbol{Y}_{\mathscr{M}(\widetilde{\boldsymbol{B}})}+\boldsymbol{Y}_{\mathscr{M}(\Lambda)},\\ \boldsymbol{Y}_{D_A}&=\boldsymbol{Y}_{\mathscr{M}(\boldsymbol{1}_{str})}+\boldsymbol{Y}_{\mathscr{M}(\widetilde{\boldsymbol{B}})}+\boldsymbol{Y}_{\mathscr{M}(\Lambda)}.\end{aligned}\tag{8.30}$$

由此可得

$$\boldsymbol{Y}_D-\boldsymbol{Y}_{D_A}=\boldsymbol{Y}_{\mathscr{M}(\widetilde{\boldsymbol{A}})}.$$

在 H_0：$\boldsymbol{\xi}\in D_A$ 的假定之下，$\boldsymbol{Y}$ 的期望向量 $\boldsymbol{\xi}\in\mathscr{M}(\boldsymbol{B})\oplus\mathscr{M}(\Lambda)$. 利用命题 4.1 的结论，可知 $\boldsymbol{Y}_{\mathscr{M}(\widetilde{\boldsymbol{A}})}$ 与 $\boldsymbol{Y}_{D^\perp}$ 相互独立，并且

$$\|\boldsymbol{Y}_{\mathscr{M}(\widetilde{\boldsymbol{A}})}\|^2\sim\sigma^2\chi^2(s-1),\qquad\|\boldsymbol{Y}-\boldsymbol{Y}_D\|=\|\boldsymbol{Y}_{D^\perp}\|^2\sim\sigma^2\chi^2(st(r-1)).$$

这样，(8.26)式中的常数 c 可以通过自由度为 $(s-1,sr(r-1))$ 的 F 分布的分位数

来确定. 因此，对于给定的显著性水平 α，否定域 $\mathscr{W}$ 可表示为

$$\mathscr{W}=\left\{\boldsymbol{Y}:\ \frac{\|\boldsymbol{Y}_D-\boldsymbol{Y}_{D_A}\|^2/(s-1)}{\|\boldsymbol{Y}-\boldsymbol{Y}_D\|^2/[st(r-1)]}\geqslant F_{1-\alpha}(s-1,st(r-1))\right\}.$$

现在需要在上式中将向量的模的平方用分量表达出来. 为此，只需把向量的相应分量写出来. $\boldsymbol{Y}-\boldsymbol{Y}_D$ 的相应于 (i,j,k) 的分量为 $(y_{ijk}-\bar{y}_{ij\cdot})$，因此

$$S_e=\|\boldsymbol{Y}-\boldsymbol{Y}_D\|^2=\sum_{i,j,k}(y_{ijk}-\bar{y}_{ij\cdot})^2.$$

而 $\boldsymbol{Y}_D-\boldsymbol{Y}_{D_A}=\boldsymbol{Y}_{\tilde{A}}=\boldsymbol{Y}_A-\boldsymbol{Y}_{1_{str}}$ 的相应于 (i,j,k) 的分量为 $(\bar{y}_{i\cdot\cdot}-\bar{y})$，因此

$$S_A=\|\boldsymbol{Y}_D-\boldsymbol{Y}_{D_A}\|^2=tr\sum_{i=1}^{s}(\bar{y}_{i\cdot\cdot}-\bar{y})^2.$$

这样，否定域变成

$$\mathscr{W}=\left\{\boldsymbol{Y}:\ \frac{S_A/(s-1)}{S_e/[st(r-1)]}\geqslant F_{1-\alpha}(s-1,st(r-1))\right\}. \tag{8.31}$$

对于假设检验问题

$$H_0:\boldsymbol{\xi}\in D_B\longleftrightarrow H_1:\boldsymbol{\xi}\in D\backslash D_B \tag{8.32}$$

和

$$H_0:\boldsymbol{\xi}\in D_{A\times B}\longleftrightarrow H_1:\boldsymbol{\xi}\in D\backslash D_{A\times B}. \tag{8.33}$$

对照假设检验问题(8.24)的讨论，很容易求出上述两个假设检验问题的广义似然比检验的否定域. 这些否定域可根据两因子方差分析表(表 9.8.5)得到，相应的临界值只需查阅 F 分布临界值表. 其中，令

$$S_B=\|\boldsymbol{Y}_D-\boldsymbol{Y}_{D_B}\|^2=sr\sum_{j=1}^{t}(\bar{y}_{\cdot j\cdot}-\bar{y})^2,$$

$$S_{A\times B}=\|\boldsymbol{Y}_{\mathscr{M}(\Lambda)}\|^2=r\sum_{i,j}(\bar{y}_{ij\cdot}-\bar{y}_{i\cdot\cdot}-\bar{y}_{\cdot j\cdot}+\bar{y})^2.$$

$S_{A\times B}$ 的表达式是利用分解式(8.30)的结果. 令

$$S_T=\sum_{i,j,k}(y_{ijk}-\bar{y})^2,$$

利用分解式(8.30)很容易证明著名的平方和分解公式

$$S_T=S_A+S_B+S_{A\times B}+S_e. \tag{8.34}$$

例 8.3(数据采自文献[28]) 设目标变量是某商品的销售量，影响销售量的可能因子为促销手段 A 和售后服务 B. 这两个因子是属性变量(或分类变量). 已知得到数据如表 9.8.6 所示(附带说明这组数据不可能是实验数据，因为在商业实践中不容许做这样的实验. 它可能是在商业数据中精心挑选出来的记录数据). 问：促销手段和售后服务这两个因子对销售量是否有影响?

解 可通过对数据进行方差分析得到结论. 记表 9.8.6 中的销售量数据为 $y_{ijk}(i=1,2,3;\ j=1,2;\ k=1,2,3,4)$. 对于这一组数据,利用前面推导得到的公式,按照表 9.8.5 计算相应的 F 值(统计量的值),完成方差分析,得到表 9.8.7. 由方差分析表 9.8.7 看出,促销手段和售后服务两个因子对销售量的效应很大,最优水平组合是主动促销和售后服务, 相应的销售量最高. 这个结论符合商业经验.

表 9.8.6 销售数据表

售后服务 / 销售量 / 促销手段	无售后服务(B_1)				有售后服务(B_2)			
无促销(A_1)	23	19	17	26	28	23	24	30
被动促销(A_2)	26	22	20	30	36	28	30	32
主动促销(A_3)	30	23	25	32	48	40	41	46

表 9.8.7 销售数据的两因子方差分析表

方差来源	平方和	自由度	F 值	显著性
因子 A	$S_A=579.25$	2	19.079	**
因子 B	$S_B=532.042$	1	35.048	**
因子 $A\times B$	$S_{A\times B}=144.083$	2	4.746	*
误差	$S_e=273.250$	18		
总和	$S_T=1528.625$	23		

*§9.9 逻辑斯谛回归

在前面介绍的回归分析中,因变量都是数值变量. 在实际中,会遇到因变量是分类变量的情况. 例如,在调查一个家庭的经济情况的时候,有些变量如家庭收入 x 是数值变量,但也有一些变量如有没有小汽车,记录是“有”或“没有”,用记号来表示,那就是 $Y=1$ 表示有小汽车,$Y=0$ 表示没有小汽车,此时 Y 是属性变量. 怎样来讨论 Y 与 x 的关系? 若知道 5 年以后这个社区的家庭收入情况,那么 5 年以后这个社区可能会有多少辆小汽车? 这都是社会工作者或企业家十分关心的问题. 由于 Y 只取 0 和 1 两个值,Y 与 x 不可能有传统意义下的回归关系. 但是 $\{Y=1\}$ 的概率与 x 的值应该有关系. 直观地想,能够买小汽车与家庭收入应该有联系. 因此,可以认为 $P(Y=1|x)=f(x)$,即 $P(Y=1|x)$ 是 x 的函数. 但是 $P(Y=1|x)=$

$f(x)$取值于区间$[0,1]$,因此$f(x)$不可能是x的线性函数.记$p=P(Y=1|x)$,统计上称$p/(1-p)$为**优势**.优势$p/(1-p)$取值于$(0,+\infty)$.

定义 9.1 设Y为只取0和1的随机变量,$x_1,\cdots,x_k$为协变量(类似于多元线性回归中的自变量,按习惯这些自变量称为协变量),$x_i\ (i=1,\cdots,k)$可以是数值变量.若它们满足

$$\ln\frac{p}{1-p}=b_0+\sum_{i=1}^{k}b_ix_i, \tag{9.1}$$

其中$p=P(Y=1|x_1,\cdots,x_k)$,则称Y与$x_1,\cdots,x_k$形成**逻辑斯谛回归模型**.函数$\ln[p/(1-p)]$称为**逻辑斯谛函数**,记为

$$\text{logit}(p)=\ln[p/(1-p)].$$

由(9.1)式可以导出

$$P(Y=1|x_1,\cdots,x_k)=\frac{\exp\left\{b_0+\sum_{i=1}^{k}b_ix_i\right\}}{1+\exp\left\{b_0+\sum_{i=1}^{k}b_ix_i\right\}}. \tag{9.2}$$

现在的问题是希望通过观察数据或实验数据估计(9.2)式中的参数b_i $(i=0,1,\cdots,k)$,进一步估计$P(Y=1|x_1,\cdots,x_k)$.

下面在$k=1$即只有一个协变量的情况下求出$b_i(i=0,1)$的估计.令$p(x)=P\{Y=1|x\}$,此时(9.2)式可写成

$$p(x)=\frac{\exp\{b_0+b_1x\}}{1+\exp\{b_0+b_1x\}}. \tag{9.3}$$

现在设Y在$x=x_i(i=1,\cdots,n)$之下得到的观察值为$y_1,\cdots,y_n$.注意此处的x_i与(9.2)式的x_i具有不同的含义,(9.2)式中不同的x_i代表不同的协变量,此处的x_i表示同一个协变量不同的取值.这组观察值对应的似然函数为

$$L(b_0,b_1)=\prod_{i=1}^{n}[p(x_i)]^{y_i}[1-p(x_i)]^{1-y_i}. \tag{9.4}$$

利用(9.3)式,经过化简,(9.4)式变成

$$\ln L(b_0,b_1)=\sum_{i=1}^{n}y_i(b_0+b_1x_i)-\sum_{i=1}^{n}\ln(1+\exp\{b_0+b_1x_i\}). \tag{9.5}$$

可以证明(9.5)式中$\ln L(b_0,b_1)$作为(b_0,b_1)的函数是一个严格的二元凹函数,因此似然方程组

$$\begin{cases}\displaystyle\sum_{i=1}^{n}\left(y_i-\frac{\exp\{b_0+b_1x_i\}}{1+\exp\{b_0+b_1x_i\}}\right)=0,\\ \displaystyle\sum_{i=1}^{n}\left(y_i-\frac{\exp\{b_0+b_1x_i\}}{1+\exp\{b_0+b_1x_i\}}\right)x_i=0\end{cases} \tag{9.6}$$

的解不会多于一个,从而方程组(9.6)关于b_0,b_1的解就是参数b_0,b_1的ML估计.但也应注意,方程组(9.6)也可能无解.例如,当所有y_i的值都相同时,方程组无

解,因为这时缺乏必要的信息.

对于$k\geqslant 1$的情况,在SAS和SPSS等国际著名的软件包中都有标准程序计算相应参数的ML估计.

例9.1(采自文献[36]) R. Norell进行了一项实验,实验的目的是了解小电流对家畜的影响,其最终目的是了解高压电线对家畜的影响.每次实验是对牛一次电击,电击分6个档次,分别是0,1,2,3,4,5(单位:mA).其因变量Y是牛嘴巴运动,其中$Y=1$表示嘴巴运动,$Y=0$表示嘴巴没有反应.实验是对7头牛实施的,每头牛分两次实施,头一次电击30下,每种强度分别电击5下,第二次重复第一次的实验,因此每头牛累计电击60下.实验数据列于表9.9.1.现考虑牛对电击的响应概率.(在建立模型的时候不考虑各头牛之间的差异和电击的前后次序的差别,以及各次电击之间的相互影响,因此各次电击是相互独立的,它们之间的唯一差别是电击的电流强度.)

表9.9.1 7头牛对6种不同电击的响应数据表

电流/mA	电击次数	响应次数	响应的比例
0	70	0	0.000
1	70	9	0.129
2	70	21	0.300
3	70	47	0.671
4	70	60	0.857
5	70	63	0.900

解 设第i次实验得到的结果是Y_i,则所有$Y_i(i=1,\cdots,420)$是相互独立的伯努利随机变量.记$y_i(i=1,\cdots,420)$是Y_i的观察值,$P(Y_i=1|x_i)=p(x_i)$,其中x_i表示相应的电击强度.

表9.9.1中没有直接列出y_i,x_i的数据,而是经过加工以后的数据.表中第一行表示强度为0 mA的电击一共70次,其中响应次数为0(即牛的嘴巴动的次数为0),其余各行数据的意义可类似解释.利用表9.9.1中的数据,求解似然方程组(9.6),解得参数b_0和b_1的ML估计:$\hat{b}_0=-3.301,\hat{b}_1=1.2459$(借助计算机软件求得).当$\hat{b}_0$和$\hat{b}_1$求得以后,可利用(9.3)式计算牛对电击的响应概率,具体略.

注意,在这个问题中$p(x)$中的x值限制在$[0,5]$之内,不可外推过远.对于没有实验数据和经验支持的外推,必须十分谨慎.

回归问题中刻画拟合程度的是残差平方和,逻辑斯谛回归中类似的量是**偏差**.用$\hat{b}_0,\hat{b}_1,\cdots,\hat{b}_k$表示$b_0,b_1,\cdots,b_k$的ML估计,再用$\hat{p}(x_1,\cdots,x_k)$表示$p(x_1,\cdots,x_k)=P(Y=1|x_1,\cdots,x_k)$的ML估计.现在设$\boldsymbol{x}=(x_1,\cdots,x_k)$的取值个数为$N$,即$\boldsymbol{x}$

共取 N 个值 $\boldsymbol{x}_1,\cdots,\boldsymbol{x}_N$；$\boldsymbol{x}$ 取 $\boldsymbol{x}_i$ 的观察值个数为 n_i，$\sum_{i=1}^{N}n_i=n$；相应于 $\boldsymbol{x}_i$，$Y=1$ 的个数为 $v_i(i=1,\cdots,N)$. 逻辑斯谛回归中的**偏差**定义为

$$T=2\sum_{i=1}^{N}\left[v_i\ln\frac{v_i}{n_i\hat{p}(\boldsymbol{x}_i)}+(n_i-v_i)\ln\frac{n_i-v_i}{n_i-n_i\hat{p}(\boldsymbol{x}_i)}\right]. \tag{9.7}$$

当样本量 n 很大的时候，T 的分布近似地为 χ^2 分布，其自由度为 $N-k-1$，其中 k 表示协变量的个数.

下面检验例 9.1 中的数据是否符合逻辑斯谛模型. 在例 9.1 中，$N=6$，$k=1$，$n_i=70$，$v_i(i=1,\cdots,6)$ 由表 9.9.1 中响应次数这一列给出. 再利用(9.7)式计算检验统计量 T 的值，得到 $T=4.2871$，而自由度为 4 的 χ^2 分布的 $1-0.05$ 分位数为 9.49. 可见，检验不显著. 这说明，例 9.1 中的数据符合逻辑斯谛模型. 现在问：在逻辑斯谛模型中 b_1 是否等于 0？还是利用(9.7)式计算检验统计量 T 的值，不过公式中 $\hat{p}(\boldsymbol{x}_i)=\dfrac{v}{n}$，其中 $v=\sum_{i=1}^{N}v_i$. 此时，T 值等于 159.9588，相应的自由度为 5 的 χ^2 分布的 $1-0.01$ 分位数为 15.1(由于在零假设"$b_1=0$"之下，参数 $k=0$，因此 χ^2 分布的自由度为 $6-0-1=5$). 可见，检验是高度显著的. 这说明，在逻辑斯谛模型中 b_1 不等于 0.

习　题　九

1. 设 b_0 和 b 是一元线性回归模型(1.9)中的截距和回归系数，而 $\hat{b}_0$ 和 $\hat{b}$ 是相应的最小二乘估计，记 $\hat{y}_i=\hat{b}_0+\hat{b}x_i$，证明：

$$\sum_{i=1}^{n}(y_i-\hat{y}_i)=0,\quad \sum_{i=1}^{n}x_i(y_i-\hat{y}_i)=0.$$

2. 设下表列出的是美国在 20 世纪 60 年代拥有的洲际导弹数据，试用曲线 $y=L/(1+\exp\{a+bx\})$ 拟合这组数据，取 $L=1060$.

20 世纪 60 年代美国洲际导弹数据表

年份(后两位)x	60	61	62	63	64	65	66	67	68	69
导弹数 y	18	63	294	424	834	854	904	1054	1054	1054

3. 为了考查维尼纶纤维的耐热性能，需要探讨甲醛浓度 x(单位：g/L)对指标缩醛化度 y(单位：克分子%①)的影响. 为此，安排了一批实验，其数据如下表所

① 克分子%即 mol%.

示. 从经验和理论知两者的关系是近似线性的，即有

$$y=b_0+bx+e.$$

试求出 b_0 和 b 的最小二乘估计，并画出数据的散点图和估计的回归直线.

维尼纶实验数据表

甲醛浓度 x/(g/L)	18	20	22	24	26	28	30
缩醛化度 y/(克分子%)	26.86	28.35	28.75	28.87	29.75	30.00	30.36

4. 下表列出若干婴儿的血压数据(数据来自文献[35]). 利用(4.21)式，计算得到

$$\bar{\boldsymbol{Y}}=87.438,\qquad \bar{\boldsymbol{X}}=(120.31,3.3125),$$

$$\boldsymbol{L}_{xx}=\begin{bmatrix}5273.4 & 28.438\\ 28.438 & 13.438\end{bmatrix},\quad \boldsymbol{L}_{xx}^{-1}=\begin{bmatrix}0.00019182 & -0.00040594\\ -0.00040594 & 0.07527800\end{bmatrix},$$

$$\boldsymbol{L}_{xy}=(532.81,75.813)^{\mathrm{T}},\quad \boldsymbol{L}_{yy}=585.94.$$

现在假设数据来自一个正态线性回归模型，写出参数 b_0,b_1,b_2 和 σ^2 的估计公式，并计算它们的值.

16 个婴儿的血压数据表

序号 i	出生体重 x_1/盎司①	出生天数 x_2	舒张压 y/mmHg
1	135	3	89
2	120	4	90
3	100	3	83
4	105	2	77
5	130	4	92
6	125	5	98
7	125	2	82
8	105	3	85
9	120	5	96
10	90	4	95
11	120	2	80
12	95	3	79
13	120	3	86
14	150	4	87
15	160	3	92
16	125	3	88

① 1 盎司=28.3495 克.

5. 就第 4 题中的数据和模型，检验假设“$b_1=0, b_2=0$”和假设“$b_1=0$”.（$\alpha=0.05$）

*6. 设共有 3 个球，其质量分别为 $\theta_1, \theta_2, \theta_3$，分别编号为 1,2,3. 某人对这 3 个球做了 4 次称量：第 1 次将 1 号球和 2 号球放在一起称量，测得 $\theta_1+\theta_2$ 的值为 y_1；类似地，第 2 次测得 $\theta_1+\theta_2+\theta_3$ 的值为 y_2；第 3 次测得 $\theta_1+\theta_3$ 的值为 y_3；第 4 次测得 θ_1 的值为 y_4. 假定每次称量的误差为独立同分布，其共同分布为 $N(0,\sigma^2)$.

(1) 对这个称量问题写出相应的回归方程；

(2) 求出 $\theta_1, \theta_2, \theta_3$ 的最小二乘估计；

(3) 求出 σ^2 的最小二乘估计；

(4) 检验假设“$\theta_1=\theta_2$”.

7. 验证恒等式 $\widetilde{\boldsymbol{Y}}^{\mathrm{T}}\mathbf{1}=0$ 和 $\widetilde{\boldsymbol{X}}^{\mathrm{T}}\mathbf{1}=0$（注：此处相关记号的定义见(3.7)式）.

8. 证明公式(2.18)，(2.19)和(2.20).

9. 在一元线性回归的情况下，证明：

$$\bar{\hat{y}}_i=\bar{y},\quad \text{即}\quad \frac{1}{n}\sum_{i=1}^{n}\hat{y}_i=\bar{y};$$

$$\sum_{i=1}^{n}(\hat{y}_i-\bar{y})^2=U;\quad \sum_{i=1}^{n}(\hat{y}_i-\bar{y})(y_i-\bar{y})=U.$$

进一步，证明

$$r^2=\frac{\left[\sum_{i=1}^{n}(\hat{y}_i-\bar{y})(y_i-\bar{y})\right]^2}{\sum_{i=1}^{n}(\hat{y}_i-\bar{y})^2\sum_{i=1}^{n}(y_i-\bar{y})^2},$$

其中 r 的定义见(2.15)式.

10. 在一元线性回归的情况下，证明：

$$|r|=\frac{\sum_{i=1}^{n}(\hat{y}_i-\bar{y})(y_i-\bar{y})}{\sqrt{\sum_{i=1}^{n}(\hat{y}_i-\bar{y})^2}\sqrt{\sum_{i=1}^{n}(y_i-\bar{y})^2}},$$

其中 r 的定义见(2.15)式. 这个公式与多元线性回归中复相关系数的定义稍有差别（见公式(4.23)）.

11. 在多元线性回归的情况下，证明：

$$\bar{\hat{y}}_i=\bar{Y},\quad \text{即}\quad \frac{1}{n}\sum_{i=1}^{n}\hat{y}_i=\bar{Y},$$

其中 $\hat{y}_i=\hat{b}_0+\hat{\boldsymbol{b}}^{\mathrm{T}}\boldsymbol{x}_i$，而 $\boldsymbol{x}_i^{\mathrm{T}}$ 是矩阵 $\boldsymbol{X}$ 的第 i 行的行向量.

12. 在多元线性回归的情况下，统计量 U（回归平方和）是由

$$U=\boldsymbol{L}_{xy}^{\mathrm{T}}\boldsymbol{L}_{xx}^{-1}\boldsymbol{L}_{xy}$$

所定义的(见(4.22)式),试证明:

$$U=\sum_{i=1}^{n}(\hat{y}_i-\bar{Y})^2.$$

13. 在多元线性回归的情况下,证明:

$$U=\sum_{i=1}^{n}(\hat{y}_i-\bar{Y})(y_i-\bar{Y}).$$

14. 设线性回归模型(3.3)中,误差向量 $\boldsymbol{E}$ 满足(4.3)式,证明 $\hat{b}_0$ 和 $\hat{\boldsymbol{b}}$(b_0 和 $\boldsymbol{b}$ 的最小二乘估计)与统计量 Q(残差平方和)是相互独立的.

15. 设线性回归模型(3.3)中,误差向量 $\boldsymbol{E}$ 满足(4.3)式,证明:

(1) $\hat{\boldsymbol{b}}$ 与 Q 相互独立;

(2) $\hat{y}_0=\hat{b}_0+\boldsymbol{x}_0^{\mathrm{T}}\hat{\boldsymbol{b}}$ 与统计量 Q 相互独立,其中 $\boldsymbol{x}_0$ 为 $\mathbf{R}^p$ 中任意一个向量.

16. 证明公式(4.24).

17. 证明公式(3.16).

18. 证明公式(3.4).

19. 验证向量 $\boldsymbol{Y}-\boldsymbol{1}b_0-\boldsymbol{X}\boldsymbol{b}$ 的分解式(3.8).

20. 证明对称正定矩阵四块求逆公式

$$\begin{bmatrix}\boldsymbol{L}_{1,1} & \boldsymbol{L}_{1,2}\\ \boldsymbol{L}_{2,1} & \boldsymbol{L}_{2,2}\end{bmatrix}^{-1}=\begin{bmatrix}\boldsymbol{L}_{11.2}^{-1} & -\boldsymbol{L}_{11.2}^{-1}\boldsymbol{L}_{1,2}\boldsymbol{L}_{2,2}^{-1}\\ -\boldsymbol{L}_{2,2}^{-1}\boldsymbol{L}_{2,1}\boldsymbol{L}_{11.2}^{-1} & \boldsymbol{L}_{2,2}^{-1}+\boldsymbol{L}_{2,2}^{-1}\boldsymbol{L}_{2,1}\boldsymbol{L}_{11.2}^{-1}\boldsymbol{L}_{1,2}\boldsymbol{L}_{2,2}^{-1}\end{bmatrix},$$

式中

$$\boldsymbol{L}_{11.2}=\boldsymbol{L}_{1,1}-\boldsymbol{L}_{1,2}\boldsymbol{L}_{2,2}^{-1}\boldsymbol{L}_{2,1}.$$

21. 在多元线性回归模型(3.3)中,证明:$\mathrm{cov}(\bar{Y},\hat{\boldsymbol{b}})=\boldsymbol{0}$,其中 $\hat{\boldsymbol{b}}$ 为回归系数向量 $\boldsymbol{b}$ 的最小二乘估计.

22. 在引理 5.2 的证明中,使用了结论:y_0 与线性预测 ϕ 不相关.试证明这个事实,并说明若 ϕ 不是线性预测,则这个结论是不成立的.

23. 证明公式(5.1).

*24. 某测量师测量下图中的 6 个角 $\theta_1,\cdots,\theta_6$,其中 θ_3 和 θ_4 为对顶角.现记这 6 个角的测量值分别为 $y_1,\cdots,y_6$,并假定 $y_i\,(i=1,\cdots,6)$ 是相互独立的,$y_i\sim N(\theta_i,\sigma^2)$,其中 θ_i 和 σ^2 均为未知的参数.求未知参数 $\theta_i\,(i=1,\cdots,6)$ 和 σ^2 的估计.

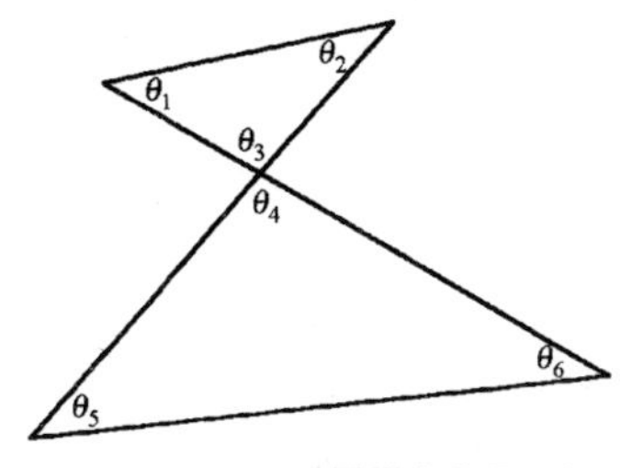

第 24 题图　测量图形中的各个角

*25. 检验第 24 题中的两条对边是否平行，即 θ_2 是否等于 θ_5.

*26. 在第 24 题中求出这些参数的 UMVU 估计.

说明：上面三题是实际的测量问题，所列的模型中没有常数项，属于线性模型的范围.

27. 在定理 7.1 中分别给出准则函数为平均残差平方和、平均预测均方误差和 AIC 情况下的证明.

28. 证明分解式(8.17).

29. 证明公式(8.26).

30. 下表是对 5～8 岁孩子的体重 x(单位：kg)和体积 y(单位：dm^3)的一组测量数据.

5～8 岁孩子的体重和体积数据表

体积 x/dm^3	17.1	10.5	13.8	15.7	11.9	10.4	15.0	16.0	17.8
重量 y/kg	16.7	10.4	13.5	15.7	11.6	10.2	14.5	15.8	17.6
体积 x/dm^3	15.8	15.1	12.1	18.4	17.1	16.7	16.5	15.1	15.1
重量 y/kg	15.2	14.8	11.9	18.3	16.7	16.6	15.9	15.1	14.5

(1) 写出拟合回归直线 $y=\hat{b}_0+\hat{b}x$ 的具体方程；

(2) 求 $b_0+b\times14$ 的置信度为 95%的置信区间；

(3) 求体重为 14 kg 的小孩体积的置信度为 95%的区间预测.

31. 炼钢是一个氧化脱碳的过程，钢液含碳量的多少直接影响到炼钢时间的长短. 下表是某种平炉(共 34 炉)的熔毕碳含量 x(炉料熔化完毕时钢液的含碳量，单位：0.01%)和精炼时间 y(钢液熔化完毕到出钢时间，单位：min)的数据.

某种平炉的熔毕碳含量和精炼时间数据表

熔毕碳含量 x/0.01%	180	104	134	141	204	150	121	151	147	145	141	144
精炼时间 y/min	200	100	135	125	235	170	125	135	155	165	135	160
熔毕碳含量 x/0.01%	190	190	161	165	154	116	123	151	110	108	158	107
精炼时间 y/min	190	210	145	195	150	100	110	180	130	110	130	115
熔毕碳含量 x/0.01%	180	127	115	191	190	153	155	177	177	143		
精炼时间 y/min	240	135	120	205	220	145	160	185	205	160		

(1) 写出拟合回归直线 $y=\hat{b}_0+\hat{b}x$ 的具体方程.

(2) y 和 x 之间有没有相关关系？

(3) 若观察到某炉的熔毕碳含量为 145(即 1.45%)，估计该炉所需精炼时间.(即求出精炼时间 y_0 的点预测和区间预测，置信度为 0.95)

(4) 如果想控制炼钢时间在 250 min 以内，熔毕碳含量不能高于多少？(置信

度为 0.95)(本小题中熔毕碳含量是不能控制的,但还是可以利用求解控制问题的方法去解)

32. 证明公式(8.27)和(8.28)的矩阵 $\widetilde{\boldsymbol{A}},\widetilde{\boldsymbol{B}}$ 和 $\mathbf{1}_{str}$ 中任意两列均相互正交(包括不同矩阵中的两列).

33. 某工厂有设备 A_1,A_2,A_3 生产某种产品,连续 5 天记录了这三台设备每天的不合格品率,得数据如下表所示.就这些数据分析三台设备有无显著性差异.($\alpha=0.05$)

三台设备每天的不合格品率数据表 (单位:%)

不合格品率 \ 时间 / 设备	第一天	第二天	第三天	第四天	第五天
A_1	4.1	4.8	4.1	4.9	5.7
A_2	6.1	5.7	5.4	7.2	6.4
A_3	4.5	4.8	4.8	5.1	5.6

34. 为了试制一种化工产品,在三种不同温度和四种不同压力下,每一种水平搭配重复两次,所得到产品的收率的数据如下表所示,其中 p_j 表示压力的第 j 个水平,t_i 表示温度的第 i 个水平.问:温度、压力及温度和压力的交互作用中哪些对收率有显著影响?($\alpha=0.05$)

三种不同温度和四种不同压力下产品的收率数据表 (单位:%)

收率百分数 \ p_j / t_i	p_1	p_2	p_3	p_4
t_1	52,57	42,45	41,45	48,45
t_2	51,52	47,45	47,48	35,50
t_3	63,58	54,59	57,60	53,59

35. 公式(8.18)中的向量 $\boldsymbol{Y}$ 是将数据 y_{ijk} 按字典顺序排列而成的,指出向量 $\boldsymbol{Y}$ 到子空间 D 的投影 $\boldsymbol{Y}_D$ 的与(i,j,k)相对应的位置上的分量为 $\bar{y}_{ij\cdot}$.

36. 证明:在两因子方差分析模型中,假设条件(8.21)成立的充分必要条件是 $\boldsymbol{\xi}$ 到 $\mathscr{M}(\widetilde{\boldsymbol{A}})$ 的投影向量为 $\mathbf{0}$.

37. 求出分解式(8.29)中各个子空间的维数(包括 $D^{\perp}$ 的维数).

38. 利用子空间分解方法证明 S_I 的分解式(8.34).

第十章　统计决策和贝叶斯分析简介

§10.1　统计决策问题概述

在第七、八章中讨论了参数的估计和检验问题. 实际上,它们都是更一般的**统计决策问题**的特殊情况,只是在那两章中没有明确地提出而已. 在那两章中,主要研究对象是**统计模型** $\boldsymbol{X}\sim P_\theta(x)(\theta\in\Theta)$,其中 θ 为分布参数,代表未知的总体. 通常参数 θ 也称为**自然界的状态**. 在估计问题中所问的问题是: θ 是什么? 对这个问题,可能的回答是"θ 等于某一值 θ_0". 一旦人们确定 θ 等于 θ_0 以后,就会采取一定的行动,姑且让 θ_0 表示对应的行动. 在假设检验问题中的问题可以是: $\theta\in\Theta_0$? ($\Theta_0\subset\Theta$)要求回答"是"或"不是". 同样,确定是"是"或"不是"时,也会对应一个行动. 用抽象的语言来说,有一个行动空间 A(所有可能行动构成的集合),对于估计问题,$A=\Theta$;对于检验问题,为 $A=\{0,1\}$,其中 0 表示接受 H_0,1 表示拒绝 H_0(其中 H_0: $\theta\in\Theta_0$). 这样,我们可以在统计决策问题中抽象出两个重要的概念: 代表自然界状态的**自然界状态空间** Θ 和**行动空间** A. 我们的目的是要选择行动 $a\in A$. 为了选择合适的行动,下面三种信息是十分重要的:

(1) 样本信息,即由 $\boldsymbol{X}$ 的观察值 $\boldsymbol{x}$ 所提供的关于 θ 的信息. 由于 $\boldsymbol{X}$ 的观察值能提供 θ 的信息,我们必须利用数据的信息. 这也是统计学最主要的任务. 若没有数据,等于失去了选择决策的统计基础.

(2) 采取行动 a 以后的后果. 通常用 $L(\theta,a)$ 表示参数为 θ 时采用行动 a 引起的损失,统计上称 $L(\theta,a)$ 为**损失函数**. 损失函数对于选取好的行动是十分必要的. 若没有损失函数 $L(\theta,a)$,就失去了寻找好的行动的标准.

(3) 关于 θ 的先验信息. 这种信息不是由数据提供的,而是由过去的经验所提供的. 它是以概率分布的形式出现的. 这样的概率分布称为**先验分布**. 在第七、八章中,未知参数是一个常数,现在要将 θ 看成一个随机变量,这是一个很大的变化.在本章中用记号 $\pi(\theta)$ 表示关于参数 θ 的先验分布密度.

现在的问题是怎样选择合适的行动.前面已经指出行动的选取依赖于三种信息,因此行动 $\delta\in A$ 可以写成 $\delta(\boldsymbol{x},L,\pi)$ 的形式.这表示行动依赖于样本、损失和先验信息.但是,在讨论选取行动的时候,总是事先假定损失函数和先验分布是给定的,这样为了记号简便,可以将行动写成 $\delta(\boldsymbol{x})$ 的形式,表示根据数据选择行动.这样 $\delta(\boldsymbol{x})$ 又称为决策函数.

定义 1.1 设 $\boldsymbol{X}\sim P_\theta(\theta\in\Theta)$ 是一个统计模型.取值于行动空间 A 的样本函数 $\delta(\boldsymbol{X})$ 称为**决策函数**(简称**决策**).

利用决策函数,对于 $\boldsymbol{X}$ 的每一个观察值 $\boldsymbol{x}$,可做出决策 $\delta(\boldsymbol{x})$.决策者的目的是选择合适的决策.为了达到决策者的目的,必须利用损失函数 $L(\theta,a)$.获得样本值 $\boldsymbol{x}$ 以后,采用决策 $\delta(\boldsymbol{x})$,其相应的损失为 $L(\theta,\delta(\boldsymbol{x}))$.由于 $\delta(\boldsymbol{X})$ 是随机变量,利用 $\delta(\boldsymbol{X})$ 做决策的平均损失为 $\mathrm{E}_\theta[L(\theta,\delta(\boldsymbol{X}))]$.

定义 1.2 设 $\boldsymbol{X}\sim P_\theta(\theta\in\Theta)$ 是一个统计模型,$L(\theta,a)$ 为损失函数.称决策函数 $\delta(\boldsymbol{X})$ 的平均损失

$$R(\theta,\delta)\triangleq \mathrm{E}_\theta[L(\theta,\delta(\boldsymbol{X}))] \tag{1.1}$$

为 δ 的**风险函数**(简称**风险**).

在估计问题中,若用均方误差来评价一个估计,则**均方误差** $\mathrm{E}_\theta\{[\delta(\boldsymbol{X})-g(\theta)]^2\}$ 就是平方损失函数 $L=[\delta(\boldsymbol{X})-g(\theta)]^2$ 之下 δ 的风险函数.在无偏估计理论中,平方损失函数所对应的风险函数刚好是无偏估计的方差.估计理论中另一个常用的损失函数是绝对误差损失函数.

在假设检验问题中行动空间 A 只有两个行动,记为 $A=\{a_0,a_1\}$,其中 a_i 表示接受假设 $\theta\in\Theta_i(i=0,1;\ \Theta_0\in\Theta,\Theta_1=\Theta\backslash\Theta_0)$.最常用的损失函数为

$$L(\theta,a_i)=\begin{cases}1, & \theta\,\overline{\in}\,\Theta_i,\\ 0, & \theta\in\Theta_i\end{cases}\quad (i=0,1).$$

与这个损失函数对应的风险是错误判断的概率,即犯第一类错误或第二类错误的概率.

在估计或检验问题中的损失函数都是为达到某个最小化目标而设

计的. 例如,平方误差损失就是为了最小化均方误差而设的. 平方误差这一类损失函数只与统计模型有关,而与实际问题的背景是脱节的. 但是真正的损失函数必须考虑实际背景.

现在来看一个实际例子.

例 1.1 设对某机器进行检修时,要检测某零件. 零件有两种状态: θ_1(好),θ_2(坏);可能采取的行动为 a_1(保留),a_2(更换),a_3(修理). 相应的损失函数值由表 10.1.1 给出.

表 10.1.1 损失函数 $L(\theta,a)$的值

$L(\theta,a)$ \ a / θ	a_1	a_2	a_3
θ_1	0	10	5
θ_2	12	1	6

表 10.1.1 很重要,它体现了实际的损失. 损失并不等同于花费的损失. 例如,在零件坏的情况下换一个零件的花费和零件好的情况下换一个零件的花费是一样的,但是你一定不愿意在零件好的情况下换一个零件,故表中两者的损失是不一样的. 损失函数的确定必须遵循一个一致性的原则,尽量避免损失与人们的意愿不一致. 例如,用 50 元买一个旅行保险与不买保险,比较两种行动,肯定买保险的风险小,因此人们乐于买保险. 但是,若保险公司将保险费增加 10 倍,即使出险时赔付也增加 10 倍,一般人们也不愿意买保险. 当然,如果是一个大富豪,他还是愿意投保的,原因是个人损失的度量还与个人的财产有关. 总之,要确定损失函数是一个相当复杂的问题. 但至少不能出现风险与事实不相符的情况. 表 10.1.1 还是比较符合实际的. 在这个表中,组合(θ_1,a_1)即零件完好而保留零件,是理想的情况,因此损失为 0. 其次的情况是(θ_2,a_2),即零件已坏而更换零件,这也是十分正确的措施. 在这种情况下要花费成本,因此损失设为 1. 第三种情况是(θ_1,a_3),即零件没有坏而修理,实际上是拆下来进行检测,这本不该做的事情,白费了功夫,其损失为 5,排在第三位. 第四种情况是(θ_2,a_3),零件坏了且进行修理,修理功夫较大,因此其损失排在(θ_1,a_3)的损失后面. 第五种情况是(θ_1,a_2),即零件未坏而换了零件,损失设为 10,排第五位. 第六种情况是(θ_2,a_1),即零件坏了但未做任何处理,这个损失是最大,设为 12.

但是，也有人认为修理比更换好，因为节约成本. 这是看法上的不一致，只要不违背实际，可持不同的看法. 若持后一种看法，应该修改损失函数，可定义损失函数使得 $L(\theta_2,a_2)>L(\theta_2,a_3)$. 当 L 确定以后，就要找出决策函数 δ，使得平均损失尽可能小.

现在讨论决策函数 δ 的确定问题. 设用手摸零件，温度正常记为 $X=1$，感觉发烫记为 $X=0$，X 的分布列由表 10.1.2 给出. 因为零件坏了的情况下 X 的分布与零件好的情况下的分布是不一样的，所以表 10.1.2 给出的分布中含有参数.

表 10.1.2　X 的分布列(x 为 X 的取值)

$p(x,\theta)$ \ x / θ	0	1
θ_1	0.3	0.7
θ_2	0.6	0.4

在本问题中决策函数只有 9 个，现把所有的决策函数列于表 10.1.3.

表 10.1.3　9 个决策函数的列表

δ	δ_1	δ_2	δ_3	δ_4	δ_5	δ_6	δ_7	δ_8	δ_9
$\delta(0)$	a_1	a_1	a_1	a_2	a_2	a_2	a_3	a_3	a_3
$\delta(1)$	a_1	a_2	a_3	a_1	a_2	a_3	a_1	a_2	a_3

对于每一个决策函数 δ_i，都应该按(1.1)式计算它的风险函数：

$$\begin{aligned} R(\theta,\delta_i) &= \mathrm{E}_\theta[L(\theta,\delta_i(X))] \\ &= L(\theta,a_1)P_\theta(\delta_i(X)=a_1)+L(\theta,a_2)P_\theta(\delta_i(X)=a_2) \\ &\quad + L(\theta,a_3)P_\theta(\delta_i(X)=a_3) \quad (i=1,\cdots,9). \end{aligned}$$

例如：

$$R(\theta_1,\delta_2)=0\times 0.3+10\times 0.7+5\times 0=7,$$

$$R(\theta_2,\delta_2)=12\times 0.6+1\times 0.4+6\times 0=7.6.$$

9 个决策函数的风险函数值的计算结果列于表 10.1.4.

表 10.1.4　各决策函数的风险函数值

δ	δ_1	δ_2	δ_3	δ_4	δ_5	δ_6	δ_7	δ_8	δ_9
$R(\theta_1,\delta)$	0	7	3.5	3	10	6.5	1.5	8.5	5
$R(\theta_2,\delta)$	12	7.6	9.6	5.4	1	3	8.4	4	6

现在考查决策 δ_2 与 δ_4. 当 $x=0$ 时，手摸零件发烫，此时倾向于零件已坏，决策 δ_2 的行动是不更换，而决策 δ_4 的行动是更换，显然决策 δ_4 的行动是合理的. 当 $x=1$ 时，两者的行动也刚好相反，而决策 δ_4 的行动是合理的. 在计算风险时，有 $R(\theta_i,\delta_2)>R(\theta_i,\delta_4)\ (i=1,2)$. 显然，决策 δ_2 是不可取的.

定义 1.3　设 $\boldsymbol{X}\sim P_\theta(\theta\in\Theta)$ 是一个统计模型，$L(\theta,a)$ 为损失函数. 称决策函数 $\delta(\boldsymbol{X})$ 为**可容许**的，如果不存在另一个决策函数 $\delta^1(\boldsymbol{X})$，使得

$$R(\theta,\delta^1)\leqslant R(\theta,\delta)\quad(\forall\,\theta\in\Theta),$$

并且严格不等号必定在某个 θ 处成立. 若决策函数 $\delta(\boldsymbol{X})$ 不是可容许的，便称为**不可容许**的.

若一个决策函数为不可容许的，必存在另一个决策函数，它的风险函数全面地比不可容许的决策函数小. 因此，在实际中，不可容许的决策函数处于被淘汰之列. 在例 1.1 中，决策 $\delta_1,\delta_4,\delta_5,\delta_6,\delta_7$ 是可容许的，其余的决策函数是不可容许的. 在可容许的这 5 个决策函数中没有一致最优风险函数的决策函数(只要存在两个可容许的决策函数，它们的风险函数不全同，就不会存在一致最优风险函数的决策函数).

很多情形下，不存在具有一致最优风险函数的决策函数，即使存在，寻找出来也很困难. 统计学家通常采用两种方法解决这个困难：一种方法是缩小搜查范围，在较小的范围内找到具有最优风险函数的决策函数. 在估计问题中，在无偏估计的范围内寻找最优估计，就源于这种想法. 另一种方法是寻找一种次优的准则. 下面介绍的极小极大准则就是这样的一种准则.

定义 1.4　设 $\boldsymbol{X}\sim P_\theta(\theta\in\Theta)$ 是一个统计模型，$L(\theta,a)$ 为损失函数. 称决策函数 $\delta^*(\boldsymbol{X})$ 为**极小极大**的，如果对任意其他决策函数 $\delta(\boldsymbol{X})$，均有

$$\max_{\theta\in\Theta}\{R(\theta,\delta)\}\geqslant\max_{\theta\in\Theta}\{R(\theta,\delta^*)\}.$$

“选择决策函数使之为极小极大的”这一准则称为**极小极大准则**. 极小极大准则是一种保守的准则，按这个准则选出的决策函数的最大风险达到最小. 正好像从一个班上选优秀学生，各门功课一致最优的学生找不到，比较各学生的最差的一门功课的成绩，选出其中的最优者.

这就是极小极大准则的基本思想. 例 1.1 中 δ_4 是一个极小极大的决策函数.

受极小极大准则的启发,是否可以用加权准则来选择决策函数呢?

定义 1.5 设 $\boldsymbol{X} \sim P_\theta(\theta \in \Theta)$ 是一个统计模型, $L(\theta,a)$ 为损失函数, $\pi(\theta)$ 为 Θ 上的分布密度. 称决策函数 $\delta^*(\boldsymbol{X})$ 为相对于 $\pi(\theta)$ 的**贝叶斯决策函数**,如果对任意其他决策函数 $\delta(\boldsymbol{X})$,均有

$$\int_{\theta \in \Theta} R(\theta,\delta^*)\pi(\theta)\mathrm{d}\theta \leqslant \int_{\theta \in \Theta} R(\theta,\delta)\pi(\theta)\mathrm{d}\theta$$

(当 Θ 为有限或可数无限集的时候,上述积分改为求和).

事实上, $\int_{\theta \in \Theta} R(\theta,\delta^*)\pi(\theta)\mathrm{d}\theta$ 就是一个平均风险,所以定义 1.5 所说的贝叶斯决策函数就是使得平均风险最小的决策函数.

例 1.2(续例 1.1) 在例 1.1 中,假定 θ 是随机变量 $\boldsymbol{\theta}$ 的实现,并设 $\boldsymbol{\theta}$ 的分布律为 $\pi(\theta_1)=0.7, \pi(\theta_2)=0.3$. 对于这个概率分布,求相应的贝叶斯决策函数.

解 对于每个决策函数 δ,其相应的平均风险为

$$0.7 \times R(\theta_1,\delta) + 0.3R(\theta_2,\delta).$$

利用表 10.1.4 的数据,可得到各决策函数的平均风险的数值,见表 10.1.5.

表 10.1.5 各决策函数的平均风险值

δ	δ_1	δ_2	δ_3	δ_4	δ_5	δ_6	δ_7	δ_8	δ_9
平均风险	3.6	5.13	12.48	3.72	7.20	5.45	3.57	7.15	5.3

由表 10.1.5 中的数据看出,平均风险最小的是 δ_7,即用手摸机器,感觉发烫就修理机器,感觉正常不必修理,也不更换机器. 所以, δ_7 是所求贝叶斯决策函数.

在例 1.2 中,若 $\boldsymbol{\theta}$ 的概率分布有变化,则相应的贝叶斯决策函数也会改变. 例如,若 $\pi(\theta_1)=0.9, \pi(\theta_2)=0.1$,则相应的贝叶斯决策函数变成 δ_1,即不管手摸的感觉如何,都不用修理,也不用换机器.

例 1.3 设某工厂每生产一批货(100 件为一批)都需要进行抽样检查. 按供需双方协商,若 100 件产品中不合格品件数 θ 小于等于 4,则该批产品为合格品. 对于不合格的一批产品,若被需求方接受了,工厂

会有损失，其损失为 1 万元；若检验不通过，工厂也有损失，其损失为 0.5 万元. 对于合格的一批产品，若检验时被拒绝，工厂会有损失，其损失为 0.7 万元；若通过了检验，则工厂不会损失，而且会赢利，因此其损失为 -1 万元. 将这个问题看成一个判决问题. 记 $A=\{0,1\}$，其中 0 表示判定该批产品合格，1 表示判定该批产品不合格. 将损失函数 $L(\theta,a)(a\in A)$ 列成表 10.1.6. 在此，需对损失做一点解释. 当产品不合格，被需求方接受后，工厂赚了钱，为什么有损失？ 损失并不完全指金钱的损失. 从唯利是图的角度，无论需求方接受的产品是合格或不合格产品，工厂的利润是一样的. 但是，从长远的利益看来，制造不合格品，对工厂来说是不利的(无论这批产品是否被使用方接受)，因此尽管厂方获得利润，但还有损失.

表 10.1.6　损失函数 $L(\theta,a)$ 的值

$L(\theta,a)$ \ a \ θ	$a=0$	$a=1$
$\theta\leqslant 4$	-1	0.7
$\theta>4$	1	0.5

对于每一批产品，检验方法是从中随机地抽取 10 件产品进行检查. 设样品中不合格品的件数为 x，$\delta(x)$ 是一个取值于 A 的决策函数，其风险函数为 $R(\theta,\delta)$. 从过去的记录看来，100 件产品中不合格品的件数 θ 最多不会超过 6，并且凭经验出现 θ 件不合格品的概率如表10.1.7 所示.

表 10.1.7　出现 θ 件不合格品的概率

θ	0	1	2	3	4	5	6
$\pi(\theta)$	4/14	3/14	2/14	2/14	1/14	1/14	1/14

现在希望找到决策函数 $\delta(x)$，使得工厂的损失最小. 我们指出，由决策函数 $\delta(x)$ 引起工厂的平均损失为

$$\int_{\theta\in\Theta} R(\theta,\delta)\pi(\theta)\mathrm{d}\theta. \tag{1.2}$$

事实上，设工厂一共生产 n 批产品，第 i 批中不合格品的件数为 θ_i，样品中不合格品的件数为 $x_i(i=1,\cdots,n)$，则这 n 批产品的平均损失为

$$\frac{1}{n}\sum_{i=1}^{n}L(\theta_i,\delta(x_i)).$$

这个平均损失当 $n\to\infty$ 时的极限就是(1.2)式.因此,使得工厂的平均损失达到最小的决策函数就是相对于分布 $\pi(\theta)$ 的贝叶斯决策函数.

例 1.3 说明贝叶斯决策函数在实际中的重要性.但是,此处只是利用过去的历史资料而得到贝叶斯决策函数,并没有提到贝叶斯学派的观点.下一节我们将介绍贝叶斯学派的主要观点.

§10.2 贝叶斯统计

贝叶斯学派起源于英国数学家贝叶斯,他在文献[30]中对统计问题提出了一个看法,即将统计模型中的参数 θ 看成一个随机变量.这个看法与传统的频率学派中将 θ 看成一个固定的参数不一样.这种方法被 20 世纪中叶以后的学者们加以系统化,成为贝叶斯学派.在频率学派看来,一个事件的概率只有在重复试验之下才能得到体现.例如,说某工人生产一件产品的不合格品率等于 0.02,其意义在于,在他生产的 100 件产品中大约有 2 件不合格品.但凡说到概率,总是与频率相联系的.在贝叶斯学派的观点下,有些事件,它原本不是一个随机事件,很少或者没有频率解释的基础,也可以赋予概率.这样,原本有争议的事件的概率就具有合法的地位.没有频率解释基础的事件概率称为**主观概率**.通常把具有频率解释基础的事件概率称为**客观概率**.

设 X 具有分布密度(或分布列) $p(x,\theta)$,其中 θ 是一个未知参数,但 θ 的变化范围是 Θ.频率学派是把 θ 看成未知的常数,通过来自 X 的样本 $\boldsymbol{X}=(X_1,\cdots,X_n)$ 进行研究,以获得关于 θ 的信息.在贝叶斯学派的观点之下,将 θ 看成某随机变量 $\boldsymbol{\theta}$ 的实现,$\boldsymbol{\theta}$ 的分布即**先验分布**,它代表关于 θ 的先验信息(若 $\boldsymbol{\theta}$ 的先验分布没有频率背景的解释,相应的概率就是主观概率).贝叶斯学派将先验信息和样本带来的信息加以综合,得到关于 θ 的信息,它以**后验分布**的形式表达出来.

在计算 $\boldsymbol{\theta}$ 的后验分布的时候,将 $\boldsymbol{X}=(X_1,\cdots,X_n)$ 的联合分布密度看成 $\boldsymbol{\theta}$ 固定之下的条件分布,即

$$p(x_1,\cdots,x_n|\boldsymbol{\theta}=\theta)=\prod_{i=1}^{n}p(x_i,\theta).$$

这样,$\boldsymbol{\theta}$ 在 $\boldsymbol{X}=\boldsymbol{x}=(x_1,\cdots,x_n)$之下的条件分布密度 $\pi(\theta|\boldsymbol{x})$由

$$\pi(\theta|\boldsymbol{x})=\frac{\prod_{i=1}^{n}p(x_i,\theta)\pi(\theta)}{\int_{\Theta}\prod_{i=1}^{n}p(x_i,\theta)\pi(\theta)\mathrm{d}\theta} \tag{2.1}$$

给出. 它就是 $\boldsymbol{\theta}$ 的**后验分布密度**. 找到了后验分布以后,关于获取 θ 信息的问题就归结为对后验分布的处理.

例 2.1　设 $X\sim N(\theta,\sigma^2)$,其中 σ^2 为已知;$\boldsymbol{\theta}\sim N(\mu,\tau^2)$,而 μ 和 τ^2 为已知. 计算 $\boldsymbol{\theta}$ 的后验分布密度$\pi(\theta|x)$.

解　$X,\boldsymbol{\theta}$ 的联合分布密度为

$$h(x,\theta)=\pi(\theta)p(x|\theta)=(2\pi\sigma\tau)^{-1}\exp\left\{-\frac{1}{2}\left[\frac{(\theta-\mu)^2}{\tau^2}+\frac{(x-\theta)^2}{\sigma^2}\right]\right\}.$$

将上式方括弧中的表达式展成 θ 的二次三项式,并且配成完全平方,得

$$h(x,\theta)=(2\pi\sigma\tau)^{-1}\exp\left\{-\frac{1}{2}\rho\left[\theta-\frac{1}{\rho}\left(\frac{\mu}{\tau^2}+\frac{x}{\sigma^2}\right)\right]^2\right\}$$

$$\cdot\exp\left\{-\frac{(\mu-x)^2}{2(\sigma^2+\tau^2)}\right\},$$

式中常数 ρ 由下式给出:

$$\rho=\tau^{-2}+\sigma^{-2}=\frac{\tau^2+\sigma^2}{\tau^2\sigma^2}.$$

将联合分布密度 $h(x,\theta)$对 θ 积分,得到 X 的边缘分布密度

$$m(x)=\int_{-\infty}^{+\infty}h(x,\theta)\mathrm{d}\theta=[2\pi(\sigma^2+\tau^2)]^{-1/2}\exp\left\{-\frac{(\mu-x)^2}{2(\sigma^2+\tau^2)}\right\}.$$

利用 $h(x,\theta)$和 $m(x)$,可以得到 $\boldsymbol{\theta}$ 的后验分布密度

$$\pi(\theta|x)=\frac{h(x,\theta)}{m(x)}=\left(\frac{\rho}{2\pi}\right)^{1/2}\exp\left\{-\frac{1}{2}\rho\left[\theta-\frac{1}{\rho}\left(\frac{\mu}{\tau^2}+\frac{x}{\sigma^2}\right)\right]^2\right\}. \tag{2.2}$$

在上例中,若设 $\boldsymbol{X}=(X_1,\cdots,X_n)$为来自 X 的一个样本,则 $\overline{X}$ 是由此样本构成的统计模型的充分统计量. 不难验证 $\pi(\theta|\boldsymbol{x})=\pi(\theta|\overline{x})$(见习题十的第 1 题). 而 $\overline{X}\sim N(\theta,\sigma^2/n)$,依(2.2)式,得 $\boldsymbol{\theta}$ 相对于样本 $\boldsymbol{X}$

的后验分布密度

$$\pi(\theta|\boldsymbol{x}) = \pi(\theta|\bar{x}) = \left(\frac{\tilde{\rho}}{2\pi}\right)^{1/2} \exp\left\{-\frac{1}{2}\tilde{\rho}\left[\theta - \frac{1}{\tilde{\rho}}\left(\frac{\mu}{\tau^2} + \frac{\bar{x}}{\sigma^2/n}\right)\right]^2\right\},$$

式中 $\tilde{\rho}=(n\tau^2+\sigma^2)/(\tau^2\sigma^2)$，即在 $\boldsymbol{X}=\boldsymbol{x}$ 下，$\boldsymbol{\theta}$ 服从正态分布，记为

$$\boldsymbol{\theta}|\boldsymbol{x} \sim N(\mu(\boldsymbol{x}), \tilde{\rho}^{-1}), \tag{2.3}$$

其中

$$\mu(\boldsymbol{x}) = \frac{1}{\tilde{\rho}}\left(\frac{\mu}{\tau^2} + \frac{\bar{x}}{\sigma^2/n}\right) = \frac{\sigma^2/n}{\tau^2+\sigma^2/n}\mu + \frac{\tau^2}{\tau^2+\sigma^2/n}\bar{x}. \tag{2.4}$$

下面介绍几个关于 θ 的信息处理问题.

1. 估计问题

设待估的参数为 θ. θ 是什么？θ 是总体 X 的分布中的参数，它是随机变量 $\boldsymbol{\theta}$ 的实现，但是我们不可能观察到它的值. 现在推断的唯一的根据是 $\boldsymbol{\theta}$ 的后验分布 $\pi(\theta|\boldsymbol{x})$. 所以，现在的情况是，要对这个分布进行加工，得到一些量去估计(或预测)这个随机变量的值. 一种估计是后验分布的众数，即后验分布密度的最大值点，这个估计类似于通常的最大似然估计. Berger 在文献[31]中称之为**广义的最大似然估计**. 另外两个常用的估计是后验分布的均值和中位数. 在例 2.1 中，设 $\boldsymbol{X}=(X_1,\cdots,X_n)$ 为来自 $X\sim N(\theta,\sigma^2)$ 的一个样本，$\boldsymbol{\theta}$ 的先验分布为 $N(\mu,\tau^2)$，则 $\boldsymbol{\theta}$ 的后验分布密度由(2.3)式给出. 这个分布的众数、均值和中位数都是同一个数，即由(2.4)式给出的 $\mu(\boldsymbol{x})$.

现在讨论一下在频率学派与贝叶斯学派的观点下估计的异同. 首先，它们都是样本的函数. 在频率学派的观点下，任何样本的函数(统计量)$\delta(\boldsymbol{X})$ 都可以作为 θ 的估计；但是，在贝叶斯学派的观点下，估计必须经由后验分布 $\pi(\theta|\boldsymbol{x})$ 加工而成，用数学的语言来说，它必须是一个分布的泛函. 在这种意义下，贝叶斯学派观点下估计的范围比频率学派的窄. 但是，贝叶斯学派并不强调这种差异，有时候也将 $\boldsymbol{X}$ 的任意函数 $\delta(\boldsymbol{X})$ 作为估计量的定义. 其次，对于估计 $\delta(\boldsymbol{X})$，我们必须考虑误差 $\delta(\boldsymbol{X})-\theta$. 频率学派在考查一个估计的优良性的时候，通常计算它的均方误差 $\mathrm{E}_\theta\{[\delta(\boldsymbol{X})-\theta]^2\}$. 这个均方误差是 θ 的函数，也称风险函数. 若以均方误差作为标准选择好的估计，则在贝叶斯学派意义下的估计当

然可以参与竞争,计算相应的风险函数.不过,通常频率学派将注意力集中在$\delta(\boldsymbol{x})$与参数θ的靠近程度.在贝叶斯学派的观点之下,θ是一个随机变量$\boldsymbol{\theta}$的实现,$\delta(\boldsymbol{x})$与θ的接近程度可用后验均方误差来刻画.

定义 2.1 设θ是一个实值参数,$\delta(\boldsymbol{x})$是θ的估计,$\pi(\theta|\boldsymbol{x})$是$\boldsymbol{\theta}$的后验分布密度,则

$$V_{\delta}^{\pi}(\boldsymbol{x}) \triangleq \mathrm{E}^{\pi(\theta|\boldsymbol{x})}[(\boldsymbol{\theta}-\delta)^2] \tag{2.5}$$

称为$\delta(\boldsymbol{x})$的**后验均方误差**(文献[31]中称之为$\delta(\boldsymbol{x})$的后验方差),这里后验均方误差计算公式中的期望是对后验分布而求的.当δ为**后验均值**

$$\mu^{\pi}(\boldsymbol{x}) \triangleq \mathrm{E}^{\pi(\theta|\boldsymbol{x})}(\boldsymbol{\theta}) \tag{2.6}$$

的时候,δ的后验均方误差就是$\boldsymbol{\theta}$的**后验方差**.今后用$V^{\pi}(\boldsymbol{x})$表示$\boldsymbol{\theta}$的后验方差.

由于贝叶斯学派将参数θ看成随机变量$\boldsymbol{\theta}$,因此在比较估计优良性能的时候,采用后验均方误差.对于后验方差,我们有下面的定理.

定理 2.1 设θ是一个一维参数,则对于任何决策函数$\delta(\boldsymbol{x})$,均有

$$V_{\delta}^{\pi}(\boldsymbol{x}) = V^{\pi}(\boldsymbol{x}) + [\mu^{\pi}(\boldsymbol{x}) - \delta(\boldsymbol{x})]^2, \tag{2.7}$$

其中$\mu^{\pi}(\boldsymbol{x})$是由(2.6)式给出的后验均值.

证明 由$V_{\delta}^{\pi}(\boldsymbol{x})$的定义有

$$\begin{aligned}
V_{\delta}^{\pi}(\boldsymbol{x}) &= \mathrm{E}^{\pi(\theta|\boldsymbol{x})}\{[\boldsymbol{\theta}-\delta(\boldsymbol{x})]^2\} \\
&= \mathrm{E}^{\pi(\theta|\boldsymbol{x})}\{[\boldsymbol{\theta}-\mu^{\pi}(\boldsymbol{x})+\mu^{\pi}(\boldsymbol{x})-\delta(\boldsymbol{x})]^2\} \\
&= \mathrm{E}^{\pi(\theta|\boldsymbol{x})}\{[\boldsymbol{\theta}-\mu^{\pi}(\boldsymbol{x})]^2+[\mu^{\pi}(\boldsymbol{x})-\delta(\boldsymbol{x})]^2 \\
&\quad +2[\boldsymbol{\theta}-\mu^{\pi}(\boldsymbol{x})][\mu^{\pi}(\boldsymbol{x})-\delta(\boldsymbol{x})]\} \\
&= \mathrm{E}^{\pi(\theta|\boldsymbol{x})}\{[\boldsymbol{\theta}-\mu^{\pi}(\boldsymbol{x})]^2\}+[\mu^{\pi}(\boldsymbol{x})-\delta(\boldsymbol{x})]^2+0 \\
&= V^{\pi}(\boldsymbol{x})+[\mu^{\pi}(\boldsymbol{x})-\delta(\boldsymbol{x})]^2.
\end{aligned} \tag{2.8}$$

□

由定理2.1知,在后验均方误差的标准之下,后验均值是θ的最优估计.

2. 检验问题

在频率学派的假设检验理论中,用两类错误的概率对一个检验进

行评价. 在贝叶斯统计中,假设检验问题变得更加直观. 设 Θ_0 和 Θ_1 为两个对立的假设集合,即参数空间 Θ 的一个分割,$\theta\in\Theta_0$ 表示零假设 H_0,$\theta\in\Theta_1$ 表示备择假设 H_1. 在贝叶斯学派的理论中,θ 是随机变量 $\boldsymbol{\theta}$,后验概率 $\alpha_0=P(\boldsymbol{\theta}\in\Theta_0\,|\,\boldsymbol{x})$ 和 $\alpha_1=P(\boldsymbol{\theta}\in\Theta_1\,|\,\boldsymbol{x})$ 刻画了得到样本以后 $\theta\in\Theta_0$ 和 $\theta\in\Theta_1$ 发生的可能性.

定义 2.2 比值 α_0/α_1 称为 H_0 相对于 H_1 的**后验优势**,而比值 π_0/π_1 称为**先验优势**,其中 $\pi_i=P(\boldsymbol{\theta}\in\Theta_i)(i=1,2)$ 为先验概率. **优势比**

$$B=\frac{\text{后验优势}}{\text{先验优势}}=\frac{\alpha_0\pi_1}{\alpha_1\pi_0}$$

称为**有利于 Θ_0 的贝叶斯因子**.

这一套指标比频率学派理论下对假设检验问题的解释更加直观. 设后验优势 $\alpha_0/\alpha_1=10$,则说明 H_0 为真的可能性 10 倍于 H_1 为真的可能性. 这样就很容易做出合理的决策. 而贝叶斯因子 B 则表示由数据信息提供的贡献. 例如,对于简单假设检验问题(此时 $\Theta_0=\{\theta_0\}$,$\Theta_1=\{\theta_1\}$),有

$$\alpha_0=\frac{\pi_0 p(\boldsymbol{x}\,|\,\theta_0)}{\pi_0 p(\boldsymbol{x}\,|\,\theta_0)+\pi_1 p(\boldsymbol{x}\,|\,\theta_1)},$$

$$\alpha_1=\frac{\pi_1 p(\boldsymbol{x}\,|\,\theta_1)}{\pi_0 p(\boldsymbol{x}\,|\,\theta_0)+\pi_1 p(\boldsymbol{x}\,|\,\theta_1)},$$

$$B=\frac{\alpha_0\pi_1}{\alpha_1\pi_0}=\frac{p(\boldsymbol{x}\,|\,\theta_0)}{p(\boldsymbol{x}\,|\,\theta_1)},$$

此处记号 $p(\boldsymbol{x}\,|\,\theta)$ 就是第八章中样本 $\boldsymbol{X}$ 的联合分布密度 $p(\boldsymbol{x},\theta)$,θ 为未知参数. 由于贝叶斯学派的观点下,θ 是一个随机变量,$p(\boldsymbol{x},\theta)$ 就是随机变量 $\boldsymbol{\theta}$ 取定的情况下的条件密度,故使用记号 $p(\boldsymbol{x}\,|\,\theta)$ 表示这个条件密度. 由上式看出,在简单假设检验问题中,贝叶斯因子 B 就是似然比(在频率学派的假设检验问题中似然比为 $p(\boldsymbol{x}\,|\,\theta_1)/p(\boldsymbol{x}\,|\,\theta_0)$,刚好为 $1/B$),这正好说明 B 就是数据提供的信息.

3. 最优决策函数问题

在定义 1.5 中已经给出了贝叶斯决策函数的定义. 在给出定义 1.5 的时候,我们还没有引进贝叶斯学派的观点. 贝叶斯学派的观点是

以后验信息作为统计推断的基础. 现在我们用这个观点来讨论最优决策函数问题. 对于固定的行动 a 和参数 θ, 其相应的损失函数的值为 $L(\theta,a)$, 其中 θ 是随机变量 $\boldsymbol{\theta}$ 的实现, $\boldsymbol{\theta}$ 的后验分布密度为 $\pi(\theta|\boldsymbol{x})$. 下面给出后验平均损失的定义.

定义 2.3　当 $\boldsymbol{\theta}$ 的后验分布密度为 $\pi(\theta|\boldsymbol{x})$ 时, 行动 a 的**后验平均损失**定义为

$$\rho(\pi(\cdot|\boldsymbol{x}),a)=\int_{\Theta}L(\theta,a)\pi(\theta|\boldsymbol{x})\mathrm{d}\theta. \tag{2.9}$$

决策函数 $\delta^{\pi}(\boldsymbol{x})$ 称为**贝叶斯决策函数**, 如果在 (2.9) 式中, 当 $a=\delta^{\pi}(\boldsymbol{x})$ 时, $\rho(\pi(\cdot|\boldsymbol{x}),a)$ 达到最小值.

在上述贝叶斯决策函数的定义中, 函数 $\rho(\pi(\cdot|\boldsymbol{x}),a)$ 可代之以

$$\int_{\Theta}L(\theta,a)p(\boldsymbol{x}|\theta)\pi(\theta)\mathrm{d}\theta. \tag{2.10}$$

实际上, 表达式 (2.10) 与 (2.9) 式中的 $\rho(\pi(\cdot|\boldsymbol{x}),a)$ 只差一个与 a 无关的常数因子, 而这个常数因子不会影响求 $\rho(\pi(\cdot|\boldsymbol{x}),a)$ 关于变量 a 的极值点.

现在我们遇到这样的问题: 在定义 1.5 给出了一个贝叶斯决策函数 $\delta^{*}(\boldsymbol{x})$ 的定义, 在介绍了贝叶斯学派的观点以后又引进了一个贝叶斯决策函数 $\delta^{\pi}(\boldsymbol{x})$ 的定义, 两个贝叶斯决策函数之间有什么关系? 下面的定理回答这个问题.

定理 2.2　设 $\boldsymbol{X}\sim p(\boldsymbol{x}|\theta)\ (\theta\in\Theta)$ 为统计模型, 其中 $p(\boldsymbol{x}|\theta)$ 为 $\boldsymbol{X}$ 的分布密度, $\boldsymbol{\theta}$ 具有先验分布密度 $\pi(\theta)$, 损失函数为 $L(\theta,a)$, $\delta(\boldsymbol{x})$ 是一个决策函数, 则

$$\int_{\Theta}R(\theta,\delta)\pi(\theta)\mathrm{d}\theta=\int_{\mathscr{X}}\rho(\pi(\cdot|\boldsymbol{x}),\delta(\boldsymbol{x}))m(\boldsymbol{x})\mathrm{d}\boldsymbol{x}, \tag{2.11}$$

式中 $m(\boldsymbol{x})$ 是 $\boldsymbol{X}$ 的边缘分布密度, $\mathscr{X}$ 为样本空间.

证明　考虑随机向量 $(\boldsymbol{\theta},\boldsymbol{X})$ 并计算期望 $\mathrm{E}[L(\boldsymbol{\theta},\delta(\boldsymbol{X}))]$ 的值. 若利用条件期望公式

$$\mathrm{E}[L(\boldsymbol{\theta},\delta(\boldsymbol{X}))]=\mathrm{E}\{\mathrm{E}[L(\boldsymbol{\theta},\delta(\boldsymbol{X}))|\boldsymbol{\theta}]\},$$

便可以得到 (2.11) 式左边的量; 若利用条件期望公式

$$\mathrm{E}[L(\boldsymbol{\theta},\delta(\boldsymbol{X}))]=\mathrm{E}\{\mathrm{E}[L(\boldsymbol{\theta},\delta(\boldsymbol{X}))|\boldsymbol{X}]\},$$

便可以得到 (2.11) 式右边的量. 详细的论证涉及较深的数学, 我们不再

给出细节. □

由公式(2.11)可知,由定义 2.3 给出的贝叶斯决策函数必定是由定义 1.5 给出的贝叶斯决策函数 $\delta^*(\boldsymbol{x})$,故两个定义给出的贝叶斯决策函数可以认为是相同的.

例 2.2(续例 1.3) 在例 1.3 中我们并没有解出贝叶斯决策函数. 若按定义 1.5 计算贝叶斯决策函数,必须对每一个决策函数计算相应的平均风险的值,而决策函数的个数很多,计算量很大. 现在我们根据定义 2.3 计算贝叶斯决策函数.

解 为计算贝叶斯决策函数,关键是计算后验分布 $\pi(\theta|x)$,我们利用条件概率公式,得

$$\pi(\theta|x)=\frac{p(x|\theta)\pi(\theta)}{\sum_{\theta}p(x|\theta)\pi(\theta)}, \tag{2.12}$$

其中 θ 为 100 件产品中不合格品的件数,$\theta=0,1,\cdots,b$;x 为从 100 件产品随机抽取 10 件,经检测后不合格品的件数.

以 $x=0$ 作为例子进行计算,可以得到后验分布 $\pi(\theta|x=0)$(见表 10.2.1).

表 10.2.1 后验损失的计算表

θ	0	1	2	3	4	5	6
$\pi(\theta\|x=0)$	0.34695	0.23419	0.14036	0.12604	0.056521	0.050634	0.045304
$L(\theta,0)$	-1	-1	-1	-1	-1	1	1
$L(\theta,1)$	0.7	0.7	0.7	0.7	0.7	0.5	0.5

利用表 10.2.1 中的数据,按公式(2.9)计算得到行动 $a=0$ 的后验平均损失为 $\rho(\pi(\cdot|x=0),0)=-0.80812$,相应地有 $\rho(\pi(\cdot|x=0),1)=0.68081$. 这样,贝叶斯决策函数 $\delta(x)$ 在 $x=0$ 时的值为 $\delta(0)=0$,即当样本中不合格数 $x=0$ 的时候,判定这批产品为合格. 这是非常合理的决策.

现在将一切 x 和行动 a 的后验平均损失列于表 10.2.2. 从表中的数据看出,当 $x\leqslant 2$ 时,应该将这一批产品判为合格;当 $x>2$ 时,应该判定这一批产品不合格. 这个决策函数使得后验平均损失达到最小,同时使平均风险也达到最小,也就是贝叶斯决策函数.

表 10.2.2　后验平均损失表

x	0	1	2	3	4	5	6
$\rho(\pi(\cdot\|x),0)$	−0.80812	−0.34639	0.18668	0.62238	0.89397	1	1
$\rho(\pi(\cdot\|x),1)$	0.68081	0.63464	0.58133	0.53776	0.5106	0.5	0.5

例 2.3　设 $\boldsymbol{X}=(X_1,\cdots,X_n)$ 为来自正态总体 $N(\theta,\sigma^2)$ 的一个样本，其中 σ^2 为已知常数，而 $\boldsymbol{\theta}\sim N(\mu,\tau^2)$，$\mu$ 和 τ^2 已知，损失函数为 $L(\theta,a)=(\theta-a)^2$. 依例 2.1 的结果，$\boldsymbol{\theta}$ 的后验分布为

$$\boldsymbol{\theta}\mid\boldsymbol{x}\sim N(\mu(\boldsymbol{x}),\tilde{\rho}^{-1}),$$

其中 $\tilde{\rho}=\dfrac{n\tau^2+\sigma^2}{\tau^2\sigma^2}$，$\mu(\boldsymbol{x})$ 由(2.4)式给出. 由于损失函数为均方误差，后验平均损失刚好是后验均方误差. 利用定理 2.1 的结论可知，当 $\delta(\boldsymbol{x})=\mu(\boldsymbol{x})$ 时，后验平均损失达到最小. 这样，所求的贝叶斯决策函数为

$$\delta(\boldsymbol{x})=\mu(\boldsymbol{x}).$$

贝叶斯分析方法(贝叶斯学派的分析方法)是一种比较完整的统计方法，但应用的时候要根据实际情况. 下面的例子说明尽管有先验信息，但是不能利用先验信息.

例 2.4　在医疗诊断中，医生通常要观察受检者的某些指标 $\boldsymbol{X}$. 由大量数据可知，$\boldsymbol{X}\sim p(\boldsymbol{x},\theta)$，其中 $\theta\in\{0,1\}$. 当 $\theta=0$ 的时候，表示这个受检者为健康人；当 $\theta=1$ 的时候，表示受检者为病人. 实际问题是，当得到受检者的数据以后需要做出判定：这个受检者是有病还是没有病. 这是一个判别问题. 现在假定 $\boldsymbol{\theta}$ 有一个先验分布，即 $\pi(\boldsymbol{\theta}=1)=\pi_1$，$\pi(\boldsymbol{\theta}=0)=\pi_0$. 对于这种先验信息，使用起来会造成争论. 例如，设有两个地区：地区甲和地区乙. 地区甲的发病率高，而地区乙的发病率低. 若利用了发病率这个信息，则地区甲和地区乙的判别标准会不一样. 设想有一个医院，来了一位受检者，他的测量数据为 $\boldsymbol{x}$，他有没有病呢？如果利用了先验信息，就可能会造成这样的情况：若他来自甲地，就会判定有病；若他来自乙地，就会判定健康. 作为医生，可能认为这种判别方法近于荒谬.

§10.3　先验分布的确定

上一节介绍了贝叶斯分析方法. 贝叶斯分析方法的核心思想是：

将统计模型的参数 θ 看成一个随机变量 $\boldsymbol{\theta}$，这个随机变量有一个先验分布，先验分布代表对于 θ 的先验信息. 通过数据对先验信息进行修正，得到 $\boldsymbol{\theta}$ 的后验分布. 得到后验分布以后，所进行的统计分析比较明确. 由于参数 $\boldsymbol{\theta}$ 没有确定的观察值，这对于它的分布的确定造成很多困难.

实际中，利用协调性假设确定一类所谓共轭分布族，再从中选出一个作为 $\boldsymbol{\theta}$ 的先验分布. 设 X 的分布族为 $p(x,\theta),\theta\in\Theta$，则 $\boldsymbol{\theta}$ 的先验分布和相应的后验分布应该属于同一个族，这个分布族就称为分布族 $\{p(x,\theta),\theta\in\Theta\}$ 的**共轭分布族**. 设想我们事先假定 $\boldsymbol{\theta}$ 的先验分布族为 $\boldsymbol{\pi}$，即 $\boldsymbol{\theta}$ 的先验分布 $\pi\in\boldsymbol{\pi}$. 现在假定得到了一些历史数据 $z_1,\cdots,z_m$，此时我们丰富了先验信息，将原有的先验分布修正为后验分布(在我们的统计问题中成为新的先验分布)，但若修正以后的分布不属于 $\boldsymbol{\pi}$，这个分布族就很不理想，很不协调. 因此，共轭分布族的这种协调性是很重要的特性. 另外，共轭分布族也应该包含相当广的一类分布. 它应该包含具有很多信息的分布，例如它应该包含非常集中于某个参数点 θ_0 的分布(这些分布包含的信息较多)，同时也应该包含具有很少信息的分布. 以下我们要对一些常用的分布族找出相应的共轭分布族.

定理 3.1 设 $X_1,\cdots,X_n$ 是来自**伯努利分布**的一个样本，伯努利分布的参数为 $\theta\in(0,1)$，即 X_i 的分布为

$$\begin{aligned} P(X_i=1)&=\theta,\\ P(X_i=0)&=1-\theta \end{aligned}\qquad (i=1,\cdots,n).$$

若 $\boldsymbol{\theta}$ 的分布为贝塔分布，其参数为(α,β)，则 $\boldsymbol{\theta}$ 在 $\boldsymbol{X}=\boldsymbol{x}=(x_1,\cdots,x_n)$之下的后验分布为贝塔分布，其参数为$\left(\alpha+\sum_{i=1}^{n}x_i,\beta+n-\sum_{i=1}^{n}x_i\right)$.

证明 $X_1,\cdots,X_n$ 的联合分布列为

$$p_n(\boldsymbol{x},\theta)=\mathrm{C}_n^{\sum_{i=1}^n x_i}\theta^{\sum_{i=1}^n x_i}(1-\theta)^{n-\sum_{i=1}^n x_i}\quad (\theta\in(0,1));$$

$\boldsymbol{\theta}$ 的先验分布密度为

$$\pi(\theta)=c_0\theta^{\alpha-1}(1-\theta)^{\beta-1}\quad (\theta\in(0,1)),$$

其中 c_0 为分布密度的归一化常数. 由后验分布密度的公式(2.1)可知，$\boldsymbol{\theta}$ 的后验分布密度为

$$\pi(\theta \mid \boldsymbol{x}) = \frac{p_n(\boldsymbol{x},\theta)\pi(\theta)}{\int_0^1 p_n(\boldsymbol{x},\theta)\pi(\theta)\mathrm{d}\theta}$$

$$= c_1 \theta^{\alpha+\sum_{i=1}^n x_i - 1}(1-\theta)^{\beta+n-\sum_{i=1}^n x_i - 1} \quad (\theta \in (0,1)),$$

这里 c_1 为分布密度的归一化常数. 上式说明,θ 的后验分布是参数为 $\left(\alpha+\sum_{i=1}^n x_i, \beta+n-\sum_{i=1}^n x_i\right)$ 的贝塔分布. □

由定理 3.1 的结论可知,贝塔分布族是伯努利分布族的共轭分布族. 下面为了叙述方便,记参数为(α,β)的**贝塔分布**为 $\mathrm{Beta}(\alpha,\beta)$. 设 $\boldsymbol{\theta} \sim \mathrm{Beta}(\alpha,\beta)$,则 $\boldsymbol{\theta}$ 的期望和方差为

$$\mathrm{E}(\boldsymbol{\theta}) = \frac{\Gamma(\alpha+\beta)}{\Gamma(\alpha)\Gamma(\beta)}\int_0^1 \theta^{\alpha}(1-\theta)^{\beta-1}\mathrm{d}\theta = \frac{\alpha}{\alpha+\beta},$$

$$\mathrm{var}(\boldsymbol{\theta}) = \frac{\alpha\beta}{(\alpha+\beta)^2(\alpha+\beta+1)}.$$

当 $\alpha/(\alpha+\beta) \to \theta_0 \in (0,1)$ 并且 $\alpha \to \infty$ 时,$\mathrm{E}(\boldsymbol{\theta}) \to \theta_0$,$\mathrm{var}(\boldsymbol{\theta}) \to 0$. 这说明,随机变量 $\boldsymbol{\theta}$ 依概率收敛到 θ_0. 在这个过程中,$\boldsymbol{\theta}$ 包含了很多信息. 同时,当 $\alpha \to 0$ 和 $\beta \to 0$ 的时候,$\boldsymbol{\theta}$ 包含了很少信息(本节的后面部分将对这一结论提供某些看法). 这样,对于伯努利分布族,贝塔分布族是一个好的共轭分布族. 这里或许有人会问: 分布 $\mathrm{Beta}(1,1)$ 为区间$(0,1)$上的均匀分布,应该具有最少的信息,怎么将 $\mathrm{Beta}(0,0)$ 作为具有最小信息的先验分布? 实际上,此处 $\mathrm{Beta}(0,0)$ 也不是一个真正的分布,是一个广义的先验分布. $\mathrm{Beta}(0,0)$ 是 $\mathrm{Beta}(\alpha,\beta)$ 当 α 和 β 趋于 0 时的极限,其对应的分布密度可以用 $c/[\theta(1-\theta)]$ 这样一个函数来表达. 对于具有最少信息的先验分布,各家有不同的看法. 以后我们还要讨论所谓无信息的先验分布的问题. 此处介绍一种比较先验分布的方法. 设 π_1 和 π_2 是两个先验分布,π_2 称为比 π_1 含有更多信息,若存在 $\boldsymbol{X}$ 的观测值 $\boldsymbol{x}$,使得 $\pi_2(\theta) = \pi_1(\theta \mid \boldsymbol{x})$,即通过观测值 $\boldsymbol{x}$ 将 π_1 进行修正,得到后验分布 $\pi_1(\theta \mid \boldsymbol{x})$,而这个后验分布刚好是 π_2. 一般说来,后验分布总比相应的先验分布多一些信息. 按这种观点,$\mathrm{Beta}(2,1)$ 比 $\mathrm{Beta}(1,1)$ 多包含一些 θ 的信息,因为对于观察值 $x_1=1$,先验分布 $\mathrm{Beta}(1,1)$ 的后验分布就是 $\mathrm{Beta}(2,1)$;对于观察值 $x_1=1, x_2=0$,先验分布 $\mathrm{Beta}(0,0)$ 的后验分布

就是 Beta(1,1). 按照这种直观的看法，可将 Beta(0,0)看成具有最少信息的先验分布.

下面介绍另一种分布族的共轭分布族. 根据例 2.1 的结果，我们有以下定理：

定理 3.2 设 $X_1,\cdots,X_n$ 是来自正态分布 $N(\theta,\sigma^2)$的一个样本，其中 σ^2 为已知常数，而 $\boldsymbol{\theta}\sim N(\mu,\tau^2)$，$\mu,\tau^2$ 已知，则 $\boldsymbol{\theta}$ 的后验分布为正态分布：

$$\boldsymbol{\theta}|\boldsymbol{x}\sim N(\mu(\boldsymbol{x}),1/\tilde{\rho}^{-1}),$$

其中

$$\mu(\boldsymbol{x})=\frac{1}{\tilde{\rho}}\left(\frac{\mu}{\tau^2}+\frac{\bar{x}}{\sigma^2/n}\right)=\frac{\sigma^2/n}{\tau^2+\sigma^2/n}\mu+\frac{\tau^2}{\tau^2+\sigma^2/n}\bar{x},$$

$$\tilde{\rho}=(n\tau^2+\sigma^2)/(\tau^2\sigma^2).$$

由定理 3.2 知，正态总体当 σ^2 已知的时候，期望参数 $\boldsymbol{\theta}$ 的先验分布族$\{N(\mu,\tau^2),\mu\in(-\infty,+\infty),\tau^2>0\}$是共轭分布族. 不难验证这个分布族的范围是很广的. 当 $\mu\to\theta_0$ 和 $\tau^2\to 0$ 的时候，先验分布所含的信息量很大；当 $\tau^2\to\infty$ 的时候，先验分布所含的信息量很小.

以上我们只介绍了两个分布族的共轭分布族. 事实上，许多分布族都可以找到相应的共轭分布族. 有兴趣的读者可以参考文献[23]. 但是，贝叶斯分析方法的基础是有一个先验分布，而不是一个分布族，因此我们还需从共轭分布族中选定一个分布作为先验分布. 应该怎样选定呢？对此，统计学家提出许多方法. 下面我们介绍几个常用的方法，相应的理论已经超出本书要求的范围，在此略.

(1) 若有经验资料，尽量利用这些资料. 设 $\boldsymbol{X}\sim p(\boldsymbol{x},\theta)$，$\theta\in\Theta$，相应的共轭分布族为 $\pi(\theta,\mu)$，$\mu\in A$（此处 $\pi(\theta,\mu)$为 $\boldsymbol{\theta}$ 的分布密度，而 μ 为参数，通常也称 μ 为**超参数**. A 是 μ 的一个范围）. 若按过去的经验，我们有 $\boldsymbol{\theta}$ 的若干值 $\theta_1,\cdots,\theta_k$，则可以将 $\theta_1,\cdots,\theta_k$ 作为 θ 的观察值，找出超参数 μ 的估计值 $\hat{\mu}$，而将 $\pi(\theta,\hat{\mu})$作为 $\boldsymbol{\theta}$ 的先验分布.

(2) 设 $\boldsymbol{X}=(X_1,\cdots,X_n)$为一个样本，其分布密度为 $p(\boldsymbol{x},\theta)$，$\theta\in\Theta$，相应的共轭分布族为 $\pi(\theta,\mu)$，$\mu\in A$（此处 $\pi(\theta,\mu)$为 $\boldsymbol{\theta}$ 的分布密度，A 为超参数 μ 的一个指定范围），则$(\boldsymbol{X},\boldsymbol{\theta})$的联合分布密度为 $p(\boldsymbol{x},\theta)\pi(\theta,\mu)$. 对于这个分布求出 $\boldsymbol{X}$ 的边缘分布密度，记这个分布密度为

$$f(\boldsymbol{x},\mu)=\int_{\Theta}p(\boldsymbol{x},\theta)\pi(\theta,\mu)\mathrm{d}\theta.$$

由这个分布再求出超参数 μ 的估计 $\hat{\mu}$，例如可由

$$f(\boldsymbol{x},\hat{\mu})=\sup_{A}f(\boldsymbol{x},\mu)$$

给出超参数 μ 的最大似然估计 $\hat{\mu}$. 这样就选 $\pi(\theta,\hat{\mu})$ 作为 $\boldsymbol{\theta}$ 的先验分布. 由这个方法可导出**经验贝叶斯决策函数**的理论.

(3) 有一些统计学家提出了这样的看法，既然没有任何先验信息，那么就应该使用含最小信息的先验分布. 这就提出了所谓无信息先验分布的问题. 关于无信息先验分布的理论有许多研究，不同的观点有不同的结果. 对于一维参数的分布族，许多人主张无信息先验分布为 Jeffereys 无信息先验分布.

定义 3.1　设 $\{p(x,\theta),\theta\in\Theta\}$ 是一个一维参数分布族，称

$$I(\theta)=-\mathrm{E}_{\theta}\left[\frac{\mathrm{d}^{2}\ln p(X|\theta)}{\mathrm{d}\theta^{2}}\right] \tag{3.1}$$

为这个分布族的 **Fisher 信息量**；称

$$\pi(\theta)=c[I(\theta)]^{1/2}$$

为 **Jeffereys 无信息先验分布密度**，其中 c 为正常数.

注意定义 3.1 给出的 Jeffereys 无信息先验分布密度 $\pi(\theta)$ 是一个非负函数，即使这个函数在 Θ 上的积分为无穷，也没有关系，因为从后验分布密度的计算公式

$$\pi(\theta|x)=\frac{p(x,\theta)\pi(\theta)}{\int_{\Theta}p(x,\theta)\pi(\theta)\mathrm{d}\theta}$$

仍然得到一个后验分布密度(只要公式分母中的积分有限). 这种使得分母中积分有限的 $\pi(\theta)$ 叫做**广义先验分布密度**，也叫**权函数**.

下面我们用例子说明如何求得一个分布族的先验分布.

例 3.1　设 $\boldsymbol{X}=(X_1,\cdots,X_n)$ 是来自伯努利总体 X 的一个样本，其参数为 $\theta\in(0,1)$. 由定理 3.1 知，其共轭分布族为贝塔分布族. 现在假定根据过去记录，得到 $\boldsymbol{\theta}$ 的若干个值 $\theta_1,\cdots,\theta_k$，则可利用这些值将贝塔分布族 $\mathrm{Beta}(\alpha,\beta)$ 中的 α 和 β 作为未知参数进行估计. 记

$$\bar{\theta}=\frac{1}{k}\sum_{i=1}^{k}\theta_i,\quad s^2=\frac{1}{k}\sum_{i=1}^{k}(\theta_i-\bar{\theta})^2.$$

通过方程组

$$\bar{\theta}=\frac{\alpha}{\alpha+\beta},\quad s^2=\frac{\alpha\beta}{(\alpha+\beta)^2(\alpha+\beta+1)}$$

解得 α 和 β 的矩估计

$$\hat{\alpha}=\bar{\theta}\left[\frac{\bar{\theta}(1-\bar{\theta})}{s^2}-1\right],\quad \hat{\beta}=(1-\bar{\theta})\left[\frac{\bar{\theta}(1-\bar{\theta})}{s^2}-1\right].$$

利用方法(1),可将 $\mathrm{Beta}(\hat{\alpha},\hat{\beta})$ 作为 $\boldsymbol{\theta}$ 的先验分布.

现在假定没有关于 $\boldsymbol{\theta}$ 的经验资料.有些人主张应取广义先验分布密度(权函数)正比于 $1/[\theta(1-\theta)]$.

我们也可计算 Jeffereys 无信息先验分布密度.首先利用(3.1)式计算 Fisher 信息量.由于 X 的分布列为

$$p(x,\theta)=\theta^x(1-\theta)^{1-x}\quad(x=0,1),$$

按公式(3.1)得

$$\begin{aligned}I(\theta)&=-\mathrm{E}_\theta\left\{\frac{\mathrm{d}^2\ln[\theta^X(1-\theta)^{1-X}]}{\mathrm{d}\theta^2}\right\}\\&=\mathrm{E}_\theta\left[\frac{X}{\theta^2}+\frac{1-X}{(1-\theta)^2}\right]=\frac{1}{\theta(1-\theta)}.\end{aligned}$$

因此,$\boldsymbol{\theta}$ 的 Jeffereys 无信息先验分布密度为

$$\pi(\theta)=\frac{1}{\sqrt{\theta(1-\theta)}},$$

即 $\boldsymbol{\theta}$ 的 Jeffereys 无信息先验分布为 Beta(1/2,1/2).它与前面的权函数不同.

关于无信息先验分布的确定,可以说“仁者见仁,智者见智”,还有人主张用 Beta(1,1),即用区间(0,1)上的均匀分布作为无信息先验分布.在实际中用什么分布作为无信息先验分布,全凭应用者的经验.

习　题　十

1. 设 $\boldsymbol{X}=(X_1\cdots,X_n)$ 为来自正态总体 $N(\theta,\sigma^2)$ 的一个样本,其中 σ^2 已知,而 $\boldsymbol{\theta}\sim N(\mu,\tau^2)$,$\mu,\tau^2$ 已知,证明:$\pi(\theta|\boldsymbol{x})=\pi(\theta|\bar{x})$,其中 $\boldsymbol{x}=(x_1,\cdots,x_n)$ 为 $\boldsymbol{X}$ 的观察值,$\bar{x}=\dfrac{1}{n}\sum\limits_{i=1}^n x_i$.

2. 设 $\boldsymbol{\theta} \sim \mathrm{Beta}(\alpha,\beta)$，$\alpha>0$，$\beta>0$，证明：当 $\alpha/(\alpha+\beta)\to\theta_0\in(0,1)$ 并且 $\alpha\to\infty$ 时，随机变量 $\boldsymbol{\theta}$ 的依概率收敛到 θ_0.

3. 设 $X_1,\cdots,X_n$ 是来自泊松分布的样本：

$$P(X_i=k)=\frac{\lambda^k}{k!}\exp\{-\lambda\}\quad(\lambda>0;\ k=1,2,\cdots);$$

参数 λ 的先验分布为参数 α,β 的 Γ 分布：

$$\pi(\lambda)=\frac{\beta^\alpha}{\Gamma(\alpha)}\lambda^{\alpha-1}\exp\{-\beta\lambda\}\quad(\lambda>0).$$

若损失函数是 $L(\lambda,a)=(\lambda-a)^2$，求出相应的贝叶斯决策函数(也称贝叶斯估计).

4. 在第 3 题中，证明 Γ 分布族是泊松分布族的共轭分布族.

5. 在第 3 题中，计算泊松分布族的 Fisher 信息量 $I(\lambda)$.

6. 在第 3 题中，指出共轭分布 Γ 分布中参数 α,β 当 $\alpha/\beta\to\lambda_0$ 和 $\beta\to\infty$ 时，随机变量 $\boldsymbol{\lambda}$ 依概率趋于 λ_0.

7. 在第 3 题中，设 $\pi(\lambda)=1/\sqrt{\lambda}(\lambda>0)$，$L(\lambda,a)=(\lambda-a)^2$，求出相应的贝叶斯决策函数.

8. 求出指数分布族 $F(x)=1-\exp\{-\lambda x\}$ 的共轭分布族.

9. 设 $X_1,\cdots,X_n$ 为来自伯努利分布的样本：

$$P(X_i=1)=\theta=1-P(X_i=0),\quad \theta\in(0,1);$$

参数 θ 的先验分布是区间 $(0,1)$ 上的均匀分布. 若损失函数为

$$L(\theta,a)=\frac{(\theta-a)^2}{[\theta(1-\theta)]^2},$$

求 θ 的贝叶斯估计.

习题答案与提示

习　题　六

1. (1) 由于各个鸟窝中鸟蛋个数相互独立,可将$(x_1,\cdots,x_n)$看成来自总体 X 的样本 $\boldsymbol{X}=(X_1,\cdots,X_n)$的观察值. 已知总体 X 服从泊松分布,所含的参数为 $\lambda>0$. $\boldsymbol{X}\sim P_\lambda(\lambda>0)$形成一个统计模型,其中 P_λ 为样本 $\boldsymbol{X}$ 的分布.

(2) 调查目的是了解窝内鸟蛋的平均个数,即 $\mathrm{E}(X_1)=\sum\limits_{i=0}^{\infty} i\dfrac{\lambda^i}{i!}\exp\{-\lambda\}=\lambda$. 问题变成关于统计模型中参数 λ 的估计或其他统计问题.

(3) $P(T=k)=(n\lambda)^k\exp\{-n\lambda\}/k!$ $(n=10)$.

2. 可设甲得到的数据为 $\boldsymbol{x}=(x_1,\cdots,x_n)$ $(n=10)$;乙得到的数据为 $x_{(1)},\cdots,x_{(k)}$ $(k=3)$,其中 $x_{(i)}$ $(i=1,\cdots,n)$为 x_i 的次序统计量;丙得到的数据为 $x_{(1)},\cdots x_{(n_1)}$,其中 $n_1=\max\{i:\ x_{(i)}\leqslant 10\}$. 为求出相应的统计模型,只需求出相应的观察数据的分布密度族即可. 其答案如下:

甲: $p(\boldsymbol{x},\theta)=\exp\left\{-\dfrac{1}{\theta}\sum\limits_{i=1}^{n}x_i\right\}\Big/\theta^n$ $(x_i>0,i=1,\cdots,n;\ \theta>0)$.

乙: $p(x_1,x_2,x_3,\theta)=\dfrac{10!}{(10-3)!}\exp\{-(x_1+x_2+8x_3)/\theta\}/\theta^3$,

$$(0<x_1<x_2<x_3;\ \theta>0).$$

丙: $p(x_1,\cdots,x_{n_1},\theta)=\dfrac{n!}{(n-n_1)!}\exp\left\{-\dfrac{1}{\theta}\left(10(n-n_1)+\sum\limits_{i=1}^{n_1}x_i\right)\right\}\Big/\theta^{n_1}$,

$$(0<x_1<\cdots<x_{n_1}\leqslant 10;\ n_1=0,1,\cdots,10;\ \theta>0).$$

3. N 是未知参数. 记$\{X_1,\cdots,X_n\}$为抽取的 n 个标号的集合,则

$$P(\{X_1,\cdots,X_n\}=\{i_1,\cdots,i_n\})=1/\mathrm{C}_N^n,$$

其中$\{i_1,\cdots,i_n\}$为$\{1,\cdots,N\}$的任一子集.

4. 记观察数据为 $\boldsymbol{x}=(x_1,\cdots,x_n)$, $n=8$. $\boldsymbol{x}$ 可看成来自正态总体的样本 $\boldsymbol{X}$ 的观察值. $\boldsymbol{X}$ 的联合分布密度为

$$f(\boldsymbol{x})=\exp\left\{-\frac{1}{2\sigma^2}\sum_{i=1}^{n}(x_i-\mu)^2\right\}\Big/(\sqrt{2\pi}\sigma)^n,$$

参数空间为$\{(\mu,\sigma^2):\ \mu\in\mathbf{R},\sigma^2>0\}$.

5. $P(X=2)=1-(1-p)^2$, $P(X=3)=(1-p)^2p$, $\cdots$,
$P(X=i)=(1-p)^{i-1}p$, $\cdots$.

6. $T\sim N(a,M)$,其中 $a=\sum_{i=1}^{n}a_i\mu$, $M=\sum_{i=1}^{n}a_i^2\sigma^2$.

7. X 的分布为

$$P(X=k)=\frac{N-m}{N}\cdot\cdots\cdot\frac{N-k+1-m}{N-k+1}\cdot\frac{m}{N-k}\quad(k=0,1,\cdots,N-m),$$

其中 m 为参数.

8. $f(\mathbf{y})=\prod_{i=1}^{n}\{\exp\{-(y_i-b_0-b_1x_i)^2/(2\sigma^2)\}/(\sqrt{2\pi}\sigma)\}$.

9. 记 $A=\{$对方愿意出售重要物资$\}$,$B=\{$对方主动宴请$\}$,利用贝叶斯公式 $P(A|B)=\dfrac{P(A)P(B|A)}{P(A)P(B|A)+P(\bar{A})P(B|\bar{A})}$得到所求的概率为$P(A|B)=\dfrac{8}{9}$.本问题中,先验信息是 $P(A)=1/2$,后验信息是 $P(A|B)$.

习　题　七

1. (1) $p^n(1-p)^{\sum_{i=1}^{n}x_i-n}$;　(2) $1/\bar{x}$;　(3) $1/\bar{x}$.

2. (1) $\frac{1}{n}\sum_{i=1}^{n}(x_i-\mu_0)^2$;　(2) $\bar{x}$.　　**3.** $\min\limits_{1\leqslant i\leqslant n}\{x_i\}$.

4. (1) $p(1-p)$;　(2) $\bar{x}(1-\bar{x})$;　(3) $p(1-p)(n-1)/n$.

5. (1) $\dfrac{p(1-p)}{n}$;　(2) $\dfrac{s}{n^2}\left(1-\dfrac{s}{n}\right)$,其中 s 为样品中不合格品的件数.

6. (1) $T_2=\bar{X}-1$;　(2) $\mathrm{E}[(T_1-\theta)^2]=2/n^2$,$\mathrm{E}[(T_2-\theta)^2]=1/n$.

7. (1) $n\theta/(n+1)$;　(2) 分布密度为 $p(x,\theta)=nx^{n-1}/\theta^n$ $(0<x<\theta)$.

8. (1) $\bar{x}/(1-\bar{x})$;　(2) $-n\Big/\ln\prod_{i=1}^{n}x_i$.

9. $\hat{\mu}=\bar{x},\bar{x}\geqslant 0;\hat{\mu}=0,\bar{x}<0.\ \widehat{\sigma^2}=\frac{1}{n}\sum_{i=1}^{n}(x_i-\hat{\mu})^2$.

10. **提示**　ξ^2的分布为χ^2分布,自由度为1,记ξ^2的分布密度为$\chi_1^2(x)$.由于ξ和η相互独立,利用求随机变量函数分布的方法,先求出$\xi^2/(\eta/n)$的分布函数和分布密度.由于$\xi/\sqrt{\eta/n}$的分布相对于0是对称的,只需求出正半轴上的分布密度即可.通过$P(\xi/\sqrt{\eta/n}\geqslant u)=P(\xi^2/(\eta/n)\geqslant u^2)$可导出$\xi/\sqrt{\eta/n}$的分布密度$(u\geqslant 0)$.

12. $\hat{\sigma}/\hat{\mu}$,其中 $\hat{\mu}=\bar{x},\bar{x}\geqslant 0;\hat{\mu}=0,\bar{x}<0;\hat{\sigma}=\sqrt{\frac{1}{n}\sum_{i=1}^{n}(x_i-\hat{\mu})^2}$, $\frac{1}{n}\sum_{i=1}^{n}(x_i-\hat{\mu})^2$

$\leqslant 2$；$\hat{\sigma}=\sqrt{2}$，$\frac{1}{n}\sum_{i=1}^{n}(x_i-\hat{\mu})^2>2$. 变异系数 $\frac{\sigma}{\mu}$ 的 ML 估计为 $\frac{\hat{\sigma}}{\hat{\mu}}$.

13. $$-\frac{1}{2(1-\rho^2)}\left[\frac{1}{\sigma_1^2}\sum_{i=1}^{n}(x_i-\bar{x})^2+\frac{1}{\sigma_2^2}\sum_{i=1}^{n}(y_i-\bar{y})^2-\frac{2\rho}{\sigma_1\sigma_2}\sum_{i=1}^{n}(x_i-\bar{x})(y_i-\bar{y})\right.$$
$$\left.+n\frac{(\bar{x}-\mu_1)^2}{\sigma_1^2}+n\frac{(\bar{y}-\mu_2)^2}{\sigma_2^2}-2\rho n\frac{(\bar{x}-\mu_1)(\bar{y}-\mu_2)}{\sigma_1\sigma_2}\right].$$

14. (1) $\frac{x}{n}$ 和 $\frac{x(n-x)}{n(n-1)}$；　(2) $\frac{\theta(1-\theta)}{n}$.

15. (1) 此题可换一种思考方法来解决问题. 设有 n 对夫妇组成一个集体. 又设 $2n$ 人的集体中每人对某项政策的看法相互独立，且具有相同的赞成概率 θ. 这样，这 n 对夫妇按对某项政策的看法分成三类：(i) 夫妇都赞成，其概率为 θ^2，共有 n_1 对；(ii) 夫妇态度不一样，其概率为 $2\theta(1-\theta)$，共有 n_2 对；(iii) 夫妇都反对，其概率为 $(1-\theta)^2$，共有 n_3 对. 在这 n 对夫妇(共 $2n$ 人)中有 $2n_1+n_2$ 人支持某项政策. 这是一个二项分布模型. 显然，$\hat{\theta}_n=(2n_1+n_2)/(2n)$是参数 θ 的无偏估计.

(2) 依二项分布模型的性质知 $\mathrm{var}(\hat{\theta}_n)=\theta(1-\theta)/(2n)$.

16. $\bar{x}$；$\bar{x}^2-1/n$；$\bar{x}^3-3\bar{x}/n$.　**提示**　首先证明 $\bar{X}$ 为完全充分统计量；然后利用 $\bar{X}=Y+\mu$，其中 $Y\sim N(0,1/n)$. 为了求 μ^3 的依赖于 $\bar{X}$ 的无偏估计，只需寻找常系数 a,b,c,d，使得 $\mathrm{E}(a\bar{X}^3+b\bar{X}^2+c\bar{X}+d)=\mu^3$.

17. **提示**　利用定理 4.2.

18. **提示**　利用泊松分布的期望和方差均为 λ 的事实. $\bar{X}$ 的无偏性可直接计算，$\frac{1}{n-1}\sum_{i=1}^{n}(X_i-\bar{X})^2$ 的无偏性可由定理 3.1 得到.

19. **提示**　直接计算或利用充分统计量的性质.

20. **提示**　利用定理 4.3，找到的完全充分统计量为 $\bar{X}$ 或 $\sum_{i=1}^{n}X_i$.

21. **提示**　仿照第 20 题，找到的完全充分统计量为 $\sum_{i=1}^{n}X_i$.

22. **提示**　利用完全充分统计量的定义，由 S 的完全充分性推出 T 的完全充分性，反之亦然.

23. (1) **提示**　利用数学归纳法；　(2) $\frac{1}{\bar{X}}$；　(3) $\sum_{i=1}^{n}X_i$；　(4) $(n-1)\Big/\sum_{i=1}^{n}X_i$.

24. **提示**　直接计算.

25. (1) $\lambda^2/(n-2)$；　(2) $N(0,\lambda^2)$.

26. **提示**　直接计算证明.

27. **提示** 利用依概率收敛的定义直接计算证明.

28. $\overline{X}-\frac{\hat{\sigma}z_{1-\alpha}}{\sqrt{n}}$,其中 $\hat{\sigma}=\sqrt{\frac{1}{n-1}\sum_{i=1}^{n}(X_i-\overline{X})^2}$, $\alpha=0.05$.

29. [263.84, 289.95].

30. **提示** 令

$$f(w)=\int_w^{+\infty}\varphi(u)\mathrm{d}u\left[1-\int_w^{+\infty}\varphi(u)\mathrm{d}u\right]-\varphi^2(w),$$

则 $f(w)$ 为 w 的对称函数.然后验证以下三点:

(1) $f(0)>0$;

(2) $f(+\infty)=0$;

(3) $f(w)$ 在 $(0,+\infty)$ 上为减函数.

由(1),(2),(3)可知,$f(w)$ 在 $(-\infty,+\infty)$ 上取正值.

31. 利用 $\boldsymbol{X}=\boldsymbol{B}^{-1}(\boldsymbol{Y}-\boldsymbol{\mu})$ 对 $\boldsymbol{Y}$ 求微商.

32. (2) **提示** 设 $\xi_0,\xi_1,\cdots,\xi_n\sim \mathrm{iid}N(0,1)$.令 $V=\sum_{i=1}^{n}\xi_i^2$,则 V 的分布是自由度为 n 的 χ^2 分布.首先,写出 (ξ_0,V) 的联合分布密度 $h(w,v)$;其次,通过积分变换 $t=w/\sqrt{v/n}$, $u=v$,求出 (T,V) 的联合分布密度;最后,求出 T 的边缘分布密度.

33. (1) [154.78, 155.48]; (2) 0.8062.

34. (1) $N(\boldsymbol{a},2\sigma^2\boldsymbol{I}_2)$, $\boldsymbol{a}^{\mathrm{T}}=(2,0)\mu$; (2) 由(1)看出.

35. (1) $N(\mu\boldsymbol{A}^{\mathrm{T}}\boldsymbol{1},\sigma^2\boldsymbol{A}^{\mathrm{T}}\boldsymbol{A})$; (2) 由 $\mathrm{cov}(\boldsymbol{A}^{\mathrm{T}}\boldsymbol{X},\boldsymbol{B}^{\mathrm{T}}\boldsymbol{X})=\boldsymbol{0}$ 可得结论.

36. $b=m_{12}/m_{11}$,其中 m_{12} 和 m_{11} 为矩阵 $\boldsymbol{M}$ 的元素.

37. $N(\boldsymbol{a},\boldsymbol{M})$,其中 $\boldsymbol{a}^{\mathrm{T}}=(4,4)$, $\boldsymbol{M}=\begin{bmatrix}5 & 1\\ 1 & 2\end{bmatrix}$.

39. **提示** 对公式右边的积分多次使用分部积分法,每次出来一项,直到最后的积分变得很容易计算.

40. [−1.0606, 17.0606].

习 题 八

1. $\left\{\boldsymbol{x}: \frac{\sqrt{n}(\bar{x}-\mu_0)}{\sigma_0}<-z_{1-\alpha}\right\}$. **2.** $\{x: x>1-2\alpha\}$. **3.** $\{x: x>1-\alpha\}$.

4. **提示** 利用参数变换 $\tau=-\theta$,证明经过参数变换后的分布族仍然是单参数指数族,而相应的假设检验问题变成 $(\tau\leqslant\tau_0,\tau>\tau_0)$,其中 $\tau_0=-\theta_0$.

5. 不正常;p 值为 0.0022.

6. 应采用(1)的提法，即 $H_0: \mu \geqslant \mu_0 \longleftrightarrow H_1: \mu < \mu_0$，因为在矿井瓦斯浓度 $\mu \geqslant \mu_0$ 的情况下，误判损失是很大的，要将 $\mu \geqslant \mu_0$ 设成 H_0.

7. 不能否定 H_0，即可以认为产品不合格. p 值为 0.9325.

8. 两种安眠药的疗效有明显差别.

9. **提示**　利用数学归纳法.

10. 参考定理 3.1 的方法证明和计算，其否定域为

$$\mathscr{W} = \left\{ \boldsymbol{x}:\ \frac{1}{\sigma_0^2} \sum_{i=1}^{n} (x_i - \mu_0)^2 > \chi^2_{1-\alpha}(n) \right\}.$$

11. $\{\boldsymbol{x}:\ \overline{x} > \mu_0 + z_{1-\alpha}\sigma_0/\sqrt{n}\}$.

12. **提示**　利用公式

$$P_\mu(T \geqslant c) = P_0\left(T \geqslant c - \sqrt{n}\mu \middle/ \sqrt{\frac{1}{n-1}\sum_{i=1}^{n}(X_i - \overline{X})^2} \right).$$

13. **提示**　利用恒等式 $P_p(X \geqslant c) \equiv n\mathrm{C}_{n-1}^{c-1} \int_0^p x^{c-1}(1-x)^{n-c}\,\mathrm{d}x$.

14. 可以认为纸币的设计长度为 155 mm（t 统计量的值为 0.7863，$t_{1-\alpha/2}(9) = 2.262$，$\alpha = 0.05$）.

15. $\{\boldsymbol{x}:\ x \geqslant c\}$.

16. **提示**　设扔 $n_1 + n_2$ 枚对称的硬币. 记事件 $A_t = \{n_1 + n_2$ 枚硬币中共有 t 枚硬币正面向上$\}$，事件 $B_x = \{$前 n_1 枚硬币中共有 x 枚硬币正面向上$\}$，$x = 0, 1, \cdots, n_1$. 利用全概公式求 $P(A_t)$.

17. **提示**　利用第 12 题的结论.

18. **提示**　写出 $P(X \geqslant x_0 \mid X + Y = t)$ 的表达式，对参数 p_1 求导数.

19. **提示**　利用(5.12)式和(5.13)式.

习　题　九

1. **提示**　可验证等价的等式 $\mathbf{1}^{\mathrm{T}}(\boldsymbol{Y} - \mathbf{1}\hat{b}_0 - \boldsymbol{X}\hat{b}) = 0$ 和 $\boldsymbol{X}^{\mathrm{T}}(\boldsymbol{Y} - \mathbf{1}\hat{b}_0 - \boldsymbol{X}\hat{b}) = 0$.

2. **提示**　对 y 作变换 $z = \ln(L/y - 1)$，将数据 (x, z) 用直线拟合. 注意，因为导弹的技术发展太快，不能用拟合曲线作外推.

3. **提示**　画图，利用最小二乘法求回归直线.

5. **提示**　分别利用定理 4.3 和定理 4.4 给出的公式进行计算.

6. (4) **提示**　利用参数变换 $\theta_1 = (\eta_1 + \eta_2)/2$，$\theta_2 = (\eta_2 - \eta_1)/2$，$\theta_3 = \eta_3$，得三个称量值的模型为 $y_1 = \eta_2 + e_1$，$y_2 = \eta_2 + \eta_3 + e_2$，$y_3 = \eta_1/2 + \eta_2/2 + \eta_3 + e_3$，$y_4 = \eta_1/2 + \eta_2/2 + e_4$. 假设检验问题 $H_0: \theta_1 = \theta_2$ 变成新参数的模型中的假设检验问题 $H_0: \eta_1 = 0$. 再仿照定理 4.4 的推导方法，并参考第 25 题的答案求出相应的否定域.

11. 提示 利用公式(3.10).

19. 提示 只需验证分解式两边 b_0,$\boldsymbol{b}$ 的系数相同,并且分解式两边与 b_0,$\boldsymbol{b}$ 无关部分的向量也相等.

23. 提示 利用最小二乘估计 $\hat{b}_0$ 和 $\hat{\boldsymbol{b}}$ 的公式(3.10),将 $\hat{y}_0$ 化成 $\bar{Y}+(\boldsymbol{x}_0-\bar{\boldsymbol{x}})^{\mathrm{T}}\hat{\boldsymbol{b}}$ 的形式,其中记号 $\bar{\boldsymbol{x}}$ 即 $\bar{\boldsymbol{X}}^{\mathrm{T}}$($\bar{\boldsymbol{X}}$ 为行向量,而 $\bar{\boldsymbol{x}}$ 为列向量),再利用第 22 题的结论计算 $\hat{y}_0$ 的方差.

24. 本题是实际问题,根据题意可列出这些观察值的模型. 由于图形中各角之间有关系 $\theta_1+\theta_2+\theta_3=\pi$,$\theta_4+\theta_5+\theta_6=\pi$,$\theta_3=\theta_4$,利用这些关系,可以消去三个不独立参数. 这些观察值对应的模型变成

$$\begin{aligned}&y_1-\pi=-\theta_2-\theta_3+e_1,\\&y_2=\theta_2+e_2,\quad y_3=\theta_3+e_3,\\&y_4=\theta_3+e_4,\quad y_5=\theta_5+e_5,\\&y_6-\pi=-\theta_3-\theta_5+e_6.\end{aligned}$$

若将这个模型中的$(y_1-\pi,y_2,y_3,y_4,y_5,y_6-\pi)^{\mathrm{T}}$ 记为 $\boldsymbol{Z}$,则这个模型的向量形式为

$$\boldsymbol{Z}=\boldsymbol{X}\tilde{\boldsymbol{\theta}}+\boldsymbol{E},$$

其中 $\tilde{\boldsymbol{\theta}}=(\theta_2,\theta_3,\theta_5)^{\mathrm{T}}$ 为独立参数向量,$\boldsymbol{X}$ 为相应的常数矩阵. 于是,$\tilde{\boldsymbol{\theta}}$ 的最小二乘估计为 $\hat{\tilde{\boldsymbol{\theta}}}=(\boldsymbol{X}^{\mathrm{T}}\boldsymbol{X})^{-1}\boldsymbol{X}^{\mathrm{T}}\boldsymbol{Z}$. 由此解得

$$\begin{aligned}\hat{\theta}_1&=+0.58333y_1-0.41667y_2-0.16667y_3-0.16667y_4\\&\quad+0.083333y_5+0.083333y_6+0.66667\pi,\\\hat{\theta}_2&=-0.41667y_1+0.58333y_2-0.16667y_3-0.16667y_4\\&\quad+0.083333y_5+0.083333y_6+0.33334\pi,\\\hat{\theta}_3&=-0.16667y_1-0.16667y_2+0.33333y_3+0.33333y_4\\&\quad-0.16667y_5-0.16667y_6,\\\hat{\theta}_4&=-0.16667y_1-0.16667y_2+0.33333y_3+0.33333y_4\\&\quad-0.16667y_5-0.16667y_6,\\\hat{\theta}_5&=0.083333y_1+0.083333y_2-0.16667y_3-0.16667y_4\\&\quad+0.58333y_5-0.41667y_6+0.33334\pi,\\\hat{\theta}_6&=0.083333y_1+0.083333y_2-0.16667y_3-0.16667y_4\\&\quad-0.41667y_5+0.58333y_6+0.66667\pi;\end{aligned}$$

$$\widehat{\sigma^2}=\|\boldsymbol{Z}-\hat{\boldsymbol{Z}}\|^2/3.$$

25. 将第 24 题中的独立参数作变换 $\eta_1=\theta_2-\theta_5$,$\eta_2=\theta_2+\theta_5$,$\eta_3=\theta_3$,模型变成

$$\begin{aligned}&y_1-\pi=-\eta_1/2-\eta_2/2-\eta_3+e_1,\\&y_2=\eta_1/2+\eta_2/2+e_2,\quad y_3=\eta_3+e_3,\\&y_4=\eta_3+e_4,\quad y_5=\eta_2/2-\eta_1/2+e_5,\\&y_6-\pi=-\eta_3-\eta_2/2+\eta_1/2+e_6.\end{aligned}$$

若将这个模型中的$(y_1-\pi, y_2, y_3, y_4, y_5, y_6-\pi)^{\mathrm{T}}$记为$\boldsymbol{Z}$,则这个模型的向量形式为

$$\boldsymbol{Z}=\boldsymbol{X}\boldsymbol{\eta}+\boldsymbol{E},$$

其中$\boldsymbol{X}$为线性模型相应的系数矩阵(此题中的$\boldsymbol{X}$与上一题中的$\boldsymbol{X}$是不一样的).现在的问题变成假设检验问题$H_0: \eta_1=0 \longleftrightarrow H_1: \eta_1\neq 0$.记$\hat{\boldsymbol{\eta}}=(\boldsymbol{X}^{\mathrm{T}}\boldsymbol{X})^{-1}\boldsymbol{X}^{\mathrm{T}}\boldsymbol{Z}$,假设检验问题的水平为$\alpha$的否定域是

$$\left\{\boldsymbol{z}: \frac{\hat{\eta}_1^2/l^{1,1}}{\left\|\boldsymbol{z}-\boldsymbol{x}(\boldsymbol{x}^{\mathrm{T}}\boldsymbol{x})^{-1}\boldsymbol{x}\boldsymbol{z}\right\|^2/3}\geqslant F_{1-\alpha}(1,3)\right\},$$

式中$\hat{\eta}_1$为$\hat{\boldsymbol{\eta}}$的第1个分量,$l^{1,1}$为$(\boldsymbol{X}^{\mathrm{T}}\boldsymbol{X})^{-1}$第1行第1列的元素.

26. 第24题中得到的估计就是相应参数的UMVU估计.

28. 利用关系式$\mu_{ij}=\mu+\alpha_i+\beta_j+\lambda_{ij}$,(8.17)式左边为$\frac{1}{st}\sum_{i,j}(\alpha_i+\beta_j+\lambda_{ij})^2$.将和式中的平方项展开,展开式中的各个平方项(即$\alpha_i^2, \beta_j^2, \lambda_{ij}^2$)之和可以整理成(8.17)式右边的形式.利用各参数之间的关系式(8.16)可知,展开式中各交叉项之总和为0.

30. (1) $\hat{b}_0=-0.10405$, $\hat{b}=0.98805$.

(2) 利用$(b_0+bx_0-\hat{b}_0-\hat{b}x_0)\Big/\left[\hat{\sigma}\sqrt{\frac{1}{n}+(x_0-\bar{x})^2\Big/\sum_{i=1}^{n}(x_i-\bar{x})^2}\right]\sim t(n-2)$,可得$b_0+bx_0$的置信度为$1-\alpha$的置信区间为

$$\left[\hat{b}_0+\hat{b}x_0\pm t_{1-\alpha/2}(n-2)\hat{\sigma}\sqrt{\frac{1}{n}+(x_0-\bar{x})^2\Big/\sum_{i=1}^{n}(x_i-\bar{x})^2}\right].$$

本题中的数值结果为(13.6188,13.8386)(置信度为0.95).

(3) 14 kg的小孩体积的置信度为$1-\alpha$的区间预测为

$$\left[\hat{b}_0+\hat{b}x_0\pm t_{1-\alpha/2}(n-2)\hat{\sigma}\sqrt{1+\frac{1}{n}+(x_0-\bar{x})^2\Big/\sum_{i=1}^{n}(x_i-\bar{x})^2}\right].$$

本题中的数值结果为(13.2871,14.1703)(置信度为0.95,$n=18$).

31. (1) 拟合回归直线为$y=-32.304+1.2695x$;

(2) 检验统计量的值为$U/(Q/32)=152.9708$,$F_{0.95}(1,32)=4.1491$,故y和x之间有线性相关关系;

(3) 所需精炼时间(单位:min)区间为[145.7981,157.7533];

(4) 求解关于x_0的不等式

$$\hat{b}_0+\hat{b}_1x_0+t_{1-\alpha}(n-2)\hat{\sigma}\sqrt{1+1/n+(x_0-\bar{x})^2/L_{xx}}\leqslant 250,$$

得$x_0\leqslant 249.065$(置信度为0.95,$n=34$).

33. 其结果可用下列方差分析表表示：

方差来源	平方和	自由度	F 值	显著性
因子	5.952	2	8.93	**
误差	4.392	12		
总和	10.344	14		

34. 其结果可用如下方差分析表表示：

方差来源	平方和	自由度	F 值	显著性
压力	202.46	3	4.21	*
温度	645.33	2	20.11	**
交互作用	75.67	6	0.79	
误差	192.50	12		
总和	1115.96	23		

表中打 * 表示在显著性水平 $\alpha=0.05$ 下是显著的，打 ** 表示在显著性水平 $\alpha=0.01$ 下是显著的.

37. 用 $d(D)$ 表示子空间 D 的维数. $d(\mathscr{M}(\mathbf{1}_{rst}))=1$, $d(\mathscr{M}(\widetilde{\mathbf{A}}))=s-1$, $d(\mathscr{M}(\widetilde{\boldsymbol{B}}))=t-1$, $d(\mathscr{M}(\Lambda))=st-r-s+1$, $d(D^{+})=(r-1)st$.

习 题 十

1. 本题可以这样解释：

(1) 将 $\boldsymbol{x}=(x_1,\cdots,x_n)$ 的联合分布中的参数 θ 看作随机变量 $\boldsymbol{\theta}$ 的实现（σ^2 是已知常数），$\boldsymbol{\theta}$ 的先验分布为 $N(\mu,\tau^2)$，求出相应的后验分布密度 $\pi(\theta|x_1,\cdots,x_n)$；

(2) 先求出 $\overline{X}$ 的分布：$\overline{X}\sim N(\theta,\sigma^2/n)$，然后将 θ 看成随机变量 $\boldsymbol{\theta}$ 的实现，$\boldsymbol{\theta}$ 的先验分布为 $N(\mu,\tau^2)$，再求出 $\boldsymbol{\theta}$ 的后验分布密度 $\pi(\theta|\bar{x})$；

(3) 指出两者相同.

2. **提示** 计算 $P(|\boldsymbol{\theta}-\theta_0|\geqslant\varepsilon)$，并证明当 $\alpha/(\alpha+\beta)\to\theta_0$ 时，这个概率趋于 0.

3. $\left(\sum_{i=1}^{n}x_i+\alpha\right)\Big/(\beta+n)$.

4. 只需验证 Γ 分布族与泊松分布族的协调性（或 Γ 分布族对于后验分布运算的封闭性）.

5. $1/\lambda$.

6. **提示** 参考第 2 题的提示.

7. $\left(\sum_{i=1}^{n}x_i+\frac{1}{2}\right)\Big/n$.

8. Γ 分布族.

9. $\left(\sum_{i=1}^{n}x_i-1\right)\Big/(n-2)$.

附表 1　标准正态分布数值表

x	$\Phi(x)$	x	$\Phi(x)$	x	$\Phi(x)$
0.00	0.5000	1.40	0.9192	2.30	0.9893
0.05	0.5199	1.42	0.9222	2.33	0.9901
0.10	0.5398	1.45	0.9265	2.35	0.9906
0.15	0.5596	1.48	0.9306	2.38	0.9913
0.20	0.5793	1.50	0.9332	2.40	0.9918
0.25	0.5987	1.55	0.9394	2.42	0.9922
0.30	0.6179	1.58	0.9429	2.45	0.9929
0.35	0.6368	1.60	0.9452	2.50	0.9938
0.40	0.6554	1.65	0.9505	2.55	0.9946
0.45	0.6736	1.68	0.9535	2.58	0.9951
0.50	0.6915	1.70	0.9554	2.60	0.9953
0.55	0.7088	1.75	0.9599	2.62	0.9956
0.60	0.7257	1.78	0.9625	2.65	0.9960
0.65	0.7422	1.80	0.9641	2.68	0.9963
0.70	0.7580	1.85	0.9678	2.70	0.9965
0.75	0.7734	1.88	0.9699	2.72	0.9967
0.80	0.7881	1.90	0.9713	2.75	0.9970
0.85	0.8023	1.95	0.9744	2.78	0.9973
0.90	0.8159	1.96	0.9750	2.80	0.9974
0.95	0.8289	2.00	0.9772	2.82	0.9976
1.00	0.8413	2.02	0.9783	2.85	0.9978
1.05	0.8531	2.05	0.9798	2.88	0.9980
1.10	0.8643	2.08	0.9812	2.90	0.9981
1.15	0.8749	2.10	0.9821	2.92	0.9982
1.20	0.8849	2.12	0.9830	2.95	0.9984
1.25	0.8944	2.15	0.9842	2.98	0.9986
1.28	0.8997	2.18	0.9854	3.00	0.9987
1.30	0.9032	2.20	0.9861	3.50	0.9998
1.32	0.9066	2.22	0.9868	4.00	0.99997
1.35	0.9115	2.25	0.9878	5.00	0.9999997
1.38	0.9162	2.28	0.9887	6.00	$0.\underbrace{99\cdots9}_{9个9}$

注　表中 $\Phi(x)=\int_{-\infty}^{x}\frac{1}{\sqrt{2\pi}}e^{-t^2/2}dt$.

附表 2　t 分布临界值表

n \ λ \ α	0.20	0.10	0.05	0.01	0.001
1	3.078	6.314	12.706	63.657	636.619
2	1.886	2.920	4.303	9.925	31.598
3	1.638	2.353	3.182	5.841	12.924
4	1.533	2.132	2.776	4.604	8.610
5	1.476	2.015	2.571	4.032	6.859
6	1.440	1.943	2.447	3.707	5.959
7	1.415	1.895	2.365	3.499	5.405
8	1.397	1.860	2.306	3.355	5.041
9	1.383	1.833	2.262	3.250	5.781
10	1.372	1.812	2.228	3.169	4.587
11	1.363	1.796	2.201	3.106	4.437
12	1.356	1.782	2.179	3.055	4.318
13	1.350	1.771	2.160	3.012	4.221
14	1.345	1.761	2.145	2.977	4.140
15	1.341	1.753	2.131	2.947	4.073
16	1.337	1.746	2.120	2.921	4.015
17	1.333	1.740	2.110	2.898	3.965
18	1.330	1.734	2.101	2.878	3.922
19	1.328	1.729	2.093	2.861	3.883
20	1.325	1.725	2.086	2.845	3.850
21	1.323	1.721	2.080	2.831	3.819
22	1.321	1.717	2.074	2.819	3.792
23	1.319	1.714	2.069	2.807	3.767
24	1.318	1.711	2.064	2.797	3.745
25	1.316	1.708	2.060	2.787	3.725
26	1.315	1.706	2.056	2.779	3.707
27	1.314	1.703	2.052	2.771	3.690
28	1.313	1.701	2.048	2.763	3.674
29	1.311	1.699	2.045	2.756	3.659
30	1.310	1.697	2.042	2.750	3.646
40	1.303	1.684	2.021	2.704	3.551
60	1.296	1.671	2.000	2.660	3.460
120	1.289	1.658	1.980	2.617	3.373
∞	1.282	1.645	1.960	2.576	3.291

注　n：自由度；λ：临界值，$P(|T|>\lambda)=\alpha\ (T\sim t(n))$，或 $\lambda=t_{1-\alpha/2}(n)$.

附表 3　χ^2分布临界值表

n \ λ \ α	0.975	0.95	0.05	0.025	0.01
1	0.00098	0.0039321	3.84	5.02	6.63
2	0.0506	0.10259	5.99	7.38	9.21
3	0.216	0.35185	7.81	9.35	11.3
4	0.484	0.71072	9.49	11.1	13.3
5	0.831	1.1455	11.07	12.8	15.1
6	1.24	1.6354	12.6	14.4	16.8
7	1.69	2.1673	14.1	16.0	18.5
8	2.18	2.7326	15.5	17.5	20.1
9	2.70	3.3251	16.9	19.0	21.7
10	3.25	3.9403	18.3	20.5	23.2
11	3.82	4.5748	19.7	21.9	24.7
12	4.40	5.226	21.0	23.3	26.2
13	5.01	5.8919	22.4	24.7	27.7
14	5.63	6.5706	23.7	26.1	29.1
15	6.26	7.2609	25.0	27.5	30.6
16	6.91	7.9616	26.3	28.8	32.0
17	7.56	8.6718	27.6	30.2	33.4
18	8.23	9.3905	28.9	31.5	34.8
19	8.91	10.117	30.1	32.9	36.2
20	9.59	10.851	31.4	34.2	37.6
21	10.3	11.591	32.7	35.5	38.9
22	11.0	12.338	33.9	36.8	40.3
23	11.7	13.091	35.2	38.1	41.6
24	12.4	13.848	36.4	39.4	43.0
25	13.1	14.611	37.7	40.6	44.3
26	13.8	15.379	38.9	41.9	45.6
27	14.6	16.151	40.1	43.2	47.0
28	15.3	16.928	41.3	44.5	48.3
29	16.0	17.708	42.6	45.7	49.6
30	16.8	18.493	43.8	47.0	50.9

注　n：自由度；λ：临界值，$P(\chi^2>\lambda)=\alpha$ $(\chi^2\sim\chi^2(n))$，或 $\lambda=\chi^2_{1-\alpha}(n)$.

附表 4　F 分布临界值表

(α=0.05)

n_2 \ λ \ n_1	1	2	3	4	5	6	7	8	12	24	∞
1	161.4	199.5	215.7	224.6	230.2	234.0	236.8	238.9	243.9	249.1	254.3
2	18.5	19.0	19.2	19.2	19.3	19.3	19.4	19.4	19.4	19.5	19.5
3	10.1	9.55	9.28	9.12	9.01	8.94	8.89	8.85	8.74	8.64	8.53
4	7.71	6.94	6.59	6.39	6.26	6.16	6.09	6.04	5.91	5.77	5.63
5	6.61	5.79	5.41	5.19	5.05	4.95	4.88	4.82	4.68	4.53	4.36
6	5.99	5.14	4.76	4.53	4.39	4.28	4.21	4.15	4.00	3.84	3.67
7	5.59	4.74	4.35	4.12	3.97	3.87	3.79	3.73	3.57	3.41	3.23
8	5.32	4.46	4.07	3.84	3.69	3.58	3.50	3.44	3.28	3.12	2.93
9	5.12	4.26	3.86	3.63	3.48	3.37	3.29	3.23	3.07	2.90	2.71
10	4.96	4.10	3.71	3.48	3.33	3.22	3.14	3.07	2.91	2.74	2.54
11	4.84	3.98	3.59	3.36	3.20	3.09	3.01	2.95	2.79	2.61	2.40
12	4.75	3.89	3.49	3.26	3.11	3.00	2.91	2.85	2.69	2.51	2.30
13	4.67	3.81	3.41	3.18	3.03	2.92	2.83	2.77	2.60	2.42	2.21
14	4.60	3.74	3.34	3.11	2.96	2.85	2.76	2.70	2.53	2.35	2.13
15	4.54	3.68	3.29	3.06	2.90	2.79	2.71	2.64	2.48	2.29	2.07

（续表）

n_2 \ λ \ n_1	1	2	3	4	5	6	7	8	12	24	∞
16	4.49	3.63	3.24	3.01	2.85	2.74	2.66	2.59	2.42	2.24	2.01
17	4.45	3.59	3.20	2.96	2.81	2.70	2.61	2.55	2.38	2.19	1.96
18	4.41	3.55	3.16	2.93	2.77	2.66	2.58	2.51	2.34	2.15	1.92
19	4.38	3.52	3.13	2.90	2.74	2.63	2.54	2.48	2.31	2.11	1.88
20	4.35	3.49	3.10	2.87	2.71	2.60	2.51	2.45	2.28	2.08	1.84
21	4.32	3.47	3.07	2.84	2.68	2.57	2.49	2.42	2.25	2.05	1.81
22	4.30	3.44	3.05	2.82	2.66	2.55	2.46	2.40	2.23	2.03	1.78
23	4.28	3.42	3.03	2.80	2.64	2.53	2.44	2.37	2.20	2.01	1.76
24	4.26	3.40	3.01	2.78	2.62	2.51	2.42	2.36	2.18	1.98	1.73
25	4.24	3.39	2.99	2.76	2.60	2.49	2.40	2.34	2.16	1.96	1.71
26	4.23	3.37	2.98	2.74	2.59	2.47	2.39	2.32	2.15	1.95	1.69
27	4.21	3.35	2.96	2.73	2.57	2.46	2.37	2.31	2.13	1.93	1.67
28	4.20	3.34	2.95	2.71	2.56	2.45	2.36	2.29	2.12	1.91	1.65
29	4.18	3.33	2.93	2.70	2.55	2.43	2.35	2.28	2.10	1.90	1.64
30	4.17	3.32	2.92	2.69	2.53	2.42	2.33	2.27	2.09	1.89	1.62
40	4.08	3.23	2.84	2.61	2.45	2.34	2.25	2.18	2.00	1.79	1.51
60	4.00	3.15	2.76	2.53	2.37	2.25	2.17	2.10	1.92	1.70	1.39
120	3.92	3.07	2.68	2.45	2.29	2.17	2.09	2.02	1.83	1.61	1.25
∞	3.84	3.00	2.60	2.37	2.21	2.10	2.01	1.94	1.75	1.52	1.00

（α=0.025） （续表）

n_2 \ λ \ n_1	1	2	3	4	5	6	7	8	12	24	∞
1	648.8	799.5	864.2	899.6	921.8	937.1	948.2	956.7	976.7	997.2	1018.3
2	38.51	39.00	39.17	39.25	39.30	39.33	39.36	39.37	39.41	39.46	39.5
3	17.44	16.04	15.44	15.10	14.88	14.73	14.62	14.54	14.34	14.12	13.9
4	12.22	10.65	9.98	9.60	9.36	9.20	9.07	8.98	8.75	8.51	8.26
5	10.01	8.43	7.76	7.39	7.15	6.98	6.85	6.76	6.52	6.28	6.02
6	8.81	7.26	6.60	6.23	5.99	5.82	5.70	5.60	5.37	5.12	4.85
7	8.07	6.54	5.89	5.52	5.29	5.12	4.99	4.90	4.67	4.42	4.14
8	7.57	6.06	5.42	5.05	4.82	4.65	4.53	4.43	4.20	3.95	3.67
9	7.21	5.71	5.08	4.72	4.48	4.32	4.20	4.10	3.87	3.61	3.33
10	6.94	5.46	4.83	4.47	4.24	4.07	3.95	3.85	3.62	3.37	3.08
11	6.72	5.26	4.63	4.28	4.04	3.88	3.76	3.66	3.43	3.17	2.88
12	6.55	5.10	4.47	4.12	3.89	3.73	3.61	3.51	3.28	3.02	2.73
13	6.41	4.97	4.35	4.00	3.77	3.60	3.48	3.39	3.15	2.89	2.60
14	6.30	4.86	4.24	3.89	3.66	3.50	3.38	3.29	3.05	2.79	2.49
15	6.20	4.77	4.15	3.80	3.58	3.41	3.29	3.20	2.96	2.70	2.40

（续表）

n_2 \ λ \ n_1	1	2	3	4	5	6	7	8	12	24	∞
16	6.12	4.69	4.08	3.73	3.50	3.34	3.22	3.12	2.89	2.63	2.32
17	6.04	4.62	4.01	3.66	3.44	3.28	3.16	3.06	2.82	2.56	2.25
18	5.98	4.56	3.95	3.61	3.38	3.22	3.10	3.01	2.77	2.50	2.19
19	5.92	4.51	3.90	3.56	3.33	3.17	3.05	2.96	2.72	2.45	2.13
20	5.87	4.46	3.86	3.51	3.29	3.13	3.01	2.91	2.68	2.41	2.09
21	5.83	4.42	3.82	3.48	3.25	3.09	2.97	2.87	2.64	2.37	2.04
22	5.79	4.38	3.78	3.44	3.22	3.05	2.93	2.84	2.60	2.33	2.00
23	5.75	4.35	3.75	3.41	3.18	3.02	2.90	2.81	2.57	2.30	1.97
24	5.72	4.32	3.72	3.38	3.15	2.99	2.87	2.78	2.54	2.27	1.94
25	5.69	4.29	3.69	3.35	3.13	2.97	2.85	2.75	2.51	2.24	1.91
26	5.66	4.27	3.67	3.33	3.10	2.94	2.82	2.73	2.49	2.22	1.88
27	5.63	4.24	3.65	3.31	3.08	2.92	2.80	2.71	2.47	2.19	1.85
28	5.61	4.22	3.63	3.29	3.06	2.90	2.78	2.69	2.45	2.17	1.83
29	5.59	4.20	3.61	3.27	3.04	2.88	2.76	2.67	2.43	2.15	1.81
30	5.57	4.18	3.59	3.25	3.03	2.87	2.75	2.65	2.41	2.14	1.79
40	5.42	4.05	3.46	3.13	2.90	2.74	2.62	2.53	2.29	2.01	1.64
60	5.29	3.93	3.34	3.01	2.79	2.63	2.51	2.41	2.17	1.88	1.48
120	5.15	3.80	3.23	2.89	2.67	2.52	2.39	2.30	2.05	1.76	1.31
∞	5.02	3.69	3.12	2.79	2.57	2.41	2.29	2.19	1.94	1.64	1.00

(续表)

($\alpha=0.01$)

n_2 \ λ \ n_1	1	2	3	4	5	6	7	8	12	24	∞
1	4052	4999	5403	5625	5764	5858	5928	5982	6106	6234	6366
2	98.5	99.0	99.2	99.2	99.3	99.3	99.4	99.4	99.4	99.5	99.5
3	34.1	30.8	29.5	28.7	28.2	27.9	27.7	27.5	27.1	26.6	26.1
4	21.2	18.0	16.7	16.0	15.5	15.2	15.0	14.8	14.4	13.9	13.5
5	16.3	13.3	12.1	11.4	11.0	10.7	10.5	10.3	9.89	9.47	9.02
6	13.7	10.9	9.78	9.15	8.75	8.47	8.26	8.10	7.72	7.31	6.88
7	12.2	9.55	8.45	7.85	7.46	7.19	6.99	6.84	6.47	6.07	5.65
8	11.3	8.65	7.59	7.01	6.63	6.37	6.18	6.03	5.67	5.28	4.86
9	10.6	8.02	6.99	6.42	6.06	5.80	5.61	5.47	5.11	4.73	4.31
10	10.0	7.56	6.55	5.99	5.64	5.39	5.20	5.06	4.71	4.33	3.91
11	9.65	7.21	6.22	5.67	5.32	5.07	4.89	4.74	4.40	4.02	3.60
12	9.33	6.93	5.95	5.41	5.06	4.82	4.64	4.50	4.16	3.78	3.36
13	9.07	6.70	5.74	5.21	4.86	4.62	4.44	4.30	3.96	3.59	3.17
14	8.86	6.51	5.56	5.04	4.69	4.46	4.28	4.14	3.80	3.43	3.00
15	8.68	6.36	5.42	4.89	4.56	4.32	4.14	4.00	3.67	3.29	2.87

（续表）

n_2 \ n_1 (λ)	1	2	3	4	5	6	7	8	12	24	∞
16	8.53	6.23	5.29	4.77	4.44	4.20	4.03	3.89	3.55	3.18	2.75
17	8.40	6.11	5.18	4.67	4.34	4.10	3.93	3.79	3.46	3.08	2.65
18	8.29	6.01	5.09	4.58	4.25	4.01	3.84	3.71	3.37	3.00	2.57
19	8.18	5.93	5.01	4.50	4.17	3.94	3.77	3.63	3.30	2.92	2.49
20	8.10	5.85	4.94	4.43	4.10	3.87	3.70	3.56	3.23	2.86	2.42
21	8.02	5.78	4.87	4.37	4.04	3.81	3.64	3.51	3.17	2.80	2.36
22	7.95	5.72	4.82	4.31	3.99	3.76	3.59	3.45	3.12	2.75	2.31
23	7.88	5.66	4.76	4.26	3.94	3.71	3.54	3.41	3.07	2.70	2.26
24	7.82	5.61	4.72	4.22	3.90	3.67	3.50	3.36	3.03	2.66	2.21
25	7.77	5.57	4.68	4.18	3.85	3.63	3.46	3.32	2.99	2.62	2.17
26	7.72	5.53	4.64	4.14	3.82	3.59	3.42	3.29	2.96	2.58	2.13
27	7.68	5.49	4.60	4.11	3.78	3.56	3.39	3.26	2.93	2.55	2.10
28	7.64	5.45	4.57	4.07	3.75	3.53	3.36	3.23	2.90	2.52	2.06
29	7.60	5.42	4.54	4.04	3.73	3.50	3.33	3.20	2.87	2.49	2.03
30	7.56	5.39	4.51	4.02	3.70	3.47	3.30	3.17	2.84	2.47	2.01
40	7.31	5.18	4.31	3.83	3.51	3.29	3.12	2.99	2.66	2.29	1.80
60	7.08	4.98	4.13	3.65	3.34	3.12	2.95	2.82	2.50	2.12	1.60
120	6.85	4.79	3.95	3.48	3.17	2.96	2.79	2.66	2.34	1.95	1.38
∞	6.63	4.61	3.78	3.32	3.02	2.80	2.64	2.51	2.18	1.79	1.00

注 表中的 n_1 是第一自由度（分子的自由度）；n_2 是第二自由度（分母的自由度）；λ 是临界值，$P(F>\lambda)=\alpha$（其中 $F\sim F(n_1,n_2)$），或 $\lambda=F_{1-\alpha}(n_1,n_2)$.

附表 5　柯氏检验临界值表

n \ $D_{n,\alpha}$ \ α	0.20	0.10	0.05	0.02	0.01
1	0.900	0.950	0.975	0.990	0.995
2	0.684	0.776	0.842	0.900	0.929
3	0.565	0.636	0.708	0.785	0.829
4	0.493	0.565	0.624	0.689	0.734
5	0.447	0.509	0.563	0.627	0.669
6	0.410	0.468	0.519	0.577	0.617
7	0.381	0.436	0.483	0.538	0.576
8	0.358	0.410	0.454	0.507	0.542
9	0.339	0.387	0.430	0.480	0.513
10	0.323	0.369	0.409	0.457	0.489
11	0.308	0.352	0.391	0.437	0.468
12	0.296	0.338	0.375	0.419	0.449
13	0.285	0.325	0.361	0.404	0.432
14	0.275	0.314	0.349	0.390	0.418
15	0.266	0.304	0.338	0.377	0.404
16	0.258	0.295	0.327	0.366	0.392
17	0.250	0.286	0.318	0.355	0.381
18	0.244	0.279	0.309	0.346	0.371
19	0.237	0.271	0.301	0.337	0.361
20	0.232	0.265	0.294	0.329	0.352

（续表）

n \ $D_{n,\alpha}$ \ α	0.20	0.10	0.05	0.02	0.01
21	0.226	0.259	0.287	0.321	0.344
22	0.221	0.253	0.281	0.314	0.337
23	0.216	0.247	0.275	0.307	0.330
24	0.212	0.242	0.269	0.301	0.323
25	0.208	0.238	0.264	0.295	0.317
26	0.204	0.233	0.259	0.290	0.311
27	0.200	0.229	0.254	0.284	0.305
28	0.197	0.225	0.250	0.279	0.300
29	0.193	0.221	0.246	0.275	0.295
30	0.190	0.218	0.242	0.270	0.290
31	0.187	0.214	0.238	0.266	0.285
32	0.184	0.211	0.234	0.262	0.281
33	0.182	0.208	0.231	0.258	0.277
34	0.179	0.205	0.227	0.254	0.273
35	0.177	0.202	0.224	0.251	0.269
36	0.174	0.199	0.221	0.247	0.265
37	0.172	0.196	0.218	0.244	0.262
38	0.170	0.194	0.215	0.241	0.258
39	0.168	0.191	0.213	0.238	0.255
40	0.165	0.189	0.210	0.235	0.252
对 $n>40$ 的近似	$\frac{1.07}{\sqrt{n}}$	$\frac{1.22}{\sqrt{n}}$	$\frac{1.36}{\sqrt{n}}$	$\frac{1.52}{\sqrt{n}}$	$\frac{1.63}{\sqrt{n}}$

注 表中列出了满足 $P(D_n>D_{n,\alpha})=\alpha$ 的临界值 $D_{n,\alpha}$，其中 D_n 是柯氏检验统计量.

参 考 文 献

[1] Гнеденко Б В. 概率论教程. 丁寿田,译. 北京：高等教育出版社,1956.

[2] 陈家鼎,刘婉如,汪仁官. 概率统计讲义. 第 3 版. 北京：高等教育出版社,2004.

[3] Ross S M. A First Course in Probability. 6th Ed. 影印版. 北京：中国统计出版社,2003.

[4] 汪仁官. 概率论引论. 北京：北京大学出版社,1994.

[5] 钱敏平,叶俊. 随机数学. 北京：高等教育出版社,2000.

[6] Hoffmann-Jorgensen J. Probability with A View Toward Statistics 1. New York：Chapman and Hall, 1994.

[7] Shiryayev A N. Probability. New York：Springer-Verlag,1984.

[8] 茆诗松,周纪芗. 概率论与数理统计. 第 2 版. 北京：中国统计出版社,2000.

[9] 林正炎,苏中根. 概率论. 杭州：浙江大学出版社,2001.

[10] 林正炎,陆传荣,苏中根. 概率极限理论基础. 北京：高等教育出版社,1999.

[11] 程士宏. 测度论与概率论基础. 北京：北京大学出版社,2004.

[12] 周民强. 实变函数. 北京：北京大学出版社,1985.

[13] 胡迪鹤. 随机过程论——基础·理论·应用. 武汉：武汉大学出版社,2000.

[14] Gihman I I, Skorohod A V. The Theory of Stochastic Processes II. Berlin：Springer-Verlag, 1983.

[15] 何书元. 概率论. 北京：北京大学出版社,2006.

[16] Brockwell P J, Davis R A. 时间序列的理论与方法. 第 2 版. 田铮,译. 北京：高等教育出版社,2001.

[17] 茆诗松,程依明,濮晓龙. 概率论与数理统计教程. 北京：高等教育出版社,2004.

[18] Papoulis A, Pillai S U. 概率、随机变量与随机过程. 第 4 版. 保铮,等,译. 西安：西安交通大学出版社,2004.

[19] DeGroot M H. Probability and Statistics. 2nd Ed. Addison-Wesley Pub com, 1986.

[20] 陈家鼎. 生存分析与可靠性. 北京：北京大学出版社,2005.

[21] Ross S M. 随机过程. 何声武,等,译. 北京:中国统计出版社,1997.
[22] 项可风,吴启光. 试验设计与数据分析. 上海:上海科学技术出版社,1989.
[23] 陈家鼎,孙山泽,李东风,等. 数理统计学讲义. 第 2 版. 北京:高等教育出版社,2006.
[24] 张道奎,孙山泽. 用 EQQ 图评估高考作文试卷评分质量. 北京大学学报(自然科学版),1996, 32(1): 1-7.
[25] 王松桂,陈敏,陈立萍. 线性统计模型. 北京:高等教育出版社,1999.
[26] 陈希孺. 数理统计学简史. 长沙:湖南教育出版社,2002.
[27] Folland G B. Real Analysis. Wiley & Sons, Inc. , 1984.
[28] 吴喜之. 统计学:从数据到结论. 北京:中国统计出版社,2004.
[29] 高惠璇. 应用多元统计分析. 北京:北京大学出版社,2005.
[30] Bayes T. An essay towards solving a problem in the doctrine of chances. Phil Trans Roy Soc, 1713, 53: 370-418.
[31] Berger J O. 统计决策论及贝叶斯分析. 贾乃光,译. 北京:中国统计出版社,1998.
[32] Efroymson M A. Mathematical Methods for Digital Computers: Multiple regression analysis. New York: John Wiley, 1960.
[33] Freedman D,等. 统计学. 魏宗舒,等,译. 北京:中国统计出版社,1997.
[34] Miller A J. The Convergence of Efroymson Stepwise regression algorithm. The American Statistician, 1996, 50(2): 180-181.
[35] Rosner B. 生物统计学基础. 孙尚拱,译. 北京:科学出版社,2004.
[36] Weisberg S. 应用线性回归. 王静龙,等,译. 北京:中国统计出版社,1998.
[37] Hald A. Statistical Theory with Engineering Application. New York: Wiley, 1952.

名词索引

B

贝叶斯统计 14
贝叶斯因子 257
比率 135
变量选择 214
变异系数 55
不可容许 250

C

参数 5,6
　～空间 6
　刻度～ 186
　讨厌～ 7
　位置～ 186
残差 170
　～平方和 170,194
　～图 208
　～向量 182,207
超参数 263

D

大数据 15
大数律 53
大样本方法 135
单边假设检验问题 106
单参数指数族 104
单因子等重复全面实验 226
第二类错误 89
第一类错误 88
点预测 199
多因子方差分析 231

F

方差分析 225
方差分析表 227
分布
　～函数 5
　～列 19,29
　～密度 5
　～族 6
　贝塔分布 262
　泊松～ 29,39
　伯努利～ 261
　超几何～ 11
　多项～ 26
　二项～ 43
　二元正态～ 45
　共轭～族 261
　渐近～ 57
　均匀～ 27
　先验～ 14,253
　指数族～ 48
　总体～ 5
　n 维(元)正态～ 66
　t～ 71,132

F～ 127

风险函数 40,247

否定域 88,90

广义似然比～ 115

水平为 α 的～ 90

无偏～ 91

最优无偏～(UMDU) 91

似然比～ 97

一致最大功效～(UMP～) 90

复相关系数 194

G

功效函数 90

估计 10

～量 10

广义的最大似然～ 255

矩～ 30

无偏～ 35

相合～ 53

最大似然(ML)～ 20

最小方差无偏(UMVU)～ 41

估计的相合性 53

广义似然比 115

～否定域 115

～检验 115

H

后验

～方差 256

～分布 253

～均方误差 256

～均值 256

～平均损失 258

～分布密度 14,254

回归

～方程 161

～分析 12,160,161

～关系 160

～函数 13,161

～模型 161

～平方和 170,194

～系数 13,162

～直线 169

～诊断 207

多元～模型 161

多元线性～分析 162

二元～模型 161

非参数～模型 161

逻辑斯谛～模型 238

偏～平方和 195

线性～分析 162

一元～ 12,13

一元线性～分析 162

一元线性～模型 13

一元正态线性～模型 13

J

假设 11,87

对立～(备择～) 88

零～(原～) 88

假设检验

～问题 11,88

复杂～问题 95

简单～问题 95

决策性～ 95

显著性～ 95

检验

似然比～ 97

显著性～问题 185
相关性～问题 185
F～ 128
t～ 118
Student～ 118
渐近方差 58
渐近正态 58
交互效应 232
接受域 101
截距 13,162
解释变量 161,176
近似置信区间 73
经验贝叶斯决策函数 264
经验分布函数 152
局部最优的回归子集 217
决策 247
决策函数 247
～的不可容许性 250
～的可容许性 250
贝叶斯～ 251,258
极小极大～ 250
均方误差 40,247

K

柯氏检验法 151,154
可容许 250
客观概率 253
控制 164,201
～点 201
～线 204

L

两总体比较假设检验的 Fisher 精确法 140
零图 208
逻辑斯谛函数 238

M

帽子矩阵 207
模型 6
测量～ 24
统计～ 6
正态～ 24,162
模型检验 206
目标变量 176,226

N

拟合优度检验 94

P

偏差 239
平方和分解公式 170
平均残差平方和 216
平均预测均方误差 216

Q

期望向量 66
全局最优的回归子集 217
全面实验 225
权函数 264
群体相关 203

R

弱收敛 57

S

散点图 162
生存函数 77

失效率 28
实验设计 225
枢轴量 64
双边假设检验问题 106,111
水平 90,225
　～搭配 225
　显著性～ 90
　因子～ 225
似然函数 20,114
损失函数 246

T

统计决策问题 14,246
统计量 8
　～法 77
　充分～ 42
　次序～ 152
　检验～ 97
　柯尔莫哥洛夫检验～ 153
　完全充分～ 46
统计模型 6,246
　离散～ 19
　连续～ 19

W

危险率 28
无偏
　～可估 47
　～性 36

X

先验分布 14,253
　Jeffereys 无信息～密度 264
　广义～密度 264
先验分布密度 14
线性模型 228
线性无偏估计 168
相关关系 160
协方差阵 66
行动空间 246
修正的逐步回归方法 220

Y

样本 6
　～大小 6
　～方差 36
　～矩 30
　～空间 6
　～(容)量 6
　～相关系数 172
　～值 6
　简单随机～ 6
依概率收敛 58
因变量 161,176
因子 225
因子分解定理 44
优势 238
　～比 257
　后验～ 257
　先验～ 257
预测 164,198
　～的均方误差 198
　～误差 198
　点～ 199
　区间～ 200
　无偏～ 198
　线性无偏 198
　最优线性无偏～ 198

Z

指数族
　～分布 48
　单参数～ 104
置信度 63
置信区间 63
　Wilson～ 75
置信上限 63
置信水平 63
置信下限 63
置信限 63
逐步回归方法 217
主观概率 253
主效应 232
自变量(解释变量) 161,176
自然界的状态 246
自然界状态空间 246
自由度 65,118
　第二～ 127
　第一～ 127
总平方和 194
总体 5,6
　～分布 5,6
　～方差 37
　～矩 30
　～模型 6
最小二乘估计 167,179
最小方差线性无偏估计 169
最优回归变量子集 216
最优回归方程 216
最优回归子集 216

C_p 统计量 216
Δ 方法 58
χ^2 分布 65,73,144
χ^2 检验 124,144
AIC 准则 216
BIC 准则 216
EQQ 图 205
Fisher 信息量 264
Lasso 估计 223
　广义的～ 223
　适应的～ 223
n 维正态随机变量 66
N-P 引理 95
p 值 134